职业教育公共基础课教学改革系列教材

高等数学简明教程

第 4 版

主　编　王翠芳　张　宏

参　编　王金武　戴江涛　吴　洁
　　　　胡　农　张雅琴　任晓华

机械工业出版社

本书共 8 章，包括一元微积分、常微分方程、向量代数与空间解析几何和多元微积分等内容，并编入部分数学文化知识，以增加读者对数学历史、思想和方法的了解。

为了适应应用型人才培养的需求，本书既保持数学学科的科学性和系统性，又结合职业教育的特点，以应用为目的，以够用为度。本书定义叙述精确，推导证明严格，对定义和定理采用了学生容易理解的方式叙述，并选配了适量的例题、习题，使学生能掌握基本理论和方法，特别增加了实际应用方面的例题和习题。希望不同专业的学生能通过本书的学习掌握必要的数学基础理论和常用的运算方法，具备一定的数学解题能力、逻辑推理能力，以及运用数学方法分析、解决实际问题的能力，同时满足在专业学习中对数学基础的需求。

本书适应职业教育人才培养的需要，结合学生实际，教学内容起点较低、跨度较大，范围和深度有一定弹性，侧重计算与应用，注重学生数学意识和数学应用能力的培养。

本书可供高职高专、成人院校工科专业作为高等数学教材使用，也可供数学进修或专升本学员自学使用。

为方便教学，本书配备电子课件等教学资源。凡选用本书作为授课教材的教师均可登录机械工业出版社教育服务网 www.cmpedu.com 免费下载。如有问题请致电 010－88379375 联系营销人员。

图书在版编目（CIP）数据

高等数学简明教程／王翠芳，张宏主编．—4 版．—北京：机械工业出版社，2021.8（2024.8重印）

职业教育公共基础课教学改革系列教材

ISBN 978－7－111－68952－2

Ⅰ.①高… Ⅱ.①王…②张… Ⅲ.①高等数学—高等职业教育—教材 Ⅳ.①O13

中国版本图书馆 CIP 数据核字（2021）第 165678 号

机械工业出版社（北京市百万庄大街 22 号　邮政编码 100037）
策划编辑：赵志鹏　　责任编辑：赵志鹏
责任校对：张　薇　　封面设计：马精明
责任印制：单爱军
北京虎彩文化传播有限公司印刷
2024 年 8 月第 4 版第 6 次印刷
184mm×260mm・22 印张・544 千字
标准书号：ISBN 978－7－111－68952－2
定价：59.80 元

电话服务　　　　　　　　　网络服务
客服电话：010－88361066　　机　工　官　网：www.cmpbook.com
　　　　　010－88379833　　机　工　官　博：weibo.com/cmp1952
　　　　　010－68326294　　金　书　网：www.golden-book.com
封底无防伪标均为盗版　　　机工教育服务网：www.cmpedu.com

前 言

高等数学课程为学生后续专业课程的学习提供基础理论和依据,更是在培养学生思想政治素养、数学素养、理性思维素养和逻辑推理能力方面起到无可替代的作用.

《高等数学简明教程(第3版)》在使用过程中受到兄弟院校的一致好评,它体现了高等职业教育的特点,满足了专业学习的基本要求,并通过数学文化、课外学习等模块的引入激发学生的学习兴趣,也提升学生的数学素养和文化底蕴.随着大学数学课程改革的不断深入,对教材要求也有更新的要求.因此,教材编写团队以"知识传授与价值引领相结合"为目标,将"德技并修"作为出发点和落脚点,进行再版.

在改编过程中,我们既保持数学学科的科学性和系统性,又结合职业教育的特点,以应用为目的,以够用为度.基础理论部分,有的放矢地调整了一些难度较高的题目,引入了实际应用案例,使学生从主观上认识到数学在实际生产生活问题中的应用.提示提高部分,保留了能满足学生升学需求的知识点,设计了难度进阶的习题,以适应不同学校开设课程的实际需求.增加了数学实验部分,使学生通过动手实验更好地理解所学理论知识.更新了数学文化部分,融入思政元素,帮助学生形成正确的价值观,提升文化底蕴,以达到润物细无声的效果.同时增加了重难点微课,帮助学生自主学习.各章节体例结构设计如图所示.

本书共8章,张宏老师负责第4、5、7章的编写;王翠芳老师负责第6、8章,以及各章"数学文摘""课外学习"模块及附录的编写;戴江涛老师负责第2、3章的编写;王金武老师负责第1章的编写.吴洁、胡农、张雅琴、任晓华老师为本书的改版提出了很多宝贵的建议,并参与改版的指导工作.全书统稿工作由王翠芳、张宏完成.

在本书再版过程中,得到了承德应用职业技术学院、酒泉职业技术学院和衡水职业技术学院等合作院校的大力支持,在此深表谢意.由于编者水平有限,本教材中不妥之处在所难免,敬请读者和同行批评指正.

编 者

二维码索引

名称	图形	页码	名称	图形	页码
1.反函数的定义		8	6.例5－11		160
2.导数的概念		50	7.微分方程的概念		194
3.隐函数定义及求导		60	8.二元函数极值定义		275
4.例4－55		132	9.二重积分的概念		282
5.例5－2		156			

| 目　录 |

前言
二维码索引

第 1 章　函数与极限 ········· 001
1.1　函数 ········· 002
1.2　极限 ········· 016
1.3　函数的连续性 ········· 031
1.4　提示与提高 ········· 036
复习题 1 ········· 046

第 2 章　导数与微分 ········· 049
2.1　导数的概念 ········· 049
2.2　导数的基本公式和运算法则 ········· 054
2.3　导数运算 ········· 057
2.4　微分 ········· 067
2.5　提示与提高 ········· 073
复习题 2 ········· 080

第 3 章　导数的应用 ········· 083
3.1　拉格朗日中值定理与函数的单调性 ········· 083
3.2　函数的极值与最值 ········· 087
3.3　曲线的凹凸与拐点 ········· 095
3.4　洛必达法则 ········· 100
3.5　提示与提高 ········· 103
复习题 3 ········· 111

第 4 章　不定积分 ········· 114
4.1　不定积分的概念与基本运算 ········· 114
4.2　换元积分法 ········· 119
4.3　分部积分法 ········· 129
4.4　有理函数的积分举例 ········· 133
4.5　提示与提高 ········· 137
复习题 4 ········· 147

第 5 章　定积分及其应用 ... 151
5.1　定积分的概念及性质 ... 151
5.2　微积分基本公式 ... 155
5.3　定积分的换元法与分部积分法 ... 160
5.4　广义积分 ... 164
5.5　定积分的应用 ... 167
5.6　提示与提高 ... 175
复习题 5 ... 190

第 6 章　常微分方程 ... 194
6.1　微分方程的概念 ... 194
6.2　一阶微分方程 ... 196
6.3　二阶微分方程 ... 207
6.4　提示与提高 ... 214
复习题 6 ... 227

第 7 章　向量代数与空间解析几何 ... 229
7.1　空间直角坐标系 ... 229
7.2　向量 ... 231
7.3　平面 ... 239
7.4　空间直线 ... 243
7.5　提示与提高 ... 245
复习题 7 ... 256

第 8 章　多元函数微积分 ... 259
8.1　多元函数的基本概念 ... 259
8.2　多元函数的导数 ... 263
8.3　全微分 ... 272
8.4　多元函数的极值和最值 ... 275
8.5　二重积分 ... 281
8.6　提示与提高 ... 296
复习题 8 ... 314

附录 ... 318
附录 A　常用数学公式 ... 318
附录 B　数学文摘与背景聚焦索引 ... 321
附录 C　MATLAB 在微积分中的数学实验 ... 322
附录 D　习题参考答案 ... 324

参考文献 ... 345

第1章　函数与极限

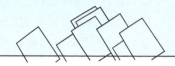

预备知识

区间

区间是高等数学中常用的实数集,包括四种**有限区间**和五种**无穷区间**.

1. 有限区间　设 a,b 为两个实数,且 $a<b$,则满足不等式 $a \leqslant x \leqslant b$ 的所有实数 x 的集合称为一个闭区间,记作

$$[a,b] = \{x \mid a \leqslant x \leqslant b\}$$

类似地,有开区间和半开区间

$$(a,b) = \{x \mid a < x < b\}$$
$$[a,b) = \{x \mid a \leqslant x < b\}$$
$$(a,b] = \{x \mid a < x \leqslant b\}$$

2. 无穷区间　满足不等式 $-\infty < x < +\infty$ 的所有实数 x 的集合称为无穷区间,记作

$$(-\infty, +\infty) = \{x \mid -\infty < x < +\infty\}$$

类似地,有半无穷区间

$$(a, +\infty) = \{x \mid a < x < +\infty\}$$
$$[a, +\infty) = \{x \mid a \leqslant x < +\infty\}$$
$$(-\infty, b) = \{x \mid -\infty < x < b\}$$
$$(-\infty, b] = \{x \mid -\infty < x \leqslant b\}$$

邻域

设 $\delta > 0$, x_0 为实数,则集合 $\{x \mid |x - x_0| < \delta\}$ 称为 x_0 的 δ 邻域. 由 $|x - x_0| < \delta$ 即 $x_0 - \delta < x < x_0 + \delta$ 可知, x_0 的 δ 邻域是以 x_0 为中心,长度为 2δ 的开区间 $(x_0 - \delta, x_0 + \delta)$.

> 骐骥一跃,不能十步;驽马十驾,功在不舍;锲而舍之,朽木不折;锲而不舍,金石可镂.
>
> ——战国荀子《劝学》

本章将在复习和加深函数有关知识的基础上着重讨论函数的极限,并介绍函数的连续性.

1.1 函数

函数是一种反映变量之间相依关系的数学模型.

在自然现象或社会现象中,往往同时存在几个不断变化的量,这些变量不是孤立的,而是相互联系并遵循一定的规律.函数就是描述这种联系的一个法则.比如,一个运动着的物体,它的速度和位移都是随时间变化而变化的,它们之间的关系就是一种函数关系.

1.1.1 函数的定义

定义 1 设 x,y 是两个变量,D 是给定的一个数集,若对于 D 中的每一个 x 值,根据某一法则 f,变量 y 都有唯一确定的值与它对应,那么,我们就说变量 y 是变量 x 的**函数**.记作

$$y=f(x), x\in D$$

式中 x 称为**自变量**,y 称为**因变量**.自变量 x 的变化范围 D 称为函数 $y=f(x)$ 的**定义域**,因变量 y 的变化范围称为函数 $y=f(x)$ 的**值域**.

为了便于理解,可以把函数想象成一个数字处理装置.当输入(定义域的)一个值 x,则有(值域的)唯一确定的值 $f(x)$ 输出,如图 1-1 所示。

由于函数除用符号 $f(x)$ 表示外,还常用 $g(x), F(x), G(x)$ 等符号表示,因此对应关系 f 只是一个符号,在不同函数中,f 表示的具体对应规律是不一样的.

函数的定义域、对应关系称为函数的两个要素.

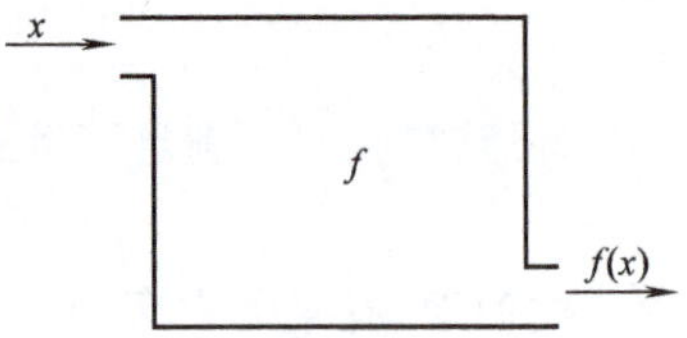

关于函数的定义域,在实际问题中应根据实际意义具体确定.如果讨论的是纯数学问题,则往往取使函数的表达式有意义的一切实数所组成的集合作为该函数的定义域.

图 1-1

例 1-1 求下列函数的定义域.

(1) $f(x)=\dfrac{1}{x(x-3)}$; (2) $f(x)=\sqrt{16-x^2}$;

(3) $f(x)=\sqrt{\ln(x-1)}$.

解 (1)要使分数 $\dfrac{1}{x(x-3)}$ 有意义,分母不能为零,所以 $x(x-3)\neq 0$,解得 $x\neq 0$ 且 $x\neq 3$,所以定义域为 $(-\infty,0)\cup(0,3)\cup(3,+\infty)$;

(2)在偶次方根式中,被开方式必须大于等于零,所以 $16-x^2\geq 0$,解得 $-4\leq x\leq 4$,所以定义域为 $[-4,4]$;

(3)在对数式中,真数必须大于零,即 $x-1>0, x>1$;又因为偶次方根式中,被开方式必须大于等于零,即 $\ln(x-1)\geq 0, x-1\geq 1, x\geq 2$. 所以定义域为 $[2,+\infty)$.

请思考:函数 $f(x)=\sqrt{16-x^2}+\dfrac{\sqrt{\ln(x-1)}}{x(x-3)}$ 的定义域是什么?(定义域应是上述几个例子定义域的交集。)

例 1-2 判断下列函数是否是同一函数.

(1) $y=x$ 与 $y=\dfrac{x^2}{x}$; (2) $y=x$ 与 $y=(\sqrt{x})^2$;

(3) $y=x$ 与 $y=\sqrt[3]{x^3}$; (4) $y=\lg x^2$ 与 $y=2\lg x$.

解 (1)不是同一函数.尽管它们的对应关系一样,但 $y=x$ 的定义域是 R,而 $y=\dfrac{x^2}{x}$ 的定义域是 $\{x|x\in R$,且 $x\neq 0\}$;

(2)不是同一函数.定义域不同,$y=x$ 的定义域是 R,而 $y=(\sqrt{x})^2$ 的定义域是 $[0,+\infty)$;

(3)是同一函数.定义域与值域都相同,因此是同一函数;

(4)不是同一函数.定义域不同,$y=\lg x^2$ 的定义域是 $x\neq 0$ 的全体实数,而 $y=2\lg x$ 的定义域是 $\{x|x>0\}$.

请思考:下列函数是否是同一函数?

(1)$f(x)=1$ 与 $g(x)=x^0(x\neq 0)$;

(2)$f(x)=1$ 与 $g(x)=\sin^2 x+\cos^2 x$;

(3)$y=f(x)$ 与 $x=f(y)$.

1.1.2 函数的表示法

常用的函数表示法有三种.

1. 表格法

将自变量的值与对应的函数值列成表的方法,称为表格法.如平方表、三角函数表等都是用表格法表示的函数关系.

如国际上常用恩格尔系数反映一个国家人民生活质量的高低,恩格尔系数越低,生活质量越高.表 1-1 是改革开放以来我国城镇居民部分年份恩格尔系数变化情况.

表 1-1 改革开放以来我国城镇居民部分年份恩格尔系数变化情况

年份	1978	1988	1998	2008	2015	2017	2019
恩格尔系数(%)	57.5	51.4	44.7	37.9	34.8	29.3	28.2

用列表法表示函数关系的优点是:不必通过计算就知道当自变量取某值时对应的函数值.

2. 图像法

在坐标系中用图形来表示函数关系的方法,称为图像法.

例如,改革开放 40 年我国 GDP 增速(%)与浙江省城镇居民人均可支配收入实际增速(%)比较如图 1-2 所示.根据曲线,就能知道某年我国 GDP 增速以及浙江省城镇居民人均可支配收入实际增速.

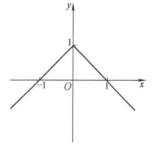

图 1-2

用图像法表示函数关系的优点是:能直观形象地表示出函数的变化情况.

3. 公式法

将自变量和因变量之间的关系用数学式子来表示的方法,称为公式法.这些数学式子也称为解析表达式,函数的解析表达式分三种,由此函数也可分为**显函数**、**隐函数**和**分段函数**.

(1)**显函数** 函数 y 由 x 的解析式直接表示出来.例如,$y=ax^2+bx+c(a\neq 0)$.

(2) 隐函数 函数的自变量 x 和因变量 y 的对应关系是由方程 $F(x,y)=0$ 来确定. 例如, $y-\sin(x+y)=0$; $x^2+y^2=r^2$.

(3) 分段函数 函数在其定义域的不同范围,具有不同的解析表达式.

例如,函数 $y=\begin{cases}-x+1 & x\geqslant 0\\ x+1 & x<0\end{cases}$

其图像如图 1-3 所示.

图 1-3

再如,符号函数 $\quad y=\operatorname{sgn}x=\begin{cases}1, & x>0\\ 0, & x=0\\ -1, & x<0\end{cases}$

其图像如图 1-4 所示.

有些分段函数也用一些特殊的符号来表示,比如,取整函数 $y=[x]$,其图像如图 1-5 所示,其中 $[x]$ 表示不大于 x 的最大整数,如 $[3.14]=3$; $[-0.2]=-1$.

需要注意的是:分段函数在整个定义域上是一个函数,而不是几个函数.

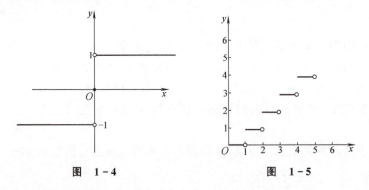

图 1-4　　　　　图 1-5

例 1-3 某地出租车收费标准:行程不超过 3 km 时,收费 11 元;行程超过 3 km,但不超过 10 km 时,在收费 11 元基础上,超过 3 km 的部分每 km 收费 2.2 元;超过 10 km 时,超过部分每 km 再加收 50% 的回程空驶费,问:

(1) 求车费 y(元)与路程 x(km)之间的函数;

(2) 乘客乘车 20km,需付费多少元;

(3) 某乘客下车时付费 16.28 元,问乘车路程 x_0 是多少 km.

解 根据计费方式对路程进行分段,依题意列表 1-2:

表 1-2 路程与车费关系

路程 x(km)	$0<x\leqslant 3$	$3<x\leqslant 10$	$x>10$
车费 y(元)	11	$11+2.2(x-3)$	$11+(10-3)\times 2.2+2.2(1+0.5)(x-10)$

(1) 故车费 y(元)与路程 x(km)之间的函数关系式为

$$y=\begin{cases} 11, & 0<x\leqslant 3 \\ 4.4+2.2x, & 3<x\leqslant 10 \\ 3.3x-6.6, & x>10 \end{cases}$$

(2) 由于 $20\in(10,+\infty)$,故乘客乘车 20km 所需车费为

$$y=11+(10-3)\times 2.2+22(1+0.5)=59.4(元)$$

(3) 由函数关系式可知,路程 $x_0\in(0,10]$,所以

$$11+2.2(x-3)=16.28$$
$$x=5.4(\text{km})$$

所求路程 x_0 为 5.4km.

背景聚焦

你知道历史上的某一天是星期几吗?

历史上的某一天究竟是星期几? 这是一个有趣的计算问题,你们一定很想知道它的计算方法. 不过,要了解这一点,先得从闰年的设置讲起.

由于一个回归年不是恰好 365 日,而是 365 日 5 小时 48 分 46 秒(或 365.2422 日). 为了防止这多出的 0.2422 日积累起来,造成新年逐渐往后推移,因此每隔 4 年便设置一个闰年,这一年的二月从普通的 28 天改为 29 天. 这样闰年便有 366 天. 不过,这样补也不刚好,每百年差不多又多补了一天,因此又规定:遇到年数为"百年"的不设闰,扣回一天. 这就是常说的"百年 24 闰". 但是,百年扣一天还是不刚好,又需要每四百年再补回来一天,因此又规定:公元年数为 400 倍数者设闰. 这样补来扣去,终于刚好! 例如,1976、1988 这些年数被 4 整除的年份为闰年,而 1900、2100 这些年则不设闰,2000 年的年数恰能被 400 整除,又要设闰,如此等等.

我们可以根据设闰的规律,推算出在公元 x 年第 y 天是星期几. 这里变量 x 是公元的年数,变量 y 是从这一年的元旦,算到这一天为止(包含这一天)的天数.

数学家已为我们找到了这样的公式(利用整函数).

$$n=x-1+\left[\frac{x-1}{4}\right]-\left[\frac{x-1}{100}\right]+\left[\frac{x-1}{400}\right]+y$$

按上式求出 n 后,除以 7,如果恰能除尽,则这一天为星期日;否则,余数为几,则为星期几.

例如 1961 年 6 月 24 日,容易算出 $x-1=1960$,而 $y=175$. 代入公式得

$$n = 1960 + \left[\frac{1960}{4}\right] - \left[\frac{1960}{100}\right] + \left[\frac{1960}{400}\right] + 175$$
$$= 1960 + 490 - 19 + 4 + 175 = 2610$$

而 2610 除以 7 余 6. 也就是说,这一天是星期六.

1.1.3 函数的几种特性

1. 函数的奇偶性

设函数 $y=f(x)$ 的定义域 D 关于原点对称,且对任意 $x\in D$ 均有 $f(-x)=f(x)$,则称函数 $f(x)$ 为**偶函数**;若对任意 $x\in D$ 均有 $f(-x)=-f(x)$,则称函数 $f(x)$ 为**奇函数**. 偶函数的图像关于 y 轴对称,如图 1-6a 所示;奇函数的图像关于原点对称,如图 1-6b 所示.

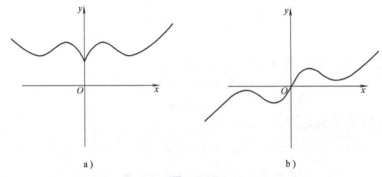

图 1-6

例 1-4 判断下列函数的奇偶性.

(1) $f(x)=3x^4-5x^2+7$;

(2) $f(x)=2x^2+\sin x$;

(3) $f(x)=\frac{1}{2}(a^{-x}-a^x)(a>0, a\neq 1)$.

解 由定义可知,三个函数的定义域都是 $(-\infty,+\infty)$,是关于原点对称的.

(1) $f(-x)=3(-x)^4-5(-x)^2+7=3x^4-5x^2+7=f(x)$,

所以, $f(x)=3x^4-5x^2+7$ 是偶函数;

(2) $f(-x)=2(-x)^2+\sin(-x)=2x^2-\sin x\neq f(x)$,

所以, $f(x)=2x^2+\sin x$ 是非奇非偶函数;

(3) $f(-x)=\frac{1}{2}(a^{-(-x)}-a^{-x})=\frac{1}{2}(a^x-a^{-x})=-\frac{1}{2}(a^{-x}-a^x)=-f(x)$,

所以, $f(x)=\frac{1}{2}(a^{-x}-a^x)$ 为奇函数.

请思考:

举例说明下列说法是否正确:(1)两个奇函数之和是奇函数;(2)两个偶函数之和是偶函数;(3)奇函数与偶函数之和是非奇非偶函数;(4)两个奇函数的乘积是偶函数;(5)两个偶函数的乘积是偶函数;(6)奇函数与偶函数的乘积是奇函数.

2. 函数的单调性

若函数 $y=f(x)$ 区间 (a,b) 内的任意两点 x_1,x_2,当 $x_2>x_1$ 时,有 $f(x_2)>f(x_1)$,则称此函数在区间 (a,b) 内**单调增加**;若有 $f(x_2)<f(x_1)$,则称此函数在区间 (a,b) 内**单调减少**. 单调增加的函数与单调减少的函数统称为**单调函数**.

单调增加函数的图像是沿 x 轴正向逐渐上升的,如图 1-7a 所示;单调减少函数的图像是沿 x 轴正向逐渐下降的,如图 1-7b 所示.

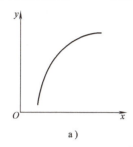
a)
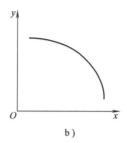
b)

图 1-7

3. 函数的有界性

设 D 是函数 $y=f(x)$ 的定义域,若存在一个正数 M,使得对一切 $x\in D$,都有 $|f(x)|\leqslant M$,则称函数 $f(x)$ 是有界函数,否则称函数 $f(x)$ 为无界函数.

函数 $y=f(x)$ 在区间 (a,b) 内有界的几何意义是:曲线 $y=f(x)$ 在 (a,b) 区间内的图像被限制在 $y=-M$ 和 $y=M$ 两条直线之间,如图 1-8 所示.

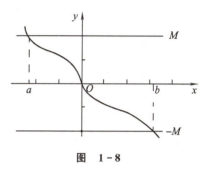

图 1-8

对于函数的有界性,要注意以下几点:

(1) 有界函数的界并不是唯一的.

例如,$f(x)=\sin x$ 在 $(-\infty,+\infty)$ 内是有界的,有 $|\sin x|\leqslant 1$,但我们也可以取 $M=2$,即 $|\sin x|<2$ 总是成立的,实际上 M 可以取任何大于 1 的数.

(2) 有界性是依赖于区间的. 例如,$f(x)=\dfrac{1}{x}$ 在区间 $(0,1)$ 内是无界的,而在区间 $(1,2)$ 内是有界的.

请思考:我们以前学过哪些有界函数?

例 1-5 判断函数 $f(x)=\dfrac{x\cos x}{1+x^2}$ 的有界性.

解 因为 $1+x^2\geqslant 2x$,$|\cos x|\leqslant 1$ 故

$$|f(x)|=\left|\dfrac{x\cos x}{1+x^2}\right|\leqslant\left|\dfrac{x}{1+x^2}\right|\leqslant\left|\dfrac{x}{2x}\right|=\dfrac{1}{2}$$

所以,$f(x)$ 是有界函数.

4. 函数的周期性

对于函数 $y=f(x)$,若存在常数 $T>0$,使得对一切 $x\in D$,皆有 $f(x)=f(x+T)$ 成立,则称函数 $f(x)$ 为周期函数. 大家熟悉的三角函数就是周期函数. 其实,在实际应用中会遇到

许多周期函数,如电学中的矩形波(见图 1-9)、锯齿波(见图1-10)等.

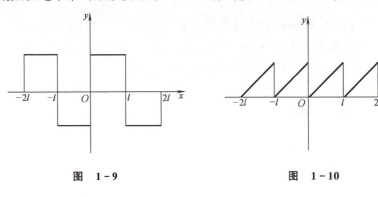

图 1-9　　　　　　　　　　图 1-10

请思考: 我们以前还学过哪些周期函数?

1.1.4 反函数

例如,在函数 $y=2x(x\in R)$ 中,x 是自变量,y 是 x 的函数;由 $y=2x$ 可以得到 $x=\dfrac{y}{2}$ ($y\in R$),y 是自变量,x 是 y 的函数,此时我们说函数 $x=\dfrac{y}{2}$ 是函数 $y=2x$ 的反函数.

一般地,函数 $y=f(x)$ ($x\in D$) 中,设它的值域为 M。我们根据这个函数中 x,y 的关系,用 y 把 x 表示出来,得到 $x=\varphi(y)$.如果对于 y 在 M 中的任何一个值,通过 $x=\varphi(y)$,x 在 D 中都有唯一的值和它对应,那么 $x=\varphi(y)$ 就表示 y 是自变量,x 是 y 的函数,这样的函数 $x=\varphi(y)$ ($y\in M$) 叫做函数 $y=f(x)$ ($x\in D$) 的反函数,记作 $x=f^{-1}(y)$.

在函数 $x=f^{-1}(y)$ 中,y 是自变量,x 表示函数.但在习惯上,我们一般用 x 表示自变量,y 表示函数,为此我们常常对调 $x=f^{-1}(y)$ 中的字母 x、y,把它们改写成 $y=f^{-1}(x)$.我们称 $y=f^{-1}(x)$ 是函数 $y=f(x)$ 的矫形反函数,简称反函数(今后凡不特别说明,函数 $f(x)$ 的反函数都采用这种经过改写的形式).而 $x=f^{-1}(y)$ 为 $y=f(x)$ 的直接反函数,$y=f^{-1}(x)$ 是 $y=f(x)$ 的反函数.

例如,$y=2x$ 的直接反函数为 $x=\dfrac{y}{2}$,反函数为 $y=\dfrac{x}{2}$.

定义 2 给定函数 $y=f(x)$,如果把 y 作为自变量,x 作为因变量,则由关系式 $y=f(x)$ 所确定的函数 $x=\varphi(y)$ 称为函数 $y=f(x)$ 的反函数,而 $y=f(x)$ 称为直接函数.习惯上总是用 x 表示自变量,y 表示因变量,因此 $y=f(x)$ 的反函数 $x=\varphi(y)$ 通常也写成 $y=\varphi(x)$.函数 $y=\varphi(x)$ 与函数 $y=f(x)$ 的图像关于直线 $y=x$ 对称.

例 1-6 求函数 $y=x^3-1$ 的反函数.

解 因为 $y=x^3-1$,所以 $x=\sqrt[3]{y+1}$,再改写为 $y=\sqrt[3]{x+1}$,函数的图像如图 1-11 所示.

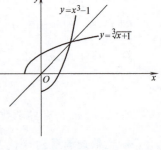

图 1-11

请思考: $y=x^2$ 和它的反函数 $y=\sqrt{x}$ 的图像有关系吗?

1.1.5 基本初等函数

微积分的研究对象主要是初等函数,而初等函数是由基本初等函数构成的. 基本初等函数包括:常值函数、幂函数、指数函数、对数函数、三角函数和反三角函数六大类. 虽然大部分函数在中学已经学过,但我们在这里对它们重新分类,并重点掌握它们的定义域、值域、图像和性质.

1. 常值函数 $y=C$(C 是任意实数)

它的定义域是$(-\infty,+\infty)$,由于无论 x 取何值,都有 $y=C$,所以,它的图像是过点$(0,C)$,平行于 x 轴的一条直线,如图 1-12 所示. 它是偶函数.

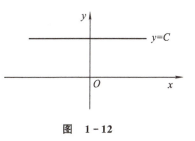

图 1-12

2. 幂函数 $y=x^u$(u 为实数)

当 $u>0$ 时,取 $u=1、2、3、\dfrac{1}{2}、\dfrac{1}{3}$,我们可以看到函数图像通过原点$(0,0)$和点$(1,1)$,在$(0,+\infty)$内单调增加且无界,如图 1-13 所示.

当 $u<0$ 时,取 $u=-\dfrac{1}{2}、-1、-2$,我们可以看到图像不过原点,但仍通过$(1,1)$,在$(0,+\infty)$内单调减少,无界,如图 1-14 所示.

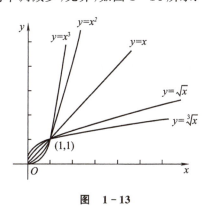

图 1-13

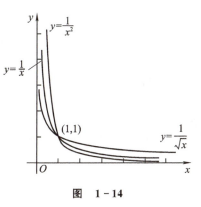

图 1-14

3. 指数函数 $y=a^x$($a>0,a\neq 1,a$ 为常数)

它的定义域为$(-\infty,+\infty)$,由于无论 x 取何值,总有 $a^x>0$,且 $a^0=1$,因此指数函数的图像全部在 x 轴上方,且通过点$(0,1)$,也就是说,它的值域是$(0,+\infty)$.

例如,画出 $y=2^x$,$y=\left(\dfrac{1}{2}\right)^x=2^{-x}$ 的图像. 从图 1-15 中可以看出,$y=2^x$ 的图像与 $y=2^{-x}$ 的图像关于 y 轴对称.

对于指数函数,当 $a>1$ 时,函数单调增加且无界,曲线以 x 轴负半轴为渐近线;当 $0<a<1$ 时,函数单调减少且无界,曲线以 x 轴正半轴为渐近线.

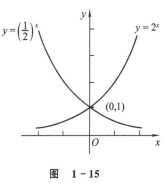

图 1-15

4. 对数函数 $y=\log_a x (a>0, a\neq 1, a$ 为常数$)$

"对数源于指数",即对数函数 $y=\log_a x$ 是指数函数 $y=a^x$ 的反函数,因此对数函数与指数函数的图像关于直线 $y=x$ 对称.

例如,在同一坐标系画出下列函数的图像.

(1) $y=2^x$ 与 $y=\log_2 x$; (2) $y=\left(\dfrac{1}{2}\right)^x$ 与 $y=\log_{\frac{1}{2}} x$.

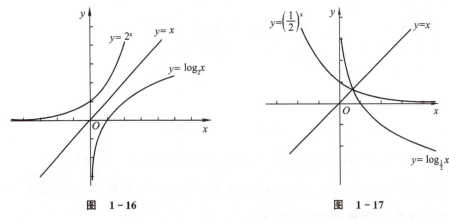

图 1-16　　　　　　　　　图 1-17

从函数 $y=2^x$ 与 $y=\log_2 x$ 的图像(见图 1-16)和函数 $y=\left(\dfrac{1}{2}\right)^x$ 与 $y=\log_{\frac{1}{2}} x$ 的图像(见图 1-17)可以看出,它们关于直线 $y=x$ 对称.

因此,对数函数的定义域是 $(0,+\infty)$,图像全部在 y 轴的右方,值域是 $(-\infty,+\infty)$,无论 a 取何值,曲线都通过点 $(1,0)$.

当 $a>1$ 时,函数单调增加且无界,曲线以 y 轴负半轴为渐近线;当 $0<a<1$ 时,函数单调减少且无界,曲线以 y 轴正半轴为渐近线.

通常将以 10 为底的对数函数叫做**常用对数函数**,记作 $y=\log_{10} x=\lg x$;以无理数 $e=2.718\,281\,8\cdots$ 为底的对数函数 $y=\log_e x$ 叫做**自然对数函数**,记作 $y=\log_e x=\ln x$,自然对数函数是微积分中常用的函数.

对数函数常用的性质: $\ln ab=\ln a+\ln b, \ln\dfrac{a}{b}=\ln a-\ln b, \ln a^b=b\ln a$.

5. 三角函数

三角函数包括下面六个函数:

(1) 正弦函数　$y=\sin x$;

(2) 余弦函数　$y=\cos x$;

(3) 正切函数　$y=\tan x$;

(4) 余切函数　$y=\cot x$;

(5) 正割函数　$y=\sec x=\dfrac{1}{\cos x}$;

(6) 余割函数　$y=\csc x=\dfrac{1}{\sin x}$.

在微积分中,三角函数的自变量 x 采用弧度制,弧度与角度的换算公式:
$$1\text{rad}=\left(\frac{180}{\pi}\right)^\circ\approx 57.3^\circ=57^\circ 18'$$
下面分别介绍一下四个三角函数的特点和性质.

(1)正弦函数 $y=\sin x$.

它的定义域为 $(-\infty,+\infty)$,值域为 $[-1,1]$,当 $x=\frac{\pi}{2}+2k\pi(k\in Z)$ 时,正弦函数取得最大值1,当 $x=-\frac{\pi}{2}+2k\pi(k\in Z)$ 时,正弦函数取得最小值 -1,它是奇函数,以 2π 为周期的周期函数,有界函数,它的图像如图 1-18 所示。

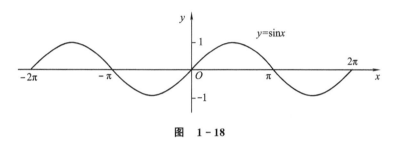

图 1-18

(2)余弦函数 $y=\cos x$.

它的定义域为 $(-\infty,+\infty)$,值域为 $[-1,1]$,当 $x=2k\pi(k\in Z)$ 时,余弦函数取得最大值1,当 $x=2k\pi+\pi(k\in Z)$ 时,余弦函数取得最小值 -1,它是偶函数,以 2π 为周期的周期函数,有界函数,它的图像如图 1-19 所示。

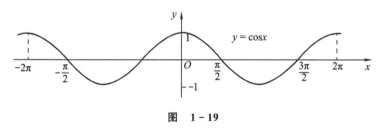

图 1-19

(3)正切函数 $y=\tan x$.

它的定义域为 $\{x|x\neq\frac{\pi}{2}+k\pi\}$ $(k=0,\pm 1,\pm 2,\cdots)$,值域为 $(-\infty,+\infty)$。它以 π 为周期,在每个周期内单调增加,以直线 $x=\frac{\pi}{2}+k\pi(k=0,\pm 1,\pm 2,\cdots)$ 为渐近线,它的图像如图 1-20 所示.

(4)余切函数 $y=\cot x$.

它的定义域为 $\{x|x\neq k\pi\}$ $(k=0,\pm 1,\pm 2,\cdots)$,值域为 $(-\infty,+\infty)$。它以 π 为周期,在每个周期内单调减少,以直线 $x=k\pi$ $(k=0,\pm 1,\pm 2,\cdots)$ 为渐近线,它的图像如图 1-21 所示.

关于函数 $y=\sec x$ 和 $y=\csc x$,我们不作讨论,只需知道 $\sec x=\frac{1}{\cos x}$,$\csc x=\frac{1}{\sin x}$.

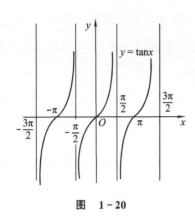

图 1-20

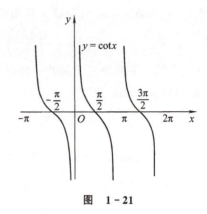

图 1-21

6. 反三角函数

常用的反三角函数有四个：

(1) 反正弦函数 $y = \arcsin x$；

(2) 反余弦函数 $y = \arccos x$；

(3) 反正切函数 $y = \arctan x$；

(4) 反余切函数 $y = \operatorname{arccot} x$。

它们是作为相应三角函数的反函数定义出来的。

$y = \arcsin x$ 的含义是正弦值等于 x 的角。与三角函数相反，这里自变量 x 表示正弦值，而 y 则表示角，准确地说是角的弧度数。例如，$y = \arcsin \frac{1}{2}$ 表示正弦值为 $\frac{1}{2}$ 的角，我们知道 $\frac{\pi}{6}$ 的正弦值是 $\frac{1}{2}$，所以有 $y = \arcsin \frac{1}{2} = \frac{\pi}{6}$。但实际上，$y = 2k\pi + \frac{\pi}{6} (k = 0, \pm 1, \pm 2, \cdots)$ 的正弦值都是 $\frac{1}{2}$，这与我们前面讲的函数的定义不符合，为了避免 $y = \arcsin x$ 的多值性，我们限定了一个区间 $\left[-\frac{\pi}{2}, \frac{\pi}{2}\right]$，叫作反正弦函数的**主值区间**。在这个区间内，自变量 x 与函数值 y 之间建立了一一对应的关系。

类似地，其他几种反三角函数都规定了相应的主值区间，保证了它们的单值性。当然，由于函数的性质不同，它们的主值区间范围不同。今后在本书中凡不做特殊说明的反三角函数都是指在它们主值区间内。

下面讨论四个反三角函数的特点和性质。

(1) $y = \arcsin x$。

它的定义域为 $[-1, 1]$，值域为 $\left[-\frac{\pi}{2}, \frac{\pi}{2}\right]$，它是单调增函数，奇函数，有界函数，它的图像如图 1-22 所示。

(2) $y = \arccos x$。

它的定义域为 $[-1, 1]$，值域为 $[0, \pi]$，它是单调减函数，有界函数，它的图像如图 1-23 所示。

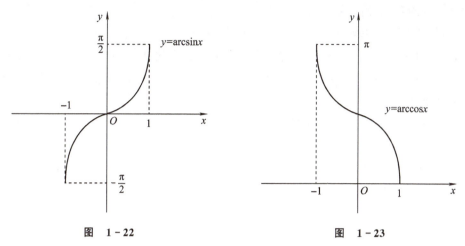

图 1-22　　　　　　　　　　　　图 1-23

(3) $y=\arctan x$.

它的定义域为 $(-\infty,+\infty)$，值域为 $\left(-\dfrac{\pi}{2},\dfrac{\pi}{2}\right)$，它是单调增函数，奇函数，有界函数，它的图像如图 1-24 所示.

(4) $y=\operatorname{arccot} x$.

它的定义域为 $(-\infty,+\infty)$，值域为 $(0,\pi)$，它是单调减函数，有界函数，它的图像如图 1-25 所示.

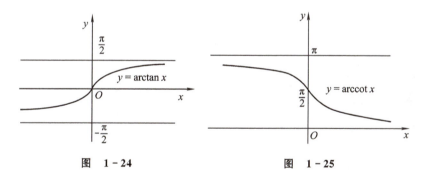

图 1-24　　　　　　　　　　　　图 1-25

1.1.6　复合函数

定义 3　设 y 是 u 的函数 $y=f(u)$，u 是 x 的函数 $u=\varphi(x)$. 当 x 在某一区间上取值时，如果 $u=\varphi(x)$ 的值域全部或其部分包含在 $y=f(u)$ 的定义域中，则 y 通过中间变量 u 构成 x 的函数，称为 x 的**复合函数**，记作

$$y=f[\varphi(x)]$$

其中，x 是自变量，u 称作中间变量。

如前所述，若函数能被想象成一个数字处理装置，那么复合函数也能被想象成若干个简单的数字处理装置串联起来形成的一个复杂的数字处理装置，如图 1-26 所示，其中 $g(x)$ 既是第一台装置的输出，又是第二台装置的输入.

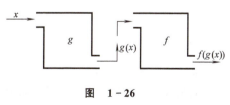

图 1-26

对于复合函数,我们做如下说明:

(1)不是任何两个函数都可以复合成一个复合函数.

例如,$y=\lg u,u=-\sqrt{x-1}$就不能复合成一个复合函数,因为$u=-\sqrt{x-1}$值域中的任何一个值都不可能落在$y=\lg u$的定义域$(0,+\infty)$内,所以$y=\lg u$与$u=-\sqrt{x-1}$不能复合成一个复合函数.

(2)复合函数不仅可以由两个函数复合而成,还可以由两个以上的函数复合而成. 例如,$y=\ln(x+\sqrt{1+x^2})$就是由$y=\ln u,u=x+v,v=\sqrt{w},w=1+x^2$四个函数复合而成的,其中$u,v,w$都是中间变量.

例 1-7 设$y=f(u)=\sin u,u=g(x)=x^2+1$,求$f(g(x))$.

解 $f(g(x))=\sin u=\sin(x^2+1)$

例 1-8 设$y=f(u)=\sqrt{u},u=g(t)=e^t,t=\varphi(x)=x^3$,求$f(g(\varphi(x)))$.

解 $f(g(\varphi(x)))=\sqrt{u}=\sqrt{e^t}=\sqrt{e^{x^3}}$

例 1-9 设$y=f(u)=\arctan u,u=g(t)=\dfrac{1}{\sqrt{t}},t=\varphi(x)=x^2-1$,求$f(g(\varphi(x)))$.

解 $f(g(\varphi(x)))=\arctan u=\arctan\dfrac{1}{\sqrt{t}}=\arctan\dfrac{1}{\sqrt{x^2-1}}$

例 1-10 已知$f(x)=\dfrac{1}{\sqrt{x^2+1}}$,求$f(f(x))$.

解 $f(f(x))=\dfrac{1}{\sqrt{f^2(x)+1}}=\dfrac{1}{\sqrt{\dfrac{1}{x^2+1}+1}}=\dfrac{\sqrt{x^2+1}}{\sqrt{x^2+2}}$

例 1-11 分析函数$y=\sin x^2$的复合结构.

解 所给函数是由$y=\sin u,u=x^2$复合而成.

例 1-12 分析函数$y=\tan^2\dfrac{x}{2}$的复合结构.

解 所给函数是由$y=u^2,u=\tan t,t=\dfrac{x}{2}$复合而成.

例 1-13 分析函数$y=e^{\arcsin\sqrt{x^2-1}}$的复合结构.

解 所给函数是由$y=e^u,u=\arcsin v,v=\sqrt{t},t=x^2-1$复合而成.

例 1-14 分析函数$y=\dfrac{1}{\ln(1+\sqrt{1+x^2})}$的复合结构.

解 所给函数是由$y=\dfrac{1}{u},u=\ln v,v=1+\sqrt{t},t=1+x^2$复合而成.

例 1-15 分析函数$y=\sqrt[3]{\arctan\cos 2^{2x}}$的复合结构.

解 所给函数是由$y=\sqrt[3]{u},u=\arctan v,v=\cos s,s=2^t,t=2x$复合而成.

定义 4 由基本初等函数及常数经过有限次四则运算及复合所得到的函数都是**初等函数**. 例如,函数$y=\sqrt{\dfrac{1+x}{1-x}},y=\arcsin[\cos^2(x^3+x)]$. 都是初等函数. 而$y=1+x+x^2+x^3+$

……不满足有限次运算,所以不是初等函数.

一般来说,初等函数都可以用一个解析式表示. 分段函数 $y=\begin{cases} 1, & x>0; \\ 0, & x=0; \\ 2, & x<0. \end{cases}$ 一般都不是初等函数.

习 题 1-1

1. 求下列函数的定义域:

(1) $y=\dfrac{1}{x^3-7x+6}$;

(2) $y=\sqrt{x+1}$;

(3) $y=\dfrac{x}{\sqrt{x^2-1}}$;

(4) $y=\dfrac{\sqrt{4-x^2}}{x^2-1}$;

(5) $y=\dfrac{1}{\ln\ln x}$;

(6) $y=\arcsin\dfrac{2x^2+1}{x^2+5}$;

(7) $y=\sqrt{\ln(x-1)}$;

(8) $y=\arccos\dfrac{2x+1}{5}+\sqrt{x+1}$;

(9) $y=\dfrac{\ln(x-3)+\ln(7-x)}{\sqrt{(x-2)(x-4)(x-6)}}$.

2. 已知 $f(x)$ 的定义域为 $(-2,3)$, 求 $f(x+1)+f(x-1)$ 的定义域.

3. 设 $f(x)=\begin{cases} \sqrt{x-1} & x\geq 1 \\ x^2 & x<1 \end{cases}$, 作出 $f(x)$ 的图像, 并求 $f(5), f(-2)$ 的值.

4. 设 $f(\sin x)=\sin 3x-\sin x$, 求 $f(x)$.

5. 设 $f\left(x+\dfrac{1}{x}\right)=\dfrac{1}{x^2}+x^2$, 求 $f(x)$.

6. 求下列函数的反函数:

(1) $y=\dfrac{1}{x^2}$ $(x>0)$;

(2) $y=\dfrac{1-x}{1+x}$;

(3) $y=\dfrac{e^x-e^{-x}}{2}$.

7. 已知 $f(x)$ 在区间 $(-\infty,+\infty)$ 上是奇函数, 当 $x>0$ 时, $f(x)=x^2+1$, 试写出 $f(x)$ 在 $(-\infty,+\infty)$ 上的函数表达式并作图.

8. 判断下列函数的奇偶性:

(1) $y=\dfrac{1}{x^5}$;

(2) $y=\dfrac{e^x-e^{-x}}{2}$;

(3) $y=\dfrac{x\cos x}{x^2+1}$;

(4) $y=e^{x^2}$;

(5) $y=\ln\left(x+\sqrt{1+x^2}\right)$.

9. 求下列函数的周期:

(1) $y=\sin\dfrac{1}{2}x$;

(2) $y=2+\cos 3x$;

(3) $y=\sin x\cos x$.

10. 设 $f(x)=\dfrac{1}{1-x}$, 求 $f(f(x))$.

11. 分析下列函数的复合结构：

(1) $y=(1-x)^3$；

(2) $y=\sin^2 x$；

(3) $y=e^{\sqrt{2+x^2}}$；

(4) $y=\ln\arcsin\dfrac{1}{1+x}$；

(5) $y=\arcsin\sqrt{\cos x}$；

(6) $y=\ln\ln x$；

(7) $y=\tan^3(e^{3x})$；

(8) $y=\arctan\sqrt{\ln(1+x^2)}$.

1.2 极限

极限是微积分的重要基本概念之一．微积分的许多概念都是用极限表述的，一些重要的性质和法则也是通过极限方法推导的，因此，掌握极限的概念、性质和计算是学好微积分的基础．下面先看两个引例．

引例 1 确定圆周长就是一个求极限的过程．我国魏晋时期杰出的数学家刘徽（约公元 225—295）在公元 263 年创立了"割圆术"，解决了当时的数学难题——求圆的周长．他借助圆内接正多边形的周长，得出圆的周长，具体作法是：如图 1-27 所示，作圆的内接正六边形；再平分每条边对应的弧，作圆的内接正十二边形；用同样的方法继续作圆的内接正二十四边形，正四十八边形……

设圆的半径为 r，圆内接正 n 边形边长为 l_n，周长为 L_n．将边数加倍后，得到圆内接正 $2n$ 边形，其边长、周长分别为 l_{2n}、L_{2n}，若当 l_n 已知，由勾股定理求出 l_{2n}，可得

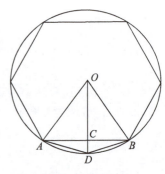

图 1-27

$$l_{2n}=AD=\sqrt{AC^2+CD^2}$$
$$=\sqrt{\left(\dfrac{1}{2}AB\right)^2+(OD-OC)^2}=\sqrt{\left(\dfrac{1}{2}l_n\right)^2+\left(r-\sqrt{r^2-\left(\dfrac{1}{2}l_n\right)^2}\right)^2}$$

随着圆内接正多边形边数的无限增加，圆内接正多边形的周长与圆的周长的差别无限减少，当边的数量相当大，所对应边就相当小，以至于小到不能再小时，多边形的周长就无限地接近于圆的周长．正如刘徽所说："割之弥细，所失弥少．割之又割，以至不可割，则与圆周合体而无所失矣．"这种"割圆术"所运用的数学思想，正是我们要学习的极限思想，即用无限逼近的方式来研究数量的变化趋势的思想．

引例 2 如图 1-28 所示，计算由曲线 $y=x^2$ 和直线 $x=1$，$y=0$ 围成的曲边三角形的面积．

如图 1-29 所示，首先用 $0, \dfrac{1}{n}, \dfrac{2}{n}, \cdots, \dfrac{n-1}{n}, 1$ 把区间 $[0,1]$ 分成 n 等份，每个小区间的长度为 $\dfrac{1}{n}$．过各分点作垂直于 x 轴的直线段，将曲边三角形分成 $n-1$ 个小曲边梯形，并在每一份上作出左上角碰到曲线的矩形，则每个小矩形的面积为

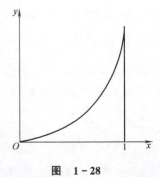

图 1-28

$$\frac{1}{n}\left(\frac{i-1}{n}\right)^2 \quad (i=2,3,\cdots,n)$$

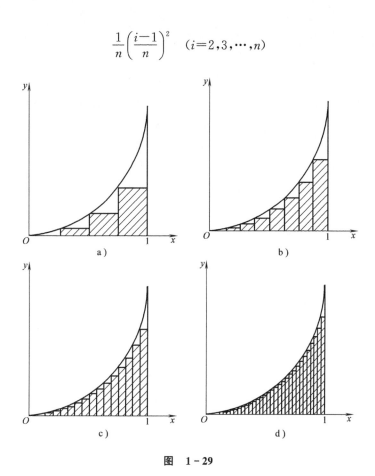

图 1-29

所有小矩形面积的和 A_n 可认为是所求曲边三角形面积 A 的近似值，即

$$A_n = \frac{1}{n}\left(\frac{1}{n}\right)^2 + \frac{1}{n}\left(\frac{2}{n}\right)^2 + \cdots + \frac{1}{n}\left(\frac{n-1}{n}\right)^2$$

$$= \frac{1}{n^3}[1^2 + 2^2 + \cdots + (n-1)^2]$$

$$= \frac{1}{n^3} \frac{(n-1)n(2n-1)}{6}$$

$$= \frac{1}{6}\left(1-\frac{1}{n}\right)\left(2-\frac{1}{n}\right)$$

显然 n 越大，上式的近似程度越好，当 n 无限增大时，$\frac{1}{n}$ 无限接近零. 因此 A_n 无限接近 $\frac{1}{3}$，$\frac{1}{3}$ 即为所求曲边三角形的面积.

上述解题过程就是应用极限的思想和方法进行计算的过程.

在数学中，极限的概念和思想非常重要. 研究变量在无限变化中的变化趋势，从有限中认识无限，从近似中认识精确，从量变中认识质变，都要用到极限. 在本章中我们将学习数列的极限和函数的极限等概念及有关运算法则，并利用极限讨论函数的连续性.

1.2.1 数列的极限

1. 数列

自变量为正整数的函数 $u_n = f(n)$ ($n=1,2,3,\cdots$),其函数值按自变量 n 由小到大的顺序排列成一列数,

$$u_1, u_2, u_3, \cdots$$

称为**数列**.记作 $\{u_n\}$,其中 u_n 为数列 $\{u_n\}$ 的通项或一般项,经常把数列 $\{u_n\}$ 简称为数列 u_n.如果数列 $u_n = f(n)$ 中的项数 $n \to \infty$ 时,我们称之为无穷数列;如果数列 $u_n = f(n)$ 中的 n 只是一个具体数值,我们称之为有穷数列.

观察下面数列 $\{y_n\}$ 的变化趋势.

(1) $2, \dfrac{1}{2}, \dfrac{4}{3}, \dfrac{3}{4}, \cdots, \dfrac{n+(-1)^{n-1}}{n}, \cdots$

(2) $\dfrac{1}{2}, \dfrac{2}{3}, \dfrac{3}{4}, \dfrac{4}{5}, \cdots, \dfrac{n}{n+1}, \cdots$

(3) $\dfrac{1}{2}, \dfrac{1}{3}, \dfrac{1}{4}, \dfrac{1}{5}, \cdots, \dfrac{1}{n+1}, \cdots$

(4) $1, -1, 1, -1, \cdots, (-1)^{n-1}, \cdots$

如图 1-30 所示,当 n 无限增大时,数列(1)、(2)无限地趋近于 1,数列(3)无限地趋近于 0,这种现象就是下面给出的数列极限的定义所描述的现象.

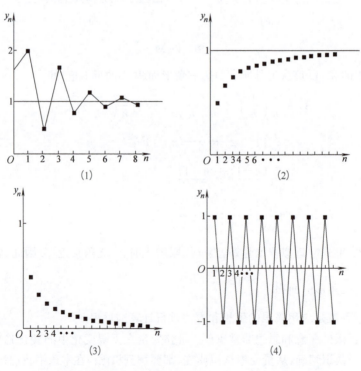

图 1-30

2. 数列极限

定义 5　对于数列 $\{y_n\}$，如果当 n 无限增大时，y_n 无限接近于某个常数 A，那么这个常数 A 就叫作数列 $\{y_n\}$ 当 $n \to \infty$ 时的**极限**，记作 $\lim\limits_{n\to\infty} y_n = A$.

若数列 $\{y_n\}$ 的极限为 A，我们也称数列 $\{y_n\}$ 收敛于 A，并将数列称为**收敛数列**，否则称为**发散数列**. 例如数列 (4) 就为发散数列，因为当 n 无限增大时，数列 (4) 没有无限地趋近于某一值，而是在 1 和 -1 之间来回摆动.

容易看出，**有极限的数列都是有界的**，但反之未必. 例如数列 (4) 是有界的，但它没有极限.

有了数列极限的定义，上述数列 (1)、(2)、(3) 的极限可表示为

$$\lim_{n\to\infty} \frac{n+(-1)^{n-1}}{n} = 1,\ \lim_{n\to\infty} \frac{n}{n+1} = 1,\ \lim_{n\to\infty} \frac{1}{n+1} = 0$$

下面不加证明地给出几个常用数列的极限（见表 1-3）.

表　1-3

$\lim\limits_{n\to\infty} q^n = 0\ (|q|<1)$	$\lim\limits_{n\to\infty} \sqrt[n]{a} = 1\ (a>0)$
$\lim\limits_{n\to\infty} \sqrt[n]{n} = 1$	$\lim\limits_{n\to\infty} \dfrac{a^n}{n!} = 0$
$\lim\limits_{n\to\infty} \dfrac{\log_a n}{n} = 0\ (a>1)$	$\lim\limits_{n\to\infty} \dfrac{n^k}{a^n} = 0\ (a>1, k\text{ 是常数})$

背景聚焦

你知道在分形几何中的 Koch 雪花吗？

1904 年瑞典科学家 Koch 描述了这样一段奇特而又有趣的事件：一个边长为 a 的正三角形，将每边三等分，以中间三分之一段为边向外再作正三角形，小三角形在三个边的出现使得原三角形变成了一个六角形，六角形共有 12 个边，再在六角形的 12 个边上以与上述同样的方法，构造一个新的 48 边形. 如此无穷次作下去，其边缘的构造越来越精细，看上去就像一片雪花，如图 1-31 所示，所以也称为 Koch 雪花. 上述方法构造的曲线称为 Koch 曲线.

图　1-31

你想知道最终 Koch 雪花的面积和 Koch 曲线的周长是多少吗？让我们来算一算.

假设最初的正三角形边长为 1，则其周长为 $L_1 = 3$，面积为 $A_1 = \dfrac{\sqrt{3}}{4}$. 在生成六角形时，新生成三角形的边长为原边长的 $\dfrac{1}{3}$，新生成的三角形的面积为原三角形面积的 $\dfrac{1}{9}$，因为共生成了三个新三角形，故

$$总周长 L_2 = \frac{4}{3}L_1, 总面积 A_2 = A_1 + 3 \times \frac{1}{9}A_1$$

依次进行下去,得

$$L_3 = \frac{4}{3}L_2 = \left(\frac{4}{3}\right)^2 L_1$$

$$A_3 = A_2 + 3 \times \frac{1}{9}A_2 = A_2 + 3\left\{4\left[\left(\frac{1}{9}\right)^2 A_1\right]\right\}$$

$$\vdots$$

$$L_n = \frac{4}{3}L_{n-1} = \cdots = \left(\frac{4}{3}\right)^{n-1} L_1$$

$$A_n = A_{n-1} + 3\left\{4^{n-2}\left[\left(\frac{1}{9}\right)^{n-1} A_1\right]\right\}$$

$$= A_1 + 3 \times \frac{1}{9}A_1 + 3 \times 4 \times \left(\frac{1}{9}\right)^2 A_1 + \cdots + 3 \times 4^{n-2} \times \left(\frac{1}{9}\right)^{n-1} A_1$$

$$= A_1\left\{1 + \left[\frac{1}{3} + \frac{1}{3}\left(\frac{4}{9}\right) + \frac{1}{3}\left(\frac{4}{9}\right)^2 + \cdots + \frac{1}{3}\left(\frac{4}{9}\right)^{n-2}\right]\right\}$$

$$= A_1\left[1 + \frac{1}{3} \times \frac{1 - \left(\frac{4}{9}\right)^{n-1}}{1 - \frac{4}{9}}\right] = A_1\left\{1 + \frac{3}{5}\left[1 - \left(\frac{4}{9}\right)^{n-1}\right]\right\}$$

其实我们所要求的就是当 $n \to \infty$ 时周长 L_n 和面积 A_n 的极限. 于是

$$\lim_{n \to \infty} L_n = +\infty, \lim_{n \to \infty} A_n = A_1\left(1 + \frac{3}{5}\right) = \frac{2\sqrt{3}}{5}$$

从上述结果可知雪花的面积大小依赖于最初的正三角形边长,Koch 曲线的周长是无限大的,而在有限的区域生成无限的长度,这与人们的直觉不相符合,成了一种反常现象. 直到 1975 年诞生了一个新的数学分支——"分形几何学"才赋予了它深刻、丰富的内涵.

1.2.2 函数的极限

1. 自变量趋于无穷大时函数的极限

数列是一种特殊形式的函数,把数列极限的定义推广,可以给出函数极限的定义.

观察函数 $f(x) = \frac{1}{x}$,当 x 绝对值无限增大时,函数值的变化趋势如图 1-32 所示.

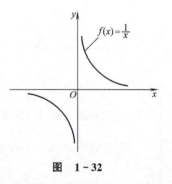

图 1-32

从图中可以看出,当自变量 x 取正值并无限增大(即 x 趋向于正无穷大)时,函数 $f(x) = \frac{1}{x}$ 的值无限接近于 0. 根据这种变化趋势,我们说当 x 趋向于正无穷大时,函数 $f(x) = \frac{1}{x}$ 的极限为 0,记作 $\lim\limits_{x \to +\infty} \frac{1}{x} = 0$.

同样地，当自变量 x 取负值并且它的绝对值无限增大（即 x 趋向于负无穷大）时，函数 $f(x)=\dfrac{1}{x}$ 的值也无限接近于 0。于是我们说，当 x 趋向于负无穷大时，函数 $f(x)=\dfrac{1}{x}$ 的极限为 0，记作 $\lim\limits_{x\to-\infty}\dfrac{1}{x}=0$.

由此可以看出，当 $x\to\infty$（它包含 $x\to+\infty$ 和 $x\to-\infty$ 两种情况）时，函数 $f(x)=\dfrac{1}{x}\to 0$.

定义 6 对于函数 $y=f(x)$，如果当自变量的绝对值无限增大时，函数 $f(x)$ 无限接近于某个常数 A，那么这个常数 A 就叫作函数 $f(x)$ 当 $x\to\infty$ 时的极限，记作

$$\lim_{x\to\infty}f(x)=A \quad 或 \quad 当 x\to\infty 时, f(x)\to A$$

其中 $x\to\infty$ 叫作函数 $f(x)$ 的极限过程．

定义中当自变量 $x>0$ 无限增大时，函数 $f(x)$ 的极限为 A，记作 $\lim\limits_{x\to+\infty}f(x)=A$；当自变量 $x<0$ 而绝对值无限增大时，函数 $f(x)$ 的极限为 A，记作 $\lim\limits_{x\to-\infty}f(x)=A$.

显然，$\lim\limits_{x\to\infty}f(x)=A \Leftrightarrow \lim\limits_{x\to+\infty}f(x)=\lim\limits_{x\to-\infty}f(x)=A$.

例 1-16 求 $\lim\limits_{x\to-\infty}2^x$ 和 $\lim\limits_{x\to+\infty}2^{-x}$.

解 分析函数 2^x，当 $x\to-\infty$ 时，其值越来越小并趋向于 0，如图 1-33 所示．可得：$\lim\limits_{x\to-\infty}2^x=0$；类似地可得 $\lim\limits_{x\to+\infty}2^{-x}=0$.

同理，从函数图形可以看出 $\lim\limits_{x\to-\infty}\mathrm{e}^x=0$.

例 1-17 讨论当 $x\to\infty$ 时，函数 $y=\arctan x$ 的极限．

解 观察图 1-34 可得：$\lim\limits_{x\to+\infty}\arctan x=\dfrac{\pi}{2}$，$\lim\limits_{x\to-\infty}\arctan x=-\dfrac{\pi}{2}$.

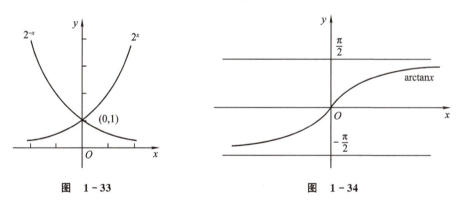

图 1-33　　　　　　　　　　图 1-34

由于 $\lim\limits_{x\to+\infty}\arctan x\neq\lim\limits_{x\to-\infty}\arctan x$，故 $\lim\limits_{x\to\infty}\arctan x$ 不存在．

2. 自变量趋向有限值时函数的极限

观察函数 $f(x)=x^2$ 当 x 无限接近于 0 时，函数值的变化趋势．

如图 1-35a 所示，函数 $f(x)=x^2$ 当自变量 x_1 比 x_2 更靠近 0 时，函数值 $f(x_1)$ 比 $f(x_2)$ 更接近 0.可以想象，当自变量 x 无限接近于 0 时，函数的函数值无限地接近于 0；类似地，函数 $f(x)=\dfrac{x^3}{x}$ 当自变量 x 无限接近于 0 时，函数的函数值也无限地接近于 0，如图 1-35b 所示．

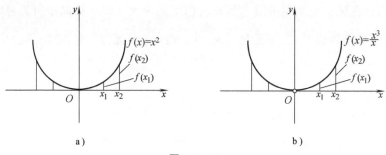

图 1-35

定义 7 对于函数 $y=f(x)$,如果当自变量 x 无限接近于 x_0 时,函数 $f(x)$ 无限接近于某个常数 A,那么常数 A 就叫作函数 $f(x)$ 当 $x \to x_0$ 时的极限,记作

$$\lim_{x \to x_0} f(x) = A \quad \text{或} \quad \text{当 } x \to x_0 \text{ 时}, f(x) \to A$$

其中,$x \to x_0$ 叫作函数 $f(x)$ 的极限过程.

需要说明的是:(1)定义中 $x \to x_0$ 的方式是可以任意的,既可以从 x_0 的左边也可以从 x_0 的右边或同时从两边趋近于 x_0.

(2)当 $x \to x_0$ 时,函数 $f(x)$ 在点 x_0 是否有极限与其在点 x_0 是否有定义无关.

(3)此定义是描述性的(其精确的"ε-δ"语言定义参见本章 1.4 节提示与提高 8 及"数学文摘").

定义 8 如果自变量 x 仅从小于(或大于)x_0 的一侧趋近于 x_0 时,函数 $f(x)$ 无限趋近于 A,则称 A 为函数 $f(x)$ 当 x 趋近于 x_0 时的左极限(或右极限),记作 $\lim_{x \to x_0^-} f(x) = A$(或 $\lim_{x \to x_0^+} f(x) = A$).

例 1-18 设 $f(x) = \begin{cases} 3x, & x<1; \\ x+2, & x \geq 1. \end{cases}$ 画出该函数的图形,求 $\lim_{x \to 1^+} f(x)$,$\lim_{x \to 1^-} f(x)$,并讨论 $\lim_{x \to 1} f(x)$ 是否存在.

解 函数 $f(x)$ 的图形如图 1-36 所示,结合图形分析可得:

$$\lim_{x \to 1^-} f(x) = \lim_{x \to 1^-} 3x = 3;$$

$$\lim_{x \to 1^+} f(x) = \lim_{x \to 1^+} (x+2) = 3;$$

可得 $\lim_{x \to 1} f(x) = 3$.

例 1-19 判断 $\lim_{x \to 0} e^{\frac{1}{x}}$ 是否存在.

解 当 $x>0$ 趋近于 0 时,即 $x \to 0^+$,$\frac{1}{x} \to +\infty$,$e^{\frac{1}{x}} \to +\infty$,

则 $\lim_{x \to 0^+} e^{\frac{1}{x}} = +\infty$;

当 $x<0$ 趋近于 0 时,即 $x \to 0^-$,$\frac{1}{x} \to -\infty$,$e^{\frac{1}{x}} \to 0$,

则 $\lim_{x \to 0^-} e^{\frac{1}{x}} = 0$.

由于左极限存在,右极限不存在,故 $\lim_{x \to 0} e^{\frac{1}{x}}$ 不存在.

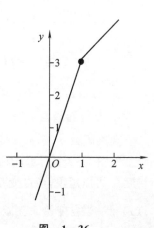

图 1-36

定理 1 $\lim\limits_{x \to x_0} f(x) = A$ 的充要条件是 $\lim\limits_{x \to x_0^-} f(x) = \lim\limits_{x \to x_0^+} f(x) = A$.

1.2.3 极限的运算

以下法则用两个函数的极限运算来说明，其结论对有限个函数的极限运算同样成立．假定在同一极限过程中，极限 $\lim f(x)$ 与 $\lim g(x)$ 都存在，则极限的运算有如下法则：

法则 1 $\lim[f(x) \pm g(x)] = \lim f(x) \pm \lim g(x)$

法则 2 $\lim[f(x) g(x)] = \lim f(x) \lim g(x)$

推论 1 $\lim[C f(x)] = C \lim f(x)$ （C 为常数）

推论 2 $\lim[f(x)]^n = [\lim f(x)]^n$

法则 3 若 $\lim g(x) \neq 0$，则 $\lim \dfrac{f(x)}{g(x)} = \dfrac{\lim f(x)}{\lim g(x)}$.

极限符号 lim 的下边不标明自变量的变化过程，意思是说对 $x \to x_0$ 或 $x \to \infty$ 所建立的结论都成立．

例 1-20 设 $f(x) = 2x^3 + 3x - 5$，求 $\lim\limits_{x \to 1} f(x)$.

解 根据法则 1、法则 2，有

$$\lim_{x \to 1} f(x) = \lim_{x \to 1}(2x^3 + 3x - 5) = 2\lim_{x \to 1} x^3 + 3\lim_{x \to 1} x - \lim_{x \to 1} 5$$
$$= 2(\lim_{x \to 1} x)^3 + 3\lim_{x \to 1} x - \lim_{x \to 1} 5 = 2 \times 1^3 + 3 \times 1 - 5 = 0$$

例 1-21 设 $f(x) = \dfrac{x^2 + x - 4}{2x^2 + 2}$，求 $\lim\limits_{x \to 0} f(x)$.

解 因为 $\lim\limits_{x \to 0}(2x^2 + 2) = \lim\limits_{x \to 0} 2x^2 + 2 = 2 \neq 0$，

所以 $\lim\limits_{x \to 0} f(x) = \lim\limits_{x \to 0} \dfrac{x^2 + x - 4}{2x^2 + 2} = \dfrac{\lim\limits_{x \to 0}(x^2 + x - 4)}{\lim\limits_{x \to 0}(2x^2 + 2)} = \dfrac{\lim\limits_{x \to 0} x^2 + \lim\limits_{x \to 0} x - 4}{2} = \dfrac{-4}{2} = -2$

以上例题在进行极限运算时，都直接使用了极限的运算法则．但有些函数做极限运算时，不能直接使用法则，例如求函数 $f(x) = \dfrac{x-1}{x^2-1}$ 当 $x \to 1$ 时的极限，因其分子、分母的极限都为零，所以不能直接使用运算法则．

若所求函数的分子、分母的极限都为零，这种极限形式称为未定式，形象地表示为"$\dfrac{0}{0}$"．类似还有以下几种未定式："$\dfrac{\infty}{\infty}$""$0 \cdot \infty$""$\infty - \infty$""1^∞""0^0""∞^0"．求未定式的极限先要对函数进行变形整理，然后才可使用极限的运算法则．

例 1-22 求 $\lim\limits_{x \to 1} \dfrac{x^2 - 3x + 2}{x^2 + 2x - 3}$.

解 此题属"$\dfrac{0}{0}$"型，把分式的分子、分母因式分解，整理得

$$\lim_{x \to 1} \dfrac{x^2 - 3x + 2}{x^2 + 2x - 3} = \lim_{x \to 1} \dfrac{(x-1)(x-2)}{(x-1)(x+3)} = \lim_{x \to 1} \dfrac{x-2}{x+3} = -\dfrac{1}{4}$$

例 1-23 求 $\lim\limits_{x \to 0} \dfrac{(1+x)^3 - 1}{x}$.

解 此题属"$\frac{0}{0}$"型,把分式的分子化简,整理得

$$\lim_{x \to 0}\frac{(1+x)^3-1}{x}=\lim_{x \to 0}\frac{3x+3x^2+x^3}{x}=\lim_{x \to 0}(3+3x+x^2)=3$$

例 1-24 求 $\lim\limits_{x \to 0}\dfrac{\sqrt{5x+1}-1}{x}$.

解 此题属"$\frac{0}{0}$"型,把分式的分子有理化,整理得

$$\lim_{x \to 0}\frac{\sqrt{5x+1}-1}{x}=\lim_{x \to 0}\frac{(\sqrt{5x+1}-1)(\sqrt{5x+1}+1)}{x(\sqrt{5x+1}+1)}=\lim_{x \to 0}\frac{5x}{x(\sqrt{5x+1}+1)}$$

$$=\lim_{x \to 0}\frac{5}{\sqrt{5x+1}+1}=\frac{5}{2}$$

例 1-25 求 $\lim\limits_{x \to \infty}\dfrac{4x^2+1}{3x^2+2x-1}$.

解 此题属"$\frac{\infty}{\infty}$"型,在分式的分子、分母上同时除以 x^2,整理得

$$\lim_{x \to \infty}\frac{4x^2+1}{3x^2+2x-1}=\lim_{x \to \infty}\frac{4+\dfrac{1}{x^2}}{3+\dfrac{2}{x}-\dfrac{1}{x^2}}=\frac{4}{3}$$

例 1-26 求 $\lim\limits_{x \to \infty}\dfrac{x^2+3}{x^3+2x}$.

解 此题属"$\frac{\infty}{\infty}$"型,在分式的分子、分母上同除 x^3,整理得

$$\lim_{x \to \infty}\frac{x^2+3}{x^3+2x}=\lim_{x \to \infty}\frac{\dfrac{1}{x}+\dfrac{3}{x^3}}{1+\dfrac{2}{x^2}}=0$$

一般地,当 $x \to \infty$ 时,有理分式($a_0 \neq 0, b_0 \neq 0$)的极限有以下结果:

$$\lim_{x \to \infty}\frac{a_0 x^n+a_1 x^{n-1}+\cdots+a_{n-1}x+a_n}{b_0 x^m+b_1 x^{m-1}+\cdots+b_{m-1}x+b_m}=\begin{cases}0, & m>n \\ \dfrac{a_0}{b_0}, & m=n \\ \infty, & m<n\end{cases}$$

例 1-27 求 $\lim\limits_{x \to 1}\left(\dfrac{1}{x-1}-\dfrac{3}{x^3-1}\right)$.

解 此题属"$\infty-\infty$"型,通分并整理得

$$\lim_{x \to 1}\left(\frac{1}{x-1}-\frac{3}{x^3-1}\right)=\lim_{x \to 1}\frac{(x^2+x+1)-3}{(x-1)(x^2+x+1)}=\lim_{x \to 1}\frac{x^2+x-2}{(x-1)(x^2+x+1)}$$

$$=\lim_{x \to 1}\frac{(x-1)(x+2)}{(x-1)(x^2+x+1)}$$

$$=\lim_{x \to 1}\frac{x+2}{x^2+x+1}=1$$

例 1-28 求 $\lim\limits_{x\to+\infty} x(\sqrt{1+x^2}-x)$.

解 此题属"$0 \cdot \infty$"型,把因式$(\sqrt{1+x^2}-x)$有理化,整理得

$$\lim_{x\to+\infty} x(\sqrt{1+x^2}-x) = \lim_{x\to+\infty} \frac{x(\sqrt{1+x^2}-x)(\sqrt{1+x^2}+x)}{\sqrt{1+x^2}+x}$$

$$= \lim_{x\to+\infty} \frac{x}{\sqrt{1+x^2}+x} = \lim_{x\to+\infty} \frac{1}{\sqrt{\frac{1}{x^2}+1}+1} = \frac{1}{2}$$

> **◆ 背景聚焦 ◆**
>
> 你无论如何也追不上一只乌龟!?
>
> 公元前五世纪,哲学家芝诺提出了一个问题(著名的芝诺悖论):传说中的希腊英雄阿基勒无论如何也追不上一只乌龟!
>
> 假设乌龟在前 100m,阿基勒的速度是乌龟的十倍,不妨设为 10m/s,当他跑完这 100m 时,乌龟跑了 10m,当他再跑完这 10m 时,乌龟又向前跑了 1m,……,如此下去,阿基勒永远也追不上这只龟.
>
> 显然,这是芝诺的诡辩. 为了驳倒他的谬论,用极限理论尝试一下:
>
> 只要能证明阿基勒能在有限时间内追上乌龟,问题就得到解决.
>
> 过程如下:阿基勒跑完这 100m 时,用时 100/10s,当他再跑完这 10m 时,用时 10/10s,当他又向前跑了 1m 时,用时 1/10s,这样,阿基勒追上乌龟的时间是:
>
> $T = \dfrac{10^2}{10} + \dfrac{10}{10} + \dfrac{10^0}{10} + \cdots + \dfrac{10^{-n}}{10}$,当 $n\to\infty$ 时,$\lim(T) = \dfrac{100}{9} = 11.1111(s)$
>
> 显然,阿基勒不可能追不上这只乌龟.
>
> 也许有的人会认为没这必要,只需利用公式:$T = S/V$(相对)$= 100/(10-1) = 11.111s$ 就能反驳. 其实,这并没有真正驳倒悖论的实质,我们需要把问题的每一要点细化才能抓住它的要害进行反驳. 而极限理论正是细化问题的有利工具! 你会发现:上面的解法将阿基勒的每一论述都化为了数学语言! 这样,用简单的极限知识就驳倒了芝诺的观点.
>
> 这个题目迷惑人的地方就是在于它所用到的无限概念. 因为题目本身已经从"你无论如何也追不上一只乌龟"偷偷演变成了"你在追上乌龟前,永远也追不上乌龟"这样一个命题. 题目中乌龟在前,你追到乌龟之前那个位置需要一定时间,而这段时间乌龟又向前跑了小段距离,我们其实得到的并不是无限的"时间",而是无限的"时间段". 重要的是,这些无限的"时间段"加起来是一个定值,这个定值就是你追上乌龟的时间.

1.2.4 极限存在的两个准则和两个重要极限

准则 1 若对于 x_0 的某邻域内的一切 x(可以不包含 x_0),有 $g(x) \leqslant f(x) \leqslant h(x)$,且 $\lim\limits_{x\to x_0} g(x) = \lim\limits_{x\to x_0} h(x) = A$,则必有 $\lim\limits_{x\to x_0} f(x) = A$.

准则 2 单调有界数列必有极限.

下面我们用这两个准则来计算两个重要极限.

1. $\lim\limits_{x\to 0}\dfrac{\sin x}{x}=1$

因为 $\dfrac{\sin(-x)}{-x}=\dfrac{\sin x}{x}$，所以只需对于 x 由正值趋向零时（在第一象限）来讨论. 先作一个半径为 1 的单位圆，如图 1-37 所示，可以看出三角形 OAB 的面积、扇形 OAB 的面积及三角形 OAC 的面积是由小到大排列的，于是有

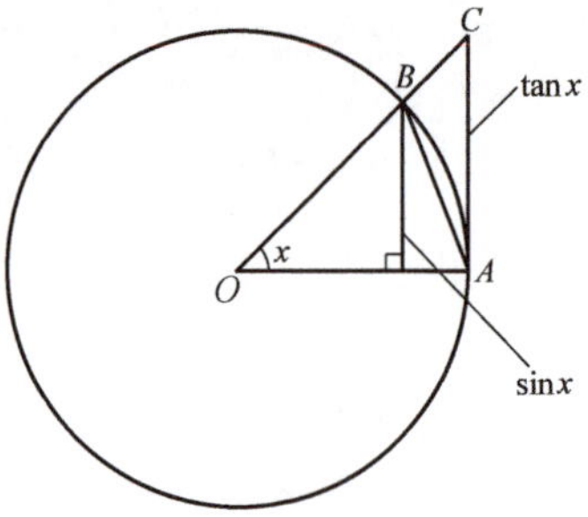

$$\frac{1}{2}\sin x < \frac{1}{2}x < \frac{1}{2}\tan x$$

同乘以 $\dfrac{2}{\sin x}$ 得

$$1 < \frac{x}{\sin x} < \frac{1}{\cos x}$$

所以

$$1 > \frac{\sin x}{x} > \cos x$$

因为

$$\lim_{x\to 0}1 = \lim_{x\to 0}\cos x = 1$$

所以，根据准则 1 可得

$$\boxed{\lim_{x\to 0}\frac{\sin x}{x}=1} \qquad (1-1)$$

图 1-37

2. $\lim\limits_{n\to\infty}\left(1+\dfrac{1}{n}\right)^n = e$

首先，我们利用计算器算出 $\left(1+\dfrac{1}{n}\right)^n$ 的部分函数值，列出下表（见表 1-4）. 观察当 $n\to\infty$ 时，$\left(1+\dfrac{1}{n}\right)^n$ 值的变化趋势.

表 1-4 $\left(1+\dfrac{1}{n}\right)^n$ 的部分函数值

n	1	10	100	1 000	10 000	100 000	...
$\left(1+\dfrac{1}{n}\right)^n$	2	2.593743	2.704814	2.716924	2.718146	2.718267	...

从表中可以看到，当 $n\to\infty$ 时，$\left(1+\dfrac{1}{n}\right)^n$ 趋于一个定数，这个数是无理数 e. $e = 2.718\,281\,72\cdots$

即

$$\lim_{n\to\infty}\left(1+\frac{1}{n}\right)^n = e.$$

此结果可由图 1-38 直观看出.

$$\boxed{\lim_{n\to\infty}\left(1+\frac{1}{n}\right)^n = e} \qquad (1-2)$$

同理，将此数列转换成函数 $\left(1+\dfrac{1}{x}\right)^x$ 后，极限仍是 e，即：

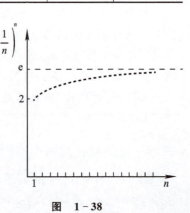

图 1-38

$$\boxed{\lim_{x\to\infty}\left(1+\frac{1}{x}\right)^x = e} \qquad (1-3)$$

例 1-29 求 $\lim\limits_{x\to 0}\dfrac{\tan x}{x}$.

解 $\lim\limits_{x\to 0}\dfrac{\tan x}{x} = \lim\limits_{x\to 0}\dfrac{\sin x}{x}\dfrac{1}{\cos x} = \lim\limits_{x\to 0}\dfrac{\sin x}{x}\lim\limits_{x\to 0}\dfrac{1}{\cos x} = 1$

例 1-30 求 $\lim\limits_{x\to 0}\dfrac{\sin 4x}{x}$.

解 $\lim\limits_{x\to 0}\dfrac{\sin 4x}{x} = \lim\limits_{x\to 0}\dfrac{\sin 4x}{4x}\times 4 = 4\lim\limits_{x\to 0}\dfrac{\sin 4x}{4x} = 4$

例 1-31 求 $\lim\limits_{x\to\infty} x\sin\dfrac{1}{x}$.

解 令 $x = \dfrac{1}{t}$，则 $\dfrac{1}{x} = t$，当 $x\to\infty$ 时，$t\to 0$，所以

$$\lim_{x\to\infty} x\sin\frac{1}{x} = \lim_{t\to 0}\frac{1}{t}\sin t = 1$$

则有
$$\boxed{\lim_{x\to\infty} x\sin\frac{1}{x} = 1} \qquad (1-4)$$

例 1-32 求 $\lim\limits_{x\to 0}\dfrac{\arcsin x}{x}$.

解 令 $t = \arcsin x$，则 $x = \sin t$，当 $x\to 0$ 时，$t\to 0$，所以

$$\lim_{x\to 0}\frac{\arcsin x}{x} = \lim_{t\to 0}\frac{t}{\sin t} = \lim_{t\to 0}\frac{1}{\frac{\sin t}{t}} = 1$$

类似地，有
$$\lim_{x\to 0}\frac{\arctan x}{x} = 1$$

例 1-33 求 $\lim\limits_{x\to 0}(1+x)^{\frac{1}{x}}$.

解 令 $x = \dfrac{1}{t}$，则 $\dfrac{1}{x} = t$，当 $x\to 0$ 时，$t\to\infty$，所以

$$\lim_{x\to 0}(1+x)^{\frac{1}{x}} = \lim_{t\to\infty}\left(1+\frac{1}{t}\right)^t = e$$

则有
$$\boxed{\lim_{x\to 0}(1+x)^{\frac{1}{x}} = e} \qquad (1-5)$$

例 1-34 求 $\lim\limits_{x\to\infty}\left(1+\dfrac{3}{x}\right)^x$.

解 $\lim\limits_{x\to\infty}\left(1+\dfrac{3}{x}\right)^x = \lim\limits_{x\to\infty}\left[\left(1+\dfrac{3}{x}\right)^{\frac{x}{3}}\right]^3 = e^3$

例 1-35 求 $\lim\limits_{x\to 0}(1-2x)^{\frac{3}{x}}$.

解 $\lim\limits_{x\to 0}(1-2x)^{\frac{3}{x}} = \lim\limits_{x\to 0}\{[1+(-2x)]^{-\frac{1}{2x}}\}^{-6} = e^{-6}$

例 1-36 求 $\lim\limits_{x\to\infty}\left(\dfrac{x+1}{x-1}\right)^x$.

解 $\lim\limits_{x\to\infty}\left(\dfrac{x+1}{x-1}\right)^x = \lim\limits_{x\to\infty}\left(\dfrac{1+\dfrac{1}{x}}{1-\dfrac{1}{x}}\right)^x = \lim\limits_{x\to\infty}\dfrac{\left(1+\dfrac{1}{x}\right)^x}{\left(1-\dfrac{1}{x}\right)^x}$

$= \lim\limits_{x\to\infty}\left(1+\dfrac{1}{x}\right)^x\left(1-\dfrac{1}{x}\right)^{-x} = \lim\limits_{x\to\infty}\left(1+\dfrac{1}{x}\right)^x \lim\limits_{x\to\infty}\left(1+\dfrac{1}{-x}\right)^{-x}$

$= e \cdot e = e^2$

作为第二个重要极限的应用,我们介绍复利计息公式.所谓复利计息,就是将第一期利息和本金之和作为第二期的本金,然后反复计息.

设本金为 p,年利率为 r,一年后的本利和为 s_1,则
$$s_1 = p + pr = p(1+r),$$

把 s_1 作为本金存入,第二年末的本利和为 s_2,则
$$s_2 = s_1 + s_1 r = p(1+r)^2,$$

再把 s_2 存入,如此反复,第 n 年末的本利和为 s_n,则
$$\boxed{s_n = p(1+r)^n}\text{(这是以年为期的复利计息公式)} \tag{1-6}$$

若把一年分成 t 期计息,此时每期利率可以认为是 $\dfrac{r}{t}$,于是推出 n 年的本利和为
$$s_n = p\left(1+\dfrac{r}{t}\right)^{tn}.$$

假如计息期无限缩短,即期数 $t\to\infty$ 时,于是得到复利公式为
$$\boxed{s_n = \lim_{t\to\infty} p\left(1+\dfrac{r}{t}\right)^{tn} = p\lim_{t\to\infty}\left(1+\dfrac{r}{t}\right)^{tn} = pe^{rn}}\text{(这是连续复利计息公式)} \tag{1-7}$$

例 1-37 现有本金 10000 元,年利率 3.3%,存款期二年,求:(1)以年为期的到期的本利和;(2)以连续复利计息到期的本利和.

解 (1) $p=10000, r=3.3\%, n=2$,由(公式 1-6)可知二年的本利和为
$$s_2 = p(1+r)^n = 10000(1+3.3\%)^2 = 10670.89(\text{元}).$$

(2) $p=10000, r=3.3\%, n=2$,由(公式 1-7)可知二年的本利和为
$$s_2 = p \cdot e^{r \cdot n} = 10000 \cdot e^{0.033\times 2} \approx 10682.23(\text{元}).$$

1.2.5 无穷大和无穷小

1. 无穷大和无穷小的概念

定义 9 如果 $\lim\limits_{x\to x_0}\alpha(x)=0$(或 $\lim\limits_{x\to\infty}\alpha(x)=0$),则称变量 $\alpha(x)$ 当 $x\to x_0$(或 $x\to\infty$)时为无穷小.

定义 10 如果当 $x\to x_0$(或 $x\to\infty$)时,变量 $f(x)$ 的绝对值无限增大,则称 $f(x)$ 当 $x\to x_0$(或 $x\to\infty$)时为无穷大,记为 $\lim\limits_{x\to x_0}f(x)=\infty$(或 $\lim\limits_{x\to\infty}f(x)=\infty$).

显然,在同一变化过程中,如果 $\lim f(x)=0 (f(x)\neq 0)$,则 $\lim\dfrac{1}{f(x)}=\infty$;反之,如果 $\lim f(x)=\infty$,则 $\lim\dfrac{1}{f(x)}=0$.

需要指出的是:无穷小和无穷大都是变量,与很小或很大的常量有着本质的不同.

例 1-38 求 $\lim\limits_{x\to\infty}\dfrac{x^4+2x-3}{x^3+5}$.

解 因为 $\lim\limits_{x\to\infty}\dfrac{x^3+5}{x^4+2x-3}=\lim\limits_{x\to\infty}\dfrac{\dfrac{1}{x}+\dfrac{5}{x^4}}{1+\dfrac{2}{x^3}-\dfrac{3}{x^4}}=0$,所以根据无穷小与无穷大的关系有

$$\lim_{x\to\infty}\dfrac{x^4+2x-3}{x^3+5}=\infty$$

定理 2 $\lim f(x)=A$ 的充要条件是 $f(x)=A+\alpha(x)$,其中 $\alpha(x)$ 是无穷小.

此定理表明有极限的函数可以表示为它的极限与无穷小之和;反之,如果函数可以表示为常数与一无穷小之和,则该常数就是函数的极限.

> 人的生命是有限的,为人民服务是无限的. 我要把有限的生命,投入到无限的为人民服务.
>
> ——雷锋

2. 无穷小的性质

(1) 有限个无穷小的代数和仍为无穷小.

(2) 有限个无穷小之积仍为无穷小.

(3) 有界变量与无穷小之积仍为无穷小.

(4) 无穷小除以极限不为零的变量之商仍为无穷小.

例 1-39 证明 $\lim\limits_{x\to\infty}\dfrac{\sin x}{x}=0$.

证 因为当 $x\to\infty$ 时,$\dfrac{1}{x}$ 是无穷小,$\sin x$ 是有界变量,所以根据无穷小的性质(3)可知:$\dfrac{1}{x}$ 与 $\sin x$ 的乘积仍是无穷小,即

$$\lim_{x\to\infty}\dfrac{\sin x}{x}=\lim_{x\to\infty}\dfrac{1}{x}\sin x=0$$

此结果可由图 1-39 直观地看出.

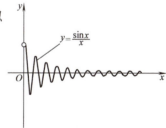

图 1-39

3. 无穷小的比较

极限为零的变量为无穷小,而不同的无穷小趋近于零的"快慢"是不同的. 例如,当 $x\to 0$ 时,x^2,x^3 都是无穷小,但 $x^3\to 0$ 比 $x^2\to 0$ 快.

一般地,设 α 与 β 是同一变化过程中的无穷小,

(1) 若 $\lim\dfrac{\alpha}{\beta}=0$,则称 α 是比 β **高阶**的无穷小,记作 $\alpha=o(\beta)$.

(2) 若 $\lim\dfrac{\alpha}{\beta}=\infty$,则称 α 是比 β **低阶**的无穷小.

(3) 若 $\lim\dfrac{\alpha}{\beta}=C\neq 0$,则称 α 与 β 是**同阶无穷小**.

特别地,当 $C=1$ 时,则称 α 与 β 是**等价无穷小**,记作 $\alpha\sim\beta$.
下面给出几个常用的等价无穷小. 当 $x\to 0$ 时,有

$$\sin x\sim x; \quad \tan x\sim x; \quad \arcsin x\sim x; \quad \arctan x\sim x;$$

$$1-\cos x\sim\dfrac{x^2}{2}; \ln(1+x)\sim x; \mathrm{e}^x-1\sim x; \sqrt{1+x}-1\sim\dfrac{1}{2}x. \tag{1-8}$$

可以证明,在同一变化过程中,若 $\alpha\sim\alpha'$,$\beta\sim\beta'$,且 $\lim\dfrac{\alpha'}{\beta'}$ 存在,则 $\lim\dfrac{\alpha}{\beta}=\lim\dfrac{\alpha'}{\beta'}$. 利用这一特性可以简化有些函数的极限运算.

例 1-40 求 $\lim\limits_{x\to 0}\dfrac{\arcsin 5x}{\tan 3x}$.

解 由于 $5x\sim\arcsin 5x$,$3x\sim\tan 3x$,所以

$$\lim_{x\to 0}\dfrac{\arcsin 5x}{\tan 3x}=\lim_{x\to 0}\dfrac{5x}{3x}=\dfrac{5}{3}$$

例 1-41 求 $\lim\limits_{x\to 0}\dfrac{1-\cos x}{x^2}$.

解
$$\lim_{x\to 0}\dfrac{1-\cos x}{x^2}=\lim_{x\to 0}\dfrac{2\sin^2\dfrac{x}{2}}{x^2}=\lim_{x\to 0}\dfrac{2\left(\dfrac{x}{2}\right)^2}{x^2}=\dfrac{1}{2}$$

例 1-42 说明当 $x\to 4$ 时,无穷小 $\sqrt{2x+1}-3$ 与 $x-4$ 之间的关系.

解 因为 $\lim\limits_{x\to 4}\dfrac{\sqrt{2x+1}-3}{x-4}=\lim\limits_{x\to 4}\dfrac{(\sqrt{2x+1}-3)(\sqrt{2x+1}+3)}{(x-4)(\sqrt{2x+1}+3)}$

$$=\lim_{x\to 4}\dfrac{2x-8}{(x-4)(\sqrt{2x+1}+3)}$$

$$=\lim_{x\to 4}\dfrac{2}{\sqrt{2x+1}+3}=\dfrac{1}{3}$$

所以,当 $x\to 4$ 时,$\sqrt{2x+1}-3$ 与 $x-4$ 是同阶无穷小.

习 题 1-2

1. 画出下列函数的图像,并考察当 $x\to 0$ 时函数的极限是否存在.

(1) $f(x)=\begin{cases}2x & x\geq 0\\ 3-x & x<0\end{cases}$;

(2) $f(x)=\begin{cases}-x+1 & x\geq 0\\ \mathrm{e}^x-1 & x<0\end{cases}$;

(3) $f(x)=\begin{cases}\sqrt{x} & x\geq 0\\ x^2+1 & x<0\end{cases}$;

(4) $f(x)=\begin{cases}\ln(x+1) & x\geq 0\\ x & x<0\end{cases}$.

2. 计算下列极限:

(1) $\lim\limits_{x\to 1}\dfrac{x^2+2}{x+2}$;

(2) $\lim\limits_{x\to 1}\dfrac{x^2-1}{x^2-5x+4}$;

(3) $\lim\limits_{x\to 1}\dfrac{\sqrt{4-x}-\sqrt{2+x}}{x^3-1}$;

(4) $\lim\limits_{x\to 2}\left(\dfrac{1}{x-2}-\dfrac{12}{x^3-8}\right)$;

(5) $\lim\limits_{h\to 0}\dfrac{(x+h)^3-x^3}{h}$;

(6) $\lim\limits_{x\to\frac{1}{3}}\dfrac{9x^2+3x-2}{9x^2-1}$;

(7) $\lim\limits_{x\to 0}\dfrac{x^3-x^2+4x}{x^2+x}$;

(8) $\lim\limits_{x\to 0}\dfrac{x}{\sqrt{1+x}-\sqrt{1-x}}$;

(9) $\lim\limits_{x\to 4}\dfrac{\sqrt{2x+1}-3}{\sqrt{x-2}-\sqrt{2}}$;

(10) $\lim\limits_{x\to\frac{\pi}{4}}\dfrac{\cos x-\sin x}{\cos 2x}$;

(11) $\lim\limits_{x\to\infty}\dfrac{3x^2+4x+6}{x^2+x}$;

(12) $\lim\limits_{x\to\infty}\dfrac{x^3+4x+1}{x^4+5x+4}$;

(13) $\lim\limits_{x\to+\infty}\dfrac{3x+4}{\sqrt{x^2+x+1}}$;

(14) $\lim\limits_{n\to\infty}\dfrac{(-4)^n+5^n}{4^{n+1}+5^{n+1}}$;

(15) $\lim\limits_{n\to\infty}\left[\dfrac{1}{1\times 2}+\dfrac{1}{2\times 3}+\cdots+\dfrac{1}{n(n+1)}\right]$;

(16) $\lim\limits_{n\to\infty}\left(\dfrac{1+2+\cdots+n}{n+2}-\dfrac{n}{2}\right)$;

(17) $\lim\limits_{n\to\infty}\left(1+\dfrac{1}{3}+\dfrac{1}{9}+\cdots+\dfrac{1}{3^n}\right)$.

3. 计算下列极限：

(1) $\lim\limits_{x\to 0}\dfrac{2x}{\tan 3x}$;

(2) $\lim\limits_{x\to\infty}x\tan\dfrac{1}{x}$;

(3) $\lim\limits_{n\to\infty}2^n\sin\dfrac{x}{2^n}$;

(4) $\lim\limits_{x\to 1}\dfrac{\sin^2(x-1)}{x^2-1}$;

(5) $\lim\limits_{x\to 0}\dfrac{1-\cos 4x}{x\sin x}$;

(6) $\lim\limits_{x\to 0}\dfrac{\cos 4x-\cos 2x}{x^2}$;

(7) $\lim\limits_{x\to 0}\dfrac{\tan x-\sin x}{x^3}$;

(8) $\lim\limits_{x\to 0}(1+\tan x)^{\cot x}$;

(9) $\lim\limits_{x\to\infty}\left(1+\dfrac{2}{x}\right)^{3x}$;

(10) $\lim\limits_{x\to 0}\left(1-\dfrac{1}{2}x\right)^{\frac{5}{x}+1}$;

(11) $\lim\limits_{x\to\infty}\left(1-\dfrac{3}{x}\right)^{2x}$;

(12) $\lim\limits_{x\to\infty}\left(\dfrac{x}{1+x}\right)^x$;

(13) $\lim\limits_{x\to\infty}\left(1-\dfrac{1}{x^2}\right)^x$;

(14) $\lim\limits_{x\to\infty}\left(\dfrac{x+2}{x+1}\right)^x$;

(15) $\lim\limits_{x\to 0}(1-2x)^{\frac{1}{x}}$;

(16) $\lim\limits_{x\to 1}(3-2x)^{\frac{3}{x-1}}$;

(17) $\lim\limits_{x\to 1}x^{\frac{1}{x-1}}$.

4. 说明下列各无穷小量之间的关系：

(1) 当 $x\to 0$ 时，$\sqrt{1+x}-1$ 与 x^2+x;

(2) 当 $x\to 0$ 时，$\sin 3x-\sin x$ 与 x;

(3) 当 $x\to 0$ 时，$x^2\sin\dfrac{1}{x}$ 与 x;

(4) 当 $x\to 1$ 时，$\tan(x-1)$ 与 x^3-x;

(5) 当 $x\to 0$ 时，$\sqrt{1+x^2}-\sqrt{1-x^2}$ 与 $\arctan x^2$.

1.3 函数的连续性

1.3.1 函数连续的定义

定义 11 设函数 $f(x)$ 在点 x_0 的某邻域内有定义，若极限 $\lim\limits_{x\to x_0}f(x)$ 存在，并且等于函数值 $f(x_0)$，即

$$\lim_{x \to x_0} f(x) = f(x_0)$$

则称函数 $f(x)$ 在点 $x=x_0$ **连续**,点 x_0 称为 $f(x)$ 的**连续点**.

上述定义中,若 $\lim\limits_{x \to x_0^+} f(x) = f(x_0)$,则称函数 $f(x)$ 在点 $x=x_0$ **右连续**;若 $\lim\limits_{x \to x_0^-} f(x) = f(x_0)$,则称函数 $f(x)$ 在点 $x=x_0$ **左连续**. 若函数在区间 (a,b) 内每一点都连续,则称此函数在 (a,b) 内连续. 如果函数在 (a,b) 内连续,同时在 a 点右连续,在 b 点左连续,则称此函数在 $[a,b]$ 上连续.

如果函数 $f(x)$ 在点 x_0 处不连续,则称点 x_0 为 $f(x)$ 的**间断点**.

函数的连续性可以通过函数的图像——曲线的连续性表示出来,即若 $f(x)$ 在 $[a,b]$ 上连续,则 $f(x)$ 在 $[a,b]$ 上的图像就是一条连绵不断的曲线,如图 1-40 所示.

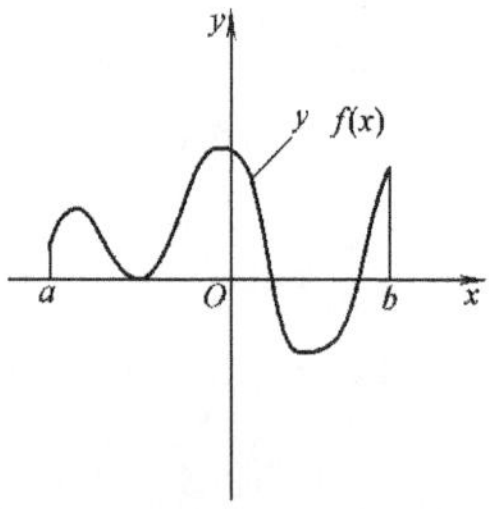

根据上述定义可知,函数在一点连续,必须同时满足下列三个条件:

(1) 函数 $f(x)$ 在点 x_0 有定义;

(2) 极限 $\lim\limits_{x \to x_0} f(x)$ 存在;

(3) $\lim\limits_{x \to x_0} f(x) = f(x_0)$.

图 1-40

上述三个条件中只要有一个条件不满足,函数 $f(x)$ 就在点 x_0 处间断.

例 1-43 指出函数 $f(x) = \dfrac{x^2}{x}$ 的间断点,并作出函数的图像.

解 如图 1-41 所示,因为函数 $f(x)$ 在 $x=0$ 处没有定义,所以函数 $f(x)$ 在 $x=0$ 处间断.

例 1-44 指出函数 $f(x) = \begin{cases} 1 & x \neq 1 \\ \dfrac{1}{2} & x = 1 \end{cases}$ 的间断点,并作出函数的图像.

解 如图 1-42 所示,因为 $\lim\limits_{x \to 1} f(x) = 1$, $f(1) = \dfrac{1}{2}$,可知 $\lim\limits_{x \to 1} f(x) \neq f(1)$,故函数 $f(x)$ 在点 $x=1$ 处间断.

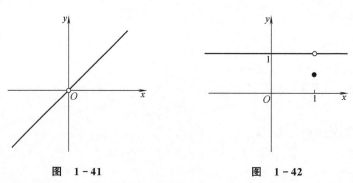

图 1-41   图 1-42

例 1-45 指出函数 $f(x) = \begin{cases} -x+1 & x<1 \\ 1 & x=1 \\ -x+3 & x>1 \end{cases}$ 的间断点,并作出函数的图像.

解 如图 1-43 所示，因为 $\lim\limits_{x\to 1^+}f(x)=\lim\limits_{x\to 1^+}(-x+3)=2$，$\lim\limits_{x\to 1^-}f(x)=\lim\limits_{x\to 1^-}(-x+1)=0$，所以 $\lim\limits_{x\to 1^+}f(x)\ne\lim\limits_{x\to 1^-}f(x)$，$\lim\limits_{x\to 1}f(x)$ 不存在，故函数 $f(x)$ 在点 $x=1$ 处间断.

例 1-46 指出函数 $f(x)=\dfrac{x}{x-1}$ 的间断点，并作出函数的图像.

解 因为 $f(x)$ 在 $x=1$ 处没有定义，且 $\lim\limits_{x\to 1}f(x)=\infty$，所以 $f(x)$ 在 $x=1$ 处间断. 用坐标平移的方法作函数 $f(x)=\dfrac{x}{x-1}=1+\dfrac{1}{x-1}$ 的图像，如图 1-44 所示.

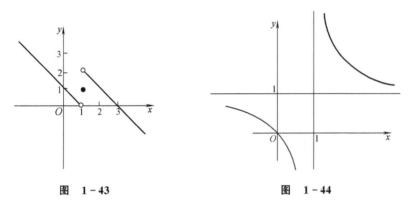

图 1-43 图 1-44

可以证明：初等函数在其定义域内都是连续的. 因此若函数 $f(x)$ 是初等函数，且点 x_0 是它定义域内的点，则当 $x\to x_0$ 时，函数 $f(x)$ 的极限值就是 $f(x)$ 在点 x_0 处的函数值，即

$$\lim_{x\to x_0}f(x)=f(x_0)=f(\lim_{x\to x_0}x)$$

例如，
$$\lim_{x\to 0}\sqrt{x^2-2x+5}=\sqrt{0^2-2\times 0+5}=\sqrt{5}$$

$$\lim_{x\to 0}\arctan(\mathrm{e}^x)=\arctan(\mathrm{e}^0)=\arctan 1=\dfrac{\pi}{4}$$

上式还表明，求连续函数极限时，可以把极限符号与函数符号对调后求解.

例 1-47 求 $\lim\limits_{x\to+\infty}\cos(\sqrt{x+1}-\sqrt{x})$.

解 $\lim\limits_{x\to+\infty}\cos(\sqrt{x+1}-\sqrt{x})=\cos\left[\lim\limits_{x\to+\infty}\dfrac{(\sqrt{x+1}-\sqrt{x})(\sqrt{x+1}+\sqrt{x})}{\sqrt{x+1}+\sqrt{x}}\right]$

$=\cos\left(\lim\limits_{x\to+\infty}\dfrac{1}{\sqrt{x+1}+\sqrt{x}}\right)=\cos 0=1$

例 1-48 求 $\lim\limits_{x\to+\infty}[\ln(2x^2+3x)-\ln(x^2-3)]$.

解 $\lim\limits_{x\to+\infty}[\ln(2x^2+3x)-\ln(x^2-3)]=\lim\limits_{x\to+\infty}\ln\dfrac{2x^2+3x}{x^2-3}$

$=\ln\lim\limits_{x\to+\infty}\dfrac{2+\dfrac{3}{x}}{1-\dfrac{3}{x^2}}=\ln 2$

例 1-49 求 $\lim\limits_{x\to\frac{\pi}{2}}(1+\cos x)^{2\sec x}$.

解 $\lim\limits_{x\to\frac{\pi}{2}}(1+\cos x)^{2\sec x}=\lim\limits_{x\to\frac{\pi}{2}}[(1+\cos x)^{\frac{1}{\cos x}}]^2=e^2$

1.3.2 闭区间上连续函数的性质

连续函数具有以下定理:

定理 3 (最值定理)若函数 $f(x)$ 在闭区间 $[a,b]$ 上连续,则函数 $f(x)$ 在 $[a,b]$ 上有最大值与最小值.

定理 4 (有界定理)若函数 $f(x)$ 在闭区间 $[a,b]$ 上连续,则函数 $f(x)$ 在 $[a,b]$ 上有界.

定理 5 (零点定理)若函数 $f(x)$ 在闭区间 $[a,b]$ 上连续,且 $f(a)$ 与 $f(b)$ 异号,则在 (a,b) 内至少存在一点 ξ,使得 $f(\xi)=0$.

推论 1 若 $f(a)\neq f(b)$,则对于 $f(a)$ 与 $f(b)$ 之间的任一数 C,在 (a,b) 内至少存在一点 ξ,使得 $f(\xi)=C$.

推论 2 若函数 $f(x)$ 在 $[a,b]$ 上的最大值与最小值分别为 M 和 m,则对于 M 和 m 之间的任一数 C,在 (a,b) 内至少存在一点 ξ,使得 $f(\xi)=C$.

需要注意的是:(1) 若函数不是在闭区间而是在开区间连续,以上结论不一定正确;(2) 若函数在闭区间上有间断点,以上结论也不一定正确.

例如,函数 $y=\dfrac{1}{x}$ 在 $(0,1]$ 上连续,但在 $(0,1]$ 上无界,如图 1-45 所示.

再如,函数 $y=\begin{cases}x^2 & -1\leqslant x<0\\1 & x=0\\2-x^2 & 0<x\leqslant 1\end{cases}$ 在闭区间 $[-1,1]$ 上有间断点 $x=0$,则它既取不到最大值也取不到最小值,如图 1-46 所示.

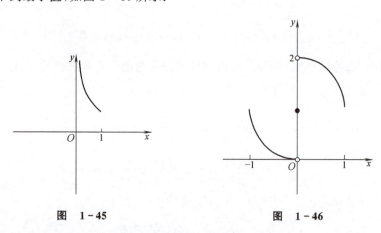

图 1-45　　　　　　图 1-46

例 1-50 试证方程 $e^{2x}-x-2=0$ 至少有一个小于 1 的正根.

证 设 $f(x)=e^{2x}-x-2$,因为函数 $f(x)$ 在 $[0,1]$ 上连续,且
$$f(0)=-1<0$$
$$f(1)=e^2-3>0$$
由零点定理知,在 $(0,1)$ 内至少存在一点 ξ,使得 $f(\xi)=0$,ξ 即为原方程的小于 1 的正根.

> 青年处于人生积累阶段，需要像海绵汲水一样汲取知识。广大青年抓学习，既要惜时如金、孜孜不倦，下一番心无旁骛、静谧自怡的功夫，又要突出主干、择其精要，努力做到又博又专、愈博愈专。特别是要克服浮躁之气，静下来多读经典，多知其所以然。
>
> ——2017年5月3日，习近平在中国政法大学考察时的讲话

习 题 1-3

1. 设 $f(x)=\begin{cases} x^2\sin\dfrac{1}{x} & x>0 \\ a+e^x & x\leqslant 0 \end{cases}$，问 a 为何值时，$f(x)$ 在 $x=0$ 处连续？

2. 下列函数在点 $x=0$ 处无定义，试定义 $f(0)$ 的值，使得函数 $f(x)$ 在 $x=0$ 处连续.

(1) $f(x)=\dfrac{\sqrt{1+x^2}-1}{x^2}$； (2) $f(x)=\dfrac{1-\cos 4x}{x^2}$.

3. 求下列函数的极限：

(1) $\lim\limits_{x\to\frac{\pi}{2}}\dfrac{\sqrt{2}+\cos\frac{x}{2}}{1+\sin x}$； (2) $\lim\limits_{x\to 0}\arcsin\dfrac{1-x}{2+x}$；

(3) $\lim\limits_{x\to 0}e^{\frac{\ln(2+x)}{1+x}}$； (4) $\lim\limits_{x\to 0}\arctan\dfrac{x}{1-\sqrt{1+2x}}$；

(5) $\lim\limits_{x\to\frac{\pi}{4}}\dfrac{\cos 2x}{\sin x-\cos x}$； (6) $\lim\limits_{x\to+\infty}x[\ln(x+1)-\ln x]$；

(7) $\lim\limits_{x\to 0}(1+3\tan x)^{4\cot x}$.

4. 证明方程 $x\ln(2+x)=1$ 至少有一个小于 1 的正根.

背景聚焦

我国古典数学理论的奠基人——刘徽

刘徽（约公元 225 年—约公元 295 年），魏晋期间伟大的数学家，我国古典数学理论的奠基人之一. 他在我国数学史上做出了极大的贡献，其代表作《九章算术注》和《海岛算经》，是中国最宝贵的数学遗产.

《九章算术》是我国最重要的一部经典数学著作，它汇集了不同时期数学家的劳动成果，共有 246 个问题的解法. 在解联立方程，分数四则运算，正负数运算，几何图形的体积面积计算等许多方面，都属于世界先进之列. 但因原解法比较原始，缺乏必要的证明，刘徽则对此作了补充证明. 在这些证明中，显示了他在众多方面的创造性贡献.

他是世界上最早提出十进小数概念的人，并用十进小数来表示无理数的立方根. 在代数方面，他提出了正负数的概念及其加减运算的法则，改进了线性方程组的解法. 在几何方面，他创立了"割圆术"，即用圆的内接或外切正多边形逼近求圆面积和圆周长的方法，算出了圆周率 π 的结果. 他从圆内接正六边形开始切割，接着是正十二边形，……直到正九十六边形，计算出圆周率的近似值是 3.14. 他对此结果并不满意，然后他又继续深

入,割得越细,正多边形面积和圆面积之差越小,直到计算了3072边形面积,才得出了 $\pi=3.1416$. 正如他所形容的"割之弥细,所失弥少,割之又割,以至于不可割,则与圆合体而无所失矣."刘徽提出的这种计算圆周率的科学方法,奠定了此后千余年来我国圆周率计算在世界上的领先地位.

1.4 提示与提高

1. 极限计算

(1) "$\dfrac{0}{0}$"型.

1) 用因式分解、有理化等方法变换求解.

例 1-51 求 $\lim\limits_{x \to 1} \dfrac{x^3+x-2}{\sqrt{x}-1}$.

解 此题属"$\dfrac{0}{0}$"型.

$$\lim_{x \to 1} \frac{x^3+x-2}{\sqrt{x}-1} = \lim_{x \to 1} \frac{(x^3-1)+(x-1)}{\sqrt{x}-1} = \lim_{x \to 1} \frac{(x-1)(x^2+x+1)+(x-1)}{(\sqrt{x}-1)(\sqrt{x}+1)}(\sqrt{x}+1)$$
$$= \lim_{x \to 1} \frac{(x-1)(x^2+x+2)}{x-1}(\sqrt{x}+1) = 8$$

2) 用函数的连续性、换元等方法求解.

例 1-52 求 $\lim\limits_{x \to 0} \dfrac{\ln(1+x)}{x}$.

解 $\lim\limits_{x \to 0} \dfrac{\ln(1+x)}{x} = \lim\limits_{x \to 0} \dfrac{1}{x} \ln(1+x) = \lim\limits_{x \to 0} \ln(1+x)^{\frac{1}{x}}$
$= \ln [\lim\limits_{x \to 0}(1+x)^{\frac{1}{x}}] = \ln e = 1$

例 1-53 求 $\lim\limits_{x \to 0} \dfrac{x}{e^x-1}$.

解 令 $e^x-1=t$,则 $x=\ln(1+t)$,当 $x \to 0$ 时,$t \to 0$,所以
$$\lim_{x \to 0} \frac{x}{e^x-1} = \lim_{t \to 0} \frac{\ln(1+t)}{t} = 1$$

因此,当 $x \to 0$ 时有

$$\boxed{x \sim \ln(1+x) \sim e^x-1} \tag{1-9}$$

3) 用等价无穷小代换求解.

用等价无穷小代换可以简化某些函数的极限运算.本章前面已给出几个常用的等价无穷小,下面再给出几个.当 $x \to 0$ 时,有

$$\boxed{\frac{\alpha x}{n} \sim \sqrt[n]{1+\alpha x}-1} \tag{1-10}$$

$$\boxed{\frac{(nx)^2}{2} \sim 1-\cos nx} \tag{1-11}$$

$$x\ln a \sim a^x - 1 \qquad (1-12)$$

例 1-54 求 $\lim\limits_{x\to 0}\dfrac{e^{2x}-1}{\arcsin 3x}$.

解 由于当 $x\to 0$ 时,$\arcsin 3x \sim 3x$,$e^{2x}-1 \sim 2x$. 所以

$$\lim_{x\to 0}\frac{e^{2x}-1}{\arcsin 3x}=\lim_{x\to 0}\frac{2x}{3x}=\frac{2}{3}$$

例 1-55 求 $\lim\limits_{x\to 0}\dfrac{\ln[1+\ln(1+2x)]}{\tan(\sin x)}$.

解 $\lim\limits_{x\to 0}\dfrac{\ln[1+\ln(1+2x)]}{\tan(\sin x)}=\lim\limits_{x\to 0}\dfrac{\ln(1+2x)}{\sin x}=\lim\limits_{x\to 0}\dfrac{2x}{x}=2$

例 1-56 求 $\lim\limits_{x\to 2}\dfrac{e^x-e^2}{\sin(x-2)}$.

解 由于当 $x\to 2$ 时,$x-2$ 是无穷小,因此

$$\lim_{x\to 2}\frac{e^x-e^2}{\sin(x-2)}=\lim_{x\to 2}\frac{e^2(e^{x-2}-1)}{x-2}=\lim_{x\to 2}\frac{e^2(x-2)}{x-2}=e^2$$

技巧提示:若式中含有指数差,一般需提出一个因子.

例 1-57 求 $\lim\limits_{x\to 0}\dfrac{3^x+2^x-2}{x}$.

解 $\lim\limits_{x\to 0}\dfrac{3^x+2^x-2}{x}=\lim\limits_{x\to 0}\dfrac{(3^x-1)+(2^x-1)}{x}=\lim\limits_{x\to 0}\dfrac{3^x-1}{x}+\lim\limits_{x\to 0}\dfrac{2^x-1}{x}$

$$=\lim_{x\to 0}\frac{x\ln 3}{x}+\lim_{x\to 0}\frac{x\ln 2}{x}=\ln 3+\ln 2=\ln 6$$

例 1-58 求 $\lim\limits_{x\to 0}\dfrac{\sqrt[3]{8+x}-2}{x}$.

解 $\lim\limits_{x\to 0}\dfrac{\sqrt[3]{8+x}-2}{x}=\lim\limits_{x\to 0}\dfrac{2\left(\sqrt[3]{1+\dfrac{x}{8}}-1\right)}{x}=\lim\limits_{x\to 0}\dfrac{2\left(\dfrac{1}{3}\times\dfrac{x}{8}\right)}{x}=\dfrac{1}{12}$

例 1-59 求 $\lim\limits_{x\to 1}\dfrac{\ln x}{\sqrt[5]{x}-1}$.

解 由于当 $x\to 1$ 时,$x-1$ 是无穷小,因此

$$\lim_{x\to 1}\frac{\ln x}{\sqrt[5]{x}-1}=\lim_{x\to 1}\frac{\ln[1+(x-1)]}{\sqrt[5]{1+(x-1)}-1}=\lim_{x\to 1}\frac{x-1}{\dfrac{1}{5}(x-1)}=5$$

例 1-60 求 $\lim\limits_{x\to 0}\dfrac{\tan x-\sin x}{x^3}$.

解法 1 $\lim\limits_{x\to 0}\dfrac{\tan x-\sin x}{x^3}=\lim\limits_{x\to 0}\dfrac{\tan x(1-\cos x)}{x^3}$

$$=\lim_{x\to 0}\left(\frac{\sin x}{x}\frac{1}{\cos x}\frac{1-\cos x}{x^2}\right)=\lim_{x\to 0}\frac{1-\cos x}{x^2}=\frac{1}{2}.$$

解法 2 当 $x\to 0$ 时,$\tan x \sim x$,$1-\cos x \sim \dfrac{x^2}{2}$,则

$$\lim_{x\to 0}\frac{\tan x - \sin x}{x^3} = \lim_{x\to 0}\frac{\tan x(1-\cos x)}{x^3} = \lim_{x\to 0}\frac{x\cdot\frac{1}{2}x^2}{x^3} = \frac{1}{2}.$$

这里需要注意的是,无穷小的等价代换是对分子或分母的整体代换(或对分子、分母的因式代换),而对分子或分母中"+""-"号连接的各部分一般不作代替,如上例,若 $\tan x \sim x$, $\sin x \sim x$ 进行代替后,则有

$$\lim_{x\to 0}\frac{\tan x - \sin x}{x^3} = \lim_{x\to 0}\frac{x - x}{x^3} = 0, \text{这样就错了}.$$

(2) "$\frac{\infty}{\infty}$" 型.

一般方法是在分式的分子、分母上同时除以分式中变量的最高次幂.

例 1-61 求 $\lim\limits_{n\to\infty}\dfrac{\sqrt[3]{27n^9+n}}{(2n+1)(n+2)^2}$.

解 此题属"$\frac{\infty}{\infty}$"型,在分式的分子、分母上同除 n^3,得

$$\lim_{n\to\infty}\frac{\sqrt[3]{27n^9+n}}{(2n+1)(n+2)^2} = \lim_{n\to\infty}\frac{\frac{\sqrt[3]{27n^9+n}}{n^3}}{\frac{(2n+1)}{n}\frac{(n+2)^2}{n^2}} = \lim_{n\to\infty}\frac{\sqrt[3]{\frac{27n^9+n}{n^9}}}{\left(\frac{2n+1}{n}\right)\left(\frac{n+2}{n}\right)^2}$$

$$= \lim_{n\to\infty}\frac{\sqrt[3]{27+\frac{1}{n^8}}}{\left(2+\frac{1}{n}\right)\left(1+\frac{2}{n}\right)^2} = \frac{3}{2}$$

技巧提示:此类题型分式的分子、分母上若含有多项式的乘幂或连乘,这时不需把式子展开,只需把变量的最高次幂分解后除到每个因式中即可.

(3) "$0\cdot\infty$"型和"$\infty-\infty$"型.

一般方法是将其化为"$\frac{0}{0}$"型或"$\frac{\infty}{\infty}$"型进行运算(见例 1-27、例 1-28).

例 1-62 求 $\lim\limits_{x\to\infty}x\sin\dfrac{3}{x+1}$.

解 此题属"$0\cdot\infty$"型,可化为"$\frac{\infty}{\infty}$"型.

由于当 $x\to\infty$ 时, $\dfrac{3}{x+1}$ 是无穷小,因此 $\sin\dfrac{3}{x+1}\sim\dfrac{3}{x+1}$

所以 $$\lim_{x\to\infty}x\sin\frac{3}{x+1} = \lim_{x\to\infty}x\cdot\frac{3}{x+1} = \lim_{x\to\infty}\frac{3}{1+\frac{1}{x}} = 3$$

(4) "1^∞"型.

本章求解此类题型的方法是利用重要极限 2。

例 1-63 $\lim\limits_{x\to 0}\left(\dfrac{5^x+1}{2}\right)^{\frac{1}{x}}$

解 $$\lim_{x\to 0}\left(\frac{5^x+1}{2}\right)^{\frac{1}{x}} = \lim_{x\to 0}\left(1+\frac{5^x-1}{2}\right)^{\frac{1}{x}} = \lim_{x\to 0}\left\{\left(1+\frac{5^x-1}{2}\right)^{\frac{2}{5^x-1}}\right\}^{\frac{5^x-1}{2x}}$$

$$= \exp \lim_{x \to 0} \frac{5^x - 1}{2x} = \exp \lim_{x \to 0} \frac{\ln 5 \cdot x}{2x}$$

$$= e^{\frac{1}{2}\ln 5} = e^{\ln\sqrt{5}} = \sqrt{5}$$

易错提醒:"1^∞"型未定式在计算时容易被认为结果就是 1.

注:exp 是"指数"的英文单词的前三个字母,它同样表示以 e 为底的指数函数,例如 $\exp(x) = e^x$.

需要说明的是:学到第 3 章时,用洛比达法则也可求"$\frac{0}{0}$""$\frac{\infty}{\infty}$""$0 \cdot \infty$""$\infty - \infty$""1^∞"型极限.

(5)含有无穷多项和的函数的极限.

1)对能求出 n 项和的题型应先求和再求极限.

例 1-64 求 $\lim\limits_{n \to \infty} \left(\frac{1}{n^2} + \frac{2}{n^2} + \cdots + \frac{n}{n^2} \right)$.

解 $\lim\limits_{n \to \infty} \left(\frac{1}{n^2} + \frac{2}{n^2} + \cdots + \frac{n}{n^2} \right) = \lim\limits_{n \to \infty} \frac{1 + 2 + \cdots + n}{n^2} = \lim\limits_{n \to \infty} \frac{\frac{n}{2}(1+n)}{n^2}$

$$= \lim_{n \to \infty} \frac{1+n}{2n} = \frac{1}{2}$$

易错提醒:此题若这样计算

$$\lim_{n \to \infty} \left(\frac{1}{n^2} + \frac{2}{n^2} + \cdots + \frac{n}{n^2} \right) = \lim_{n \to \infty} \frac{1}{n^2} + \lim_{n \to \infty} \frac{2}{n^2} + \cdots + \lim_{n \to \infty} \frac{n}{n^2} = 0$$

就错了,因为极限的运算法则只对有限项成立.

2)利用极限存在的准则.

例 1-65 求 $\lim\limits_{n \to \infty} \left(\frac{1}{\sqrt{n^2+1}} + \frac{1}{\sqrt{n^2+2}} + \cdots + \frac{1}{\sqrt{n^2+n}} \right)$

解 此题是前面提到的不能求出 n 项和表达式的类型.

因为 $\frac{n}{\sqrt{n^2+n}} < \left(\frac{1}{\sqrt{n^2+1}} + \frac{1}{\sqrt{n^2+2}} + \cdots + \frac{1}{\sqrt{n^2+n}} \right) < \frac{n}{\sqrt{n^2+1}}$

又因为 $\lim\limits_{n \to \infty} \frac{n}{\sqrt{n^2+n}} = \lim\limits_{n \to \infty} \frac{1}{\sqrt{1+\frac{1}{n}}} = 1$

$$\lim_{n \to \infty} \frac{n}{\sqrt{n^2+1}} = \lim_{n \to \infty} \frac{1}{\sqrt{1+\frac{1}{n^2}}} = 1$$

所以,由极限存在准则 1 得

$$\lim_{n \to \infty} \left(\frac{1}{\sqrt{n^2+1}} + \frac{1}{\sqrt{n^2+2}} + \cdots + \frac{1}{\sqrt{n^2+n}} \right) = 1$$

需要说明的是:某些这类题型也可利用定积分的定义求解.

(6)有界变量与无穷小乘积的极限.

例 1-66 求 $\lim\limits_{x \to \infty} \frac{\arctan x}{x^2 + 1}$.

解 因为当 $x \to \infty$ 时,$\dfrac{1}{x^2+1}$ 是无穷小,$\arctan x$ 是有界变量,

所以,根据无穷小的第三个性质知:$\dfrac{1}{x^2+1}$ 与 $\arctan x$ 的乘积仍是无穷小,即

$$\lim_{x \to \infty} \frac{\arctan x}{x^2+1} = 0$$

2. 极限式中的参数计算

例 1-67 已知 $\lim\limits_{x \to \infty}\left(\dfrac{x^2}{x+1}-ax-b\right)=0$,求 a 与 b 的值.

解 因为 $\lim\limits_{x \to \infty}\left(\dfrac{x^2}{x+1}-ax-b\right)=\lim\limits_{x \to \infty}x\left(\dfrac{x}{x+1}-a-\dfrac{b}{x}\right)=0$,所以

$$\lim_{x \to \infty}\left(\frac{x}{x+1}-a-\frac{b}{x}\right)=0$$

$$a=\lim_{x \to \infty}\frac{x}{x+1}=1$$

$$b=\lim_{x \to \infty}\left(\frac{x^2}{x+1}-ax\right)=\lim_{x \to \infty}\left(\frac{x^2}{x+1}-x\right)=-\lim_{x \to \infty}\frac{x}{x+1}=-1$$

3. 无穷小的阶

设 α 与 β 是同一极限过程中的无穷小,若 $\lim\dfrac{\alpha}{\beta^k}=C$($C\neq 0, k>0$),则称 α 是关于 β 的 k 阶无穷小.

例 1-68 当 $x \to 0$ 时,问 $f(x)=(\sqrt{1+3x^2}-1)^2$ 是 x 的几阶无穷小?

解 $\lim\limits_{x \to 0}\dfrac{(\sqrt{1+3x^2}-1)^2}{x^n}=\lim\limits_{x \to 0}\dfrac{\left(\dfrac{1}{2}\times 3x^2\right)^2}{x^n}=\dfrac{9}{4}\lim\limits_{x \to 0}x^{4-n}$

为使极限值是非零常数,令 $4-n=0$,因此 $f(x)$ 是 x 的 4 阶无穷小.

4. 极限存在问题

一般地,讨论分段函数、绝对值函数、指数函数、偶次根式函数的极限时,应分左、右极限进行讨论.

例 1-69 讨论极限 $\lim\limits_{x \to \infty}\dfrac{\sqrt{x^2+1}}{x}$ 是否存在.

解 因为

$$\lim_{x \to +\infty}\frac{\sqrt{x^2+1}}{x}=\lim_{x \to +\infty}\sqrt{1+\frac{1}{x^2}}=1$$

$$\lim_{x \to -\infty}\frac{\sqrt{x^2+1}}{x}=\lim_{x \to -\infty}-\sqrt{1+\frac{1}{x^2}}=-1$$

可见

$$\lim_{x \to +\infty}\frac{\sqrt{x^2+1}}{x}\neq \lim_{x \to -\infty}\frac{\sqrt{x^2+1}}{x}$$

故极限不存在.

5. 一题多解

例 1-70 求 $\lim\limits_{x\to+\infty}(\sqrt{x^2+x}-x)$.

解法 1 此题属"$\infty-\infty$"型.

$$\lim_{x\to+\infty}(\sqrt{x^2+x}-x)=\lim_{x\to+\infty}\frac{(\sqrt{x^2+x}-x)(\sqrt{x^2+x}+x)}{\sqrt{x^2+x}+x}$$

$$=\lim_{x\to+\infty}\frac{x}{\sqrt{x^2+x}+x}=\lim_{x\to+\infty}\frac{1}{\sqrt{1+\frac{1}{x}}+1}=\frac{1}{2}$$

解法 2 $\lim\limits_{x\to+\infty}(\sqrt{x^2+x}-x)=\lim\limits_{x\to+\infty}x\left(\sqrt{1+\frac{1}{x}}-1\right)=\lim\limits_{x\to+\infty}x\left(\frac{1}{2}\cdot\frac{1}{x}\right)=\frac{1}{2}$.

例 1-71 求 $\lim\limits_{x\to+\infty}(4^x+5^x)^{\frac{1}{x}}$.

解法 1 因为 $5=(5^x)^{\frac{1}{x}}<(4^x+5^x)^{\frac{1}{x}}<(5^x+5^x)^{\frac{1}{x}}=5\times 2^{\frac{1}{x}}$

又因为
$$\lim_{x\to+\infty}5\times 2^{\frac{1}{x}}=5$$

所以,由极限存在准则 1 有 $\lim\limits_{x\to+\infty}(4^x+5^x)^{\frac{1}{x}}=5$.

解法 2 $\lim\limits_{x\to+\infty}(4^x+5^x)^{\frac{1}{x}}=5\lim\limits_{x\to+\infty}\left(1+\frac{4^x}{5^x}\right)^{\frac{1}{x}}=5\lim\limits_{x\to+\infty}\left\{\left(1+\frac{4^x}{5^x}\right)^{\frac{5^x}{4^x}}\right\}^{\frac{4^x}{5^x x}}$

$$=5\exp\lim_{x\to+\infty}\frac{1}{x}\left(\frac{4}{5}\right)^x=5e^0=5$$

6. 函数的间断点

函数的间断点主要分为两类:

(1) $\lim\limits_{x\to x_0^-}f(x),\lim\limits_{x\to x_0^+}f(x)$ 存在,则 x_0 为**第一类间断点**.

1) 若 $\lim\limits_{x\to x_0^-}f(x)\neq\lim\limits_{x\to x_0^+}f(x)$,则 x_0 称为**跳跃间断点**(见例 1-45).

2) 若 $\lim\limits_{x\to x_0^-}f(x)=\lim\limits_{x\to x_0^+}f(x)$,又有 $\lim\limits_{x\to x_0^-}f(x)=\lim\limits_{x\to x_0^+}f(x)\neq f(x_0)$(见例 1-44)或 $f(x_0)$ 无意义(见例 1-43),则 x_0 称为**可去间断点**.

(2) $\lim\limits_{x\to x_0^-}f(x)$ 和 $\lim\limits_{x\to x_0^+}f(x)$ 至少有一个不存在,则 x_0 为**第二类间断点**.

若 $\lim\limits_{x\to x_0^-}f(x)=\infty$(或 $\lim\limits_{x\to x_0^+}f(x)=\infty$),则 x_0 称为**无穷间断点**(见例 1-46).

例 1-72 讨论函数

$$f(x)=\begin{cases}x\sin\frac{1}{x} & x\neq 0\\ 1 & x=0\end{cases}$$

在点 $x=0$ 处的连续性,如不连续,判断间断点的类型.

解 因为
$$\lim_{x\to 0}f(x)=\lim_{x\to 0}x\sin\frac{1}{x}=0$$

而
$$f(0)=1$$

所以
$$\lim_{x\to 0}f(x)\neq f(0)$$
因此，$f(x)$ 在点 $x=0$ 处不连续，且 $x=0$ 是函数 $f(x)$ 的第一类可去间断点．

例 1-73 说明 $x=0$ 是函数 $f(x)=e^{\frac{1}{x}}$ 的第几类间断点．

解 因为 $\lim\limits_{x\to 0^+}f(x)=\lim\limits_{x\to 0^+}e^{\frac{1}{x}}=\infty$，所以 $x=0$ 函数 $f(x)=e^{\frac{1}{x}}$ 的第二类无穷间断点，如图 1-47 所示．

易错提醒：若写成 $\lim\limits_{x\to 0}e^{\frac{1}{x}}=\infty$ 就错了，因为 $\lim\limits_{x\to 0^-}e^{\frac{1}{x}}=0$．

例 1-74 说明 $x=0$ 是函数 $f(x)=\arctan\dfrac{1}{x}$ 的第几类间断点．

解 因为
$$\lim_{x\to 0^+}f(x)=\lim_{x\to 0^+}\arctan\dfrac{1}{x}=\dfrac{\pi}{2}$$
$$\lim_{x\to 0^-}f(x)=\lim_{x\to 0^-}\arctan\dfrac{1}{x}=-\dfrac{\pi}{2}$$

可见
$$\lim_{x\to 0^+}f(x)\neq\lim_{x\to 0^-}f(x)$$

所以 $x=0$ 是 $f(x)=\arctan\dfrac{1}{x}$ 的第一类跳跃间断点，如图 1-48 所示．

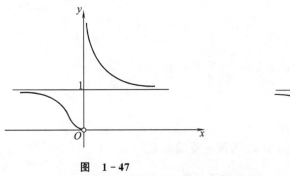

图 1-47

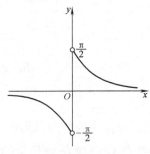

图 1-48

例 1-75 求 $f(x)=\dfrac{x^2-1}{x^2-3x+2}$ 的间断点，并说明理由．

解 因为函数 $f(x)=\dfrac{x^2-1}{x^2-3x+2}=\dfrac{(x-1)(x+1)}{(x-1)(x-2)}$ 在 $x=1,x=2$ 处没有定义，所以 $x=1,x=2$ 是函数 $f(x)$ 的间断点．

当 $x\to 1$ 时：
$$\lim_{x\to 1}f(x)=\lim_{x\to 1}\dfrac{(x-1)(x+1)}{(x-1)(x-2)}=\lim_{x\to 1}\dfrac{x+1}{x-2}=-2,$$

极限存在，但不等于该点的函数值，所以点 $x=1$ 为 $f(x)$ 的第一类可去间断点．

当 $x\to 2$ 时：
$$\lim_{x\to 2}f(x)=\lim_{x\to 2}\dfrac{(x-1)(x+1)}{(x-1)(x-2)}=\lim_{x\to 2}\dfrac{x+1}{x-2}=\infty,$$

所以点 $x=2$ 为 $f(x)$ 的第二类无穷间断点．

例 1-76 讨论函数 $f(x)=\lim\limits_{n\to\infty}\dfrac{1-2^{nx}x}{x+2^{nx}}$ 的连续性，若有间断点，指出其类型．

解 因为当 $x>0$ 时,$\lim\limits_{n\to\infty}\dfrac{1-2^{nx}x}{x+2^{nx}}=\lim\limits_{n\to\infty}\dfrac{\dfrac{1}{2^{nx}}-x}{\dfrac{x}{2^{nx}}+1}=-x$

当 $x=0$ 时,$\qquad\qquad\qquad\lim\limits_{n\to\infty}\dfrac{1-2^{nx}x}{x+2^{nx}}=\lim\limits_{n\to\infty}\dfrac{1}{2^0}=1$

当 $x<0$ 时,$\qquad\qquad\qquad\lim\limits_{n\to\infty}\dfrac{1-2^{nx}x}{x+2^{nx}}=\dfrac{1}{x}$

即 $\qquad\qquad\qquad\qquad\qquad f(x)=\begin{cases}\dfrac{1}{x} & x<0 \\ 1 & x=0 \\ -x & x>0\end{cases}$

所以在 $x=0$ 处函数间断,此间断点是第二类无穷间断点,如图 1-49 所示,函数的连续区间为 $(-\infty,0)\cup(0,+\infty)$.

技巧提示:由极限式定义的函数,通常需分段求解其表达式.

7. 函数的连续性

例 1-77 已知 $f(x)$ 在 $x=0$ 处连续,且 $\lim\limits_{x\to 0}\dfrac{f(x)}{x}=1$,求 $f(0)$.

解 因为 $\lim\limits_{x\to 0}\dfrac{f(x)}{x}=1$,所以当 $x\to 0$ 时,$f(x)$ 与 x 是等价无穷小,即 $\lim\limits_{x\to 0}f(x)=0$;又因为 $f(x)$ 在 $x=0$ 处连续,所以 $f(0)=\lim\limits_{x\to 0}f(x)=0$.

函数连续的定义是本章的重要内容,它有两种等价定义形式
$$\lim_{x\to x_0}f(x)=f(x_0) \quad \text{或} \quad \lim_{\Delta x\to 0}\Delta y=0$$
其中 Δx 是自变量在点 x_0 处取得的改变量,Δy 为函数 $y=f(x)$ 取得相应的改变量.显然当 $\Delta x\to 0$ 时,如果相应地 $\Delta y\to 0$,那么曲线在点 x_0 处就没有间隙了,如图 1-50 所示.

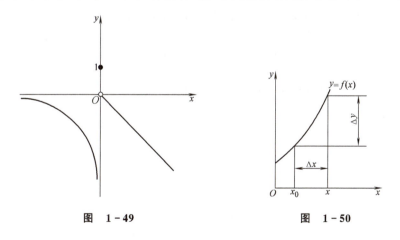

图 1-49 　　　　　　图 1-50

8. 知识拓展

本章所给函数极限的定义是描述性的,其精确的 ε-δ 定义是这样的:如果对于任意给定

的正数 ε(不论它多么小),总存在正数 δ,使得对于适合不等式 $0<|x-x_0|<\delta$ 的一切 x,对应的函数值 $f(x)$ 都满足不等式

$$|f(x)-A|<\varepsilon$$

那么常数 A 就叫作函数 $f(x)$ 当 $x \to x_0$ 时的极限,记作 $\lim\limits_{x \to x_0} f(x) = A$.

极限的保序性定理:

若 $\lim\limits_{x \to x_0} f(x) = A, \lim\limits_{x \to x_0} g(x) = B$,且 $A > B$,则当 x 在 x_0 的某邻域内(可以不包含 x_0)取值时,有 $f(x) > g(x)$.

习 题 1-4

1. 已知 $\lim\limits_{x \to \infty} \left(\dfrac{x^2+1}{x-1} - ax - b \right) = 0$,求 a 与 b 的值.

2. 设 $f(x) = \dfrac{ax^2}{2x^2+1} + bx - 3$,求当 $x \to \infty$ 时,a, b 取何值 $f(x)$ 为无穷小量?

3. 当 $x \to 0$ 时,$x - \arcsin x$ 是 x 的几阶无穷小?

4. 计算下列极限:

(1) $\lim\limits_{n \to \infty} \left(1 + \dfrac{1}{n} + \dfrac{1}{n^2} \right)^n$; (2) $\lim\limits_{x \to 0} (e^x + \cos x - 1)^{\frac{1}{\sin x}}$.

5. 讨论极限 $\lim\limits_{x \to 0} \dfrac{e^{\frac{1}{x}} - 1}{e^{\frac{1}{x}} + 1}$ 是否存在.

6. 用极限存在的两个准则求解下列各题:

(1) $\lim\limits_{x \to +\infty} (2^x + 3^x + 4^x)^{\frac{1}{x}}$;

(2) $\lim\limits_{n \to \infty} \left[\dfrac{1}{(n+1)^2} + \dfrac{1}{(n+2)^2} + \cdots + \dfrac{1}{(n+n)^2} \right]$.

7. 利用等价无穷小求下列极限的值:

(1) $\lim\limits_{x \to 0} \dfrac{\sin 3x}{\sin 2x}$; (2) $\lim\limits_{x \to 0} \dfrac{\ln(1+2x)}{e^x - 1}$; (3) $\lim\limits_{x \to 0} \dfrac{\sqrt{1+\sin x} - \sqrt{1-\sin x}}{\tan 2x}$;

(4) $\lim\limits_{x \to 0} \dfrac{\ln(1+\sin 2x)}{\arcsin(x+x^2)}$; (5) $\lim\limits_{x \to 0} \dfrac{\ln(1+3x) \arcsin 3x}{x \ln(1+x)}$; (6) $\lim\limits_{n \to \infty} n^2 \sin \dfrac{1}{3n^2+2n}$;

(7) $\lim\limits_{x \to 0} \dfrac{\ln(1+\sqrt{\sin x})}{\sqrt{x}}$; (8) $\lim\limits_{x \to \infty} x^2 \left(1 - \cos \dfrac{2}{x} \right)$; (9) $\lim\limits_{x \to 0} \dfrac{\ln \cos x}{2 \cos 2x - 2}$;

(10) $\lim\limits_{x \to 0} \dfrac{e^{3x} - 1}{\sqrt{1+x} - 1}$; (11) $\lim\limits_{x \to 0} \dfrac{e^{x^2} - 1}{\cos x - 1}$; (12) $\lim\limits_{x \to 0} \dfrac{(e^{2x}-1)(e^{3x}-1)}{\cos 2x - 1}$;

(13) $\lim\limits_{x \to 0} \dfrac{\sqrt[5]{243+x} - 3}{x}$.

8. 设函数

$$f(x) = \begin{cases} \dfrac{1}{x} \sin x & x < 0 \\ a & x = 0 \\ 1 + x \sin \dfrac{1}{x} & x > 0 \end{cases}$$

应怎样选择 a,才能使 $f(x)$ 在其定义域内连续?

9. 指出下列函数的间断点,并判断其类型.

(1) $y = x\cos\dfrac{1}{x}$;　　　　(2) $y = \dfrac{\sin x}{x}$;　　　　(3) $y = \dfrac{x^2-3x+2}{x^2-4}$;

(4) $f(x) = \begin{cases} x^2+2 & x>0 \\ \mathrm{e}^{2x} & x\leqslant 0 \end{cases}$;　　　　(5) $f(x) = \begin{cases} \dfrac{1}{x-2} & x>0 \\ \ln(x+1) & -1<x\leqslant 0 \end{cases}$;

(6) $f(x) = \dfrac{1}{1-\mathrm{e}^{\frac{x}{1-x}}}$;　　　　(7) $f(x) = \dfrac{2^{\frac{1}{x}}-1}{2^{\frac{1}{x}}+1}$.

数学文摘

极限思想的哲学意义

所谓极限法,是指用极限概念分析问题和解决问题的一种数学方法. 极限法不同于一般的代数方法,代数中的加、减、乘、除等运算都是由两个数来确定出另一个数,而在极限法中则是由无限个数来确定一个数. 微积分中的一系列重要概念,如函数连续性、导数以及定积分等都是借助于极限法定义的. 如果要问:"微积分是一门什么学科?"那么可以概括地说:"微积分是用极限法来研究函数的一门学科." 极限法在现代数学乃至物理、工程等学科中有广泛的应用,这是由它本身固有的思维功能所决定的. 极限法揭示了变量与常量、无限与有限的对立统一关系. 借助极限法,人们可以从有限认识无限,从量变认识质变,从近似认识准确,从直线认识曲线.

1. 极限是有限与无限的辩证统一

有限与无限有着本质的差异,在"有限世界"中的很多法则在"无限世界"中往往出现矛盾. 然而,这样对立的一对矛盾概念,在极限的思想方法中达到了令人叹服的对立统一. 极限=A 包含两个含义,一是过程无限而不终止,二是一般项随 n 变化但有总的趋势(稳定于 A 值). 在这一过程中,一方面,对于无限变化的量可以通过有限的量 A 来研究它的变化趋势;另一方面,又可以通过对于无限变化的研究达到对于有限量 A 的认识. 可谓你中有我,我中有你,达到了既对立又统一.

2. 量变与质变的辩证统一

辩证唯物主义认为,事物处于不断地变化过程之中,是量变和质变的统一. 量变是事物发生变化的前提和准备条件,质变是事物变化的必然和结果. 当事物的量变积累到一定的基础、达到事物变化的度时就一定发生质变. 极限思想生动地诠释了马克思主义这一科学原理. 例如对任何一个圆内接正多边形来说,当它边数加倍后,得到的还是内接正多边形,是量变,不是质变. 但是,随着边数的不断增加,无限进行下去的时候,多边形就质变为圆,多边形面积就转化为圆面积. 极限的思想方法让我们从量变认识到了质变.

3. 近似与准确的辩证统一

近似与准确是数学中的一对对立矛盾,但两者在一定条件下可相互转化,这种转化是数学应用于实际计算的重要诀窍. 例如"平均速度""圆内接正多边形面积",对应的是瞬时速度的近似值、圆面积的近似值,但取极限后就可得到相应的准确值. 极限的思想方法让我们完成了由"近似"到"精确"的过渡.

4. 直与曲的辩证统一

"曲"与"直"是一对矛盾，曲线形与直线形有本质的差异．恩格斯在《自然辩证法》中指出："直线和曲线在微积分中终于等同起来了．"而这种等同正是借助于极限来实现的．一般情况下，无论在理论的处理上还是在实际的计算上，直比曲要简单易行．因而利用"曲"与"直"这种对立统一关系是处理数学相关问题的重要手段之一．在形而上学看来，直与曲是对立的，是非此即彼的，但辩证法认为，在一定条件下，直与曲可以相互转化，极限思想为这一理论提供了极好的例证．例如曲边三角形面积的计算体现了曲转化为直的辩证思想，反映出化整为零，积零为整的思想方法．用这些小矩形的面积和近似地表示大曲边三角形的面积，从而实现了局部的曲转化为局部的直，然后通过取极限，就使小矩形面积的和转化为了大曲边三角形的面积．这样，局部的直又反过来转化为了整体的曲．正是因为有了极限思想，才使我们完成了直与曲的对立转化．

哲学思想与极限思想同为人类认识世界的思维成果，其发展是相互交织，相互推进，共同螺旋式上升发展的过程；哲学思想的探究与发展对于极限思想的发展有引领和指导作用，而极限思想的建立与完善又使得哲学思想得到了完美的科学体现．

复习题 1

[A]

1. 填空题．

(1) 设 $f(x)=\dfrac{\ln(1-x)}{\sqrt{16-x^2}}$，则 $f(x)$ 的定义域是 _____．

(2) 设 $f(x)=\dfrac{1}{x}$，则 $f(f(x))=$ _____．

(3) $\lim\limits_{x\to 0}\dfrac{\sqrt{4+x}-2}{x}=$ _____．

(4) 若 $\lim\limits_{x\to\infty}\dfrac{(a-1)x+2}{x+1}=0$，则 $a=$ _____．

(5) 若 $\lim\limits_{x\to 0}\dfrac{\sin ax}{2x}=\dfrac{2}{3}$，则 $a=$ _____．

(6) 若 $\lim\limits_{x\to\infty}\left(1+\dfrac{a}{x}\right)^x=\mathrm{e}^2$，则 $a=$ _____．

(7) 当 $x\to 4$ 时，$\sqrt{x}-2$ 与 x^2-16 相比是 _____ 无穷小．

(8) 设 $f(x)=\begin{cases} ax & x<2 \\ x^2-1 & x\geq 2 \end{cases}$ 在点 $x=2$ 连续，则 $a=$ _____．

2. 选择题．

(1) $\lim\limits_{x\to\infty}\cos\dfrac{\sqrt{x+1}}{x}=(\quad)$．

A. 1； B. 0； C. ∞； D. 不存在．

(2) $\lim\limits_{x\to\infty}\left(1-\dfrac{1}{2x}\right)^x$ 的值为（ ）．

A. e^2；　　　B. $e^{-\frac{1}{2}}$；　　C. $e^{\frac{1}{2}}$；　　D. e^{-2}．

(3) 函数 $y=e^{|x|}$ 的图像是（　　）．

A.

B.

C.

D.

(4) 函数 $f(x)=\begin{cases}\dfrac{1}{2}x & x\neq 2 \\ 1.5 & x=2\end{cases}$ 的图像如图 1-51 所示，则 $\lim\limits_{x\to 2}f(x)=$（　　）．

A. 2；　　　B. 1.5；　　C. 1；　　D. 不存在．

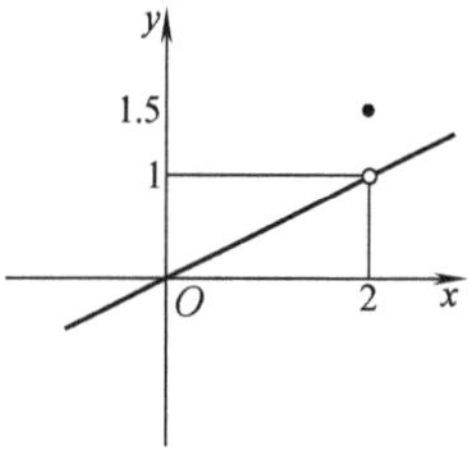

(5) 设 $f(x)=\begin{cases}\dfrac{x^2-9}{x-3} & x\neq 3 \\ a & x=3\end{cases}$ 在 $x=3$ 处连续，则 $a=$（　　）．

A. 0；　　　B. 3；　　C. 6；　　D. 9．

图 1-51

3. 计算下列极限：

(1) $\lim\limits_{x\to 5}\dfrac{x-5}{\sqrt{3x+1}-4}$；

(2) $\lim\limits_{x\to 3}\dfrac{x^2-10x+21}{x^2-4x+3}$；

(3) $\lim\limits_{x\to\infty}\left(3+\dfrac{2}{x}-\dfrac{1}{x^2}\right)$；

(4) $\lim\limits_{x\to\infty}\dfrac{x^2+3x+1}{3x^2+2}$；

(5) $\lim\limits_{x\to\infty}\dfrac{3^n+1}{3^{n+1}+2}$；

(6) $\lim\limits_{x\to 0^+}\dfrac{x}{\sqrt{1-\cos x}}$；

(7) $\lim\limits_{x\to 0}\dfrac{x^2}{\sin^2\dfrac{x}{3}}$；

(8) $\lim\limits_{x\to 1}\dfrac{\sin(x^2-1)}{x^2+x-2}$；

(9) $\lim\limits_{x\to 0}\dfrac{1+\sin 2x-\cos 2x}{1+\sin 4x-\cos 4x}$；

(10) $\lim\limits_{x\to\infty}\left(\dfrac{x-3}{x}\right)^{3x}$．

4. 证明方程 $e^x=3x$ 至少存在一个小于 1 的正根．

[B]

1. 填空题．

(1) 设 $f(x-3)=x^2+6$，则 $f(x)=$ ＿＿＿＿＿＿．

(2) 若 $\lim\limits_{x\to 2}\dfrac{x^2-3x+a}{x-2}=1$，则 $a=$ ＿＿＿＿＿＿．

(3) $\lim\limits_{x\to 0}\dfrac{x\ln(1+x)}{\sqrt{1+x^2}-1}=$ ＿＿＿＿＿＿．

(4) 若 $\lim\limits_{x\to 0}\dfrac{ax-\sin x}{x+a\sin x}=2$，则 $a=$ ＿＿＿＿＿＿．

(5) 设 $\lim\limits_{x\to 0}(1-2x)^{\frac{1}{x}}=\lim\limits_{x\to\infty}x\sin\dfrac{a}{x}$，则 $a=$ ＿＿＿＿＿＿．

(6) 已知 $\lim\limits_{x\to 0}\dfrac{f(x)}{x^2}=4$，则 $\lim\limits_{x\to 0}\left[1+\dfrac{f(x)}{x}\right]^{\frac{1}{x}}=$ ＿＿＿＿＿＿．

(7) 当 $x\to 8$ 时，$a(\sqrt{2x}-4)$ 与 $x-8$ 是等价无穷小，则 $a=$ ＿＿＿＿＿＿．

(8) 设 $f(x)=\begin{cases}e^{x-1} & 0\leqslant x\leqslant 1 \\ a+\cos\dfrac{\pi x}{2} & 1<x\leqslant 2\end{cases}$ 在 $x\in[0,2]$ 上连续，则 $a=$ ＿＿＿＿＿＿．

(9) 函数 $f(x)=\dfrac{x^2-x}{x-1}$ 在 $x=1$ 处为第＿＿＿＿＿＿类＿＿＿＿＿＿间断点．

2. 选择题.

(1) $\lim\limits_{x\to 0}\dfrac{\ln(e^{2x}+e^x-1)}{x}=(\quad)$.

A. 1； B. 2； C. 3； D. 不存在.

(2) 若 $\lim\limits_{x\to 0}\dfrac{f(x)}{x}=2$，则 $\lim\limits_{x\to 0}\dfrac{\sin 4x}{f(3x)}=(\quad)$.

A. 1； B. $\dfrac{1}{2}$； C. $\dfrac{2}{3}$； D. $\dfrac{4}{3}$.

(3) 当 $x\to 0$ 时，函数 $y=\tan 2x$ 与 $y=\ln(1+3x)$ 相比是（ ）.

A. 高阶无穷小； B. 低阶无穷小； C. 等价无穷小； D. 同阶无穷小.

(4) 若 $x\to x_0$ 时，$\alpha(x)$，$\beta(x)$ 都是无穷小 $(\beta\neq 0)$，则当 $x\to x_0$ 时，下式中不一定是无穷小的是（ ）.

A. $|\beta(x)|+|\alpha(x)|$； B. $\alpha^2(x)+\beta^2(x)$；

C. $\ln[1+\alpha(x)\beta(x)]$； D. $\dfrac{\alpha^2(x)}{\beta(x)}$.

(5) $\lim\limits_{x\to\infty}\dfrac{2x}{x^2+1}\sin x^2=(\quad)$.

A. 0； B. 2； C. ∞； D. 不存在.

(6) 设 $y=\begin{cases}\dfrac{e^{2x}-1}{x} & x>0 \\ 2+\cos x & x\leqslant 0\end{cases}$，则 $x=0$ 是 $f(x)$ 的（ ）.

A. 连续点； B. 可去间断点； C. 跳跃间断点； D. 无穷间断点.

(7) 设 $f(x)=x\cos\dfrac{3}{x}+1$，则 $x=0$ 是 $f(x)$ 的（ ）.

A. 连续点； B. 可去间断点； C. 无穷间断点； D. 振荡间断点.

3. 计算下列极限：

(1) $\lim\limits_{x\to 0}\dfrac{e^{\cos x}-e}{\cos x-1}$；

(2) $\lim\limits_{x\to\infty}x\sin\ln\left(1+\dfrac{3}{x}\right)$；

(3) $\lim\limits_{x\to 0}\dfrac{\sqrt{1+x\sin x}-1}{e^{x^2}-1}$；

(4) $\lim\limits_{x\to 0}\dfrac{(2^x-3^x)^2}{x^2}$；

(5) $\lim\limits_{x\to 0}\dfrac{\csc x-\cot x}{x}$；

(6) $\lim\limits_{x\to 0}\left(\dfrac{1+x}{1-2x}\right)^{\frac{1}{x}}$；

(7) $\lim\limits_{n\to\infty}(n^2+1)\ln\left(1+\dfrac{2}{n}\right)\ln\left(1+\dfrac{3}{n}\right)$；

(8) $\lim\limits_{x\to\infty}\dfrac{(2x+3)(x+4)^4}{(2x+1)^2(x+2)^3}$；

(9) $\lim\limits_{n\to\infty}\sqrt{n}(\sqrt{n+1}-\sqrt{n})$；

(10) $\lim\limits_{x\to\infty}(\sqrt[3]{x^3+x^2+x}-x)$.

4. 已知 $\lim\limits_{x\to+\infty}(\sqrt{1+x+4x^2}-ax-b)=0$，求 a 与 b 的值.

5. 设 $f(x)=x^2+2x\lim\limits_{x\to 1}f(x)$，其中 $\lim\limits_{x\to 1}f(x)$ 存在，求 $f(x)$.

课外学习 1

1. 在线学习

祖冲之和圆周率 π（网页链接见对应配套电子课件）.

2. 阅读与写作

阅读本章"数学文摘：极限思想的哲学意义".

第 2 章　导数与微分

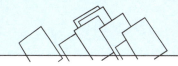

在自然科学的许多领域中都需要从数量上研究函数值相对于自变量变化的快慢程度，所有这些问题都归结为函数值的变化率，即导数．本章我们将从几个实际问题入手引出导数的概念，然后介绍导数的基本公式和运算法则．

2.1　导数的概念

2.1.1　引例

导数是微分学中最基本的概念，它来源于实际生活中两个朴素的概念：速度与切线．

1. 变速直线运动的速度

设 s 表示一物体从某一时刻开始到时刻 t 作直线运动所经过的路程，则 s 是时刻 t 的函数 $s=s(t)$．现在来确定物体在某一给定时刻 t_0 的速度．

当时刻由 t_0 改变到 $t_0+\Delta t$ 时，物体在 Δt 这段时间内所经过的距离为

$$\Delta s = s(t_0+\Delta t)-s(t_0)$$

因此，在 Δt 这段时间内，物体的平均速度为

$$\bar{v}=\frac{\Delta s}{\Delta t}=\frac{s(t_0+\Delta t)-s(t_0)}{\Delta t}$$

若物体作匀速运动，平均速度 $\bar{v}$ 就是物体在任何时刻的速度 v；若物体的运动是变速的，则当 Δt 很小时，$\bar{v}$ 可以近似地表示物体在 t_0 时刻的速度，Δt 越小，近似程度越好，当 $\Delta t \to 0$ 时，如果极限 $\lim\limits_{\Delta t \to 0}\frac{\Delta s}{\Delta t}$ 存在，则此极限为物体在 t_0 时刻的瞬时速度，即

$$v=\lim_{\Delta t\to 0}\frac{\Delta s}{\Delta t}=\lim_{\Delta t\to 0}\frac{s(t_0+\Delta t)-s(t_0)}{\Delta t}$$

2. 电流大小

在交流电路中，电流大小是随时间变化的．设电流通过导线的横截面的电量是 $Q(t)$，它是时间 t 的函数．现在来确定某一给定时刻 t_0 的电流大小．

当时间由 t_0 改变到 $t_0+\Delta t$ 时，通过导线的电量是

$$\Delta Q = Q(t_0+\Delta t)-Q(t_0)$$

因此，在 Δt 这段时间内，导线的平均电流为

$$\bar{I}=\frac{\Delta Q}{\Delta t}=\frac{Q(t_0+\Delta t)-Q(t_0)}{\Delta t}$$

显然，Δt 越小，$\bar{I}$ 就越接近 t_0 时刻的电流 I，当 $\Delta t \to 0$ 时，如果极限 $\lim\limits_{\Delta t \to 0} \dfrac{\Delta Q}{\Delta t}$ 存在，则此极限为导线在 t_0 时刻电流的大小，即

$$I = \lim_{\Delta t \to 0} \frac{\Delta Q}{\Delta t} = \lim_{\Delta t \to 0} \frac{Q(t_0 + \Delta t) - Q(t_0)}{\Delta t}$$

3. 切线及其斜率

曲线在某点处的切线是什么样的直线呢？

设曲线 $y = f(x)$ 的图形如图 2-1 所示，点 $M_0(x_0, y_0)$ 是曲线的一个定点，在曲线上另取一动点 $M(x_0 + \Delta x, y_0 + \Delta y)$，作割线 M_0M，让点 M 沿曲线向点 M_0 移动，则割线 M_0M 的位置也随之变动，当点 M 沿曲线无限趋向点 M_0 时，割线 M_0M 趋向于极限位置——M_0T，直线 M_0T 就是曲线在点 M_0 处的切线．

设割线 M_0M 的倾角为 β，切线 M_0T 的倾角为 α，从图上可以看出 M_0M 的斜率为

$$\tan\beta = \frac{\Delta y}{\Delta x} = \frac{f(x_0 + \Delta x) - f(x_0)}{\Delta x}$$

当 $\Delta x \to 0$ 时，割线的斜率 $\tan\beta$ 就无限地接近于切线的斜率，所以切线的斜率为

$$\tan\alpha = \lim_{\Delta x \to 0} \tan\beta = \lim_{\Delta x \to 0} \frac{\Delta y}{\Delta x} = \lim_{\Delta x \to 0} \frac{f(x_0 + \Delta x) - f(x_0)}{\Delta x}$$

割线到切线的变化过程如图 2-2 所示．

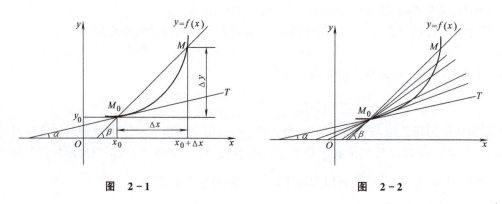

图 2-1　　　　　　　　　　图 2-2

上面三个引例虽然具体含义不同，但从抽象的数量关系来看，它们的实质是一样的，都归结为计算函数改变量与自变量改变量的比，当自变量的改变量趋于零时的极限，这种特殊的极限就称为函数的导数．

> 微积分是近代数学中最伟大的成就，对它的重要性无论作怎样的估计都不会过分．
> ——冯·诺伊曼

2.1.2 导数的定义

定义 1 设函数 $y=f(x)$ 在点 x_0 的某个邻域内有定义,当自变量在点 x_0 处取得改变量 Δx 时,函数 $f(x)$ 取得相应的改变量 $\Delta y=f(x_0+\Delta x)-f(x_0)$,如果极限 $\lim\limits_{\Delta x \to 0}\dfrac{\Delta y}{\Delta x}$ 存在,则称这个极限值为 $f(x)$ 在点 x_0 处的**导数**,记作

$$f'(x_0) \quad \text{或} \quad y'\big|_{x=x_0} \quad \text{或} \quad \dfrac{\mathrm{d}y}{\mathrm{d}x}\bigg|_{x=x_0}$$

即

$$\boxed{f'(x_0)=\lim_{\Delta x \to 0}\dfrac{\Delta y}{\Delta x}=\lim_{\Delta x \to 0}\dfrac{f(x_0+\Delta x)-f(x_0)}{\Delta x}} \tag{2-1}$$

并称函数在点 x_0 处可导。如果上述极限不存在,则称 $f(x)$ 在点 x_0 处不可导。如果极限为无穷大,为方便起见,也称函数在点 x_0 处的导数为无穷大。

与函数 $y=f(x)$ 在点 x_0 处的左、右极限概念相似,如果 $\lim\limits_{\Delta x \to 0^-}\dfrac{\Delta y}{\Delta x}$ 和 $\lim\limits_{\Delta x \to 0^+}\dfrac{\Delta y}{\Delta x}$ 存在,则分别称此两极限为 $f(x)$ 在点 x_0 处的**左导数**和**右导数**,记为 $f'_-(x_0)$ 和 $f'_+(x_0)$。

显然,函数 $y=f(x)$ 在点 x_0 处可导的充要条件是函数 $y=f(x)$ 在该点处的左导数与右导数均存在且相等。

如果函数 $f(x)$ 在某区间 (a,b) 内的每一点都可导,则称 $f(x)$ 在区间 (a,b) 内可导,这时,对于 (a,b) 内的每一点 x,都有确定的导数值与它对应,这样就构成了一个新的函数,称为函数 $f(x)$ 的**导函数**,记作 $f'(x)$,y',$\dfrac{\mathrm{d}y}{\mathrm{d}x}$ 或 $\dfrac{\mathrm{d}f(x)}{\mathrm{d}x}$。在不致发生混淆的情况下,导函数也简称导数。

有了导数的定义,前面的三个例题就可以叙述为:

(1) 路程 $s(t)$ 对时间 t 的导数为瞬时速度 $v(t)$,即

$$v(t)=s'(t)$$

(2) 电量 $Q(t)$ 对时间 t 的导数为电流 $I(t)$,即

$$I(t)=Q'(t)$$

(3) 函数 $f(x)$ 在 x 处的导数为曲线 $f(x)$ 在点 x 处的切线的斜率,即

$$k=\tan\alpha=f'(x)$$

所以,若曲线 $f(x)$ 在 x_0 处可导,则曲线在点 (x_0,y_0) 处的切线方程为

$$\boxed{y-y_0=f'(x_0)(x-x_0)} \tag{2-2}$$

曲线在点 (x_0,y_0) 处的法线方程为

$$\boxed{y-y_0=-\dfrac{1}{f'(x_0)}(x-x_0)} \tag{2-3}$$

需要注意的是,若 $f'(x_0)=\tan\alpha=\infty$,则 $\alpha=\dfrac{\pi}{2}$,即切线垂直于 x 轴,切线方程为 $x=x_0$,法线方程为 $y=y_0$。

根据导数的定义,求导数有三个步骤:

(1) 求 Δy;

(2) 求 $\dfrac{\Delta y}{\Delta x}$；

(3) 求 $\lim\limits_{\Delta x \to 0} \dfrac{\Delta y}{\Delta x}$．

例 2-1 求函数 $f(x)=C$（C 是常数）的导数．

解 (1) $\Delta y = f(x+\Delta x)-f(x)=C-C=0$

(2) $\dfrac{\Delta y}{\Delta x}=0$

(3) $\lim\limits_{\Delta x \to 0} \dfrac{\Delta y}{\Delta x}=0$

即 $$C'=0$$

例 2-2 求函数 $f(x)=x^n$（$n \in \mathbf{N}$）的导数．

解 (1) $\Delta y = (x+\Delta x)^n - x^n$
$= C_n^0 x^n + C_n^1 x^{n-1}\Delta x + C_n^2 x^{n-2}(\Delta x)^2 + \cdots + C_n^n (\Delta x)^n - x^n$
$= C_n^1 x^{n-1}\Delta x + C_n^2 x^{n-2}(\Delta x)^2 + \cdots + (\Delta x)^n$

(2) $\dfrac{\Delta y}{\Delta x}=C_n^1 x^{n-1}+C_n^2 x^{n-2}(\Delta x)+\cdots+(\Delta x)^{n-1}$

(3) $\lim\limits_{\Delta x \to 0} \dfrac{\Delta y}{\Delta x}=C_n^1 x^{n-1}=nx^{n-1}$

即 $$(x^n)'=nx^{n-1}$$

注：当 α 为实数时，$(x^\alpha)'=\alpha x^{\alpha-1}$ 仍成立．

例 2-3 求函数 $f(x)=\log_a x$（$a>0, a \neq 1$）的导数．

解 (1) $\Delta y = \log_a(x+\Delta x) - \log_a x$
$= \log_a\left(1+\dfrac{\Delta x}{x}\right)$

(2) $\dfrac{\Delta y}{\Delta x}=\dfrac{1}{\Delta x}\log_a\left(1+\dfrac{\Delta x}{x}\right)=\dfrac{1}{x}\log_a\left(1+\dfrac{\Delta x}{x}\right)^{\frac{x}{\Delta x}}$

(3) $\lim\limits_{\Delta x \to 0} \dfrac{\Delta y}{\Delta x}=\dfrac{1}{x}\log_a \mathrm{e}=\dfrac{1}{x\ln a}$

即 $$(\log_a x)'=\dfrac{1}{x\ln a}$$

例 2-4 求函数 $f(x)=\sin x$ 的导数．

解 (1) $\Delta y = \sin(x+\Delta x)-\sin x$
$= 2\sin\dfrac{\Delta x}{2}\cos\left(x+\dfrac{\Delta x}{2}\right)$

(2) $\dfrac{\Delta y}{\Delta x}=\dfrac{\sin\dfrac{\Delta x}{2}}{\dfrac{\Delta x}{2}}\cos\left(x+\dfrac{\Delta x}{2}\right)$

(3) $\lim\limits_{\Delta x \to 0} \dfrac{\Delta y}{\Delta x}=\cos x$

即 $$(\sin x)'=\cos x$$

例 2-5 求曲线 $f(x)=\sin x$ 在点 $\left(\dfrac{\pi}{3},\dfrac{\sqrt{3}}{2}\right)$ 处的切线.

解 设切线的斜率为 k,因为切点处的导数就等于切线的斜率,故根据上例的结果得

$$k=f'\left(\dfrac{\pi}{3}\right)=\cos\dfrac{\pi}{3}=\dfrac{1}{2}$$

则切线为

$$y-\dfrac{\sqrt{3}}{2}=\dfrac{1}{2}\left(x-\dfrac{\pi}{3}\right)$$

即

$$3x-6y+3\sqrt{3}-\pi=0$$

2.1.3 可导与连续的关系

定理 1 如果函数 $f(x)$ 在 x_0 处可导,则它在 x_0 处一定连续.

定理的证明见本章 2.5 节提示与提高 9. 这个定理的逆定理不成立,即如果函数 $f(x)$ 在 x_0 处连续,则函数 $f(x)$ 在 x_0 处未必可导.

例 2-6 设 $f(x)=|x|$,问 $f(x)$ 在 $x=0$ 处是否可导?

解 显然 $f(x)$ 在 $x=0$ 处是连续的,如图 2-3 所示. 那么 $f(x)$ 在该点是否可导呢?

因为

$$\lim_{\Delta x\to 0^+}\dfrac{\Delta f(x)}{\Delta x}=\lim_{\Delta x\to 0^+}\dfrac{|0+\Delta x|-|0|}{\Delta x}=\lim_{\Delta x\to 0^+}\dfrac{\Delta x}{\Delta x}=1$$

$$\lim_{\Delta x\to 0^-}\dfrac{\Delta f(x)}{\Delta x}=\lim_{\Delta x\to 0^-}\dfrac{|0+\Delta x|-|0|}{\Delta x}=\lim_{\Delta x\to 0^-}\dfrac{-\Delta x}{\Delta x}=-1$$

所以

$$\lim_{\Delta x\to 0^+}\dfrac{\Delta f(x)}{\Delta x}\neq\lim_{\Delta x\to 0^-}\dfrac{\Delta f(x)}{\Delta x}$$

故 $\lim\limits_{\Delta x\to 0}\dfrac{\Delta f(x)}{\Delta x}$ 不存在,即 $f(x)$ 在 $x=0$ 处不可导. 在图 2-3 上表现为曲线 $f(x)=|x|$ 在点 $x=0$ 处有一个"尖点",没有切线.

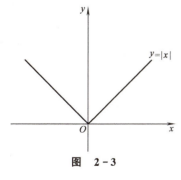

图 2-3

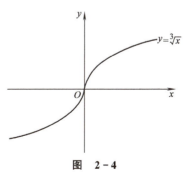

图 2-4

例 2-7 设 $f(x)=\sqrt[3]{x}$,问 $f(x)$ 在 $x=0$ 处是否可导?

解 显然 $f(x)$ 在 $x=0$ 处是连续的,如图 2-4 所示.

因为

$$\lim_{\Delta x\to 0}\dfrac{\Delta f(x)}{\Delta x}=\lim_{\Delta x\to 0}\dfrac{\sqrt[3]{0+\Delta x}-\sqrt[3]{0}}{\Delta x}=\lim_{\Delta x\to 0}\dfrac{1}{\sqrt[3]{(\Delta x)^2}}=+\infty$$

即 $f(x)$ 在 $x=0$ 处不可导. 在图 2-4 上表现为曲线 $f(x)=\sqrt[3]{x}$ 在点 $x=0$ 处有垂直于 x 轴

的切线.

以上两例都说明定理 1 的逆定理不成立,即连续不一定可导.

习　题　2-1

1. 下列各题中均假定 $f'(x_0)$ 存在,按照导数定义观察下列极限,指出 A 表示什么.

(1) $\lim\limits_{\Delta x \to 0} \dfrac{f(x_0 - \Delta x) - f(x_0)}{\Delta x} = A$;

(2) $\lim\limits_{\Delta x \to 0} \dfrac{f(x_0 + \Delta x) - f(x_0 - \Delta x)}{\Delta x} = A$;

(3) $\lim\limits_{h \to 0} \dfrac{f(x_0 + 2h) - f(x_0 - 3h)}{h} = A$.

2. 设 $f(x) = \cos x$,试按导数定义求 $f'(x)$.

3. 设 $f(x) = \cos x$,求 $f(x)$ 在点 $x = \dfrac{\pi}{4}$ 处的切线方程(利用上题结果).

2.2　导数的基本公式和运算法则

如果对每一个函数都按导数的定义来求导,其计算将会比较复杂,甚至比较困难.因此,有必要找到一些基本公式与运算法则,借助它们简化函数的求导计算.

2.2.1　基本初等函数的求导公式

表 2-1 给出了基本初等函数的导数公式.这些公式有的在前一节中已经得到,有的将随着导数运算法则的引入而得到,有的留给读者推导.

表 2-1　导数基本公式

$C' = 0$（C 为常数）	$(x^\alpha)' = \alpha x^{\alpha-1}$（$\alpha$ 为实数）
$(a^x)' = a^x \ln a$　($a > 0, a \neq 1$)	$(e^x)' = e^x$
$(\log_a x)' = \dfrac{1}{x \ln a}$　($a > 0, a \neq 1$)	$(\ln x)' = \dfrac{1}{x}$
$(\sin x)' = \cos x$	$(\cos x)' = -\sin x$
$(\tan x)' = \sec^2 x$	$(\cot x)' = -\csc^2 x$
$(\sec x)' = \sec x \tan x$	$(\csc x)' = -\csc x \cot x$
$(\arcsin x)' = \dfrac{1}{\sqrt{1-x^2}}$	$(\arccos x)' = -\dfrac{1}{\sqrt{1-x^2}}$
$(\arctan x)' = \dfrac{1}{1+x^2}$	$(\text{arccot}\, x)' = -\dfrac{1}{1+x^2}$

下面利用基本公式,求几个幂函数的导数,例如

$$x' = 1 \times x^{1-1} = 1$$
$$(x^2)' = 2x^{2-1} = 2x$$
$$(\sqrt{x})' = (x^{\frac{1}{2}})' = \dfrac{1}{2} x^{\frac{1}{2}-1} = \dfrac{1}{2\sqrt{x}}$$

$$\left(\frac{1}{x}\right)' = (x^{-1})' = -x^{-1-1} = -\frac{1}{x^2}$$

$$\left(\sqrt{x\sqrt{x\sqrt{x}}}\right)' = \left(x^{\frac{7}{8}}\right)' = \frac{7}{8}x^{\frac{7}{8}-1} = \frac{7}{8\sqrt[8]{x}}$$

2.2.2 导数的四则运算法则

设函数 $u=u(x)$ 和 $v=v(x)$ 在 x 处可导,则其和、差、积、商在 x 处也可导,且有

法则 1
$$(u \pm v)' = u' \pm v' \tag{2-4}$$

法则 2
$$(uv)' = u'v + uv' \tag{2-5}$$

特别地,$(Cu)' = Cu'$(C 为常数).

法则 3
$$\left(\frac{u}{v}\right)' = \frac{u'v - uv'}{v^2} \quad (v \neq 0) \tag{2-6}$$

法则 2 的证明见本章 2.5 节提示与提高 9,法则 1、法则 3 的证明从略.

例 2-8 求函数 $f(x) = x^3 + \sin x$ 的导数.

解 $f'(x) = (x^3)' + (\sin x)' = 3x^{3-1} + \cos x = 3x^2 + \cos x$

例 2-9 求函数 $f(x) = e^x \cos x$ 的导数.

解 $f'(x) = (e^x)'\cos x + e^x(\cos x)' = e^x \cos x - e^x \sin x$

例 2-10 求函数 $f(x) = \dfrac{1-x}{1+x}$ 的导数.

解 $f'(x) = \dfrac{(1-x)'(1+x) - (1-x)(1+x)'}{(1+x)^2}$

$= \dfrac{-(1+x) - (1-x)}{(1+x)^2} = \dfrac{-2}{(1+x)^2}$

例 2-11 求函数 $f(x) = \tan x$ 的导数.

解 $f'(x) = (\tan x)' = \left(\dfrac{\sin x}{\cos x}\right)'$

$= \dfrac{(\sin x)' \cos x - \sin x (\cos x)'}{\cos^2 x}$

$= \dfrac{\cos^2 x + \sin^2 x}{\cos^2 x} = \dfrac{1}{\cos^2 x} = \sec^2 x$

即
$$(\tan x)' = \sec^2 x$$

类似有
$$(\cot x)' = -\csc^2 x$$

例 2-12 求函数 $f(x) = \sec x$ 的导数.

解 $f'(x) = (\sec x)' = \left(\dfrac{1}{\cos x}\right)'$

$= \dfrac{1' \times \cos x - 1 \times (\cos x)'}{\cos^2 x}$

$$= \frac{\sin x}{\cos^2 x} = \sec x \tan x$$

即
$$(\sec x)' = \sec x \tan x$$

类似地,有
$$(\csc x)' = -\csc x \cot x$$

例 2-13 求曲线 $y = x\ln x$ 上平行于直线 $2x-y+3=0$ 的切线方程.

解 本题切线的斜率间接给出,只要求出切点即可. 设所求切线的切点为 (x_0, y_0),因曲线为 $y = x\ln x$,所以

$$y' = x'\ln x + x(\ln x)' = \ln x + x\frac{1}{x} = \ln x + 1,$$

$$y'(x_0) = \ln x_0 + 1$$

又因为直线 $2x-y+3=0$ 的斜率为 2,且其与所求切线平行,故知所求切线的斜率也为 2,所以

$$y'(x_0) = \ln x_0 + 1 = 2$$

解得
$$x_0 = e, y_0 = e$$

所求切线方程为
$$y - e = 2(x - e)$$

即
$$y - 2x + e = 0$$

如图 2-5 所示.

例 2-14 求过点 $A(0, -2)$ 且与曲线 $y = x^2 + 2$ 相切的直线方程.

解 设切点为 (x_0, y_0),切线斜率为 k,因切线过点 $(0, -2)$,所以切线可写为 $y + 2 = kx$,即 $y = kx - 2$. 函数导数为

$$y' = 2x$$

所以
$$k = 2x_0 \tag{1}$$

因为切点既在切线上又在曲线上,所以

$$\begin{cases} y_0 = kx_0 - 2 \\ y_0 = x_0^2 + 2 \end{cases} \tag{2}$$

由式(1)、式(2)得 $k = \pm 4$. 所求切线方程为

$$4x + y + 2 = 0 \quad \text{或} \quad 4x - y - 2 = 0$$

如图 2-6 所示.

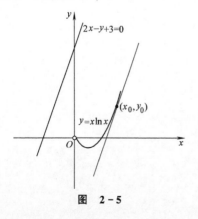

图 2-5

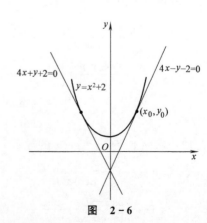

图 2-6

习 题 2-2

1. 求下列函数的导数：

(1) $y=x^4$； (2) $y=\sqrt[7]{x^5}$； (3) $y=\dfrac{1}{\sqrt[3]{x^2}}$； (4) $y=\dfrac{1}{x^2}$； (5) $y=x^2\sqrt[3]{x\sqrt[3]{x}}$.

2. 求下列函数的导数：

(1) $y=x^5+\dfrac{1}{x^3}$； (2) $y=\dfrac{(x-1)^2}{x}$； (3) $y=\sqrt[3]{x}(7x+11\sqrt{x}+4)$；

(4) $y=x^5+5^x+\ln 5$； (5) $y=\left(1+\dfrac{1}{\sqrt{x}}\right)(1+\sqrt{x})$； (6) $y=x\cos x-\sin x$；

(7) $y=x\tan x-2\sec x$； (8) $y=\sin x\cos x$； (9) $y=xe^x-e^x$；

(10) $y=x^2\ln x+2x^2$； (11) $y=\dfrac{1-\ln x}{1+\ln x}$； (12) $y=\dfrac{e^x}{e^x+1}$；

(13) $y=\dfrac{x}{1+x^2}$； (14) $y=\dfrac{\sin x}{\cos x+1}$； (15) $y=\dfrac{\cot x}{1+\csc x}$.

3. 设 $f(x)=\dfrac{1-\sqrt{x}}{1+\sqrt{x}}$，求 $f'(4)$.

4. 设 $f(x)=\dfrac{\ln x}{x}$，求 $f'(e)$.

5. 函数 $f(x)$ 与 $g(x)$ 在 $(-\infty,+\infty)$ 上可导，且 $f(2)=1, g(2)=-\dfrac{1}{2}, f'(2)=\dfrac{1}{4}$，$g'(2)=-4$，求下列函数在点 $x=2$ 处的导数．

(1) $f(x)+g(x)$； (2) $f(x)g(x)$； (3) $\dfrac{f(x)}{g(x)}$.

6. 求 $f(x)=x^3+2x^2$ 在 $x=1$ 处的切线方程及法线方程．

7. 求 $f(x)=\sin x$ 在 $x=\dfrac{\pi}{3}$ 处的切线方程和法线方程．

8. 曲线 $y=\sqrt[3]{x}$ 上哪一点的切线垂直于直线 $3x+y+1=0$？

9. 已知物体的运动规律为 $s=(2t^2+t)$（s 以 m 为单位，t 以 s 为单位），求这物体在 $t=2$s 时的速度．

2.3 导数运算

2.3.1 复合函数的求导法则

法则 4 设函数 $y=f(u),u=\varphi(x)$ 均可导，则复合函数 $f(\varphi(x))$ 也可导，且

$$\dfrac{dy}{dx}=\dfrac{dy}{du}\dfrac{du}{dx} \quad 或 \quad y'_x=y'_u u'_x \tag{2-7}$$

上述法则可以推广到有限个中间变量的情形．如 $y=f(u),u=\varphi(t),t=s(x)$，则复合函数 $y=f(\varphi(s(x)))$ 的导数为

$$y'_x=y'_u u'_t t'_x \tag{2-8}$$

法则 4 的证明见本章 2.5 节提示与提高 9．

例 2-15 求函数 $y=e^{x^2}$ 的导数．

解 设 $y=e^u, u=x^2$，则
$$y' = y'_u u'_x = (e^u)'_u (x^2)'_x$$
$$= e^u \times 2x^{2-1} = 2xe^{x^2}$$

例 2-16 函数 $y=\ln\sin 2x$ 的导数.

解 设 $y=\ln u, u=\sin t, t=2x$，则
$$y'_x = y'_u u'_t t'_x$$
$$= (\ln u)'_u (\sin t)'_t (2x)'_x = \frac{1}{u}\cos t \times 2$$
$$= 2\frac{\cos t}{\sin t} = 2\cot t = 2\cot 2x$$

例 2-17 求函数 $y=\sin^2(\cos 3x)$ 的导数.

解 设 $y=u^2, u=\sin t, t=\cos v, v=3x$，则
$$y'_x = y'_u u'_t t'_v v'_x$$
$$= (u^2)'_u (\sin t)'_t (\cos v)'_v (3x)'_x$$
$$= 2u\cos t(-\sin v) \times 3$$
$$= 2\sin t\cos t(-\sin v) \times 3 = -3\sin 2t \sin v$$
$$= -3\sin(2\cos v)\sin v$$
$$= -3\sin(2\cos 3x)\sin(3x)$$

复合层次比较清楚以后，可不必设中间变量，直接由外往里逐层求导．

例 2-18 求函数 $y=\tan x^3$ 的导数.

解 $y' = (\tan x^3)' = \sec^2 x^3 (x^3)' = 3x^2 \sec^2 x^3$

例 2-19 求函数 $y=\sin\sqrt{x^2-1}$ 的导数.

解 $y' = (\sin\sqrt{x^2-1})'$
$$= \cos\sqrt{x^2-1}(\sqrt{x^2-1})' = \cos\sqrt{x^2-1}\frac{1}{2\sqrt{x^2-1}}(x^2-1)'$$
$$= \cos\sqrt{x^2-1}\frac{1}{2\sqrt{x^2-1}} \times 2x = \frac{x}{\sqrt{x^2-1}}\cos\sqrt{x^2-1}$$

例 2-20 求函数 $y=e^{\cos\ln x}$ 的导数.

解 $y' = e^{\cos\ln x}(\cos\ln x)'$
$$= e^{\cos\ln x}(-\sin\ln x)(\ln x)'$$
$$= e^{\cos\ln x}(-\sin\ln x)\frac{1}{x}$$
$$= -\frac{\sin\ln x}{x}e^{\cos\ln x}$$

例 2-21 求函数 $y=\arctan\sqrt{\frac{1+x}{1-x}}$ 的导数.

解 $y' = \dfrac{1}{1+\left(\sqrt{\dfrac{1+x}{1-x}}\right)^2} \dfrac{1}{2\sqrt{\dfrac{1+x}{1-x}}} \dfrac{(1-x)+(1+x)}{(1-x)^2}$

$$= \frac{1}{2\sqrt{1+x}\sqrt{1-x}} = \frac{1}{2\sqrt{1-x^2}}$$

若复合函数中包含抽象函数,求导时仍是逐层求导,只需把抽象函数看成其中的层即可.

例 2-22 设函数 $f(x)$ 在 $(-\infty, +\infty)$ 上可导,且 $f(2)=4, f'(2)=3, f'(4)=5$,求函数 $y=f(f(x))$ 在点 $x=2$ 处的导数.

解 根据已知,得
$$y' = f'(f(x))f'(x)$$
所以
$$y'(2) = f'(f(2))f'(2) = f'(4)f'(2) = 5 \times 3 = 15$$

例 2-23 已知 $f'(x) = \frac{1}{x}, y = f(\cos x)$,求 $\frac{dy}{dx}$.

解 由于 $y = f(\cos x)$,所以
$$\frac{dy}{dx} = f'(\cos x)(\cos x)' = -f'(\cos x)\sin x$$
因为
$$f'(x) = \frac{1}{x}$$
所以
$$f'(\cos x) = \frac{1}{\cos x}$$
故
$$\frac{dy}{dx} = -\frac{1}{\cos x}\sin x = -\tan x$$

若多个复合函数作了四则运算,那么求导时应先用导数的运算法则,然后再用复合函数的求导法则.

例 2-24 求函数 $y = \tan x + \frac{1}{3}\tan^3 x$ 的导数.

解 $y' = (\tan x)' + \left(\frac{1}{3}\tan^3 x\right)' = \sec^2 x + \frac{1}{3}(3\tan^2 x \sec^2 x)$
$= \sec^2 x + \tan^2 x \sec^2 x = \sec^2 x(1 + \tan^2 x) = \sec^4 x$

例 2-25 求函数 $y = \sin^n x \sin nx$ 的导数.

解 $y' = (\sin^n x)'\sin nx + \sin^n x(\sin nx)'$
$= (n\sin^{n-1} x \cos x)\sin nx + \sin^n x(n\cos nx)$
$= n\sin^{n-1} x(\cos x \sin nx + \sin x \cos nx)$
$= n\sin^{n-1} x \sin(nx + x)$

例 2-26 求函数 $y = x\arccos x - \sqrt{1-x^2}$ 的导数.

解 $y' = x'\arccos x + x(\arccos x)' - (\sqrt{1-x^2})'$
$= \arccos x - x\frac{1}{\sqrt{1-x^2}} - \frac{1}{2\sqrt{1-x^2}}(-2x)$
$= \arccos x$

例 2-27 函数 $f(x)$ 与 $g(x)$ 在 $(-\infty, +\infty)$ 上可导,且 $f(2)=0, g(2)=1, f'(2)=3, g'(2)=2$,求函数 $y = e^{f(x)}\ln(g(x))$ 在点 $x=2$ 处的导数.

解 因为 $y' = (e^{f(x)})'\ln(g(x)) + e^{f(x)}(\ln(g(x)))'$

$$= e^{f(x)} f'(x) \ln(g(x)) + e^{f(x)} \frac{1}{g(x)} g'(x)$$

故
$$y'(2) = e^0 \times 3\ln 1 + e^0 \times \frac{1}{1} \times 2 = 2$$

2.3.2 反函数的导数

设函数 $y = f(x)$ 在 x 处有不等于零的导数 $f'(x)$，并且其反函数 $x = \varphi(y)$ 在相应点处连续，则反函数 $x = \varphi(y)$ 的导数 $\varphi'(y)$ 存在，并且

$$\boxed{\varphi'(y) = \frac{1}{f'(x)} \quad \text{或} \quad x'_y = \frac{1}{y'_x}} \tag{2-9}$$

例 2-28 证明：$(\arcsin x)' = \dfrac{1}{\sqrt{1-x^2}}$.

证 因为 $y = \arcsin x$ $(-1 < x < 1)$ 的反函数是 $x = \sin y$ $\left(-\dfrac{\pi}{2} < y < \dfrac{\pi}{2}\right)$

而
$$(\sin y)' = \cos y \neq 0 \quad \left(-\frac{\pi}{2} < y < \frac{\pi}{2}\right)$$

所以
$$y' = (\arcsin x)' = \frac{1}{(\sin y)'}$$

$$= \frac{1}{\cos y} = \frac{1}{\sqrt{1-\sin^2 y}} = \frac{1}{\sqrt{1-x^2}}$$

由于 $\cos y$ 在 $\left(-\dfrac{\pi}{2}, \dfrac{\pi}{2}\right)$ 内恒为正值，故上述根式前取正号，即

$$(\arcsin x)' = \frac{1}{\sqrt{1-x^2}}$$

类似地，有
$$(\arccos x)' = -\frac{1}{\sqrt{1-x^2}}$$

例 2-29 证明：$(a^x)' = a^x \ln a$ $(a > 0, a \neq 1)$.

证 因为 $y = a^x$ 的反函数是 $x = \log_a y$ $(a > 0, a \neq 1)$，

而
$$(\log_a y)' = \frac{1}{y \ln a} \neq 0 \quad (a > 0, a \neq 1)$$

所以
$$y' = (a^x)' = \frac{1}{(\log_a y)'}$$

$$= y \ln a = a^x \ln a$$

即
$$(a^x)' = a^x \ln a$$

2.3.3 隐函数的导数

1. 隐函数求导法

自变量 x 与因变量 y 之间关系由方程 $F(x, y) = 0$ 确定的函数称为**隐函数**.

例如，$x^2 + y^2 - 1 = 0$ 和 $x + y + \sin(xy) = 0$ 都是隐函数.

有些隐函数可以化为显函数,比如 $x^2+y^2-1=0$ 可化为 $y=\pm\sqrt{1-x^2}$;但更多的隐函数是不能化为显函数的,比如 $x+y+\sin(xy)=0$.

求隐函数 $F(x,y)=0$ 的导数,一般是将方程两端同时对自变量 x 求导数,遇到 y 就把它看成 x 的函数,并利用复合函数的求导法则求导.最后从所得的关系式中求出 y',即可得到所求隐函数的导数.

例 2 - 30 求 $x^2+y^2-1=0$ 所确定的隐函数的导数 y'.

解 将等式两边对 x 求导,得
$$2x+2yy'=0$$
即
$$2yy'=-2x$$
解得
$$y'=-\frac{x}{y}$$

例 2 - 31 求 $xy+e^y=0$ 所确定的隐函数的导数 y'.

解 将等式两边对 x 求导,得
$$y+xy'+e^y y'=0$$
即
$$y'(x+e^y)=-y$$
解得
$$y'=-\frac{y}{x+e^y}$$

例 2 - 32 求曲线 $y=\cos(x+y)$ 在点 $\left(\frac{\pi}{2},0\right)$ 处的切线方程.

解 因为 $y'=-\sin(x+y)(1+y')$,所以
$$y'=-\frac{\sin(x+y)}{\sin(x+y)+1}$$
即
$$k=y'|_{x=\frac{\pi}{2},y=0}=-\frac{1}{2}$$

因此,切线方程为 $y=-\frac{1}{2}\left(x-\frac{\pi}{2}\right)$,即 $2x+4y-\pi=0$.

2. 取对数求导法

对于形如 $y=f(x)^{g(x)}$ 的幂指函数,例如 $y=x^x$,在求导数时,没有适用的求导公式或法则,这时,可以在方程的两端取对数,然后再按隐函数求导法求导.这种方法称为**取对数求导法**.

例 2 - 33 求函数 $y=x^x$ 的导数.

解 在等式的两端取对数,得
$$\ln y=\ln x^x=x\ln x$$
等式两边对 x 求导,得
$$\frac{1}{y}y'=\ln x+x\frac{1}{x}=\ln x+1$$
所以
$$y'=y(\ln x+1)=x^x(\ln x+1)$$

若函数是由几个初等函数经乘、除、乘方、开方构成的,也可采用取对数求导法来简化其求导运算.

例 2 - 34 求函数 $y=\sqrt{\frac{(x+1)(x+2)}{(x+3)(x+4)}}$ 的导数.

解 在等式的两端取对数,得

$$\ln y = \frac{1}{2}[\ln(x+1)+\ln(x+2)-\ln(x+3)-\ln(x+4)]$$

等式两边对 x 求导,得 $\quad \dfrac{1}{y}y' = \dfrac{1}{2}\left(\dfrac{1}{x+1}+\dfrac{1}{x+2}-\dfrac{1}{x+3}-\dfrac{1}{x+4}\right)$

整理得 $\quad y' = \dfrac{y}{2}\left(\dfrac{1}{x+1}+\dfrac{1}{x+2}-\dfrac{1}{x+3}-\dfrac{1}{x+4}\right)$

> 观察可能导致发现,观察将揭示某种规律、模式或定律.
>
> ——波利亚

2.3.4 由参数方程确定的函数的求导法

我们所研究的函数,一般都可直接给出函数 y 与自变量 x 之间的关系式. 但在某些情况下,函数 y 与自变量 x 的关系是通过参变量 t,并由参数方程

$$\begin{cases} x = x(t) \\ y = y(t) \end{cases}$$

给出.

下面我们给出这类函数的求导法.

设 $t = x^{-1}(x)$ 为 $x = x(t)$ 的反函数,并满足反函数的求导条件,于是参数方程可分解为 $y = y(t), t = x^{-1}(x)$ 的复合函数. 利用反函数和复合函数的求导法则,得

$$y'_x = y'_t t'_x = \frac{y'_t}{x'_t}$$

即

$$\boxed{\frac{\mathrm{d}y}{\mathrm{d}x} = \frac{y'_t}{x'_t}} \tag{2-10}$$

例 2-35 求参数方程 $\begin{cases} x = a(t-\sin t) \\ y = a(1-\cos t) \end{cases}$ 的导数.

解 $\dfrac{\mathrm{d}y}{\mathrm{d}x} = \dfrac{y'_t}{x'_t} = \dfrac{a(1-\cos t)'}{a(t-\sin t)'} = \dfrac{\sin t}{1-\cos t}$

例 2-36 求曲线 $\begin{cases} x = \sin t \\ y = \cos 2t \end{cases}$ 在 $t = \dfrac{\pi}{6}$ 处的切线方程及法线方程.

解 当 $t = \dfrac{\pi}{6}$ 时,$x = \dfrac{1}{2}, y = \dfrac{1}{2}$,

因为 $\quad \dfrac{\mathrm{d}y}{\mathrm{d}x} = \dfrac{(\cos 2t)'}{(\sin t)'} = \dfrac{-\sin 2t \times 2}{\cos t} = -4\sin t$

所以 $\quad \dfrac{\mathrm{d}y}{\mathrm{d}x}\Big|_{t=\frac{\pi}{6}} = -2$

可得切线方程为 $y - \dfrac{1}{2} = -2\left(x - \dfrac{1}{2}\right)$,即 $2y + 4x - 3 = 0$;

法线方程为 $y - \dfrac{1}{2} = \dfrac{1}{2}\left(x - \dfrac{1}{2}\right)$,即 $4y - 2x - 1 = 0$.

背景聚焦

炮弹的运动方向

在不计空气阻力的情况下,炮弹以初速度 v_0、发射角 α 射出,它的轨道由参数方程

$$\begin{cases} x = v_0 t\cos\alpha \\ y = v_0 t\sin\alpha - \dfrac{1}{2}gt^2 \end{cases}$$

表示,其中 t 为参数. 下面就讨论一下在任意时刻 t 炮弹的运动方向.

这是一个抛物线方程,如图 2-7 所示,所以

$$\tan\theta = \frac{\mathrm{d}y}{\mathrm{d}x} = \frac{y'_t}{x'_t} = \frac{v_0\sin\alpha - gt}{v_0\cos\alpha}$$

$$\theta = \arctan\left(\frac{v_0\sin\alpha - gt}{v_0\cos\alpha}\right)$$

由于 θ 是轨道的切线与水平方向的夹角,因此它刻画了炮弹运动的方向.

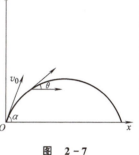

图 2-7

2.3.5 高阶导数

函数 $y=f(x)$ 的导数 $f'(x)$ 一般也是 x 的函数,对 $f'(x)$ 再求导数,称为 $f(x)$ 的**二阶导数**,记作 $f''(x)$,y'' 或 $\dfrac{\mathrm{d}^2 y}{\mathrm{d}x^2}$.

类似地,还可以继续求导,得到三阶导数 y''',四阶导数 $y^{(4)}$,乃至 n 阶导数 $y^{(n)}$. 二阶及二阶以上的导数统称为**高阶导数**,而 $f'(x)$ 称为 $y=f(x)$ 的一阶导数.

由此可知,求高阶导数只要反复应用求一阶导数的方法即可,下面举例说明.

例 2-37 已知 $y=4x^3+\mathrm{e}^{3x}$,求 y',y'' 及 y'''.

解 $y' = 4 \times 3x^2 + 3\mathrm{e}^{3x} = 12x^2 + 3\mathrm{e}^{3x}$

$y'' = 24x + 3^2 \mathrm{e}^{3x}$

$y''' = 24 + 3^3 \mathrm{e}^{3x}$

例 2-38 已知 $y=\ln(x+\sqrt{x^2+1})$,求 $y''(0)$.

解 因为
$$y' = \frac{1}{x+\sqrt{x^2+1}}(x+\sqrt{x^2+1})'$$

$$= \frac{1}{x+\sqrt{x^2+1}}\left(1+\frac{1}{2}\frac{1}{\sqrt{x^2+1}} \times 2x\right)$$

$$= \frac{1}{x+\sqrt{x^2+1}} \cdot \frac{x+\sqrt{x^2+1}}{\sqrt{x^2+1}}$$

$$= \frac{1}{\sqrt{x^2+1}}$$

$$y'' = -\frac{1}{2}(x^2+1)^{-\frac{3}{2}}(2x) = -\frac{x}{\sqrt{(x^2+1)^3}}$$

所以 $$y''(0)=0$$

例 2-39 求 $y=x^n$ 的 n 阶导数 $y^{(n)}$.

解 $y'=nx^{n-1}$

$y''=n(n-1)x^{n-2}$

$y'''=n(n-1)(n-2)x^{n-3}$

$\vdots$

$y^{(n)}=n\times(n-1)\times(n-2)\times\cdots\times2\times1=n!$

即
$$\boxed{(x^n)^{(n)}=n!} \tag{2-11}$$

显然，x^n 的 $n+1$ 阶导数为零，即幂函数的幂次若低于所求导的阶数，则结果为零. 例如，$(x^4)^{(5)}=0$.

例 2-40 求 $y=11x^{10}+10x^9+9x^8+\cdots+2x+1$ 的 10 阶导数 $y^{(10)}$.

解 $y^{(10)}=(11x^{10})^{(10)}+(10x^9)^{(10)}+\cdots+(2x)^{(10)}+(1)^{(10)}$

由上例的结果知，低于 10 次幂的项的 10 阶导数为零，所以
$$y^{(10)}=(11x^{10})^{(10)}=11\times10!=11!$$

例 2-41 求 $y=\sin x$ 的 n 阶导数 $y^{(n)}$.

解 $y'=\cos x=\sin\left(x+\dfrac{\pi}{2}\right)$

$y''=\cos\left(x+\dfrac{\pi}{2}\right)=\sin\left(x+2\times\dfrac{\pi}{2}\right)$

$y'''=\cos\left(x+2\times\dfrac{\pi}{2}\right)=\sin\left(x+3\times\dfrac{\pi}{2}\right)$

$\vdots$

$y^{(n)}=\sin\left(x+n\times\dfrac{\pi}{2}\right)$

即
$$\boxed{(\sin x)^{(n)}=\sin\left(x+n\times\dfrac{\pi}{2}\right)} \tag{2-12}$$

例 2-42 求 $y=a^x$ 的 n 阶导数 $y^{(n)}$.

解 $y'=a^x\ln a$

$y''=(a^x)'\ln a=a^x(\ln a)^2$

$y'''=(a^x)'(\ln a)^2=a^x(\ln a)^3$

$\vdots$

$y^{(n)}=a^x(\ln a)^n$

即
$$\boxed{(a^x)^{(n)}=a^x(\ln a)^n} \tag{2-13}$$

特别地，有 $$(\mathrm{e}^x)^{(n)}=\mathrm{e}^x$$

例 2-43 求 $y=\dfrac{1}{x-a}$ 的 n 阶导数 $y^{(n)}$.

解 $y' = ((x-a)^{-1})' = -(x-a)^{-2}$

$y'' = 1 \times 2(x-a)^{-3}$

$y''' = -1 \times 2 \times 3(x-a)^{-4}$

$y^{(4)} = 1 \times 2 \times 3 \times 4(x-a)^{-5}$

$y^{(5)} = -1 \times 2 \times 3 \times 4 \times 5(x-a)^{-6}$

$\vdots$

$y^{(n)} = (-1)^n n! \ (x-a)^{-(n+1)} = \dfrac{(-1)^n n!}{(x-a)^{n+1}}$

即

$$\boxed{\left(\frac{1}{x-a}\right)^{(n)} = \frac{(-1)^n n!}{(x-a)^{n+1}}} \tag{2-14}$$

背景聚焦

变化率模型——收绳速度不变时船速变了吗？

对于函数 $y = f(x)$ 来说，

$$\frac{\Delta y}{\Delta x} = \frac{f(x+\Delta x) - f(x)}{\Delta x}$$

表示自变量 x 每改变一个单位时，函数 y 的平均变化量，所以 $\dfrac{\Delta y}{\Delta x}$ 称为函数 $y = f(x)$ 的平均变化率；当 $\Delta x \to 0$ 时，若 y 可导，则 $\lim\limits_{\Delta x \to 0} \dfrac{\Delta y}{\Delta x}$，即 y' 称为函数 $y = f(x)$ 的变化率．

如图 2-8 所示，在离水面高度为 h 的岸上，有人用绳子拉船靠岸．假定绳子长为 l，船位于离岸壁 s 处，那么看一下收绳速度为 v_0 时，船的速度 v 怎样变化．

l, h, s 三者构成了直角三角形，由勾股定理得

$$l^2 = h^2 + s^2$$

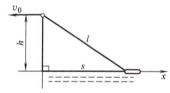

图 2-8

两端对时间求导，得

$$2l \frac{\mathrm{d}l}{\mathrm{d}t} = 0 + 2s \frac{\mathrm{d}s}{\mathrm{d}t}$$

由此得

$$l \frac{\mathrm{d}l}{\mathrm{d}t} = s \frac{\mathrm{d}s}{\mathrm{d}t}$$

l 为绳长，$\dfrac{\mathrm{d}l}{\mathrm{d}t}$ 即为收绳速度 v_0，船只能沿 s 线在水面上行驶逐渐靠近岸壁，因而 $\dfrac{\mathrm{d}s}{\mathrm{d}t}$ 即为船速 v，所以 $l v_0 = s v$，即

$$v = \frac{l}{s} v_0 = \frac{\sqrt{h^2 + s^2}}{s} v_0 = v_0 \sqrt{\frac{h^2}{s^2} + 1}$$

上式中 h, v_0 均为常数，所以可以看出船速与船的位置有关，s 越小 v 越大，即收绳速度一样，船速却越来越快．

习 题 2-3

1. 求下列函数的导数：

(1) $y=(2x+1)^{10}$；

(2) $y=\sqrt{4x+3}$；

(3) $y=\sqrt[3]{1+x^2}$；

(4) $y=e^{\cos x}$；

(5) $y=e^{\sqrt{\sin 2x}}$；

(6) $y=\cos\left(\dfrac{1}{x}\right)$；

(7) $y=\sin^2\left(\dfrac{x}{2}\right)$；

(8) $y=\ln\ln\ln x$；

(9) $y=\sqrt{\ln(3x^2)}$；

(10) $y=\tan^2(e^{2x})$；

(11) $y=\sec^3(\ln x)$；

(12) $y=\ln\sqrt{\dfrac{1-\sin x}{1+\sin x}}$；

(13) $y=\ln\left(\tan\dfrac{x}{2}\right)$；

(14) $y=\ln\arcsin\sqrt{1-x^2}$；

(15) $y=\arctan(x^2)$.

2. 已知 $f(x)=\sin x-\dfrac{1}{3}\sin^3 x$，求 $f'\left(\dfrac{\pi}{3}\right)$.

3. 已知 $y=f(\sin x)$，$f'(x)=2x$，求 $\dfrac{dy}{dx}$.

4. 求下列函数的导数：

(1) $y=\cos^2 x\cos 2x$；

(2) $y=\dfrac{x}{\sqrt{1+x^2}}$；

(3) $y=x\sin^2(\ln x)$；

(4) $y=\sin 4x\cos 5x$；

(5) $y=\dfrac{1}{2}\ln(\tan^2 x)+\ln(\sin x)$；

(6) $y=\sin^3 x\cos^3 x$；

(7) $y=\sin^4 x+\cos^4 x$；

(8) $y=\ln\sqrt{\dfrac{1+x}{1-x}}-\arctan x$；

(9) $y=\ln\left(x+\sqrt{1+x^2}\right)+\dfrac{x}{2}\sqrt{1+x^2}$；

(10) $y=x\arctan x-\dfrac{1}{2}\ln(1+x^2)$.

5. 求下列函数的导数：

(1) $x+xy-y^2=0$；

(2) $y=e^{x+y}$；

(3) $xe^y+y=0$；

(4) $x^3+y^3+\cos(x+y)=0$；

(5) $x^2+y+\ln(xy)=0$；

(6) $\ln\sqrt{x^2+y^2}-\arctan\dfrac{y}{x}=2$；

(7) $xy+x\ln y=y\ln x$；

(8) $x\cos y=\sin(x+y)$；

(9) $y=x+\dfrac{1}{2}\ln y$；

(10) $\cos(x^2 y)=x$；

(11) $y^2=x^2+ye^y$.

6. 求曲线 $x^2+\dfrac{y^2}{4}=1$ 在点 $\left(\dfrac{1}{2},\sqrt{3}\right)$ 处的切线方程及法线方程.

7. 用取对数求导法求下列函数的导数：

(1) $y=\dfrac{(2x-1)\sqrt[3]{x^3+1}}{(x+7)^5\sin x}$；

(2) $y=(\ln x)^x$；

(3) $y=\left(\dfrac{x}{1+x}\right)^x$；

(4) $x^y=y^x$.

8. 求下列参数方程确定的函数的导数 $\dfrac{dy}{dx}$：

(1) $\begin{cases}x=t+t^2\\y=2t^2-1\end{cases}$；

(2) $\begin{cases}x=t\sin t\\y=t\cos t\end{cases}$；

(3) $\begin{cases}x=\arctan t\\y=\ln(1+t^2)\end{cases}$；

(4) $\begin{cases}x=\cos^3 t\\y=\sin^3 t\end{cases}$；

(5) $\begin{cases}x=\sqrt{1-t}\\y=\sqrt{t}\end{cases}$；

(6) $\begin{cases}x=te^t\\y=t^2e^t\end{cases}$.

(7) $\begin{cases} x=t^2+\ln 2 \\ y=\sin t-t\cos t \end{cases}$;　(8) $\begin{cases} x=\cos t \\ y=\sin \dfrac{t}{2} \end{cases}$.

9. 求曲线 $\begin{cases} x=t^2 \\ y=2t-1 \end{cases}$ 在 $t=2$ 处的切线方程及法线方程.

10. 求下列函数的二阶导数：

(1) $y=x^3+3x^2+2$;　(2) $y=\tan x$;　(3) $y=\ln\cos x$;

(4) $y=x^2-\ln x$;　(5) $y=xe^{x^2}$;　(6) $y=x\sec^2 x-\tan x$;

(7) $y=x\cos x$;　(8) $y=e^{-x}\sin x$;　(9) $y=\ln(1+x^2)$;

(10) $y=\sqrt{1+x^2}$;　(11) $y=x^3\ln x$.

11. 求下列函数的 n 阶导数：

(1) $y=e^{3x-2}$;　(2) $y=xe^x$;　(3) $y=\dfrac{x-1}{x+1}$;　(4) $y=x\ln x$.

> 数学公式有其自身的独立存在性与智慧，它们比我们聪明，甚至比它们的发现者也聪明，并且我们从它们中得到的比原来注入的要多．
>
> ——赫兹

2.4 微分

本节介绍微分学的另一个基本概念——微分．

实际中有时需要考虑在自变量有微小变化时函数的改变量的计算问题．通常函数改变量的计算比较复杂，因此需要建立函数改变量近似值的计算方法，使其既便于计算又有一定的精确度，这就是本节要讨论的问题．

2.4.1 两个实例

1. 面积改变量的近似值

设正方形的面积为 A，当边长由 x 变到 $x+\Delta x$ 时，面积 A 有相应的改变量 ΔA（如图 2-9 所示阴影部分），则

$$\Delta A=(x+\Delta x)^2-x^2=2x\Delta x+(\Delta x)^2$$

ΔA 由两部分组成．第一部分 $2x\Delta x$ 是 Δx 的线性函数，当 $\Delta x \to 0$ 时，它是 Δx 的同阶无穷小；第二部分 $(\Delta x)^2$ 是比 Δx 高阶的无穷小，因此，当 $|\Delta x|$ 很小时，$(\Delta x)^2$ 可以忽略不计，这时

$$\Delta A \approx 2x\Delta x$$

又因为

$$A'=(x^2)'=2x$$

所以面积改变量的近似值为　$\Delta A \approx A'\Delta x$

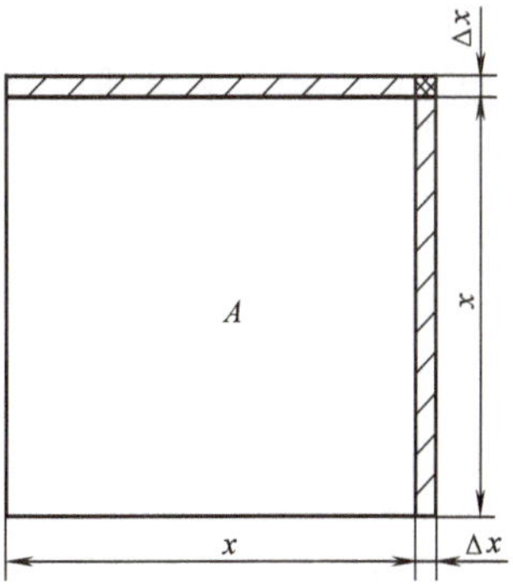

图 2-9

2. 路程改变量的近似值

自由落体的路程 s 与时间 t 的关系是 $s = \frac{1}{2}gt^2$，当时间从 t 变到 $t+\Delta t$ 时，路程 s 有相应的改变量 Δs，则

$$\Delta s = \frac{1}{2}g(t+\Delta t)^2 - \frac{1}{2}gt^2 = gt\Delta t + \frac{1}{2}g(\Delta t)^2$$

Δs 由两部分组成．第一部分 $gt\Delta t$ 是 Δt 的线性函数，当 $\Delta t \to 0$ 时，它是 Δt 的同阶无穷小；第二部分 $\frac{1}{2}g(\Delta t)^2$ 是比 Δt 高阶的无穷小，因此，当 $|\Delta t|$ 很小时，$\frac{1}{2}g(\Delta t)^2$ 可以忽略不计，这时

$$\Delta s \approx gt\Delta t$$

又因为

$$s' = \left(\frac{1}{2}gt^2\right)' = gt$$

所以路程改变量的近似值为 $\Delta s \approx s'\Delta t$

上面两例虽然具体意义不同，但它们有一个明显的共同点，即函数改变量的近似值可表示为函数的导数与自变量改变量的乘积，而产生的误差是一个比自变量改变量高阶的无穷小．

上述结论对于一般的函数是否成立呢？下面说明对于可导函数都有此结论．

设函数 $y=f(x)$ 在点 x 处可导，即

$$\lim_{\Delta x \to 0} \frac{\Delta y}{\Delta x} = f'(x)$$

根据极限与无穷小的关系有

$$\frac{\Delta y}{\Delta x} = f'(x) + \alpha$$

因此

$$\Delta y = f'(x)\Delta x + \alpha \Delta x$$

因为 α 是当 $\Delta x \to 0$ 时的无穷小量，所以 $\alpha \Delta x = o(\Delta x)$，从而

$$\Delta y \approx f'(x)\Delta x$$

函数 $y=f(x)$ 改变量的近似值 $f'(x)\Delta x$ 就称为函数的微分．

2.4.2 微分的概念

定义 2 如果函数 $y=f(x)$ 在点 x 处具有导数 $f'(x)$，则称 $f'(x)\Delta x$ 为函数 $y=f(x)$ 在点 x 处的**微分**，记作 dy 或 $df(x)$，即 $dy = f'(x)\Delta x$，此时称函数 $f(x)$ 在点 x 处可微．

特别地，对于函数 $y=x$，有

$$dy = dx = (x)'\Delta x = \Delta x$$

即 $dx = \Delta x$．因此，自变量的微分就是自变量的改变量．于是得

$$\boxed{dy = f'(x)dx} \tag{2-15}$$

进一步可得

$$\frac{dy}{dx} = f'(x)$$

由此可以看出，函数的导数等于函数的微分与自变量的微分之商，因此也称导数为微商．求导数与求微分的运算统称为**微分法**．

应当注意，微分与导数虽然有着密切的联系，但它们是有区别的：导数是函数在一点处的变化率，导数的值只与 x 有关；而微分是函数在一点处由自变量改变量所引起的函数改变量的近似值，微分的值与 x 和 Δx 都有关．

2.4.3 微分的几何意义

设函数 $y=f(x)$ 的图像如图 2-10 所示，$M(x,y)$ 为曲线上的定点，过点 M 作曲线的切线 MT，其倾角为 α，当自变量在点 x 处取得改变量 Δx 时，就得到曲线上的另一点 $M_1(x+\Delta x, y+\Delta y)$，从图可知

$$\Delta y = NM_1$$
$$dy = f'(x)\Delta x = \tan\alpha \times MN = NT$$

由此可见，函数 $y=f(x)$ 的微分的几何意义就是曲线 $y=f(x)$ 在 M 点处切线之纵坐标的改变量．

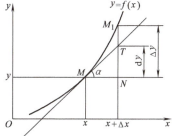

图 2-10

2.4.4 微分的运算

1. 微分的基本公式

因为 $dy=f'(x)dx$，所以计算微分便归结为计算导数．由导数的基本公式和运算法则，可以容易推出微分的基本公式，见表 2-2．

表 2-2 微分基本公式

$dC=0$（C 为常数）	$d(x^a)=ax^{a-1}dx$（a 为实数）
$d(a^x)=a^x\ln a dx$（$a>0, a\neq 1$）	$d(e^x)=e^x dx$
$d(\log_a x)=\dfrac{1}{x\ln a}dx$（$a>0, a\neq 1$）	$d(\ln x)=\dfrac{1}{x}dx$
$d(\sin x)=\cos x dx$	$d(\cos x)=-\sin x dx$
$d(\tan x)=\sec^2 x dx$	$d(\cot x)=-\csc^2 x dx$
$d(\sec x)=\sec x\tan x dx$	$d(\csc x)=-\csc x\cot x dx$
$d(\arcsin x)=\dfrac{1}{\sqrt{1-x^2}}dx$	$d(\arccos x)=-\dfrac{1}{\sqrt{1-x^2}}dx$
$d(\arctan x)=\dfrac{1}{1+x^2}dx$	$d(\text{arccot}\, x)=-\dfrac{1}{1+x^2}dx$

2. 微分运算法则

$$d(u \pm v) = du \pm dv$$
$$d(uv) = udv + vdu \quad 特别地，d(Cu)=Cdu\,(C\text{ 为常数})$$
$$d\left(\frac{u}{v}\right) = \frac{vdu - udv}{v^2} \quad 其中\ u=u(x), v=v(x)$$

例 2-44 求函数 $y=x^2$ 当 $x=1, \Delta x=0.1$ 时的微分．

解 因为
$$dy = y'\Delta x = 2x\Delta x$$
所以
$$dy|_{x=1,\Delta x=0.1} = 2\times 1 \times 0.1 = 0.2$$

例 2-45 求函数 $y = \dfrac{\ln x}{x}$ 的微分.

解法 1
$$dy = \frac{x d(\ln x) - \ln x dx}{x^2}$$
$$= \frac{x \cdot \dfrac{1}{x} dx - \ln x dx}{x^2}$$
$$= \frac{1-\ln x}{x^2} dx$$

解法 2 $dy = \left(\dfrac{\ln x}{x}\right)' dx = \dfrac{1-\ln x}{x^2} dx$

3. 微分形式的不变性

把复合函数 $y = f(\varphi(x))$ 分解为 $y = f(u), u = \varphi(x)$，则
$$dy = y'_x dx = f'(u)\varphi'(x) dx = f'(u) d\varphi(x) = f'(u) du$$
即
$$dy = f'(u) du$$

这就是说，无论 u 是自变量还是中间变量，$y = f(u)$ 的微分 dy 总可以写成 $dy = f'(u) du$ 的形式，这一性质称为**微分形式不变性**. 有时利用这一性质求复合函数的微分比较方便.

例 2-46 求函数 $y = \ln\sin x$ 的微分.

解 设 $u = \sin x$，则
$$dy = d(\ln u) = \frac{1}{u} du = \frac{1}{\sin x} d(\sin x)$$
$$= \frac{1}{\sin x} \cos x dx = \cot x dx$$

例 2-47 求函数 $y = \tan x^2$ 的微分.

解 $dy = d(\tan x^2) = \sec^2 x^2 d(x^2) = \sec^2 x^2 \times 2x dx = 2x\sec^2 x^2 dx$

例 2-48 求函数 $y = \cos\sqrt{1-x^2}$ 的微分.

解法 1
$$dy = d(\cos\sqrt{1-x^2}) = -\sin\sqrt{1-x^2} d(\sqrt{1-x^2})$$
$$= -\sin\sqrt{1-x^2} \frac{1}{2\sqrt{1-x^2}} d(1-x^2)$$
$$= -\sin\sqrt{1-x^2} \frac{1}{2\sqrt{1-x^2}} (-2x) dx$$
$$= \frac{x\sin\sqrt{1-x^2}}{\sqrt{1-x^2}} dx$$

解法 2 $dy = \left(\cos\sqrt{1-x^2}\right)' dx = -\sin\sqrt{1-x^2} \dfrac{1}{2\sqrt{1-x^2}}(-2x) dx$
$$= \frac{x\sin\sqrt{1-x^2}}{\sqrt{1-x^2}} dx$$

2.4.5 微分的应用

由微分的定义可知,当函数 $y=f(x)$ 在点 x_0 处的导数 $f'(x_0) \neq 0$,且 $|\Delta x|$ 很小时,有

$$\boxed{\Delta y \approx \mathrm{d}y = f'(x_0)\Delta x} \tag{2-16}$$

于是 $\qquad f(x_0+\Delta x)-f(x_0) \approx f'(x_0)\Delta x$

即 $\qquad \boxed{f(x_0+\Delta x) \approx f(x_0)+f'(x_0)\Delta x} \tag{2-17}$

式(2-16)可以用来求函数改变量的近似值,式(2-17)可以用来计算函数的近似值.

1. 计算函数的近似值

求函数的近似值,应先找到合适的函数 $f(x)$,再选取 $x_0, \Delta x$,然后带入式(2-17).

例 2-49 求 $\sqrt[4]{1.02}$ 的近似值.

解 设 $f(x)=\sqrt[4]{x}$,由式(2-17)有

$$\sqrt[4]{x_0+\Delta x} \approx \sqrt[4]{x_0}+\frac{1}{4\sqrt[4]{x_0^3}}\Delta x$$

取 $x_0=1, \Delta x=0.02$,得

$$\sqrt[4]{1.02}=\sqrt[4]{1+0.02} \approx \sqrt[4]{1}+\frac{1}{4\times 1}\times 0.02=1.005$$

例 2-50 求 $\arcsin 0.4983$ 的近似值.

解 设 $f(x)=\arcsin x$,由式(2-17)有

$$\arcsin(x_0+\Delta x) \approx \arcsin x_0+\frac{1}{\sqrt{1-x_0^2}}\Delta x$$

取 $x_0=0.5, \Delta x=-0.0017$,得

$$\arcsin 0.4983=\arcsin(0.5-0.0017) \approx \arcsin 0.5+\frac{1}{\sqrt{1-0.5^2}}\times(-0.0017)$$

$$=\frac{\pi}{6}+\frac{2\sqrt{3}}{3}\times(-0.0017) \approx 0.5216$$

例 2-51 有一批半径为 1cm 的球,为了提高球表面的光洁程度,要镀上一层厚度为 0.01cm 的铜,已知铜的密度为 8.9g/cm³,试估计一下每个球需用多少克铜?

解 因为球体积 $V=\frac{4}{3}\pi R^3$,所以

$$\mathrm{d}V=\left(\frac{4}{3}\pi R^3\right)'\mathrm{d}R=4\pi R^2 \mathrm{d}R$$

根据已知 $R=1\mathrm{cm}, \mathrm{d}R=\Delta R=0.01\mathrm{cm}$,

于是 $\qquad \Delta V \approx \mathrm{d}V=4\times 3.14\times(1\mathrm{cm})^2 \times 0.01\mathrm{cm} \approx 0.13\mathrm{cm}^3$

因此,镀每个球大约需用铜为

$$0.13\mathrm{cm}^3 \times 8.9\mathrm{g/cm}^3=1.16\mathrm{g}$$

2. 估计误差

设量 x 可以直接度量,而依赖于 x 的量 y 由函数 $y=f(x)$ 确定,若 x 的度量误差为 Δx,

则 y 有相应的误差为
$$\Delta y = f(x+\Delta x) - f(x)$$

y 的绝对误差为 $|\Delta y|$, 相对误差为 $\left|\dfrac{\Delta y}{y}\right|$, 在计算误差时通常用 $|dy|$ 代替 $|\Delta y|$, $\left|\dfrac{dy}{y}\right|$ 代替 $\left|\dfrac{\Delta y}{y}\right|$, 这样求出的误差为误差的估计值.

例 2-52 有一立方体的铁箱, 它的边长为 70cm±0.1cm, 试估计其体积的绝对误差和相对误差.

解 设立方体的边长为 l, 体积 V, 则
$$V = l^3$$
$$dV = 3l^2 dl$$
$$\frac{dV}{V} = \frac{3l^2 dl}{l^3} = \frac{3dl}{l}$$

已知 $l=70$cm, $dl=\pm 0.1$cm, 故
$$|dV| = 3\times(70\text{cm})^2\times 0.1\text{cm} = 1470\text{cm}^3$$
$$\left|\frac{dV}{V}\right| = \frac{3\times 0.1}{70} \approx 0.43\%$$

因此, 立方体体积的绝对误差为 1470cm³, 相对误差为 0.43%.

背景聚焦

钟表每天快了多少？

某一机械挂钟, 钟摆的周期为 1s. 在冬季, 摆长缩短了 0.01cm, 那么这只钟每天大约快多少呢？让我们来算一算.

由单摆的周期公式 $T = 2\pi\sqrt{\dfrac{l}{g}}$ (其中 l 是摆长, g 是重力加速度)可得
$$\Delta T \approx dT = \frac{\pi}{\sqrt{gl}} dl$$

因为钟摆的周期为 1s, 所以
$$1 = 2\pi\sqrt{\frac{l}{g}} \quad \text{即} \quad l = \frac{g}{(2\pi)^2}$$

因此
$$\Delta T \approx dT = \frac{\pi}{\sqrt{g\cdot\dfrac{g}{(2\pi)^2}}} dl$$
$$= \frac{2\pi^2}{g}dl \approx \frac{2\times(3.14)^2}{980}\times(-0.01)\text{s}$$
$$\approx -0.0002\text{s}$$

这就是说, 由于摆长缩短了 0.01cm, 钟摆的周期便相应缩短了约 0.0002s, 即每秒约快 0.0002s, 从而每天约快 0.0002×24×60×60s = 17.28s.

习 题 2-4

1. 设 x 的值从 $x=1$ 变到 $x=1.01$，试求函数 $y=2x^2-x$ 的改变量和微分.
2. 求函数 $y=\arctan\sqrt{x}$ 当 $x=1$，$\Delta x=0.2$ 时的微分.
3. 求下列函数的微分：

(1) $y=x\sin x$；   (2) $y=\dfrac{x}{1+x}$；   (3) $y=\cos x^2$；   (4) $y=\dfrac{1}{\sqrt{1+x^2}}$.

4. 利用微分的近似计算公式，求下列各式的近似值：

(1) $\sqrt[4]{626}$；   (2) $\cos 29°$；   (3) $\arctan 1.003$.

5. 一金属圆管，它的内半径为 10cm，当管壁厚为 0.05cm 时，利用微分来计算这个圆管截面积的近似值.

6. 已知测量球的直径 D 有 1% 的相对误差，问球的体积的相对误差是多少？

7. 已知圆锥的高为 4cm，底半径为 (10 ± 0.02)cm，求圆锥的体积的相对误差.

> 博学之，审问之，慎思之，明辨之，笃行之.
>
> ——《中庸》

2.5 提示与提高

1. 导数的定义

(1) 导数定义的两种等价形式

设函数 $f(x)$ 在点 x_0 处可导，则

$$f'(x_0)=\lim_{\Delta x\to 0}\frac{f(x_0+\Delta x)-f(x_0)}{\Delta x}$$

或 $f'(x_0)=\lim\limits_{x\to x_0}\dfrac{f(x)-f(x_0)}{x-x_0}$

例 2-53 已知 $f(x)$ 在 $x=0$ 处连续，且 $\lim\limits_{x\to 0}\dfrac{f(x)}{x}=1$，求 $f'(0)$.

解 因为 $f(0)=0$（见例 1-75），故

$$f'(0)=\lim_{x\to 0}\frac{f(x)-f(0)}{x-0}=\lim_{x\to 0}\frac{f(x)}{x}=1$$

(2) 利用导数定义可以求某些极限

例 2-54 已知 $f(0)=0$，$f'(0)=2$，求 $\lim\limits_{x\to 0}\dfrac{f(x^2)}{\ln(1+2x^2)}$.

解 $\lim\limits_{x\to 0}\dfrac{f(x^2)}{\ln(1+2x^2)}=\lim\limits_{x\to 0}\dfrac{f(x^2)}{x^2}\dfrac{x^2}{\ln(1+2x^2)}$

$=\lim\limits_{x\to 0}\dfrac{f(x^2)-f(0)}{x^2-0}\lim\limits_{x\to 0}\dfrac{x^2}{\ln(1+2x^2)}$

$=f'(0)\lim\limits_{x\to 0}\dfrac{x^2}{2x^2}=\dfrac{1}{2}f'(0)=1$

2. 分段函数的导数

例 2-55 讨论函数 $f(x)=\begin{cases} x^2 & x\leqslant 1 \\ 2x & x>1 \end{cases}$ 在 $x=1$ 处的导数.

解 $f'_+(1)=\lim\limits_{x\to 1^+}\dfrac{f(x)-f(1)}{x-1}=\lim\limits_{x\to 1^+}\dfrac{2x-1}{x-1}=\infty$

$f'_-(1)=\lim\limits_{x\to 1^-}\dfrac{x^2-1}{x-1}=\lim\limits_{x\to 1^-}(x+1)=2$

因 $f'_+(1)\neq f'_-(1)$,故函数 $f(x)$ 在 $x=1$ 处导数不存在.

本题在讨论分段点处的导数时,也可先考察函数在该点的连续性,容易看出函数在该点不连续,如图 2-11 所示,从而函数在该点不可导.

易错提醒:分段函数在分段点处的导数需用导数的定义来求,本题若用导数的运算法则分段求导,则会得到错误的结论.

例 2-56 求函数 $f(x)=\begin{cases} x^2 & x\leqslant 1 \\ 2x & x>1 \end{cases}$ 的导数.

解 由上例结果知函数 $f(x)$ 在 $x=1$ 处导数不存在,故

$$f'(x)=\begin{cases} 2x & x<1 \\ 2 & x>1 \end{cases}$$

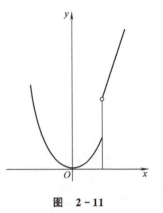

图 2-11

3. 函数的极限、连续、可导、可微几个概念之间的关系

极限 ⇌ 连续 ⇌ 可导 ⇌ 可微

4. 导数的几何意义

例 2-57 证明曲线 $\dfrac{x^2}{4}+y^2=1$ 在其任意点 (x_0,y_0) 处的切线为 $\dfrac{xx_0}{4}+yy_0=1$.

证 曲线两边对 x 求导,得

$$\dfrac{x}{2}+2yy'=0, y'=-\dfrac{x}{4y}$$

所以曲线在点 (x_0,y_0) 处的切线为

$$y-y_0=-\dfrac{x_0}{4y_0}(x-x_0)$$

整理得 $4yy_0+xx_0=x_0^2+4y_0^2$

又因为 $x_0^2+4y_0^2=4$,所以 $4yy_0+xx_0=4$,

即 $$\dfrac{xx_0}{4}+yy_0=1$$

一般地,曲线 $\dfrac{x^2}{a^2}+\dfrac{y^2}{b^2}=1$ 在其任意点 (x_0,y_0) 处的切线为 $\dfrac{xx_0}{a^2}+\dfrac{yy_0}{b^2}=1$.

5. 奇、偶函数的导数

可导的奇函数的导数是偶函数,可导的偶函数的导数是奇函数.

例 2-58 若 $f(x)$ 为奇函数，且 $f'(x_0)=1$，求 $f'(-x_0)$.

解 因为 $f(x)$ 是奇函数，$f'(x)$ 是偶函数，因此
$$f'(-x_0) = f'(x_0) = 1$$

6. 导数计算

(1) 求函数的导函数与求函数在某点处的导数有时在方法上还是有所不同.

1) 求函数在某点处的导数可用导数的定义来求.

例 2-59 已知 $f(x) = x\sqrt{\dfrac{(x+3)(x+2)}{x+6}}$，求 $f'(0)$.

解 $f'(0) = \lim\limits_{x \to 0} \dfrac{f(x) - f(0)}{x-0} = \lim\limits_{x \to 0} \dfrac{f(x)}{x} = \lim\limits_{x \to 0} \sqrt{\dfrac{(x+3)(x+2)}{x+6}} = 1$

此题若用求导法则先求导函数，再代入值，会比较烦琐.

2) 对于某些函数，求函数在某点处的导数可根据函数本身的某些特点，找出其特有方法.

例 2-60 已知 $f(x) = \dfrac{\sin x \sqrt{1+x^4}}{2+\cos 2x}$，求 $f^{(6)}(0)$.

解 因为 $f(x)$ 是奇函数，$f'(x)$ 是偶函数，$f''(x)$ 是奇函数，依次推下去得 $f^{(6)}(x)$ 是奇函数，而奇函数在原点处值为零，所以 $f^{(6)}(0) = 0$.

(2) 若函数能化简，先将函数化简再求导

例 2-61 已知 $f(x) = \dfrac{1 + \cos x + \cos 2x + \cos 3x}{\cos x + 2\cos^2 x - 1}$，求 $f'(x)$.

解 因为
$$f(x) = \dfrac{(1+\cos 2x) + (\cos x + \cos 3x)}{\cos x + (2\cos^2 x - 1)}$$
$$= \dfrac{2\cos^2 x + 2\cos x \cos 2x}{\cos x + \cos 2x}$$
$$= 2\cos x$$

所以
$$f'(x) = -2\sin x$$

7. 一题多解

例 2-62 $f(x) = x(1+x)\ln(2+x)$，求 $f'(0)$.

解法 1 $f'(0) = \lim\limits_{x \to 0} \dfrac{f(x) - f(0)}{x - 0} = \lim\limits_{x \to 0} \dfrac{x(1+x)\ln(2+x)}{x}$
$= \lim\limits_{x \to 0} (1+x)\ln(2+x) = \ln 2$

解法 2 因为 $f'(x) = (1+x)\ln(2+x) + x\ln(2+x) + \dfrac{x(1+x)}{2+x}$

所以
$$f'(0) = \ln 2$$

例 2-63 已知 $f(\sin x) = 2 - \cos 2x$，求 $f'\left(\dfrac{1}{2}\right)$.

解法 1 对所给的方程两边求导得
$$f'(\sin x)\cos x = \sin 2x \times 2 = 4\sin x \cos x$$

在等式中取 $\sin x = \dfrac{1}{2}$,此时 $\cos x \neq 0$,

则
$$f'\left(\dfrac{1}{2}\right) = 2$$

解法 2 因 $f(\sin x) = 2 - \cos 2x = 2\sin^2 x + 1$

换元得
$$f(x) = 2x^2 + 1$$

故
$$f'(x) = 4x$$

则
$$f'\left(\dfrac{1}{2}\right) = 2$$

8. 高阶导数

(1) 计算函数的高阶导数时应在逐次求导过程中,注意找出其规律性.

例 2 - 64 设 $f(x)$ 有任意阶导数,且 $f'(x) = f^2(x)$,求 $f^{(n)}(x)$ $(n > 2)$.

解 $f''(x) = 2f(x)f'(x) = 2f^3(x)$

$f'''(x) = 2 \times 3f^2(x)f'(x) = 2 \times 3f^4(x)$

$f^{(4)}(x) = 2 \times 3 \times 4f^3(x)f'(x) = 2 \times 3 \times 4 f^5(x)$

依此类推

$$f^{(n)}(x) = 2 \times 3 \times 4 \times \cdots \times n f^{n+1}(x) = n! f^{n+1}(x)$$

(2) 计算函数的高阶导数,有时也可从高阶导数直接入手,找出其与比其低阶的导数之间的递推关系.

例 2 - 65 求 $y = x^{n-1} \ln x$ 的 n 阶导数 $y^{(n)}$.

解 $y^{(n)} = (y')^{(n-1)} = ((n-1)x^{n-2}\ln x + x^{n-2})^{(n-1)}$

$\qquad = ((n-1)x^{n-2}\ln x)^{(n-1)}$ (因为 x^{n-2} 的 $n-1$ 阶导数为 0)

即得到递推关系 $(x^{n-1}\ln x)^{(n)} = (n-1)(x^{n-2}\ln x)^{(n-1)}$ (由此递推下去)

$\qquad = (n-1)(n-2)(x^{n-3}\ln x)^{(n-2)}$

$\qquad = (n-1) \times (n-2) \times \cdots \times 2 \times 1 \times (\ln x)'$

$\qquad = \dfrac{(n-1)!}{x}$

(3) 有些函数的高阶导数也可间接求出,这需要熟知 x^n,$\dfrac{1}{x-a}$ 等函数的高阶导数的一般结果,把所求函数通过数学演算与这些函数建立联系,从而得到所要结果.

例 2 - 66 求 $y = \ln(x+1)$ 的 n 阶导数 $y^{(n)}$.

解 令 $z = y'$,则 $z = y' = \dfrac{1}{x+1}$,由例 2 - 43 结果知

$$z^{(n-1)} = \left(\dfrac{1}{x+1}\right)^{(n-1)} = \dfrac{(-1)^{n-1}(n-1)!}{(x+1)^n}$$

所以
$$y^{(n)} = z^{(n-1)} = \dfrac{(-1)^{n-1}(n-1)!}{(x+1)^n}$$

(4) 将乘积函数变形为简单的函数之和,有利于求高阶导数.

例 2 - 67 求 $y = \dfrac{1}{x^2 - 3x + 2}$ 的 n 阶导数 $y^{(n)}$.

解 因为
$$y=\frac{1}{x^2-3x+2}=\frac{1}{(x-1)(x-2)}=\frac{1}{x-2}-\frac{1}{x-1}$$

所以
$$y^{(n)}=\left(\frac{1}{x-2}\right)^{(n)}-\left(\frac{1}{x-1}\right)^{(n)}$$
$$=\frac{(-1)^n n!}{(x-2)^{n+1}}-\frac{(-1)^n n!}{(x-1)^{n+1}}$$

例 2-68 求 $y=\dfrac{x^8}{x-1}$ 的 8 阶导数 $y^{(8)}$.

解 $y=\dfrac{x^8}{x-1}=\dfrac{(x^8-1)+1}{x-1}=x^7+x^6+\cdots+x+1+\dfrac{1}{x-1}$

因为 $x^7,x^6,\cdots,x,1$ 的幂次都小于 8,故它们的 8 阶导数都为零,所以
$$y^{(8)}=\left(\frac{1}{x-1}\right)^{(8)}=\frac{(-1)^8 8!}{(x-1)^{8+1}}=\frac{8!}{(x-1)^9}$$

若乘积函数无法变形,则须利用下面给出的莱布尼茨公式.

(5) 莱布尼茨公式:若函数 $u(x),v(x)$ 都具有 n 阶导数,则有
$$(uv)^{(n)}=u^{(n)}v+C_n^1 u^{(n-1)}v'+C_n^2 u^{(n-2)}v''+\cdots+C_n^{n-1}u'v^{(n-1)}+uv^{(n)}$$

例 2-69 求 $y=x\sin x$ 的 10 阶导数 $y^{(10)}$.

解 设 $u(x)=x,v(x)=\sin x$,由于 $u(x)$ 二阶以上的导数都为零,故
$$y^{(10)}=(uv)^{(10)}=u^{(10)}v+C_{10}^1 u^{(9)}v'+C_{10}^2 u^{(8)}v''+\cdots+C_{10}^1 u'v^{(9)}+uv^{(10)}$$
$$=C_{10}^1 u'v^{(9)}+uv^{(10)}=10\sin\left(x+\frac{\pi}{2}\times 9\right)+x\sin\left(x+\frac{\pi}{2}\times 10\right)$$
$$=10\cos x-x\sin x$$

9. 有关定理和法则的证明

本章在给出有关的定理和法则时,并未给出证明,下面仅给出几个证明,其他未给出证明的定理和法则读者可参照下面例题自己推导,或查阅相关教参.

例 2-70 证明:如果函数 $f(x)$ 在点 x_0 处可导,则它在点 x_0 处一定连续.

证 因为 $\lim\limits_{\Delta x\to 0}\Delta y=\lim\limits_{\Delta x\to 0}\dfrac{\Delta y}{\Delta x}\lim\limits_{\Delta x\to 0}\Delta x=f'(x_0)\times 0=0$,故可知函数 $f(x)$ 在点 x_0 处连续.

例 2-71 设函数 $u=u(x)$ 和 $v=v(x)$ 在 x 处可导,证明:$(uv)'=u'v+uv'$.

证 设自变量在 x 取得改变量 Δx,函数 u,v 分别取得改变量 $\Delta u,\Delta v$,则

(1) $\Delta(uv)=u(x+\Delta x)v(x+\Delta x)-u(x)v(x)$
$$=(u+\Delta u)(v+\Delta v)-uv$$
$$=v\Delta u+u\Delta v+\Delta u\Delta v$$

(2) $\dfrac{\Delta(uv)}{\Delta x}=v\dfrac{\Delta u}{\Delta x}+u\dfrac{\Delta v}{\Delta x}+\dfrac{\Delta u}{\Delta x}\Delta v$

(3) 根据已知 $v=v(x)$ 可导,因而 $v=v(x)$ 连续,所以 $\lim\limits_{\Delta x\to 0}\Delta v=0$,故
$$\lim_{\Delta x\to 0}\frac{\Delta(uv)}{\Delta x}=u'v+uv' \quad 即 \quad (uv)'=u'v+uv'$$

例 2-72 设函数 $y=f(u),u=\varphi(x)$ 均可导,证明:$y'_x=y'_u u'_x=f'(u)\varphi'(x)$.

证 设自变量在 x 取得改变量 Δx,对应的函数 $y=f(u),u=\varphi(x)$ 分别取得改变量 $\Delta y,$

Δu,因而

$$\frac{\Delta y}{\Delta x} = \frac{\Delta y}{\Delta u} \cdot \frac{\Delta u}{\Delta x}$$

根据已知 $u = \varphi(x)$ 可导,因而 $u = \varphi(x)$ 连续,所以当 $\Delta x \to 0$ 时,有 $\Delta u \to 0$,故

$$\lim_{\Delta x \to 0} \frac{\Delta y}{\Delta x} = \lim_{\Delta u \to 0} \frac{\Delta y}{\Delta u} \lim_{\Delta x \to 0} \frac{\Delta u}{\Delta x} = y'_u u'_x$$

即

$$y'_x = y'_u u'_x = f'(u) \varphi'(x)$$

习 题 2-5

1. 设 $f(x) = x(1+x)(2+x)\cdots(10+x)$,求 $f'(0)$.

2. 设函数 $f(x) = \begin{cases} x^2 + x + 2 & x \geq 0 \\ a + b\ln(1+x) & x < 0 \end{cases}$ 在 $x=0$ 处可导,求 a, b 的值.

3. 设 $f(x) = \begin{cases} x^2 \sin\frac{1}{x} & x \neq 0 \\ 0 & x = 0 \end{cases}$,求 $f'(x)$.

4. 已知 $f'(1) = 2$,求 $\lim\limits_{x \to 1} \frac{f(x) - f(1)}{\sqrt{x} - 1}$.

5. 已知 $f(x)$ 在点 $x=1$ 处可导,且 $f(1) \neq 0$,求 $\lim\limits_{x \to 0} \left[\frac{f(1+x)}{f(1)}\right]^{\frac{1}{x}}$.

6. 已知 $f(x) = \frac{\sin 2x \cos x}{(1+\cos x)(1+\cos 2x)}$,求 $f'(x)$.

7. 已知 $f(t) = \lim\limits_{x \to \infty} t^2 \left(\frac{x+3t}{x}\right)^x$,求 $f'(1)$.

8. 已知 $y = f(\ln x)$,$f'(x) = e^x$,求 $\frac{dy}{dx}$.

9. 已知 $(f(x^3))' = \frac{1}{x}$,求 $f'(1)$.

10. 证明曲线 $\sqrt{x} + \sqrt{y} = 1$ 上任一点的切线所截二坐标轴的截距之和等于 1.

11. 设 $0 < x < \frac{\pi}{2}$,且 $f'(\sin x) = 1 - \cos x$,求 $f''(x)$.

12. 求 $y = (x+1)(x^2+2)^3$ 的 7 阶导数 $y^{(7)}$.

13. 求下列函数的 n 阶导数:

(1) $y = \sin^4 x + \cos^4 x$;　　(2) $y = \frac{1}{2+x-x^2}$;　　(3) $y = \ln(x^2+3x+2)$.

背景聚焦

大国重器:沉着蓄力,方能一飞冲天;脚踏实地,方能一鸣惊人.

我国第一颗人造地球卫星东方红一号成功发射,拉开了中国人探索太空的序幕. 我国航天事业发展从导弹开始起步,导弹研究经历了从近程到中程、从远程到洲际、从液体到固体、从固体到机动、从陆基到潜射、从第一代到第二代的发展道路,形成了综合性的战略核打击能力. 在"两弹一星"基础上,我国进一步完善并发展出系列运载火箭,开始了科

学卫星、应用卫星的系列化发展,产生了强大的社会效益和经济效益.从无到有,从弱到强,我国逐步跻身世界航天大国行列.习近平总书记指出,"发展航天事业,建设航天强国,是我们不懈追求的航天梦."

在探索太空的过程中,没有哪个国家可以保证百分之百的成功.火箭总设计师龙乐豪就曾说,成功是差一点的失败,失败是差一点的成功.所以不妨放平心态,把失败看成一件正常的事情.不怕失败,不断积累经验,才能迎来最后的成功.为了进入预定轨道,控制好速度是至关重要的.在2020年4月9日,我国在西昌卫星发射中心利用长征三号乙运载火箭发射印度尼西亚PALAPA-N1卫星,火箭一、二级飞行正常,三级工作异常,卫星发射失利.2020年11月24日4时30分,在中国文昌航天发射场,用长征五号遥五运载火箭成功发射探月工程嫦娥五号探测器,顺利将探测器送入预定轨道.嫦娥五号着陆器和上升器组合体从距离月面约15千米处开始实施动力下降,7500牛变推力发动机开机,逐步将探测器相对月球速度从约1.7千米/秒降为零.期间,嫦娥五号探测器进行快速姿态调整,逐渐接近月表.此后进行障碍自动检测,选定着陆点后,开始避障下降和缓速垂直下降,圆满完成任务.

从第一颗返回式卫星到第一颗风云气象卫星;从中继卫星到高分一号卫星,在茫茫太空轨道上,"中国星"发出耀眼的光芒,造福着亿万同胞."中国星"将成为世界"星",造福全球.从神舟飞船首次升空到航天员杨利伟首次飞天,从天宫一号成功发射到航天员王亚平太空授课,中国载人航天以"不可思议的速度",演绎着中国航天史上一个又一个经典传奇.从载人航天到嫦娥探月,再到火星探测,中华民族以"前所未有的澎湃动力",不断刷新着中华民族的飞天高度,不断创造着世界航天史上一项项新的纪录.

我国在航天领域取得的代表性成就

时间	在航天领域取得的代表性成就
1970年4月	用长征运载火箭,成功地发射了第一颗人造地球卫星东方红一号
1999年11月	我国成功发射第一艘无人实验飞船神舟一号
2003年10月	我国第一艘载人飞船神舟五号发射成功
2007年10月	我国首颗绕月人造卫星嫦娥一号发射升空
2008年9月	神舟七号载人飞船发射成功,并首次进行了出舱作业
2011年9月	中国第一个目标飞行器天宫一号发射成功,2个月后,天宫一号目标飞行器与神舟八号飞船完成首次交会对接
2016年9月	中国第一个真正意义上的太空实验室天宫二号在酒泉发射升空
2020年11月	嫦娥五号探测器在海南文昌发射升空.历时23天嫦娥五号返回器携带月球样品在内蒙古四子王旗预定区域安全着陆
2021年6月	神舟十二号载人飞船成功发射升空,将3名航天员顺利送入太空,中国人首次进入自己的空间站

复习题 2

[A]

1. 填空题.

(1) $f(x)=\arcsin x$,则 $f'(0)=$ _____.

(2) 函数 $y=\sqrt{x}$ 在 $x=1$ 处的切线方程为 _____.

(3) 已知 $y=x^2+2^x$,则 $y'''=$ _____.

(4) $f(x)=x\ln x$,则 $f'''(2)=$ _____.

(5) 已知 $\begin{cases}x=2+t^2\\y=t\end{cases}$,则 $\dfrac{dy}{dx}=$ _____.

(6) 若 $y=\dfrac{1}{x^2}$,则 $dy=$ _____.

(7) 设 $y=x^{20}e^{30}$,则 $y^{(20)}=$ _____.

(8) 函数 $f(x)$ 与 $g(x)$ 在 $(-\infty,+\infty)$ 上可导,在给定点处它们的函数值与导数值见表 2-3,那么

若 $y=f(x)+g(x)$,则 $y'(0)=$ _____;

若 $y=f(x)g(x)$,则 $y'(1)=$ _____;

若 $y=\dfrac{f(x)}{g(x)}$,则 $y'(2)=$ _____;

若 $y=f(g(x))$,则 $y'(3)=$ _____;

若 $y=g(f(x))$,则 $y'(4)=$ _____.

表 2-3

x	0	1	2	3	4
$f(x)$	$\dfrac{1}{2}$	$\dfrac{1}{3}$	1	-1	3
$g(x)$	-2	1	$-\dfrac{1}{2}$	2	$-\dfrac{1}{3}$
$f'(x)$	$\dfrac{3}{2}$	$\dfrac{5}{3}$	$\dfrac{1}{4}$	0	$-\dfrac{4}{5}$
$g'(x)$	-1	$\dfrac{2}{3}$	-4	-3	$-\dfrac{1}{3}$

2. 选择题.

(1) $y=\sin^2 x$,则 y'' 等于( ).

A. $2\sin x$; B. $\sin 2x$; C. $2\cos 2x$; D. $\cos 2x$.

(2) 若参数方程为 $\begin{cases}x=1+2t\\y=\ln(1+t^2)\end{cases}$,则 $\dfrac{dy}{dx}\bigg|_{t=1}=$( ).

A. 4; B. $\dfrac{1}{4}$; C. 2; D. $\dfrac{1}{2}$.

(3) 曲线 $y=e^{1-x^2}$ 在 $x=-1$ 处的切线方程为( ).

A. $2x-y-1=0$; B. $2x+y+1=0$; C. $2x+y-3=0$; D. $2x-y+3=0$.

(4) 若 $f(x)=x\arcsin x+\sqrt{1-x^2}$,则 $f'(1)$ 为( ).

A. 0; B. 1; C. π; D. $\dfrac{\pi}{2}$.

(5) 下列图形所示函数(抛物线、圆、折线、包含断点的直线)在点 $x=0$ 处不可导的有( ).

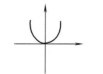

A. 一个； B. 两个； C. 三个； D. 四个.

(6) 设 $y=f(\cos x)$，其中 $f(u)$ 为可导函数，则 $\mathrm{d}y=(\quad)$.

A. $f'(\cos x)\mathrm{d}x$； B. $-\sin x f'(\cos x)\mathrm{d}x$；

C. $\sin x f'(\cos x)\mathrm{d}x$； D. $\cos x f'(\cos x)\mathrm{d}x$.

3. 设 $f(x)=\sqrt[3]{4x-3}$，求 $f'(1)$.

4. 求下列函数的二阶导数：

(1) $y=x\arctan x$； (2) $y=x\ln\left(x+\sqrt{1+x^2}\right)-\sqrt{1+x^2}$.

5. 如果半径为 15cm 的气球的半径膨胀 1cm，问气球的体积约扩大多少？

[B]

1. 填空题.

(1) 已知 $f(x)=\dfrac{\cos x}{1-\sin x}$，$f'(x_0)=2$ $\left(0<x_0<\dfrac{\pi}{2}\right)$，则 $f(x_0)=$_____.

(2) 已知 $x^2y+y^2x-2=0$，则当 $x=1,y=1$ 时，$\dfrac{\mathrm{d}y}{\mathrm{d}x}=$_____.

(3) 如果 $y=ax$ 是 $y=\sqrt{x-1}$ 的切线，则 $a=$_____.

(4) 设 $f(x)$ 在点 $x=1$ 处具有连续的导数，且 $f'(1)=\dfrac{1}{2}$，则 $\lim\limits_{x\to 0^+}\dfrac{\mathrm{d}}{\mathrm{d}x}f(\cos\sqrt{x})=$_____.

(5) 已知 $f'(x)=\dfrac{2x}{\sqrt{1-x^2}}$，则 $\dfrac{\mathrm{d}f(x^2)}{\mathrm{d}x}=$_____.

(6) 设 $f(x)=\begin{cases}\arctan x & x>0 \\ ax+b & x\leq 0\end{cases}$ 在点 $x=0$ 可导，则 $a=$_____，$b=$_____.

(7) 设 $y=\dfrac{1-2x}{x-1}$，则 $y^{(6)}=$_____.

2. 选择题.

(1) 设 $y=f(\ln(-x))$，则 $y'=(\quad)$.

A. $f'(\ln(-x))$； B. $\dfrac{1}{x}f'(\ln(-x))$；

C. $-\dfrac{1}{x}f'(\ln(-x))$； D. $-f'(\ln(-x))$.

(2) 曲线 $\sqrt{x}+\sqrt{y}=2$ 在点 $(1,1)$ 处的切线为( ).

A. $x+y+2=0$； B. $x+y=0$；

C. $x+y-2=0$； D. $x-y+2=0$.

(3) 由参数方程 $\begin{cases}x=\dfrac{1}{3}t^3+t \\ y=\dfrac{1}{5}t^5-t\end{cases}$ 所确定函数的二阶导数 $\dfrac{\mathrm{d}^2y}{\mathrm{d}x^2}=(\quad)$.

A. $\dfrac{2t}{t^2+1}$; B. t^2-1; C. $4t^3$; D. $2t$.

(4) 若 $f(x_0)=1, f'(x_0)=3$, 则 $\lim\limits_{x \to x_0} \dfrac{f^2(x)-f^2(x_0)}{x-x_0}=$ (   ).

A. -2; B. 1; C. 6; D. 3.

(5) 设函数 $f(x)$ 对任意 x 都满足 $f(x+1)=af(x)$, 且 $f'(0)=b$, 其中 a,b 均为非零常数, 则 $f(x)$ 在 $x=1$ 处(   ).

A. 不可导; B. 可导, 且 $f'(1)=a$;

C. 可导, 且 $f'(1)=b$; D. 可导, 且 $f'(1)=ab$.

(6) 设 $f(x)=\begin{cases} \sin x+1 & x \geqslant 0 \\ \sqrt{2x+1} & x<0 \end{cases}$, 则在 $x=0$ 处 $f(x)$ 为(   ).

A. 不连续; B. 连续但不可导;

C. 可导但不连续; D. 可导且连续.

3. 若 $f(0)=0, \lim\limits_{x \to 0} \dfrac{f(3x)}{x}=3$, 求 $f'(0)$.

4. 已知 $\begin{cases} x=te^t \\ e^t+e^y=2 \end{cases}$, 求 $\dfrac{dy}{dx}\big|_{x=0}$.

5. 求下列函数的 n 阶导数:

(1) $y=\dfrac{2x}{x^2-1}$;   (2) $y=\cos^2 x$;   (3) $y=\dfrac{4x^2-1}{x^2-1}$.

课 外 学 习 2

1. 在线学习

(1) 一次采访提 27 次, 为什么任正非如此爱数学? (网页链接见对应配套电子课件)

(2) 电影: 美丽心灵.

2. 阅读与写作

写一篇《美丽心灵》的观影体会.

第 3 章 　导数的应用

本章将利用导数知识来研究函数的各种性态,这些知识在日常生活、科学实践、经济往来中有着广泛的应用.

3.1　拉格朗日中值定理与函数的单调性

首先从直观上看一个事实:

设函数 $y=f(x)$ 在区间 $[a,b]$ 上的图形是一条连续的曲线,如图 3-1 所示,可以看出线段 AB 的斜率为 $\tan\alpha = \dfrac{f(b)-f(a)}{b-a}$,如果除端点外,曲线 $y=f(x)$ 上每一点都有不垂直于 x 轴的切线,那么,当把线段 AB 平行移动时,在区间 (a,b) 上至少能找到一点 $C(\xi,f(\xi))$,使直线与曲线在该点相切. 这就是说,曲线在点 $C(\xi,f(\xi))$ 处的切线的斜率 $f'(\xi)$ 与线段 AB 的斜率相等,即

$$f'(\xi) = \dfrac{f(b)-f(a)}{b-a}$$

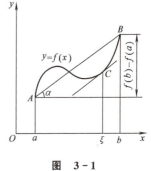

图 3-1

上述事实就是下面介绍的拉格朗日中值定理所要表达的内容.

3.1.1　拉格朗日中值定理

设函数 $f(x)$ 满足条件

(1) 在闭区间 $[a,b]$ 上连续;

(2) 在开区间 (a,b) 内可导,

则在 (a,b) 内至少存在一点 ξ,使得

$$f'(\xi) = \dfrac{f(b)-f(a)}{b-a} \quad (a<\xi<b)$$

或

$$\boxed{f(b)-f(a) = f'(\xi)(b-a) \quad (a<\xi<b)} \tag{3-1}$$

由拉格朗日中值定理可得出下面的推论.

推论　若函数 $f(x)$ 在 (a,b) 内任意点的导数都等于零,则 $f(x)$ 在 (a,b) 内是一个常数.

证　在 (a,b) 内任取两点 x_1, x_2,不妨设 $x_1<x_2$. 显然 $f(x)$ 在 $[x_1, x_2]$ 上满足拉格朗日中值定理,即有

$$f(x_2)-f(x_1) = f'(\xi)(x_2-x_1)$$

由条件知 $f'(\xi)=0$，从而 $f(x_2)-f(x_1)=0$，即 $f(x_2)=f(x_1)$. 由点 x_1,x_2 的任意性，我们就证明了 $f(x)$ 在 (a,b) 内是一个常数.

例 3-1 验证函数 $f(x)=x^2+x$ 在区间 $[-1,2]$ 上满足拉格朗日中值定理.

解 容易看出函数 $f(x)=x^2+x$ 在区间 $[-1,2]$ 上满足拉格朗日中值定理的条件，令 $f'(x)=\dfrac{f(2)-f(-1)}{2-(-1)}$，即 $2x+1=2$，得 $x=\dfrac{1}{2}$.

这说明 $f(x)$ 在 $(-1,2)$ 内存在一点 $\xi=\dfrac{1}{2}$，能使 $f'(\xi)=\dfrac{f(2)-f(-1)}{2-(-1)}$. 因此拉格朗日中值定理对函数 $f(x)=x^2+x$ 在区间 $[-1,2]$ 上是正确的.

3.1.2 函数的单调性

如图 3-2 所示，单调增加的函数，图形沿着 x 轴的正向上升，各点处的切线与 x 轴的正向成锐角，即各点切线的斜率是非负的；单调减少的函数，图形沿着 x 轴的正向下降，各点处的切线与 x 轴的正向成钝角，即各点切线的斜率是非正的. 这说明函数的单调性与导数的符号之间有着密切的联系.

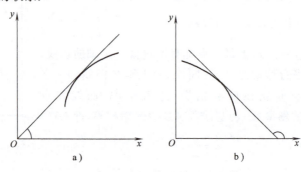

图 3-2

1. 函数单调性的必要条件

设函数 $f(x)$ 在闭区间 $[a,b]$ 上连续，在开区间 (a,b) 内可导. 如果 $f(x)$ 在 $[a,b]$ 上单调增加(减少)，则在 (a,b) 内 $f'(x)\geqslant 0$ $(f'(x)\leqslant 0)$.

2. 函数单调性判定法

设函数 $f(x)$ 在区间 (a,b) 内可导.

(1) 如果在区间 (a,b) 内 $f'(x)>0$，则 $f(x)$ 在 (a,b) 内单调增加；

(2) 如果在区间 (a,b) 内 $f'(x)<0$，则 $f(x)$ 在 (a,b) 内单调减少.

证 先证(1).

在 (a,b) 内任取两点 x_1,x_2，不妨设 $x_1<x_2$. 显然 $f(x)$ 在 $[x_1,x_2]$ 上满足拉格朗日中值定理的条件，即有

$$f(x_2)-f(x_1)=f'(\xi)(x_2-x_1)$$

由条件知 $f'(\xi)>0$，且 $x_2-x_1>0$，所以 $f(x_2)-f(x_1)=f'(\xi)(x_2-x_1)>0$

因此 $f(x_2)-f(x_1)>0$，即 $f(x_2)>f(x_1)$，从而 $f(x)$ 在 (a,b) 内单调增加.

类似可证(2).

需要说明的是:

(1) 对于无穷区间判定法也成立;

(2) 如果函数 $f(x)$ 在区间内的有限个点处有 $f'(x)=0$ 或 $f'(x)$ 不存在,而在其余点处 $f'(x)$ 的值均为正(负)的,那么函数 $f(x)$ 在区间内仍是单调增加(减少)的.

一般地,在讨论函数的单调性时,需先确定函数的定义域,再找出使 $f'(x)=0$ 或 $f'(x)$ 不存在的点,用这些点把定义域分为若干区间,最后讨论函数在这些区间上的单调性.

例 3-2 讨论函数 $f(x)=x^3-27x$ 的单调性.

解 此函数的定义域为 $(-\infty,+\infty)$,

因为
$$f'(x)=3x^2-27=3(x+3)(x-3)$$

令 $f'(x)=0$,得
$$x_1=-3, x_2=3$$

用 x_1, x_2 将函数的定义域分成三个区间:$(-\infty,-3),(-3,3),(3,+\infty)$.

当 $-\infty<x<-3$ 时,$f'(x)>0$,故 $f(x)$ 在 $(-\infty,-3)$ 内单调增加;

当 $-3<x<3$ 时,$f'(x)<0$,故 $f(x)$ 在 $(-3,3)$ 内单调减少;

当 $3<x<+\infty$ 时,$f'(x)>0$,故 $f(x)$ 在 $(3,+\infty)$ 内单调增加.

上述结果也可列表考察:

x	$(-\infty,-3)$	-3	$(-3,3)$	3	$(3,+\infty)$
$f'(x)$	+	0	−	0	+
$f(x)$	单调增加		单调减少		单调增加

函数 $f(x)=x^3-27x$ 的图像如图 3-3 所示.

例 3-3 讨论函数 $f(x)=\ln x-x$ 的单调性.

解 此函数的定义域为 $(0,+\infty)$,

因为 $f'(x)=\dfrac{1}{x}-1=\dfrac{1-x}{x}$,

令 $f'(x)=0$,得 $x_1=1$.

用 x_1 将函数的定义域分成两个区间:$(0,1),(1,+\infty)$.

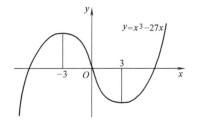

图 3-3

列表考察:

x	$(0,1)$	1	$(1,+\infty)$
$f'(x)$	+	0	−
$f(x)$	单调增加		单调减少

函数 $f(x)=\ln x-x$ 的图像如图 3-4 所示。

例 3-4 讨论函数 $f(x)=x-2\sin x$ $(0 \leqslant x \leqslant 2\pi)$ 的单调性.

解 因为 $f'(x)=1-2\cos x$,令 $f'(x)=0$,得

$$x_1 = \frac{\pi}{3}, x_2 = \frac{5\pi}{3}$$

用 x_1, x_2 将函数的定义域分成三个区间：$\left(0, \frac{\pi}{3}\right)$, $\left(\frac{\pi}{3}, \frac{5\pi}{3}\right)$, $\left(\frac{5\pi}{3}, 2\pi\right)$.

列表考察：

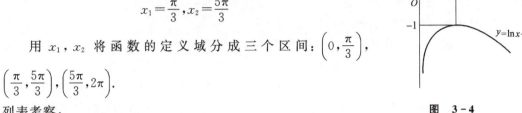

图 3-4

x	$\left(0, \frac{\pi}{3}\right)$	$\frac{\pi}{3}$	$\left(\frac{\pi}{3}, \frac{5\pi}{3}\right)$	$\frac{5\pi}{3}$	$\left(\frac{5\pi}{3}, 2\pi\right)$
$f'(x)$	−	0	+	0	−
$f(x)$	单调减少		单调增加		单调减少

利用函数的单调性还可以证明不等式，这种方法的关键是考虑选择适当的辅助函数，具体步骤如下：

(1) 通过代数变换把不等式的右端化成 0，把左端设为 $f(x)$；

(2) 先确定 $f'(x)$ 的符号，即 $f(x)$ 的单调性，再由单调性定义确定出 $f(x)$ 的符号.

例 3-5 证明：当 $x > 0$ 时，$x > \ln(1+x)$.

证 设 $f(x) = x - \ln(1+x)$，则 $f(x)$ 在 $[0, +\infty)$ 上连续，且在 $(0, +\infty)$ 内有

$$f'(x) = 1 - \frac{1}{1+x} = \frac{x}{1+x} > 0$$

由单调性判断定理知，$f(x)$ 在 $[0, +\infty)$ 上单调增加，所以，当 $x > 0$ 时有

$$f(x) > f(0) = 0$$

即

$$x - \ln(1+x) > 0$$
$$x > \ln(1+x)$$

习 题 3-1

1. 验证函数 $f(x) = \ln x$ 在区间 $[1, e]$ 上满足拉格朗日中值定理.

2. 求下列函数的单调区间：

(1) $y = 2 + x - x^2$；

(2) $y = x^4 - 2x^2$；

(3) $y = \frac{x^2}{1+x}$；

(4) $y = 2x^2 - \ln x$；

(5) $y = \sqrt{-x^2 + 6x - 8}$；

(6) $y = x \ln x$；

(7) $y = \frac{1-x}{1+x}$；

(8) $y = x(x-2)^3$.

3. 用函数的单调性证明不等式：

(1) $1 + \frac{x}{2} > \sqrt{1+x}$ $(x > 0)$；

(2) $2\sqrt{x} > 3 - \frac{1}{x}$ $(x > 1)$.

数学文摘

数学与哲学

数学的领域在扩大.

哲学的地盘在缩小.

哲学曾经把整个宇宙作为自己的研究对象. 那时,它是包罗万象的,数学只不过是算术和几何而已.

17世纪,自然科学的大发展使哲学退出了一系列研究领域,哲学的中心问题从"世界是什么样的"变成"人怎样认识世界". 这个时候,数学扩大了自己的领域,它开始研究运动与变化.

今天,数学在向一切学科渗透,它的研究对象是一切抽象结构——所有可能的关系与形式. 可是西方现代哲学此时却把注意力限于意义的分析,把问题缩小到"人能说出些什么".

哲学应当是人类认识世界的先导,哲学关心的首先应当是科学的未知领域.

哲学家谈论原子在物理学家研究原子之前,哲学家谈论元素在化学家研究元素之前,哲学家谈论无限与连续性在数学家说明无限与连续性之前. 一旦科学真真实实地研究哲学家所谈论过的对象时,哲学沉默了. 它倾听科学的发现,准备提出新的问题.

哲学,在某种意义上是望远镜. 当旅行者到达一个地方时,他不再用望远镜观察这个地方了,而是把它用于观察前方.

数学则相反,它是最容易进入成熟的科学,获得了足够丰富事实的科学,能够提出规律性的假设的科学. 它好像是显微镜,只有把对象拿到手中,甚至切成薄片,经过处理,才能用显微镜观察它.

哲学从一门学科退出,意味着这门学科的诞生. 数学渗入一门学科,甚至控制一门学科,意味着这门学科达到成熟的阶段.

哲学的地盘缩小,数学的领域扩大,这是科学发展的结果,是人类智慧的胜利.

但是,宇宙的奥秘无穷. 向前看,望远镜的视野不受任何限制. 新的学科将不断涌现,而在它们出现之前,哲学有许多事可做. 面对着浩渺的宇宙,面对着人类的种种困难问题,哲学已经放弃的和数学已经占领的,都不过是沧海一粟. 哲学在任何具体学科领域都无法与该学科一争高下,但是它可以从事任何具体学科无法完成的工作,它为学科的诞生准备条件.

数学在任何具体学科领域都有可能出色地工作,但是它离开具体学科之后无法作出贡献. 它必须利用具体学科为它创造条件.

模糊的哲学与精确的数学——人类的望远镜与显微镜.

摘自张景中院士《数学与哲学》

3.2 函数的极值与最值

在实际生活中,经常会碰到"最大、最小"这类问题,在数学上叫作最大值、最小值问题.

要求一个函数的最大值或最小值,必须先讨论函数的极值.

3.2.1 函数的极值

1. 极值的定义

定义 1 设函数 $f(x)$ 在点 x_0 的某邻域内有定义,若对该邻域内任一点 x,都有 $f(x) < f(x_0)$(或 $f(x) > f(x_0)$),则称 $f(x_0)$ 为函数 $f(x)$ 的**极大值**(或**极小值**),称点 x_0 为函数 $f(x)$ 的**极大值点**(或**极小值点**).

极大值和极小值统称为**极值**,极大值点和极小值点统称为**极值点**.

显然极值是一个局部性概念,它只是与极值点邻近的所有点的函数值相比较而言,并不意味着它在函数的整个定义区间内最大或最小. 有时函数在整个定义区间内有多个极值点,某个局部的极小值(如 $f(a)$)也有可能比另一个局部的极大值(如 $f(b)$)还大,如图 3-5 所示.

定理 1 (极值的必要条件) 若函数 $f(x)$ 在 x_0 处取得极值,且在 x_0 处导数存在,则必有 $f'(x_0) = 0$.

从图像上看,若函数 $f(x)$ 在 x_0 处取得极值,且 $f'(x_0)$ 存在,则曲线 $y = f(x)$ 在点 $(x_0, f(x_0))$ 处有水平切线(见图 3-5).

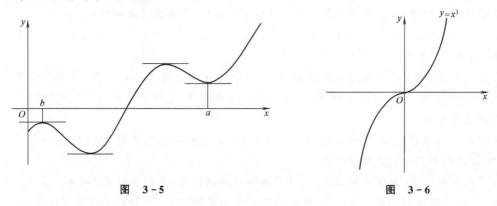

图 3-5   图 3-6

定理 1 的逆定理不成立. 例如,函数 $f(x) = x^3$ 在点 $x = 0$ 处导数为零,但该点不是函数的极值点,如图 3-6 所示. 通常我们称使函数的一阶导数等于零的点为**驻点**. 显然驻点不一定是极值点.

此外,导数不存在的点可能是函数的极值点,也可能不是. 例如,函数 $f(x) = |x|$ 和 $f(x) = \sqrt[3]{x}$ 在点 $x = 0$ 处导数都不存在,该点是函数 $f(x) = |x|$ 的极小值点(见图 2-3),却不是函数 $f(x) = \sqrt[3]{x}$ 的极值点(见图 2-4). 因此导数不存在的点未必是极值点.

一般地,将驻点及导数不存在的点称为**可疑极值点**. 那么怎样判断在可疑极值点是否取到极值呢? 下面给出判别方法.

2. 极值判别法

判别法 1 设函数 $f(x)$ 在点 x_0 的某邻域内可导,若 $f'(x_0) = 0$ 或在点 x_0 处导数不存在但在 x_0 处连续,则

(1) 当 x 逐渐增大地通过点 x_0 时,若导数值由正变负,则函数 $f(x)$ 在点 x_0 处取极大值

$f(x_0)$；若导数值由负变正，则函数 $f(x)$ 在点 x_0 处取极小值 $f(x_0)$.

(2) 当 x 逐渐增大地通过点 x_0 时，若导数值不变号，则 x_0 不是函数 $f(x)$ 的极值点.

由上面的论述可知，求函数 $f(x)$ 极值的一般解题步骤为：

(1) 求出导数 $f'(x)$；

(2) 求出函数的可疑极值点；

(3) 用极值判别法 1 判定以上的点是否为极值点；

(4) 求出极值点处的函数值，即为极值.

例 3 - 6 求函数 $f(x)=\sqrt[3]{x^2}$ 的极值.

解 此函数的定义域为 $(-\infty,+\infty)$，因为

$$f'(x)=\frac{2}{3}x^{\frac{2}{3}-1}=\frac{2}{3\sqrt[3]{x}}$$

函数在点 $x=0$ 处导数不存在，列表考察：

x	$(-\infty,0)$	0	$(0,+\infty)$
$f'(x)$	$-$	不存在	$+$
$f(x)$	单调减少	极小值 0	单调增加

函数 $f(x)=\sqrt[3]{x^2}$ 的图像如图 3-7 所示.

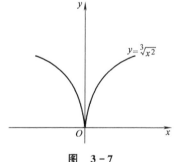

图 3-7

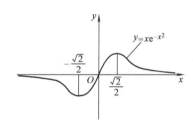

图 3-8

例 3 - 7 求函数 $f(x)=xe^{-x^2}$ 的极值.

解 此函数的定义域为 $(-\infty,+\infty)$，因为

$$f'(x)=e^{-x^2}+xe^{-x^2}(-2x)=(1-2x^2)e^{-x^2}$$

令 $f'(x)=0$，得驻点

$$x_1=\frac{\sqrt{2}}{2},\ x_2=-\frac{\sqrt{2}}{2}$$

列表考察：

x	$\left(-\infty,-\dfrac{\sqrt{2}}{2}\right)$	$-\dfrac{\sqrt{2}}{2}$	$\left(-\dfrac{\sqrt{2}}{2},\dfrac{\sqrt{2}}{2}\right)$	$\dfrac{\sqrt{2}}{2}$	$\left(\dfrac{\sqrt{2}}{2},+\infty\right)$
$f'(x)$	$-$	0	$+$	0	$-$
$f(x)$	单调减少	极小值 $-\dfrac{\sqrt{2}}{2}e^{-\frac{1}{2}}$	单调增加	极大值 $\dfrac{\sqrt{2}}{2}e^{-\frac{1}{2}}$	单调减少

函数 $f(x)=x\mathrm{e}^{-x^2}$ 的图像如图 3-8 所示.

例 3-8 求函数 $f(x)=(x-1)^3(2x+3)^2$ 的极值.

解 此函数的定义域为 $(-\infty,+\infty)$，因为
$$f'(x)=3(x-1)^2(2x+3)^2+4(x-1)^3(2x+3)$$
$$=(x-1)^2(2x+3)[3(2x+3)+4(x-1)]$$
$$=5(x-1)^2(2x+3)(2x+1)$$

令 $f'(x)=0$，得驻点 $x_1=1, x_2=-\dfrac{3}{2}, x_3=-\dfrac{1}{2}$.

列表考察：

x	$\left(-\infty,-\dfrac{3}{2}\right)$	$-\dfrac{3}{2}$	$\left(-\dfrac{3}{2},-\dfrac{1}{2}\right)$	$-\dfrac{1}{2}$	$\left(-\dfrac{1}{2},1\right)$	1	$(1,+\infty)$
$f'(x)$	$+$	0	$-$	0	$+$	0	$+$
$f(x)$	单调增加	极大值 0	单调减少	极小值 $-\dfrac{27}{2}$	单调增加	不取极值	单调增加

判别法 2 若 $f'(x_0)=0$，且 $f''(x_0)$ 存在，则

(1) 若 $f''(x_0)>0$，则 $f(x_0)$ 为极小值；

(2) 若 $f''(x_0)<0$，则 $f(x_0)$ 为极大值.

例 3-9 求函数 $f(x)=x^2\ln x$ 的极值.

解 此函数的定义域为 $(0,+\infty)$，因为
$$f'(x)=2x\ln x+x^2\dfrac{1}{x}=2x\ln x+x=x(2\ln x+1)$$

令 $f'(x)=0$，得驻点
$$x_1=\mathrm{e}^{-\frac{1}{2}}$$

因为 $f''(x)=2\ln x+3$，所以
$$f''(x_1)=2>0$$

因此函数 $f(x)$ 在 x_1 处取得极小值 $f(x_1)=-\dfrac{1}{2\mathrm{e}}$.

需要说明的是：判别函数极值的两个判别法在使用时各有所长.

(1) 若 $f''(x)$ 较简单，则极值判别法 2 更方便些；反之，则应选用极值判别法 1.

(2) 若 $f''(x_0)=0$，则极值判别法 2 失效，须用极值判别法 1 判别.

例 3-10 求函数 $f(x)=\sqrt[3]{(2x-x^2)^2}$ 的极值.

解 此函数的定义域为 $(-\infty,+\infty)$，因为
$$f'(x)=\dfrac{2}{3}(2x-x^2)^{-\frac{1}{3}}(2-2x)=\dfrac{4(1-x)}{3\sqrt[3]{2x-x^2}}$$

函数在 $x=1$ 处导数等于零，在 $x=0, x=2$ 处导数不存在(此题因 $f''(x)$ 较复杂，所以用判别法 1 较好).

列表考察：

x	$(-\infty,0)$	0	$(0,1)$	1	$(1,2)$	2	$(2,+\infty)$
$f'(x)$	−	不存在	+	0	−	不存在	+
$f(x)$	单调减少	极小值 0	单调增加	极大值 1	单调减少	极小值 0	单调增加

需要注意的是: 找可疑极值点时不要漏掉导数不存在的点.

例 3-11 求函数 $f(x)=x^4-4x^3+6x^2-4x$ 的极值.

解 此函数的定义域为 $(-\infty,+\infty)$,因为
$$f'(x)=4x^3-12x^2+12x-4=4(x-1)^3$$
令 $f'(x)=0$,得驻点 $x=1$.
又因为
$$f''(x)=12(x-1)^2$$
所以 $f''(1)=0$,故极值判别法 2 失效,须用极值判别法 1 判别.
列表考察:

x	$(-\infty,1)$	1	$(1,+\infty)$
$f'(x)$	−	0	+
$f(x)$	单调减少	极小值 −1	单调增加

3.2.2 函数的最值

定义 2 设函数 $f(x)$ 在闭区间 I 上连续,若 $x_0 \in I$,且对所有 $x \in I$,都有 $f(x_0)>f(x)$ (或 $f(x_0)<f(x)$),则 $f(x_0)$ 称为函数 $f(x)$ 的**最大值**(或**最小值**).

显然,函数的最大值、最小值一定是函数的极值,但反之未必.

一般来说,连续函数 $f(x)$ 在闭区间 I 上的最大值与最小值,从区间端点处、极值点处的函数值中取得,因此,只需求出端点处及区间内使 $f'(x)=0$ 及 $f'(x)$ 不存在的点处的函数值,把它们做比较,从中找出最大值、最小值即可.

例 3-12 求函数 $f(x)=2x^3+3x^2-12x-2$ 在区间 $[-3,2]$ 上的最大值和最小值.

解 因为 $f'(x)=6x^2+6x-12=6(x-1)(x+2)$
令 $f'(x)=0$,得驻点 $x_1=-2, x_2=1$.
因为 $f(-3)=7, f(-2)=18, f(1)=-9, f(2)=2$
所以函数 $f(x)$ 在区间 $[-3,2]$ 上的最大值为 $f(-2)=18$,最小值为 $f(1)=-9$.

在实际问题中,常会碰到最大值和最小值问题,如用料最省、效益最高等,遇到的函数大多是在某区间内只有一个极值点的连续且可导的函数. 因而实际问题中的最大值、最小值,就是函数的极大值、极小值.

实际问题求解最值的一般解题步骤为:
(1)分析问题,建立目标函数 把问题的目标作为因变量,把它所依赖的量作为自变量,建立二者的函数关系,即目标函数,并确定函数的定义域.
(2)解极值问题 确定自变量的取值,使目标函数达到最大值或最小值.

例 3-13 做一批容积为 $4m^3$ 的无盖长方盒子,底为正方形,问底边长和高为多少时,所用材料最省?

解 所用材料最省,就是盒子的表面积最小.设盒子的底边长为 xm,高为 ym,如图 3-9 所示,表面积为 Sm^2,则

$$S = x^2 + 4xy$$

由于 $x^2 y = 4$,所以

$$S = x^2 + 4x \frac{4}{x^2} = x^2 + \frac{16}{x}$$

令

$$S' = 2x - \frac{16}{x^2} = 0$$

得

$$x = 2, \quad y = 1$$

因为当 $x=2$ 时,$S_{xx}'' > 0$,所以根据极值的判定定理判定该点是一个极小值点,又因该点是唯一的极值点,所以该点即为所求的最小值点.因此,当底边长为 2m,高为 1m 时,所用材料最省.

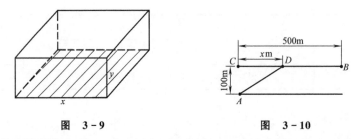

图 3-9　　　　　　图 3-10

例 3-14 计划在宽 100m 的河两边 A 与 B 之间架一条电话线,C 点为 A 点在河另一边的相对点,B 到 C 的距离为 500m,水下架线成本是陆地架线成本的 3 倍,问如何确定架线方案,才能使费用最小?

解 设在 B 与 C 之间选择一点 D,如图 3-10 所示,C 到 D 的距离为 xm,从 A 到 D 水下架线,从 D 到 B 陆地架线,陆地架线成本为 1,总费用为 M,则

$$M = 3\sqrt{100^2 + x^2} + (500 - x)$$

令

$$M' = 3\frac{x}{\sqrt{100^2 + x^2}} - 1 = 0$$

则有

$$3x = \sqrt{100^2 + x^2} \quad 即 \quad 8x^2 = 100^2$$

得

$$x = 25\sqrt{2}$$

因为当 $x = 25\sqrt{2}$ 时,$M'' > 0$,所以该点是一个极小值点,又因该点是唯一的极值点,所以该点即为所求的最小值点.因此,在距 C 点 $25\sqrt{2}$m 处架线费用最小.

例 3-15 防空洞的截面上部是半圆,下半部分是矩形,周长是 15m,问底宽为多少时才能使截面积最大.

解 如图 3-11 所示,设矩形的宽为 xm,高为 ym,截面积为 Sm^2,则

$$S = xy + \frac{1}{2}\pi\left(\frac{x}{2}\right)^2$$

因为

$$2y + x + \pi \frac{x}{2} = 15$$

所以
$$y = \frac{15}{2} - \frac{x}{2} - \frac{\pi}{4}x$$
$$S = \frac{15}{2}x - \frac{x^2}{2} - \frac{\pi}{4}x^2 + \frac{\pi}{8}x^2 = \frac{15}{2}x - \frac{x^2}{2} - \frac{\pi}{8}x^2$$
$$S' = \frac{15}{2} - x - \frac{\pi}{4}x$$

当 $S' = 0$ 时,
$$x = \frac{30}{4+\pi}$$

因为当 $x = \frac{30}{4+\pi}$ 时, $S'' < 0$, 所以该点是一个极大值点, 又因该点是唯一的极值点, 所以该点即为所求的最大值点. 因此, 底宽为 $\frac{30}{4+\pi}$ m 时, 截面积最大.

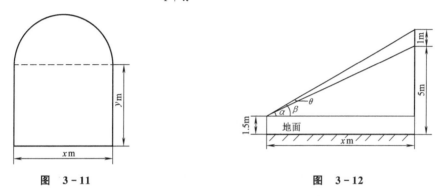

图 3-11　　　　　　　　　　　　图 3-12

例 3-16　在高速公路上设有指示路标, 路标牌的上下宽度为 1m, 架在 5m 高的立柱上, 假定汽车司机的眼睛离地面的高度为 1.5m, 问司机离路标多远时, 路标上的字看上去最清楚?

解　路标上的字看上去最清楚, 即看上去字的上下宽度最大, 亦即司机的视角最大. 设司机的视角为 θ, 司机离路标的距离为 xm, 如图 3-12 所示, 则
$$\theta = \beta - \alpha = \arctan\frac{4.5}{x} - \arctan\frac{3.5}{x}$$
$$= \arctan\frac{9}{2x} - \arctan\frac{7}{2x} \quad (0 < x < +\infty)$$

令
$$\theta' = \frac{1}{1+\left(\frac{9}{2x}\right)^2}\left(-\frac{9}{2x^2}\right) - \frac{1}{1+\left(\frac{7}{2x}\right)^2}\left(-\frac{7}{2x^2}\right)$$
$$= \frac{-18}{4x^2+81} + \frac{14}{4x^2+49} = 0$$

则有
$$18(4x^2+49) = 14(4x^2+81)$$

解得
$$x = \frac{3\sqrt{7}}{2}$$

因为当 $x \to 0$ 或 $x \to +\infty$ 时, θ 都趋于 0, 所以该点就是所求的最大值点, 即司机离路标 $\frac{3\sqrt{7}}{2}$ m 时, 司机的视角最大.

习 题 3-2

1. 求下列函数的极值：

(1) $y = \dfrac{2x}{1+x^2}$；

(2) $y = 2x^3 - 6x^2$；

(3) $y = xe^x$；

(4) $y = \arctan x - \dfrac{1}{2}\ln(1+x^2)$；

(5) $y = (x-3)^2(x-2)^3$；

(6) $y = \sqrt{x}\ln x$；

(7) $y = \dfrac{\ln x}{x}$；

(8) $f(x) = x - \ln(1+x+x^2)$.

2. 求下列函数在所给区间上的最大值、最小值：

(1) $y = 2x^3 - 15x^2 + 24x + 1$, $[0, 5]$；

(2) $y = \dfrac{x+3}{x-1}$, $[2, 5]$；

(3) $y = \dfrac{x}{e^x}$, $[0, 2]$.

3. 将 10 分成两个正数，使其平方和最小.

4. 要做一个圆锥形的漏斗，其母线长 20 cm，要使其体积为最大，问其高应为多少？

5. 试求内接于半径为 $\sqrt{8}$ cm 的圆的周长最大的矩形的边长.

6. 欲做一个容积为 144 m³ 的无盖长方盒子，底为正方形，若单位面积底的费用为 4 元，侧面的费用为 3 元，问怎样做才能使费用最省？

7. 欲做一个容积为 1000 cm³ 的圆柱形容器，该容器的顶部和底部必须用 0.05 元/cm² 的材料制成，该容器的侧面可用 0.03 元/cm² 的材料制成，问该容器的底半径为多少时总费用最小？

8. 将边长是 6 和 8 的长方形在四角各剪去一正方形，折成一个无盖的方盒子，问剪去的正方形的边长为多少时，盒子的容积最大？

9. 有甲、乙两城，甲城位于一直线形的河岸，乙城离岸 40 km，乙城到岸的垂足与甲城相距 50 km. 两城在此河边合设一水厂取水，从水厂到甲城和乙城之水管费用分别为 500 元/km 和 700 元/km，问此水厂应设在河边何处才能使水管费用为最省？

10. 一根线长 200，要用它构成一个正方形和一个圆形，问如何分配才能使它构成的图像面积和最小？

◁ 背景聚焦 ▷

导数显示计——汽车的车速表

假设你正在参加一场高速赛车. 你坐在赛车驾驶座里面，在起跑线蓄势待发，引擎一阵阵不断轰鸣. 比赛一开始，函数 $f(t)$ 就会告诉你，你的车子在 t 时刻离开起跑线的距离，而 $t = 0$ 就代表鸣枪开赛的一刹那.

在这种比赛场合里，最关心的当然是你的车速——无怪乎每部汽车都少不了车速表. 然而，速率不就是位置的变化率吗？"每小时 110 公里"，指的就是速率. 如果 $f(t)$ 是位置函数，那么导数 $f'(t)$ 就是该位置函数的变化率，正好就是速率. 在你赛车的过程当中，车速一直在变. 开始的一刹那，车子还停在起跑线后面，速率是 0 km/h；然后车子冲了出去，速率也越来越快，一直加速到车子的最高速率 230 km/h；而当车子冲过终点线，车尾射出减速伞，车子就又减速到停止下来.

所以,在整个赛车过程中,导数 $f'(t)$ 从 0 上升到 230,然后再下降回到 0.车速表的用途只是在随时告诉你,你在任何一个时间的位置的导数为何值.因此,车速表也可以称为"导数显示计",只是念起来稍微拗口了一些.

假如在比赛开始之前,你由于紧张过度,不知不觉把车子误放在倒档上,结果会怎样呢?哈!当红灯变绿,比赛开始,你的左脚松开离合器,右脚把油门踩到底,然后你就会发现车子向后喷射了出去.当然,如果你只是一个劲地盯着眼前的车速表,你还不会察觉是怎么回事呢,因为那个蠢玩意儿向来不显示负的数值.你的车速实际上是 −130km/h,方向与你预期的恰恰相反!如果你发现车子是在后退,那是因为你从后视镜里看到你的技师们的惊恐脸庞,正以惊人的速率在变大.这时你可以说,你的位置函数的导数为 −130.

到目前为止,你要明确一个观念,那就是:函数 $y=f(x)$ 的导数,度量了该函数的变化率.如果导数是个很大的正值,表示该函数正在疾速递增;如果导数是个相当小的正值,表示函数也在递增,只是递增得很缓慢.若导数是负值,表示函数在递减;如果导数等于 0,表示函数至少在此瞬间是既不递增、也不递减,维持水平——它正在犹豫不决,哪儿都不去.

3.3 曲线的凹凸与拐点

为了准确描绘函数的图像,仅知道函数的单调性和极值是不够的.还应知道它的弯曲方向和分界点.这一节,我们就专门研究曲线的凹凸与拐点.

3.3.1 曲线的凹凸及其判别法

如图 3-13 所示,可以看出曲线的弯曲方向,与其上的切线的位置有关.

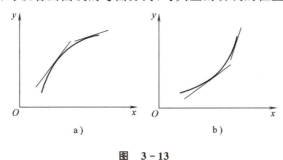

图 3-13

定义 3 若曲线弧位于其每一点切线的上(下)方,则称曲线弧是凹(凸)的.

由图 3-14 可以看出,如果曲线是凹的,那么其切线的倾斜角 θ 随 x 的增大而增大,即切线的斜率单调增加,由于切线的斜率就是 $f'(x)$,因此 $f'(x)$ 单调增加,所以 $f''(x)>0$.

由图 3-15 可以看出,如果曲线是凸的,那么其切线的倾斜角 θ 随 x 的增大而减少,即切线的斜率单调减小,由于切线的斜率就是 $f'(x)$,因此 $f'(x)$ 单调减小,所以 $f''(x)<0$.

由以上讨论可得曲线凹凸的判定法如下:

曲线凹凸的判定法 设 $f(x)$ 在 (a,b) 内具有二阶导数,

(1)如果 $f''(x)>0$,则曲线在 (a,b) 内是凹的;

(2) 如果 $f''(x)<0$,则曲线在 (a,b) 内是凸的.

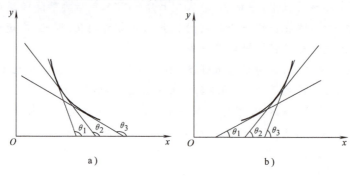

图 3-14

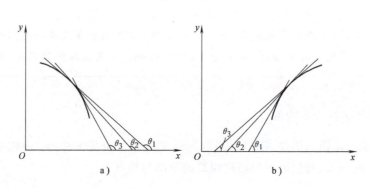

图 3-15

3.3.2 曲线的拐点

一般地,连续曲线凹、凸两段弧的分界点称为曲线的**拐点**,如图 3-16 中所示的点 a 即为拐点.显然,曲线 $y=f(x)$ 的拐点只能是 $f''(x)=0$ 或 $f''(x)$ 不存在的点.

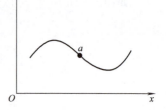

求连续曲线的拐点步骤如下:

(1) 求出函数 $f(x)$ 的 $f''(x)=0$ 或 $f''(x)$ 不存在的点.

图 3-16

(2) 在求出点的左、右两边,若 $f''(x)$ 异号,则该点就是拐点,否则,就不是拐点.

例 3-17 求曲线 $y=\ln(x^2+1)$ 的凹凸区间及拐点.

解 此函数的定义域为 $(-\infty,+\infty)$,因为

$$y'=\frac{1}{x^2+1}\times 2x, \quad y''=2\frac{x'(x^2+1)-(x^2+1)'x}{(x^2+1)^2}=2\frac{1-x^2}{(x^2+1)^2}$$

所以当 $y''=0$ 时,得 $x_1=-1, x_2=1$.

用 x_1,x_2 将函数的定义域分成三个区间: $(-\infty,-1),(-1,1),(1,+\infty)$. 当 $-\infty<x<-1$ 时, $f''(x)<0$,故 $f(x)$ 在 $(-\infty,-1)$ 内是凸的;当 $-1<x<1$ 时, $f''(x)>0$,故 $f(x)$ 在 $(-1,1)$ 内是凹的;当 $1<x<+\infty$ 时, $f''(x)<0$,故 $f(x)$ 在 $(1,+\infty)$ 内是凸的,所以 $(-1,\ln2),(1,\ln2)$ 为曲线的两个拐点.

上述结果也可列表考察:

x	$(-\infty,-1)$	-1	$(-1,1)$	1	$(1,+\infty)$
$f''(x)$	$-$	0	$+$	0	$-$
$f(x)$	凸	拐点	凹	拐点	凸

函数 $y=\ln(x^2+1)$ 的图像如图 3-17 所示.

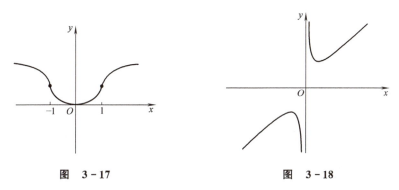

图 3-17   图 3-18

例 3-18 求曲线 $y=x+\dfrac{1}{x}$ 的凹凸区间及拐点.

解 此函数的定义域为 $(-\infty,0)\cup(0,+\infty)$,因为

$$y'=1-\frac{1}{x^2} \qquad y''=\frac{2}{x^3}$$

列表考察:

x	$(-\infty,0)$	0	$(0,+\infty)$
$f''(x)$	$-$	不存在	$+$
$f(x)$	凸	间断点	凹

函数 $y=x+\dfrac{1}{x}$ 的图像如图 3-18 所示.

3.3.3 曲线的渐近线

若曲线 $y=f(x)$ 上的动点 P 沿着曲线无限地远离原点时,点 P 与某直线 L 的距离趋于零,则 L 称为该曲线的**渐近线**.

并不是任何曲线都有渐近线,渐近线反映了某些曲线在无限延伸时的变化情况.

根据渐近线的位置,可将曲线的渐近线分为三类:水平渐近线、垂直渐近线、斜渐近线. 下面仅讨论水平渐近线和垂直渐近线,有关斜渐近线的讨论见本章 3.5 节提示与提高 4.

1. 垂直渐近线

若 $\lim\limits_{x\to c}f(x)=\infty$,则 $x=c$ 是 $f(x)$ 的垂直渐近线.

例 3-19 求函数 $f(x)=\ln\sin x$ 的渐近线.

解 因为 $\lim\limits_{x\to 0^+}\ln\sin x=-\infty$,$\lim\limits_{x\to \pi^-}\ln\sin x=-\infty$,所以 $x=0$ 和 $x=\pi$ 是曲线的垂直渐近线. 又因为函数是周期函数,所以曲线的垂直渐近线有无穷多条,如图 3-19 所示.

2. 水平渐近线

若 $\lim\limits_{x\to\infty} f(x) = b$，则 $y = b$ 是 $f(x)$ 的水平渐近线．

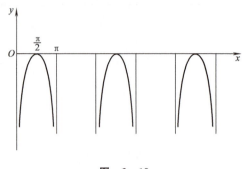

图 3-19

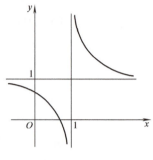

图 3-20

例 3-20 求函数 $f(x) = \dfrac{x}{x-1}$ 的渐近线．

解 因为 $\lim\limits_{x\to 1} \dfrac{x}{x-1} = \infty$，所以 $x = 1$ 为曲线的垂直渐近线；因为 $\lim\limits_{x\to\infty} \dfrac{x}{x-1} = 1$，所以 $y = 1$ 为曲线的水平渐近线，如图 3-20 所示．

可以看出，$f(x)$ 是否有水平渐近线，要看 $\lim\limits_{x\to\infty} f(x)$ 是否存在；$f(x)$ 是否有垂直渐近线，一般要看曲线是否有无穷间断点．

例 3-21 求函数 $y = \dfrac{\ln x}{x}$ 的渐近线．

解 因为 $\lim\limits_{x\to 0^+} \dfrac{\ln x}{x} = \infty$，所以 $x = 0$ 为曲线的垂直渐近线；因为 $\lim\limits_{x\to +\infty} \dfrac{\ln x}{x} = \lim\limits_{x\to +\infty} \dfrac{1}{x} = 0$，所以 $y = 0$ 为曲线的水平渐近线，如图 3-21 所示．

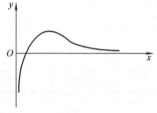

图 3-21

需要说明的是：求极限 $\lim\limits_{x\to +\infty} \dfrac{\ln x}{x}$ 时，使用了洛必达法则，该法则在本章第 4 节中讲解．

3.3.4 作函数图像的一般步骤

函数图像描绘的一般步骤如下：
(1) 确定函数的定义域、间断点；
(2) 确定函数的特性，如奇偶性、周期性等；
(3) 求出函数的一、二阶导数，并确定函数的极值点、拐点；
(4) 确定曲线的渐近线；
(5) 需要时，计算一些适当点的坐标，如曲线与坐标轴的交点等；
(6) 用间断点、极值点与拐点把定义域分为若干区间，列表说明在这些区间上函数的增减性与凹向性；
(7) 作图．

例 3-22 作函数 $y = x^3 - 3x^2$ 的图像．

解 1) 函数的定义域为$(-\infty,+\infty)$;

2) $y'=3x^2-6x=3x(x-2)$,令 $y'=0$,得 $x_1=0,x_2=2$,

$y''=6x-6$,令 $y''=0$,得 $x=1$;

3) 列表:

x	$(-\infty,0)$	0	$(0,1)$	1	$(1,2)$	2	$(2,+\infty)$
$f'(x)$	+	0	−	−	−	0	+
$f''(x)$	−	−	−	0	+	+	+
$f(x)$	增加凸	极大值 0	减少凸	拐点$(1,-2)$	减少凹	极小值-4	增加凹

作函数 $y=x^3-3x^2$ 的图像,如图 3-22 所示.

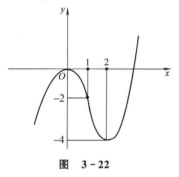

图 3-22

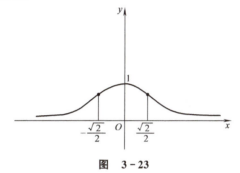

图 3-23

例 3-23 作函数 $y=e^{-x^2}$ 的图像.

解 1) 函数的定义域为$(-\infty,+\infty)$;

2) 所给函数是偶函数,图像关于 y 轴对称,因此只讨论$[0,+\infty)$上的图像;

3) $y'=-2xe^{-x^2}$,令 $y'=0$,得 $x=0$,

$y''=2(2x^2-1)e^{-x^2}$,令 $y''=0$,得 $x=\dfrac{\sqrt{2}}{2}$;

4) 因为 $\lim\limits_{x\to\infty}e^{-x^2}=0$,所以 $y=0$ 是曲线的水平渐近线;

5) 列表:

x	0	$\left(0,\dfrac{\sqrt{2}}{2}\right)$	$\dfrac{\sqrt{2}}{2}$	$\left(\dfrac{\sqrt{2}}{2},+\infty\right)$
$f'(x)$	0	−	−	−
$f''(x)$	−	−	0	+
$f(x)$	极大值 1	减少凸	拐点 $\left(\dfrac{\sqrt{2}}{2},e^{-\frac{1}{2}}\right)$	减少凹

作函数 $y=e^{-x^2}$ 的图像如图 3-23 所示.

习 题 3-3

1. 求下列函数的拐点及凹凸区间:

(1) $y=x^3-3x^2-x+1$;   (2) $y=\ln(x+\sqrt{1+x^2})$;

(3) $y=e^{2x-x^2}$;   (4) $y=xe^{-2x}$;

(5) $y=3x^5-10x^3$;   (6) $y=x^4-6x^2$;

(7) $y=x\ln x$;   (8) $y=2x^2+\ln x$.

2. 问 a,b 为何值时，点 $(-1,1)$ 为曲线 $y=ax^3+bx^2$ 的拐点？

3. 描绘下列函数的图像：

(1) $y=x^3-3x^2+3x-5$;   (2) $y=x^4-2x^2$;

(3) $y=\dfrac{x}{1+x^2}$;   (4) $y=x-\ln(1+x)$;

(5) $y=x^2+\dfrac{1}{x}$.

背景聚焦

光 的 折 射

光是按照最小时间原理（费马原理）传播的. 在穿过不同媒介的界面时，光要产生折射，如图 3-24 所示.

设在界面之上，光速是 v_1，在界面之下，光速是 v_2，光自点 $(0,b)$ 出发，走向 $(a,-c)$，最小时间原理要求

$$\frac{\sqrt{x^2+b^2}}{v_1}+\frac{\sqrt{(x-a)^2+c^2}}{v_2}$$

是最小值，即对 x 微分要等于 0. 由

$$\frac{x}{\sqrt{x^2+b^2}\,v_1}+\frac{x-a}{\sqrt{(x-a)^2+c^2}\,v_2}=0$$

可得

$$\frac{\sin\theta_1}{v_1}=\frac{\sin\theta_2}{v_2}$$

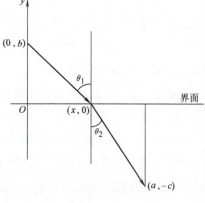

图 3-24

其中，θ_1,θ_2 分别是入射角和折射角，这就是著名的斯奈尔折射定律.

3.4 洛必达法则

本节给出求未定式极限的简便而有效的方法——洛必达法则.

1. "$\dfrac{0}{0}$" 型未定式

法则 1 设函数 $f(x)$ 和 $g(x)$ 满足条件：

(1) $\lim\limits_{x\to a}f(x)=\lim\limits_{x\to a}g(x)=0$;

(2) 在点 a 的某个邻域内，$f'(x),g'(x)$ 存在，且 $g'(x)\neq 0$;

(3) $\lim\limits_{x\to a}\dfrac{f'(x)}{g'(x)}$ 存在（或为 ∞），

则有

$$\lim_{x \to a}\frac{f(x)}{g(x)} = \lim_{x \to a}\frac{f'(x)}{g'(x)} \tag{3-2}$$

法则 1 给出了求"$\frac{0}{0}$"型未定式的极限问题的一种方法. 如果 $\lim\limits_{x \to a}\frac{f'(x)}{g'(x)}$ 依然是"$\frac{0}{0}$"型未定式,且函数 $f'(x)$ 与 $g'(x)$ 依然满足法则 1 中 $f(x)$ 与 $g(x)$ 应满足的条件,则可再一次使用洛必达法则,依此类推,洛必达法则可在某些习题演算时被重复使用多次.

例 3-24 求极限 $\lim\limits_{x \to 1}\frac{x^n - 1}{x^m - 1}$.

解 此为"$\frac{0}{0}$"型未定式,由法则 1 有

$$\lim_{x \to 1}\frac{x^n - 1}{x^m - 1} = \lim_{x \to 1}\frac{nx^{n-1}}{mx^{m-1}} = \frac{n}{m}$$

例 3-25 求极限 $\lim\limits_{x \to 1}\frac{x^3 - 3x + 2}{x^3 - x^2 - x + 1}$.

解 所求极限为"$\frac{0}{0}$"型的未定式,故有

$$\lim_{x \to 1}\frac{x^3 - 3x + 2}{x^3 - x^2 - x + 1} = \lim_{x \to 1}\frac{3x^2 - 3}{3x^2 - 2x - 1} = \lim_{x \to 1}\frac{6x}{6x - 2} = \frac{3}{2}$$

需要说明的是:使用(尤其是重复使用)洛必达法则时,需注意检验每一步是否满足法则的条件,上例中的 $\lim\limits_{x \to 1}\frac{6x}{6x-2}$ 已不是未定式,不能再对它应用洛必达法则,否则会导致错误结果.

例 3-26 求极限 $\lim\limits_{x \to 0}\frac{\tan x - x}{x^3}$.

解 此为"$\frac{0}{0}$"型未定式,由法则 1 有

$$\lim_{x \to 0}\frac{\tan x - x}{x^3} = \lim_{x \to 0}\frac{\sec^2 x - 1}{3x^2} = \frac{1}{3}\lim_{x \to 0}\frac{\tan^2 x}{x^2} = \frac{1}{3}$$

法则 1 对 $x \to \infty$ 的情况同样适用.

例 3-27 求极限 $\lim\limits_{x \to \infty}\frac{\tan \frac{2}{x}}{\tan \frac{4}{x}}$.

解 此为"$\frac{0}{0}$"型未定式,运用法则有

$$\lim_{x \to \infty}\frac{\tan \frac{2}{x}}{\tan \frac{4}{x}} = \lim_{x \to \infty}\frac{\sec^2 \frac{2}{x}\left(-\frac{2}{x^2}\right)}{\sec^2 \frac{4}{x}\left(-\frac{4}{x^2}\right)} = \frac{1}{2}\lim_{x \to \infty}\frac{\sec^2 \frac{2}{x}}{\sec^2 \frac{4}{x}} = \frac{1}{2}$$

2. "$\frac{\infty}{\infty}$"型未定式

法则 2 设函数 $f(x)$ 和 $g(x)$ 满足条件:

(1) $\lim\limits_{x \to a}f(x) = \lim\limits_{x \to a}g(x) = \infty$;

(2) 在点 a 的某个邻域内，$f'(x)$，$g'(x)$ 存在，且 $g'(x) \neq 0$；

(3) $\lim\limits_{x \to a} \dfrac{f'(x)}{g'(x)}$ 存在（或为 ∞），

则有

$$\boxed{\lim_{x \to a} \dfrac{f(x)}{g(x)} = \lim_{x \to a} \dfrac{f'(x)}{g'(x)}} \tag{3-3}$$

法则 2 给出了求 "$\dfrac{\infty}{\infty}$" 型未定式的极限问题的一种方法．

例 3-28 求极限 $\lim\limits_{x \to 0^+} \dfrac{\ln x}{\cot x}$．

解 此为 "$\dfrac{\infty}{\infty}$" 型未定式，运用法则 2 有

$$\lim_{x \to 0^+} \dfrac{\ln x}{\cot x} = \lim_{x \to 0^+} \dfrac{\dfrac{1}{x}}{-\csc^2 x} = -\lim_{x \to 0^+} \dfrac{\sin x}{x} \lim_{x \to 0^+} \sin x = 0$$

例 3-29 求极限 $\lim\limits_{x \to 0^+} \dfrac{\ln \sin x}{\ln \sin 3x}$．

解 此为 "$\dfrac{\infty}{\infty}$" 型未定式，运用法则 2 有

$$\lim_{x \to 0^+} \dfrac{\ln \sin x}{\ln \sin 3x} = \lim_{x \to 0^+} \dfrac{\dfrac{1}{\sin x} \cos x}{\dfrac{1}{\sin 3x} \cos 3x \times 3}$$

$$= \dfrac{1}{3} \lim_{x \to 0^+} \dfrac{\sin 3x}{\sin x} \lim_{x \to 0^+} \dfrac{\cos x}{\cos 3x}$$

$$= \dfrac{1}{3} \lim_{x \to 0^+} \dfrac{\sin 3x}{\sin x} = 1$$

法则 2 对 $x \to \infty$ 的情况同样适用．

例 3-30 求极限 $\lim\limits_{x \to \infty} \dfrac{3x^2 + 5x}{6x^2 + 2x - 1}$．

解 此为 "$\dfrac{\infty}{\infty}$" 型未定式，重复运用法则有

$$\lim_{x \to \infty} \dfrac{3x^2 + 5x}{6x^2 + 2x - 1} = \lim_{x \to \infty} \dfrac{6x + 5}{12x + 2} = \lim_{x \to \infty} \dfrac{6}{12} = \dfrac{1}{2}$$

习 题 3-4

用洛必达法则求下列函数的极限：

(1) $\lim\limits_{x \to a} \dfrac{\tan x - \tan a}{x - a}$；

(2) $\lim\limits_{x \to 1} \dfrac{x^3 - 3x + 2}{x^3 - 5x + 4}$；

(3) $\lim\limits_{x \to 0} \dfrac{a^x - 1}{x}$；

(4) $\lim\limits_{x \to +\infty} \dfrac{(\ln x)^2}{x}$；

(5) $\lim\limits_{x \to 0} \dfrac{e^x - 1}{x e^x + e^x - 1}$；

(6) $\lim\limits_{x \to 0} \dfrac{x - \ln(x + 1)}{x^2}$；

(7) $\lim\limits_{x\to 0}\dfrac{x-\sin x}{x^3}$;

(8) $\lim\limits_{x\to 0}\dfrac{\tan x-x}{x-\sin x}$;

(9) $\lim\limits_{x\to 0}\dfrac{\arctan x-x}{\ln(1+x^3)}$;

(10) $\lim\limits_{x\to 0}\dfrac{x-x\cos x}{x-\sin x}$.

> 数学的本质在于它的自由.
>
> ——康托尔

3.5 提示与提高

1. 微分中值定理

(1) 拉格朗日中值定理

例 3-31 设 $f(x)$ 在 $(-\infty,+\infty)$ 内可导,且 $\lim\limits_{x\to\infty}f'(x)=e^2$, $\lim\limits_{x\to\infty}\left(\dfrac{x+c}{x}\right)^x=\lim\limits_{x\to\infty}(f(x+1)-f(x))$,求常数 c.

解 $\lim\limits_{x\to\infty}\left(\dfrac{x+c}{x}\right)^x=\lim\limits_{x\to\infty}\left(1+\dfrac{c}{x}\right)^x=e^c$

根据拉格朗日中值定理,有

$$f(x+1)-f(x)=f'(\xi)(x+1-x)=f'(\xi) \quad (\xi \text{ 介于 } x \text{ 和 } x+1 \text{ 之间})$$

所以 $\lim\limits_{x\to\infty}(f(x+1)-f(x))=\lim\limits_{x\to\infty}f'(\xi)=\lim\limits_{\xi\to\infty}f'(\xi)=e^2$

于是 $e^c=e^2, \quad c=2$

例 3-32 证明不等式:$|\arctan b-\arctan a|\leqslant|b-a|$.

证 设 $f(x)=\arctan x$,显然函数 $f(x)$ 在 $[a,b]$(或 $[b,a]$)上满足拉格朗日中值定理的条件,所以有

$$\arctan b-\arctan a=\dfrac{1}{1+\xi^2}(b-a) \quad (\xi \text{ 在 } a,b \text{ 之间})$$

$$|\arctan b-\arctan a|=\dfrac{1}{1+\xi^2}|b-a|\leqslant|b-a|,$$

即 $|\arctan b-\arctan a|\leqslant|b-a|$.

技巧提示:利用拉格朗日中值定理证明不等式,应考虑选择适当的辅助函数.

(2) 罗尔定理 设函数 $f(x)$ 满足条件:

1) 在闭区间 $[a,b]$ 上连续;
2) 在开区间 (a,b) 内可导;
3) $f(a)=f(b)$,

则在 (a,b) 内至少存在一点 ξ,使得

$$f'(\xi)=0 \quad (a<\xi<b) \tag{3-4}$$

例 3-33 设函数 $f(x)$ 在 $[0,\pi]$ 上连续,在 $(0,\pi)$ 内可导,证明:在 $(0,\pi)$ 内至少存在一点 ξ,使得 $f'(\xi)\sin\xi+f(\xi)\cos\xi=0$.

证 令 $F(x)=f(x)\sin x$,则 $F(x)$ 在 $[0,\pi]$ 上连续,在 $(0,\pi)$ 内可导,并且 $F(0)=F(\pi)=0$,故 $F(x)$ 在 $[0,\pi]$ 上满足罗尔定理的条件.

因此,至少存在一点 $\xi\in(0,\pi)$,使得 $F'(\xi)=0$,即
$$f'(\xi)\sin\xi+f(\xi)\cos\xi=0.$$

(3) 柯西中值定理 设函数 $f(x)$ 和 $g(x)$ 满足条件:

1) 在闭区间 $[a,b]$ 上连续;

2) 在开区间 (a,b) 内可导;

3) $g'(x)\neq 0$,

则在 (a,b) 内至少存在一点 ξ,使得

$$\boxed{\frac{f(b)-f(a)}{g(b)-g(a)}=\frac{f'(\xi)}{g'(\xi)} \quad (a<\xi<b)} \tag{3-5}$$

例 3-34 设 $0<a<b$.证明:在 (a,b) 内至少存在一点 ξ,使 $ae^b-be^a=(\xi-1)e^\xi(b-a)$.

证 令函数 $f(x)=\dfrac{e^x}{x}$,$g(x)=\dfrac{1}{x}$,则 $f(x)$、$g(x)$ 在区间 $[a,b]$ 上满足柯西中值定理的条件.从而 $\exists\xi\in(a,b)$ 使 $\dfrac{f(b)-f(a)}{g(b)-g(a)}=\dfrac{f'(\xi)}{g'(\xi)}$,即 $\dfrac{\frac{e^b}{b}-\frac{e^a}{a}}{\frac{1}{b}-\frac{1}{a}}=\dfrac{\frac{e^\xi\xi-e^\xi}{\xi^2}}{-\frac{1}{\xi^2}}$,整理得

$$ae^b-be^a=(\xi-1)e^\xi(b-a).$$

2. 利用函数单调性证明不等式

例 3-35 证明:当 $x>0$ 时,$\cos x>1-\dfrac{x^2}{2}$.

证 设 $f(x)=\cos x-1+\dfrac{x^2}{2}$,则
$$f'(x)=-\sin x+x$$
$$f''(x)=-\cos x+1$$

当 $x>0$ 时,$f''(x)>0$,$f'(x)$ 单调增加,$f'(x)>f'(0)=0$,

所以 $f(x)$ 单调增加,$f(x)>f(0)=0$,即 $\cos x>1-\dfrac{x^2}{2}$.

技巧提示:利用函数的单调性证明不等式时,需先确定 $f'(x)$ 的符号,若 $f'(x)$ 的符号不能明显确定,则需进一步确定 $f''(x)$(或 $f'(x)$ 某一部分的导数)的符号.

例 3-36 证明:当 $x_2>x_1>e$ 时,$\dfrac{\ln x_2}{\ln x_1}<\dfrac{x_2}{x_1}$.

证 原不等式可等价地写为
$$\frac{\ln x_2}{x_2}<\frac{\ln x_1}{x_1}$$

设 $f(x)=\dfrac{\ln x}{x}$,则当 $x_2>x_1>e$ 时,有
$$f'(x)=\frac{1-\ln x}{x^2}<0$$

所以 $f(x)$ 单调减少，$f(x_2)<f(x_1)$，即 $\dfrac{\ln x_2}{\ln x_1}<\dfrac{x_2}{x_1}$.

技巧提示：通过选择适当的辅助函数，原不等式的证明问题就转化为证明函数的单调性问题.

例 3-37 证明：$\pi^5>5^\pi$

证 原不等式可等价地写为 $5\ln\pi>\pi\ln 5$（原不等式两边取对数），因为 $5>\pi$，所以由上例结果知：$\dfrac{\ln 5}{\ln \pi}<\dfrac{5}{\pi}$，故 $5\ln\pi>\pi\ln 5$，即 $\pi^5>5^\pi$.

3. 与切线有关的最值问题

例 3-38 过曲线 $\dfrac{x^2}{4}+y^2=1$ （$x\geqslant 0,y\geqslant 0$）上任意点作该曲线的切线，且切线夹在两坐标轴之间的部分为 L，求 L 达到最小时切点的横坐标.

解 设曲线 $\dfrac{x^2}{4}+y^2=1$ （$x\geqslant 0,y\geqslant 0$）上任一点为 (x_0,y_0)，由例 2-57 的结果知，曲线在点 (x_0,y_0) 处的切线为

$$\frac{xx_0}{4}+yy_0=1$$

即

$$\frac{x}{\dfrac{4}{x_0}}+\frac{y}{\dfrac{1}{y_0}}=1$$

设 $F=L^2=\dfrac{16}{x_0^2}+\dfrac{1}{y_0^2}=\dfrac{16}{x_0^2}+\dfrac{4}{4-x_0^2}$，则

$$F'=-\frac{32}{x_0^3}+\frac{8x_0}{(4-x_0^2)^2}$$

当 $F'=0$ 时，

$$32(4-x_0^2)^2=8x_0^4$$
$$2(4-x_0^2)=x_0^2$$
$$x_0=\frac{2}{3}\sqrt{6}$$

因为 $F''\big|_{x_0=\frac{2}{3}\sqrt{6}}>0$，从而当切点横坐标为 $x_0=\dfrac{2}{3}\sqrt{6}$ 时，F 取最小值，即 L 取最小值.

技巧提示：上例对 F 求导时，不要对式 $\dfrac{16}{x_0^2}+\dfrac{4}{4-x_0^2}$ 通分，分项求导有利于求解 x_0.

> 正确的结果，是从大量错误中得出来的；没有大量错误作台阶，也就登不上最后正确结果的高座.
>
> ——钱学森

4. 曲线的斜渐近线

定理 2 如果函数 $f(x)$ 满足：

(1) $\lim\limits_{x\to\infty}\dfrac{f(x)}{x}=k$；

(2) $\lim\limits_{x\to\infty}[f(x)-kx]=b$,

则曲线 $f(x)$ 有斜渐近线 $y=kx+b$.

例 3-39 求曲线 $f(x)=x+\arctan x$ 的斜渐近线（见图 3-25）.

解 因为
$$k=\lim_{x\to\infty}\dfrac{f(x)}{x}=\lim_{x\to\infty}\dfrac{x+\arctan x}{x}=1$$

$$b_1=\lim_{x\to+\infty}[f(x)-kx]=\lim_{x\to+\infty}\arctan x=\dfrac{\pi}{2}$$

$$b_2=\lim_{x\to-\infty}[f(x)-kx]=\lim_{x\to-\infty}\arctan x=-\dfrac{\pi}{2}$$

所以曲线的斜渐近线方程为 $y=x+\dfrac{\pi}{2}$ 及 $y=x-\dfrac{\pi}{2}$.

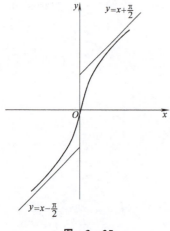

图 3-25

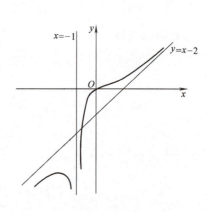

图 3-26

例 3-40 求曲线 $f(x)=\dfrac{x^3}{(x+1)^2}$ 的渐近线.

解 因为 $k=\lim\limits_{x\to\infty}\dfrac{f(x)}{x}=\lim\limits_{x\to\infty}\dfrac{x^2}{(x+1)^2}=1$

$$b=\lim_{x\to\infty}[f(x)-kx]=\lim_{x\to\infty}\left(\dfrac{x^3}{(x+1)^2}-x\right)=-2$$

所以，曲线 $f(x)=\dfrac{x^3}{(x+1)^2}$ 有斜渐近线 $y=x-2$.

又因为
$$\lim_{x\to-1}f(x)=\infty$$

所以，曲线 $f(x)=\dfrac{x^3}{(x+1)^2}$ 有垂直渐近线 $x=-1$（如图 3-26 所示）.

需要说明的是：曲线有时会穿过其斜渐近线。

5. 洛必达法则

(1) 洛必达法则是利用导数求未定式极限的一个充分性法则，使用时应注意其局限性.

例 3-41 求极限 $\lim\limits_{x\to\infty}\dfrac{x+\sin x}{x}$.

解 $\lim\limits_{x\to\infty}\dfrac{x+\sin x}{x}=\lim\limits_{x\to\infty}\dfrac{1+\cos x}{1}=1+\lim\limits_{x\to\infty}\cos x$

因 $\lim\limits_{x\to\infty}\cos x$ 不存在,故不能使用洛必达法则.

其实,当 $x\to\infty$ 时,$\dfrac{1}{x}$ 是无穷小,$\sin x$ 是有界变量,所以,根据无穷小的第三个性质知:$\lim\limits_{x\to\infty}\dfrac{1}{x}\sin x=0$,故

$$\lim_{x\to\infty}\dfrac{x+\sin x}{x}=\lim_{x\to\infty}\left(1+\dfrac{1}{x}\sin x\right)=1$$

易错提醒:若 $\lim\dfrac{f'(x)}{g'(x)}$ 不存在或不可求,不能因此得出极限不存在的结论.

例 3-42 求极限 $\lim\limits_{x\to+\infty}\dfrac{\sqrt{1+x^2}}{x}$.

解 所求极限为"$\dfrac{\infty}{\infty}$"型,若不断地运用洛必达法则,则有

$$\lim_{x\to+\infty}\dfrac{\sqrt{1+x^2}}{x}=\lim_{x\to+\infty}\dfrac{(\sqrt{1+x^2})'}{x'}=\lim_{x\to+\infty}\dfrac{x}{\sqrt{1+x^2}}$$
$$=\lim_{x\to+\infty}\dfrac{x'}{(\sqrt{1+x^2})'}=\lim_{x\to+\infty}\dfrac{\sqrt{1+x^2}}{x}=\cdots$$

如此周而复始,总也求不出极限,因此洛必达法则对于该题失效.

其实求此极限应在分式的分子、分母上同时除以 x,即

$$\lim_{x\to+\infty}\dfrac{\sqrt{x^2+1}}{x}=\lim_{x\to+\infty}\sqrt{1+\dfrac{1}{x^2}}=1$$

(2)注意解题技巧,避免出现"越做越繁"或无限循环等情况.

例 3-43 求极限 $\lim\limits_{x\to\frac{\pi}{2}}\dfrac{\tan 3x}{\tan 5x}$.

解 $\lim\limits_{x\to\frac{\pi}{2}}\dfrac{\tan 3x}{\tan 5x}=\lim\limits_{x\to\frac{\pi}{2}}\dfrac{\cot 5x}{\cot 3x}=\lim\limits_{x\to\frac{\pi}{2}}\dfrac{-\csc^2 5x\times 5}{-\csc^2 3x\times 3}=\dfrac{5}{3}$

技巧提示:上例把"$\dfrac{\infty}{\infty}$"型化成"$\dfrac{0}{0}$"型后才使用洛必达法则,直接使用法则会"越做越繁".

例 3-44 求极限 $\lim\limits_{x\to 0}\dfrac{x-\arctan x}{(2+x)\sin^3 x}$.

解 $\lim\limits_{x\to 0}\dfrac{x-\arctan x}{(2+x)\sin^3 x}=\lim\limits_{x\to 0}\dfrac{1}{2+x}\lim\limits_{x\to 0}\dfrac{x-\arctan x}{x^3}=\dfrac{1}{2}\lim\limits_{x\to 0}\dfrac{1-\dfrac{1}{1+x^2}}{3x^2}$
$$=\dfrac{1}{2}\lim_{x\to 0}\dfrac{1}{1+x^2}\lim_{x\to 0}\dfrac{(1+x^2)-1}{3x^2}=\dfrac{1}{2}\lim_{x\to 0}\dfrac{x^2}{3x^2}=\dfrac{1}{6}$$

技巧提示:注意将算式中的非未定式 $\lim\limits_{x\to 0}\dfrac{1}{2+x}$ 和 $\lim\limits_{x\to 0}\dfrac{1}{1+x^2}$ 及时分离出来,否则会把问题

复杂化.

(3) 某些"$0 \cdot \infty$"或"$\infty - \infty$"型未定式可化为"$\dfrac{0}{0}$"或"$\dfrac{\infty}{\infty}$"型后使用洛必达法则求解.

例 3-45 求极限 $\lim\limits_{x \to 0^+} x \ln x$.

解 此为"$0 \cdot \infty$"型未定式,可化为"$\dfrac{\infty}{\infty}$"型未定式

$$\lim_{x \to 0^+} x \ln x = \lim_{x \to 0^+} \frac{\ln x}{\dfrac{1}{x}} = \lim_{x \to 0^+} \frac{\dfrac{1}{x}}{-\dfrac{1}{x^2}} = -\lim_{x \to 0^+} x = 0$$

例 3-46 求极限 $\lim\limits_{x \to 0}\left(\dfrac{1}{x} - \dfrac{2}{e^{2x} - 1}\right)$.

解 此为"$\infty - \infty$"型未定式,可化为"$\dfrac{0}{0}$"型未定式

$$\lim_{x \to 0}\left(\frac{1}{x} - \frac{2}{e^{2x} - 1}\right) = \lim_{x \to 0}\frac{e^{2x} - 1 - 2x}{x(e^{2x} - 1)} = \lim_{x \to 0}\frac{2e^{2x} - 2}{e^{2x} - 1 + 2xe^{2x}}$$

$$= \lim_{x \to 0}\frac{4e^{2x}}{4e^{2x} + 4xe^{2x}} = \lim_{x \to 0}\frac{1}{1+x} = 1$$

(4) 对于"0^0""1^∞""∞^0"型的未定式,可先用对数恒等式 $N = e^{\ln N}$ ($N > 0$)或取对数法将函数变形,然后再用初等函数的连续性及洛必达法则即可求出结果.

例 3-47 求极限 $\lim\limits_{x \to 0^+} x^x$.

解 此为"0^0"未定式,把它作变换:$x^x = e^{\ln x^x} = e^{x \ln x}$.
利用例 3-45 结果,得

$$\lim_{x \to 0^+} x^x = \lim_{x \to 0^+} e^{x \ln x} = e^0 = 1$$

例 3-48 求极限 $\lim\limits_{x \to 0^+} (\sin x)^x$.

解 此为"0^0"未定式,把它作变换:$(\sin x)^x = e^{\ln(\sin x)^x} = e^{x\ln(\sin x)} = e^{\frac{\ln \sin x}{\frac{1}{x}}}$.

可以看出 $\lim\limits_{x \to 0^+} \dfrac{\ln \sin x}{\dfrac{1}{x}}$ 为"$\dfrac{\infty}{\infty}$"型未定式,可应用洛必达法则作计算

$$\lim_{x \to 0^+}\frac{\ln \sin x}{\dfrac{1}{x}} = \lim_{x \to 0^+}\frac{\dfrac{1}{\sin x}\cos x}{-\dfrac{1}{x^2}} = -\lim_{x \to 0^+}\frac{x^2 \cos x}{\sin x}$$

$$= -\lim_{x \to 0^+}\left(x\cos x \cdot \frac{x}{\sin x}\right) = 0$$

所以
$$\lim_{x \to 0^+}(\sin x)^x = e^0 = 1$$

6. 一题多解

例 3-49 求极限 $\lim\limits_{x \to 0^+}(\cos x)^{\frac{1}{x^2}}$.

解法 1 此为"1^∞"型未定式，把它作变换：$(\cos x)^{\frac{1}{x^2}} = e^{\ln(\cos x)^{\frac{1}{x^2}}} = e^{\frac{\ln\cos x}{x^2}}$.

因为
$$\lim_{x \to 0^+} \frac{\ln\cos x}{x^2} = \lim_{x \to 0^+} \frac{\frac{1}{\cos x}(-\sin x)}{2x} = -\lim_{x \to 0^+} \frac{\sin x}{x} \cdot \frac{1}{2\cos x} = -\frac{1}{2}$$

所以
$$\lim_{x \to 0^+} (\cos x)^{\frac{1}{x^2}} = e^{-\frac{1}{2}}$$

解法 2
$$\lim_{x \to 0^+} (\cos x)^{\frac{1}{x^2}} = \lim_{x \to 0^+} \left[\left(1 - 2\sin^2 \frac{x}{2}\right)^{\frac{1}{-2\sin^2 \frac{x}{2}}} \right]^{\frac{-2\sin^2 \frac{x}{2}}{x^2}}$$
$$= \exp \lim_{x \to 0^+} \frac{-2\sin^2 \frac{x}{2}}{x^2} = \exp \lim_{x \to 0^+} \frac{-2\left(\frac{x}{2}\right)^2}{x^2} = \exp\left(-\frac{1}{2}\right) = e^{-\frac{1}{2}}$$

7. 曲线凹凸的另一种等价定义

设 $f(x)$ 在区间 I 上连续，如果对 I 上任意两点 x_1, x_2，恒有 $f\left(\dfrac{x_1+x_2}{2}\right) < \dfrac{f(x_1)+f(x_2)}{2}$ 成立，那么称 $f(x)$ 在 I 上的图像是凹的（或凹弧），如图 3-27a 所示；如果恒有 $f\left(\dfrac{x_1+x_2}{2}\right) > \dfrac{f(x_1)+f(x_2)}{2}$ 成立，那么称 $f(x)$ 在 I 上的图像是凸的（或凸弧），如图 3-27b 所示.

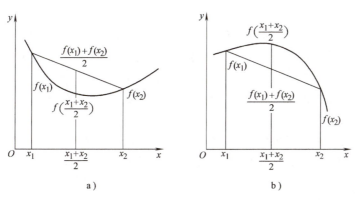

图 3-27

习 题 3-5

1. 不用求出函数 $f(x) = x(x^2-1)$ 的导数，说明方程 $f'(x) = 0$ 有几个实根，并指出它们所在的区间.

2. 说明方程 $f(x) = x^3 + x - 1 = 0$ 在 $(0,1)$ 内不可能有两个不等的实根.

3. 利用拉格朗日中值定理证明下列不等式：

(1) 若 $x > 0$，试证 $\dfrac{x}{1+x^2} < \arctan x < x$；

(2) 若 $0 < a \leqslant b$，试证 $\dfrac{b-a}{b} \leqslant \ln \dfrac{b}{a} \leqslant \dfrac{b-a}{a}$.

4. 用洛必达法则求下列函数的极限：

(1) $\lim\limits_{x\to 0}\left[\dfrac{1}{x}+\dfrac{1}{x^2}\ln(1-x)\right]$; (2) $\lim\limits_{x\to 0}\left[\dfrac{1}{x}-\dfrac{1}{\ln(1+x)}\right]$;

(3) $\lim\limits_{x\to \frac{\pi}{2}}(\sec x-\tan x)$; (4) $\lim\limits_{x\to 1}(1-x)\tan\left(\dfrac{\pi}{2}x\right)$;

(5) $\lim\limits_{x\to +\infty} x^{\frac{1}{x}}$; (6) $\lim\limits_{x\to 0^+}(\cot x)^{\frac{1}{\ln x}}$.

5. 证明:当 $x\geqslant 0$ 时,$\ln(1+x)\geqslant \dfrac{\arctan x}{1+x}$.

6. 证明:当 $x>0$ 时,$1+x\ln(x+\sqrt{1+x^2})>\sqrt{1+x^2}$.

7. 证明:当 $0<x_1<x_2<\dfrac{\pi}{2}$ 时,$\dfrac{\tan x_2}{\tan x_1}>\dfrac{x_2}{x_1}$.

8. 设 $f(x)$ 对一切 x 满足方程 $xf''(x)+3x[f'(x)]^2=1-\mathrm{e}^{-x}$,若 $f'(x_0)=0$,其中 $x_0\neq 0$,证明:函数 $f(x)$ 在点 x_0 处取得极小值.

9. 求位于第一象限中的圆弧 $x^2+y^2=1$ 上的一点,使该点的切线与圆弧及两坐标轴所围的图像的面积最小.

10. 描绘函数 $y=\dfrac{x^3+4}{x^2}$ 的图像.

背景聚焦

最伟大的科学巨匠——牛顿

在从世界开始到牛顿生活的时代的全部数学中,牛顿的工作超过了一半.

——莱布尼茨

牛顿(Sir Isaac Newton,1643—1727)是伟大的英国物理学家和数学家.他出生于林肯郡伍尔索普的一个农村家庭,恰与伽利略的去世是同年.牛顿是遗腹子,又是早产儿,先天不足,出生时体重只有不到1.5公斤,差点夭折.他两岁时母亲改嫁,此后他只能依靠外祖母抚养.牛顿小学时期,体弱多病,性格腼腆,有些迟钝,学习成绩不佳.但他意志坚强,有不服输的劲头.

牛顿12岁进入金格斯中学上学.那时他喜欢自己设计风筝、风车、日晷等玩意儿.他制作的一架精巧的风车,别出心裁,内放老鼠一只,名曰"老鼠开磨坊",连大人看了都赞不绝口.

1656年牛顿继父去世,母亲让牛顿停学务农,但他学习入迷,经常因看书思考而误活儿.在舅舅的关怀下,1661年,他进入剑桥大学三一学院学习,得到著名数学家巴罗的赏识和指导.他先后钻研了开普勒的《光学》、欧几里得的《几何学原本》等名著.1665年他大学毕业,成绩平平.这年夏天伦敦发生鼠疫,牛顿暂时离开剑桥,回到伍尔索普乡下待了18个月.这18个月竟为牛顿一生科学的重大发现奠定了坚实的基础.1667年牛顿返回剑桥大学,进三一学院攻读研究生,1668年获得硕士学位.次年巴罗教授主动让贤,推荐牛顿继任"卢卡斯自然科学讲座"的数学教授.牛顿时年27岁,从此在剑桥一待30年.1672年牛顿入选英国皇家学会会员;1689年当选为英国国会议员;1696年出任皇家造币厂厂长;1703年当选为皇家学会会长;1705年英国女王加封牛顿为艾萨克爵士.

牛顿是17世纪最伟大的科学巨匠.他的成就遍及物理学、数学、天体力学等多个领域.

牛顿在物理学上最主要的成就是发现了万有引力定律,综合并表述了经典力学的3个基本定律——惯性定律、力与加速度成正比的定律、作用力和反作用力定律;引入了质量、动量、力、加速度、向心力等基本概念,从而建立了经典力学的公理体系,完成了物理发展史上的第一次大综合,建立了自然科学发展史上的里程碑,其重要标志是他于1687年所发表的《自然哲学的数学原理》(简称《原理》)这一巨著.在光学上,他做了用棱镜把白光分解为七色光(色散)的实验研究;发现了色差;研究了光的干涉和衍射现象,发现了牛顿环;制造了以凹面反射镜替代透镜的"牛顿望远镜";1704年出版了他的《光学》专著,阐述了自己的光学研究的成果.

在数学方面,牛顿从二项式定理到微积分,从代数和数论到古典几何和解析几何、有限差分、曲线分类、计算方法和逼近论,甚至在概率论等方面,都有创造性的成就和贡献.特别是他与德国数学家莱布尼茨各自独立创建的"微积分学"被誉为人类思维的伟大成果之一.

牛顿的一生遇到不少争论和麻烦.例如,关于万有引力发现权等问题,胡克与他争辩不休,差点影响了《原理》的出版;关于微积分发明权的问题,与莱布尼茨以及德英两国科学家争吵不止,给内向的牛顿带来极大的痛苦.40岁以后,他把兴趣转向政治、化学(贱金属变成黄金)、神学问题,写了近200万字的著作,却毫无学术价值.常言道"人无完人,金无足赤",但是牛顿终归是伟大的牛顿,他的科学贡献将永载史册.

1727年3月31日,牛顿因肾结石症,医治无效,在伦敦去世,终年84岁.他死后被安葬在威斯敏斯特大教堂之内,与英国的先贤们安葬在一起.后人为纪念他,将力的单位定名为牛顿.英国著名诗人A.波普为他写了一个碑铭,镶嵌在牛顿出生的房屋的墙壁上:
"道法自然,久藏玄冥;天降牛顿,万物生明."

复习题 3

[A]

1. 填空题.

(1) 函数 $y=x^2-3x+2$ 在区间 $[1,4]$ 上满足拉格朗日中值定理的 $\xi=$ _____.

(2) 函数 $y=x+\dfrac{4}{x}$ $(x>0)$ 单调增加的区间为 _____.

(3) 函数 $y=2x^3-6x^2$ 极大值为 _____,极小值为 _____.

(4) 若 x_0 是函数 $f(x)$ 的极值点,且函数在该点具有二阶导数,则 $f'(x_0)$ _____, $f''(x_0)$ _____.

(5) 曲线 $y=xe^x$ 的凹区间为 _____.

(6) 函数 $y=\arctan\dfrac{x}{x+1}$ 的水平渐近线为 _____.

(7) $\lim\limits_{x\to 0}\dfrac{e^{2x}-2e^x+1}{x^2}=$ _____.

2. 选择题.

(1) 极限 $\lim\limits_{x \to \frac{\pi}{2}} \dfrac{\cot x}{\cot 3x}$ 的值为（ ）.

A. $-\dfrac{1}{3}$;   B. -1;   C. 1;   D. $\dfrac{1}{3}$.

(2) 曲线 $y = f(x)$ 在给定区域满足 $y' > 0, y'' < 0$，则该曲线可能的图像是（ ）.

A.   B.   C.   D.

(3) 函数 $y = x - \ln(1+x)$ 的单调减少区间是（ ）.

A. $(-1, +\infty)$;   B. $(-1, 0)$;   C. $(0, +\infty)$;   D. $(-\infty, -1)$.

(4) 曲线 $y = 9x^5 - 30x^4 + 30x^3 + x + 1$ 的拐点为（ ）.

A. $(0, 1)$;   B. $x = 1$;   C. $(1, 10)$;   D. $x = 0$.

(5) 函数 $f(x) = \dfrac{x^2 + 2x + 2}{(x-2)(x-1)}$ 的渐近线有（ ）.

A. 1 条;   B. 2 条;   C. 3 条;   D. 4 条.

3. 求下列函数的极限: (1) $\lim\limits_{x \to +\infty} \dfrac{x^2 + \ln x}{x \ln x}$; (2) $\lim\limits_{x \to 0} \dfrac{\arctan x^2}{x e^x - \sin x}$.

4. 求函数 $y = x + \sqrt{1-x}$ 的极值.

5. 一条船停泊在距岸 9 km 处，现需派人送信给距船 $3\sqrt{34}$ km 处的海岸哨站. 如果人的步行速度为 5 km/h，船速为 4 km/h，问应在何处登岸才可使抵达哨站的时间为最短?

6. 作函数 $y = \dfrac{1 - 2x}{x^2} + 1$（$x > 0$）的图像.

[B]

1. 填空题.

(1) 函数 $y = \dfrac{x^2}{x^2 - 1}$ 的凸区间为 _____.

(2) 函数 $y = x^3 e^{-x}$ 的极 _____ 值为 _____.

(3) 设函数 $y = f(x)$ 二阶可导，且 $f'(x) < 0, f''(x) < 0$，当 $\Delta x > 0$ 时，比较 Δy 与 dy 的大小，Δy _____ dy.

(4) 函数 $y = \sqrt{1 + x^2}$ 的斜渐近线为 _____.

(5) $\lim\limits_{x \to 0^+} \dfrac{e^{-\frac{1}{x}}}{x} = $ _____，$\lim\limits_{x \to 0^+} \sqrt{x} \ln x = $ _____.

2. 选择题.

(1) 设 $f(x)$ 有连续导数，且 $f'(2) = 2, f(2) = 1$，则 $\lim\limits_{x \to 2} \dfrac{[f(x)]^3 - 1}{x - 2} = $（ ）.

A. 1;   B. 3;   C. 2;   D. 6.

(2) 已知 $f'(x) = (x-1)(x-2)$，则曲线 $f(x)$ 在区间 $\left(\dfrac{3}{2}, 2\right)$ 上是（ ）.

A. 单调增加且是凹的;   B. 单调减少且是凹的;

C. 单调增加且是凸的； D. 单调减少且是凸的.

(3) 函数 $f(x)$ 的图像如图 3-28 所示.

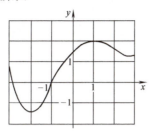

图 3-28

下列 4 个图中(　　)是 $f(x)$ 的导函数图像.

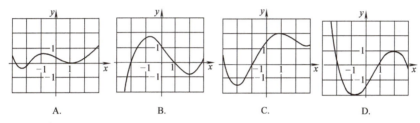

A.　　　　　　B.　　　　　　C.　　　　　　D.

(4) 曲线 $y=\mathrm{e}^{-\frac{1}{x}}$ (　　).

A. 既有水平渐近线，又有垂直渐近线； B. 只有水平渐近线；

C. 只有垂直渐近线； D. 没有渐近线.

(5) 若 $f'(0)=0$，且 $\lim\limits_{x\to 0}\dfrac{f'(x)}{x}=-1$，则 $f(0)$ 必为(　　).

A. 0； B. 极小值； C. 极大值； D. 非极值.

3. 求 $\lim\limits_{x\to+\infty}\dfrac{x^a+\ln x}{2x^a}$ ($a>0$).

4. 证明：当 $x>0$ 时，$\ln(1+x)<\dfrac{x}{\sqrt{1+x}}$.

5. 证明：若函数 $f(x)$ 在 $(-\infty,+\infty)$ 内满足 $f'(x)=f(x)$，且 $f(0)=1$，则 $f(x)=\mathrm{e}^x$.

6. 证明：曲线 $y=\dfrac{x-1}{x^2+1}$ 有三个拐点位于同一直线上.

7. 求函数 $f(x)=(x-2)\sqrt[3]{x^2}$ 的极值.

8. 要使内接于一个半径为 6cm 的球内的圆锥体的侧面积为最大，问圆锥体的高应为多少？

9. 作出函数 $y=x\ln|x|$ 的图像.

课外学习 3

1. 在线学习

十字成才要诀——王梓坤院士专访（网页链接见对应配套电子课件）.

2. 阅读与写作

阅读本章"背景聚焦：最伟大的科学巨匠——牛顿".

第 4 章 不定积分

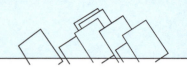

微分学主要是讨论求已知函数的导数或微分的问题,现在我们将讨论它的反问题,即已知一个函数的导数或微分,去寻求原来的函数.这是积分学的基本问题之一.

4.1 不定积分的概念与基本运算

4.1.1 原函数

定义 1 如果在某一区间上,函数 $F(x)$ 与 $f(x)$ 满足
$$F'(x)=f(x) \quad \text{或} \quad \mathrm{d}F(x)=f(x)\mathrm{d}x$$
则称在该区间上,函数 $F(x)$ 是 $f(x)$ 的**原函数**.

例如,因为 $(x^2)'=2x$,所以从定义可知,x^2 是 $2x$ 的原函数;又因为 $(x^2+C)'=2x$,所以 x^2+C 也是 $2x$ 的原函数(C 是任意常数). 因此,若 $F(x)$ 是 $f(x)$ 的原函数,则 $F(x)+C$(C 是任意常数)也是 $f(x)$ 的原函数,而且包含了 $f(x)$ 的所有原函数. 事实上,若 $F(x)$ 和 $G(x)$ 都是 $f(x)$ 的原函数,则 $[G(x)-F(x)]'=f(x)-f(x)=0$,因此,$G(x)-F(x) \equiv C$,即 $G(x)=F(x)+C$,这就是说,$f(x)$ 的任何两个原函数仅差一个常数.

例 4-1 设 x^3 为 $f(x)$ 的一个原函数,求 $\mathrm{d}f(x)$.

解 $f(x)=(x^3)'=3x^2$

$\mathrm{d}f(x)=f'(x)\mathrm{d}x=6x\mathrm{d}x$

> 数学是什么?数学是根据某些假设,用逻辑的推理得到结论,因为用这么简单的方法,所以数学是一门坚固的科学,它得到的结论是很有效的,这样的结论自然对学问的各方面都很有应用,不过有一点是很奇怪的,就是这种应用的范围非常大.
>
> ——陈省身

4.1.2 不定积分

定义 2 称函数 $f(x)$ 的全体原函数为 $f(x)$ 的**不定积分**,记作 $\int f(x)\mathrm{d}x$. 其中"$\int$"叫作积分号;$f(x)$ 叫作**被积函数**;$f(x)\mathrm{d}x$ 叫作**被积表达式**;x 叫作**积分变量**.

从定义可知,若 $F(x)$ 是 $f(x)$ 的原函数,即 $F'(x)=f(x)$,则有

$$\int f(x)\mathrm{d}x = F(x) + C\ (C\ \text{称为积分常数})$$

可以看出,函数的求导运算与求不定积分运算是互逆的.

例如,因为$(\sin x)' = \cos x$,所以$\int \cos x \mathrm{d}x = \sin x + C$;因为$C' = 0$,所以$\int 0 \mathrm{d}x = C$.

一个函数的不定积分是一个函数族,其几何意义是一族积分曲线.这族曲线是$f(x)$的一条积分曲线沿y轴方向向上或向下平行移动而形成的.这些曲线在横坐标相同点处的切线斜率都相等,即这些切线互相平行,如图4-1所示.

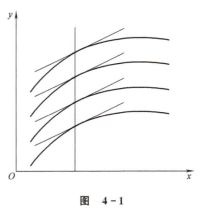

图 4-1

4.1.3 不定积分的基本性质

性质 1 $\left[\int f(x)\mathrm{d}x\right]' = f(x)$,或 $\mathrm{d}\left[\int f(x)\mathrm{d}x\right] = f(x)\mathrm{d}x$

$\int f'(x)\mathrm{d}x = f(x) + C$,或 $\int \mathrm{d}f(x) = f(x) + C$

性质 2 $\int kf(x)\mathrm{d}x = k\int f(x)\mathrm{d}x$ (k为常数,且$k \neq 0$)

性质 3 $\int [f_1(x) + f_2(x) + \cdots + f_n(x)]\mathrm{d}x$

$= \int f_1(x)\mathrm{d}x + \int f_2(x)\mathrm{d}x + \cdots + \int f_n(x)\mathrm{d}x$

4.1.4 基本积分运算

因为求不定积分的运算是求导数的逆运算,所以,导数公式表中的每个公式反转过来就得到表4-1的不定积分公式表.

表 4-1 不定积分公式表

1. $\int 0 \mathrm{d}x = C$	2. $\int 1 \mathrm{d}x = x + C$
3. $\int x^a \mathrm{d}x = \dfrac{1}{a+1}x^{a+1} + C$ ($a \neq -1$)	4. $\int \dfrac{1}{x}\mathrm{d}x = \ln|x| + C$
5. $\int \cos x \mathrm{d}x = \sin x + C$	6. $\int \sin x \mathrm{d}x = -\cos x + C$
7. $\int \dfrac{1}{\cos^2 x}\mathrm{d}x = \tan x + C$	8. $\int \dfrac{1}{\sin^2 x}\mathrm{d}x = -\cot x + C$
9. $\int \sec x \tan x \mathrm{d}x = \sec x + C$	10. $\int \csc x \cot x \mathrm{d}x = -\csc x + C$
11. $\int a^x \mathrm{d}x = \dfrac{a^x}{\ln a} + C$	12. $\int \mathrm{e}^x \mathrm{d}x = \mathrm{e}^x + C$
13. $\int \dfrac{1}{\sqrt{1-x^2}}\mathrm{d}x = \arcsin x + C = -\arccos x + C$	14. $\int \dfrac{1}{1+x^2}\mathrm{d}x = \arctan x + C = -\text{arccot}\, x + C$

下面介绍利用积分表及通过简单的变形求不定积分的方法，这种方法称为直接积分法.

1. 直接利用积分表求不定积分

例 4 - 2 求 $\int x\sqrt[3]{x}\,dx$.

解 $\int x\sqrt[3]{x}\,dx = \int x^{\frac{4}{3}}\,dx = \dfrac{1}{\frac{4}{3}+1}x^{\frac{4}{3}+1} + C = \dfrac{3}{7}x^{\frac{7}{3}} + C$

例 4 - 3 求 $\int (e^x - 3\cos x)\,dx$.

解 $\int (e^x - 3\cos x)\,dx = \int e^x\,dx - 3\int \cos x\,dx = e^x - 3\sin x + C$

例 4 - 4 求 $\int \left(3x^2 + \dfrac{1}{\sqrt{1-x^2}}\right)dx$.

解 $\int \left(3x^2 + \dfrac{1}{\sqrt{1-x^2}}\right)dx = \int 3x^2\,dx + \int \dfrac{1}{\sqrt{1-x^2}}\,dx$

$$= 3 \times \dfrac{x^3}{3} + \arcsin x + C$$

$$= x^3 + \arcsin x + C$$

🔹 **背景聚焦** 🔹

雪球融化问题

为求雪球融化的时间,首先建立其数学模型.假设雪球是一个半径为 r 的球,同时,假设雪球体积的变化率正比于雪球的表面积,此外,还假定已知雪球在两小时中融化了其体积的 $\dfrac{1}{4}$.设雪球开始时的体积为 V_0,半径为 r_0,两小时时体积为 V_2,半径为 r_2.

雪球的体积为
$$V = \dfrac{4}{3}\pi r^3$$

两边对时间求导得
$$\dfrac{dV}{dt} = \dfrac{4}{3}\pi \times 3r^2 \dfrac{dr}{dt} = 4\pi r^2 \dfrac{dr}{dt} \tag{1}$$

因为雪球体积的变化率正比于雪球的表面积,雪球的表面积为 $4\pi r^2$,所以
$$\dfrac{dV}{dt} = -k(4\pi r^2) \quad (k>0 \text{ 是比例系数}) \tag{2}$$

由式(1)、式(2)得
$$\dfrac{dr}{dt} = -k, \quad r = -kt + C$$

因为,当 $t=0$ 时,$r=r_0$,所以
$$C = r_0$$
$$r = r_0 - kt \tag{3}$$

因为,当 $t=2$ 时,$r=r_2$,所以
$$r_2 = r_0 - 2k$$
$$k = \dfrac{r_0 - r_2}{2} \tag{4}$$

由式(3)、式(4)得
$$t = \frac{r_0 - r}{k} = \frac{2(r_0 - r)}{r_0 - r_2}$$
当雪球完全融化时,$r = 0$,所以所需时间为
$$t = \frac{2r_0}{r_0 - r_2} = \frac{2}{1 - \frac{r_2}{r_0}} \tag{5}$$

因为雪球在两小时中融化了其体积的 $\frac{1}{4}$,所以
$$\frac{V_2}{V_0} = \frac{\frac{4}{3}\pi r_2^3}{\frac{4}{3}\pi r_0^3} = \left(\frac{r_2}{r_0}\right)^3 = \frac{3}{4}$$

$$\frac{r_2}{r_0} = \sqrt[3]{\frac{3}{4}} \approx 0.91$$

由式(5)得
$$t \approx \frac{2}{1 - 0.91} \approx 22$$
所以雪球完全融化时所需时间大约为 22 小时.

实际中,若想把南极的冰雪运至缺水的地区,就需估计冰雪融化的时间,当然也可把其形状假定为正方形等.

2. 利用代数变形求不定积分

代数变形包括应用完全平方公式、平方差公式、有理化、分离常数等方法.

例 4-5 求 $\int (1 + 2x)^2 \sqrt{x} \, dx$.

解
$$\int (1 + 2x)^2 \sqrt{x} \, dx = \int (x^{\frac{1}{2}} + 4x^{\frac{3}{2}} + 4x^{\frac{5}{2}}) \, dx$$
$$= \int x^{\frac{1}{2}} \, dx + 4 \int x^{\frac{3}{2}} \, dx + 4 \int x^{\frac{5}{2}} \, dx$$
$$= \frac{2}{3} x^{\frac{3}{2}} + \frac{8}{5} x^{\frac{5}{2}} + \frac{8}{7} x^{\frac{7}{2}} + C$$

例 4-6 求 $\int \frac{e^{2x} - 1}{e^x + 1} \, dx$.

解
$$\int \frac{e^{2x} - 1}{e^x + 1} \, dx = \int \frac{(e^x - 1)(e^x + 1)}{e^x + 1} \, dx$$
$$= \int (e^x - 1) \, dx = e^x - x + C$$

例 4-7 求 $\int \frac{x^4}{1 + x^2} \, dx$.

解
$$\int \frac{x^4}{1 + x^2} \, dx = \int \frac{(x^4 - 1) + 1}{1 + x^2} \, dx$$
$$= \int \left(x^2 - 1 + \frac{1}{1 + x^2}\right) dx$$
$$= \frac{1}{3} x^3 - x + \arctan x + C$$

3. 利用三角变形求不定积分

$\cos 2x = \cos^2 x - \sin^2 x = 2\cos^2 x - 1 = 1 - 2\sin^2 x$

例 4 – 8 求 $\int \dfrac{\cos 2x}{\cos x - \sin x} dx$.

解 $\int \dfrac{\cos 2x}{\cos x - \sin x} dx = \int \dfrac{(\cos^2 x - \sin^2 x)}{\cos x - \sin x} dx$
$= \int (\cos x + \sin x) dx$
$= \sin x - \cos x + C$

例 4 – 9 求 $\int \dfrac{1}{\sin^2 x \cos^2 x} dx$.

解 $\int \dfrac{1}{\sin^2 x \cos^2 x} dx = \int \dfrac{\sin^2 x + \cos^2 x}{\sin^2 x \cos^2 x} dx$
$= \int \left(\dfrac{1}{\cos^2 x} + \dfrac{1}{\sin^2 x} \right) dx$
$= \int \sec^2 x \, dx + \int \csc^2 x \, dx$
$= \tan x - \cot x + C$

例 4 – 10 求 $\int \cos^2 \dfrac{x}{2} dx$.

解 $\int \cos^2 \dfrac{x}{2} dx = \int \dfrac{1 + \cos x}{2} dx$
$= \dfrac{1}{2} \int dx + \dfrac{1}{2} \int \cos x \, dx$
$= \dfrac{1}{2} x + \dfrac{1}{2} \sin x + C$

例 4 – 11 求 $\int \cot^2 x \, dx$.

解 $\int \cot^2 x \, dx = \int (\csc^2 x - 1) dx = -\cot x - x + C$

例 4 – 12 求 $\int \dfrac{2}{1 + \cos 2x} dx$.

解 $\int \dfrac{2}{1 + \cos 2x} dx = \int \dfrac{2}{1 + 2\cos^2 x - 1} dx$
$= \int \dfrac{1}{\cos^2 x} dx$
$= \tan x + C$

习 题 4 – 1

1. 填空题.

(1) 设 x^3 为 $f(x)$ 的一个原函数，则 $df(x) = $ _____.

(2) $\int f'(2x) dx = $ _____.

(3) 已知 $\int f(x)\mathrm{d}x = \sin^2 x + C$，则 $f(x) = $ _____.

(4) 设 $f(x)$ 有一原函数 $\dfrac{\sin x}{x}$，则 $\int xf'(x)\mathrm{d}x = $ _____.

2. 求下列不定积分：

(1) $\int \dfrac{1}{\sqrt[3]{x}}\mathrm{d}x$；

(2) $\int (1+\sqrt{x})^2 \mathrm{d}x$；

(3) $\int \left(1-\dfrac{1}{x^2}\right)\sqrt{x\sqrt{x}}\,\mathrm{d}x$；

(4) $\int \dfrac{4x^2 - 2\sqrt{x}}{x}\mathrm{d}x$；

(5) $\int 2^x \mathrm{e}^x \mathrm{d}x$；

(6) $\int 3^{x+4}\mathrm{d}x$；

(7) $\int \dfrac{2\times 3^x - 5\times 2^x}{3^x}\mathrm{d}x$；

(8) $\int \mathrm{e}^x\left(1-\dfrac{\mathrm{e}^{-x}}{\sqrt{x}}\right)\mathrm{d}x$；

(9) $\int 3^{-x}\left(1-\dfrac{3^x}{\sqrt{x}}\right)\mathrm{d}x$；

(10) $\int \dfrac{x^2}{x^2+1}\mathrm{d}x$；

(11) $\int \dfrac{1+x+x^2}{x(x^2+1)}\mathrm{d}x$；

(12) $\int \dfrac{x^4+1}{x^2+1}\mathrm{d}x$；

(13) $\int \dfrac{1-x^2}{1+x^2}\mathrm{d}x$；

(14) $\int \dfrac{1+x^2-x^4}{x^2(x^2+1)}\mathrm{d}x$；

(15) $\int \dfrac{1+2x^2}{x^2(x^2+1)}\mathrm{d}x$；

(16) $\int \dfrac{\sqrt{1+x^2}}{\sqrt{1-x^4}}\mathrm{d}x$；

(17) $\int \left(\sin x + \dfrac{3}{1+x^2} - \dfrac{1}{2\sqrt{1-x^2}}\right)\mathrm{d}x$；

(18) $\int \dfrac{\cos 2x}{\sin^2 x}\mathrm{d}x$；

(19) $\int \dfrac{\cos 2x}{\cos x + \sin x}\mathrm{d}x$；

(20) $\int \sqrt{1-\sin 2x}\,\mathrm{d}x \quad \left(0\leqslant x \leqslant \dfrac{\pi}{4}\right)$.

4.2 换元积分法

利用不定积分的性质及基本积分表只能求出很少一部分函数的不定积分，下面介绍换元积分法．换元积分法就是把要计算的积分通过变量代换化成基本积分表中已有的形式，算出原函数后，再换回原来的变量．

换元积分法包括：第一类换元积分法（凑微分法）和第二类换元积分法．

> 时间是个常数,花掉一天等于浪费 24 小时．
> ——陈景润

4.2.1 第一类换元积分法（凑微分法）

定理 如果 $\int f(x)\mathrm{d}x = F(x) + C$，则

$$\int f(u)\mathrm{d}u = F(u) + C$$

其中 $u = \varphi(x)$ 是 x 的任一个可微函数．

上述定理表明:可以将基本积分公式中的积分变量换成任一可微函数,公式仍成立,这就大大扩展了基本积分公式的使用范围.

在求不定积分时,如果被积表达式可以整理成 $f(\varphi(x))\varphi'(x)$,并且 $f(u)$ 具有原函数 $F(u)$,这时

$$\int f(\varphi(x))\varphi'(x)\mathrm{d}x = \int f(\varphi(x))\mathrm{d}(\varphi(x))$$
$$= \int f(u)\mathrm{d}u = F(u)+C \quad (把\ \varphi(x)\ 设为\ u)$$
$$= F(\varphi(x))+C \quad\quad (把\ u\ 还原为\ \varphi(x))$$

由于积分过程中有凑微分($\varphi'(x)\mathrm{d}x = \mathrm{d}(\varphi(x))$)的步骤,因此第一类换元积分法又称为凑微分法.

用第一类换元积分法求不定积分的过程是:凑微分、换元、积分、回代.

凑微分时,常用下面三个微分性质(a,b 为常数,$a \neq 0$):

(1) $\mathrm{d}(f(x)) = \dfrac{1}{a}\mathrm{d}(af(x))$;

(2) $\mathrm{d}(f(x)) = \mathrm{d}(f(x) \pm b)$;

(3) $\mathrm{d}(f(x)) = \dfrac{1}{a}\mathrm{d}(af(x) \pm b)$.

例 4-13 求 $\int \sqrt{2x+1}\mathrm{d}x$.

解 $\int \sqrt{2x+1}\mathrm{d}x = \dfrac{1}{2}\int \sqrt{2x+1}\mathrm{d}(2x) = \dfrac{1}{2}\int \sqrt{2x+1}\mathrm{d}(2x+1)$

设 $2x+1 = u$,所以

$$\int \sqrt{2x+1}\mathrm{d}x = \dfrac{1}{2}\int \sqrt{u}\mathrm{d}u = \dfrac{1}{2} \cdot \dfrac{1}{\frac{1}{2}+1} u^{\frac{1}{2}+1}+C$$
$$= \dfrac{1}{3}u^{\frac{3}{2}}+C = \dfrac{1}{3}(2x+1)^{\frac{3}{2}}+C$$

例 4-14 求 $\int e^{5x+4}\mathrm{d}x$.

解 $\int e^{5x+4}\mathrm{d}x = \dfrac{1}{5}\int e^{5x+4}\mathrm{d}(5x) = \dfrac{1}{5}\int e^{5x+4}\mathrm{d}(5x+4)$

设 $5x+4 = u$,所以

$$\int e^{5x+4}\mathrm{d}x = \dfrac{1}{5}\int e^u \mathrm{d}u = \dfrac{1}{5}e^u + C = \dfrac{1}{5}e^{5x+4}+C$$

例 4-15 求 $\int \dfrac{5x^4}{1+x^5}\mathrm{d}x$.

解 $\int \dfrac{5x^4}{1+x^5}\mathrm{d}x = \int \dfrac{1}{1+x^5}\mathrm{d}x^5 = \int \dfrac{1}{1+x^5}\mathrm{d}(x^5+1)$

设 $x^5+1 = u$,所以

$$\int \dfrac{5x^4}{1+x^5}\mathrm{d}x = \int \dfrac{1}{u}\mathrm{d}u = \ln u + C = \ln(x^5+1)+C$$

例 4-16 求 $\int \dfrac{1}{1+9x^2}\mathrm{d}x$.

解 $\int \dfrac{1}{1+9x^2}\mathrm{d}x = \int \dfrac{1}{1+(3x)^2}\mathrm{d}x = \dfrac{1}{3}\int \dfrac{1}{1+(3x)^2}\mathrm{d}(3x)$

设 $3x = u$，从而得

$$\int \dfrac{1}{1+9x^2}\mathrm{d}x = \dfrac{1}{3}\int \dfrac{1}{1+u^2}\mathrm{d}u = \dfrac{1}{3}\arctan u + C = \dfrac{1}{3}\arctan(3x) + C$$

凑微分时，除了利用上述两个微分性质外，下列各式也是常用微分式：

$x\mathrm{d}x = \dfrac{1}{2}\mathrm{d}(x^2)$；$\dfrac{1}{\sqrt{x}}\mathrm{d}x = 2\mathrm{d}(\sqrt{x})$；$\dfrac{1}{x^2}\mathrm{d}x = -\mathrm{d}\left(\dfrac{1}{x}\right)$；$\dfrac{1}{x}\mathrm{d}x = \mathrm{d}(\ln|x|)$；

$\mathrm{e}^x\mathrm{d}x = \mathrm{d}(\mathrm{e}^x)$；$\cos x\mathrm{d}x = \mathrm{d}(\sin x)$；$\sin x\mathrm{d}x = -\mathrm{d}(\cos x)$；$\sec^2 x\mathrm{d}x = \mathrm{d}(\tan x)$；$\csc^2 x\mathrm{d}x = -\mathrm{d}(\cot x)$；$\sec x\tan x\mathrm{d}x = \mathrm{d}(\sec x)$；$\csc x\cot x\mathrm{d}x = -\mathrm{d}(\csc x)$；$\dfrac{1}{\sqrt{1-x^2}}\mathrm{d}x = \mathrm{d}(\arcsin x)$；

$\dfrac{1}{1+x^2}\mathrm{d}x = \mathrm{d}(\arctan x)$.

例 4-17 求 $\int \dfrac{\mathrm{d}x}{x\ln x}$.

解 $\int \dfrac{\mathrm{d}x}{x\ln x} = \int \dfrac{1}{x} \cdot \dfrac{1}{\ln x}\mathrm{d}x = \int \dfrac{\mathrm{d}(\ln x)}{\ln x}$

设 $\ln x = u$，从而得

$$\int \dfrac{\mathrm{d}x}{x\ln x} = \int \dfrac{\mathrm{d}u}{u} = \ln|u| + C = \ln|\ln x| + C$$

凑微分法的关键是把被积函数分为两部分，一部分是 $\varphi(x)$ 的函数，另一部分凑成微分 $\mathrm{d}(\varphi(x))$.

例 4-18 求 $\int \dfrac{\mathrm{e}^{\frac{1}{x}}\mathrm{d}x}{x^2}$.

解 $\int \dfrac{\mathrm{e}^{\frac{1}{x}}\mathrm{d}x}{x^2} = \int \dfrac{1}{x^2}\mathrm{e}^{\frac{1}{x}}\mathrm{d}x = -\int \mathrm{e}^{\frac{1}{x}}\mathrm{d}\left(\dfrac{1}{x}\right)$

设 $\dfrac{1}{x} = u$，从而得

$$\int \dfrac{\mathrm{e}^{\frac{1}{x}}\mathrm{d}x}{x^2} = -\int \mathrm{e}^u\mathrm{d}u = -\mathrm{e}^u + C = -\mathrm{e}^{\frac{1}{x}} + C$$

对变量代换比较熟练以后，就不必再把 u 写出来.

例 4-19 求 $\int \dfrac{\sin\sqrt{x}}{\sqrt{x}}\mathrm{d}x$.

解 $\int \dfrac{\sin\sqrt{x}}{\sqrt{x}}\mathrm{d}x = \int \dfrac{1}{\sqrt{x}}\sin\sqrt{x}\mathrm{d}x = 2\int \sin\sqrt{x}\mathrm{d}(\sqrt{x}) = -2\cos\sqrt{x} + C$

例 4-20 求 $\int \dfrac{\mathrm{e}^{\arctan x}}{1+x^2}\mathrm{d}x$.

解 $\int \dfrac{e^{\arctan x}}{1+x^2}dx = \int \dfrac{1}{1+x^2} e^{\arctan x} dx$

$= \int e^{\arctan x} d(\arctan x) = e^{\arctan x} + C$

例 4-21 求 $\int \dfrac{\sqrt{\arcsin x}}{\sqrt{1-x^2}} dx$.

解 $\int \dfrac{\sqrt{\arcsin x}}{\sqrt{1-x^2}} dx = \int \dfrac{1}{\sqrt{1-x^2}} \sqrt{\arcsin x} dx$

$= \int \sqrt{\arcsin x} d(\arcsin x) = \dfrac{2}{3}(\arcsin x)^{\frac{3}{2}} + C$

例 4-22 求 $\int \dfrac{x^2}{1+x^6} dx$.

解 $\int \dfrac{x^2}{1+x^6} dx = \int x^2 \dfrac{1}{1+x^6} dx = \dfrac{1}{3} \int \dfrac{1}{1+(x^3)^2} d(x^3)$

$= \dfrac{1}{3} \arctan x^3 + C$

例 4-23 求 $\int x\sqrt{1-x^2} dx$.

解 $\int x\sqrt{1-x^2} dx = \dfrac{1}{2} \int \sqrt{1-x^2} d(x^2) = -\dfrac{1}{2} \int \sqrt{1-x^2} d(1-x^2)$

$= -\dfrac{1}{3}(1-x^2)^{\frac{3}{2}} + C$

例 4-24 求 $\int \dfrac{e^x}{\sqrt[3]{2+e^x}} dx$

解 $\int \dfrac{e^x}{\sqrt[3]{2+e^x}} dx = \int \dfrac{1}{\sqrt[3]{2+e^x}} d(2+e^x) = \dfrac{3}{2}(2+e^x)^{\frac{2}{3}} + C$

例 4-25 求 $\int \dfrac{2x+3}{x^2+3x+2} dx$.

解 $\int \dfrac{2x+3}{x^2+3x+2} dx = \int \dfrac{d(x^2+3x+2)}{x^2+3x+2} = \ln|x^2+3x+2| + C$

例 4-26 求 $\int \cot x dx$.

解 $\int \cot x dx = \int \dfrac{\cos x}{\sin x} dx = \int \dfrac{d(\sin x)}{\sin x} = \ln|\sin x| + C$

即 $\boxed{\int \cot x dx = \ln|\sin x| + C}$ (4-1)

类似可得 $\boxed{\int \tan x dx = -\ln|\cos x| + C}$ (4-2)

例 4 – 27 求 $\int \sin^3 x \, dx$.

解 $\int \sin^3 x \, dx = \int \sin^2 x \sin x \, dx = -\int (1 - \cos^2 x) \, d(\cos x)$

$\qquad = -\int d(\cos x) + \int \cos^2 x \, d(\cos x)$

$\qquad = -\cos x + \dfrac{1}{3} \cos^3 x + C$

例 4 – 28 求 $\int \cos^2 x \, dx$.

解 $\int \cos^2 x \, dx = \dfrac{1}{2} \int (1 + \cos 2x) \, dx = \dfrac{1}{2} \int dx + \dfrac{1}{4} \int \cos 2x \, d(2x)$

$\qquad = \dfrac{1}{2} x + \dfrac{1}{4} \sin(2x) + C$

例 4 – 29 求 $\int \sin x \cos^2 x \, dx$

解 $\int \sin x \cos^2 x \, dx = -\int \cos^2 x \, d\cos x = -\dfrac{1}{3} \cos^3 x + C$

例 4 – 30 求 $\int \sec^4 x \, dx$.

解 $\int \sec^4 x \, dx = \int \sec^2 x \sec^2 x \, dx = \int (1 + \tan^2 x) \, d(\tan x)$

$\qquad = \tan x + \dfrac{1}{3} \tan^3 x + C$

例 4 – 31 求 $\int \sec^3 x \tan^3 x \, dx$.

解 $\int \sec^3 x \tan^3 x \, dx = \int \sec^2 x \tan^2 x (\sec x \tan x) \, dx$

$\qquad = \int \sec^2 x (\sec^2 x - 1) \, d(\sec x)$

$\qquad = \int (\sec^4 x - \sec^2 x) \, d(\sec x)$

$\qquad = \dfrac{1}{5} \sec^5 x - \dfrac{1}{3} \sec^3 x + C$

例 4 – 32 求 $\int \csc x \, dx$.

解 $\int \csc x \, dx = \int \dfrac{\csc x (\csc x - \cot x)}{\csc x - \cot x} dx = \int \dfrac{\csc^2 x - \csc x \cot x}{\csc x - \cot x} dx$

$\qquad = \int \dfrac{d(\csc x - \cot x)}{\csc x - \cot x} = \ln |\csc x - \cot x| + C.$

即

$$\int \csc x \, dx = \ln |\csc x - \cot x| + C \qquad (4-3)$$

类似可得

$$\int \sec x \, dx = \ln |\sec x + \tan x| + C \qquad (4-4)$$

例 4-33 求 $\int \dfrac{\mathrm{d}x}{\sqrt{a^2-x^2}}\ (a>0)$.

解 $\int \dfrac{\mathrm{d}x}{\sqrt{a^2-x^2}} = \int \dfrac{\mathrm{d}x}{a\sqrt{1-\left(\dfrac{x}{a}\right)^2}}$

$$= \int \dfrac{\mathrm{d}\left(\dfrac{x}{a}\right)}{\sqrt{1-\left(\dfrac{x}{a}\right)^2}}$$

$$= \arcsin \dfrac{x}{a} + C$$

即
$$\boxed{\int \dfrac{\mathrm{d}x}{\sqrt{a^2-x^2}} = \arcsin \dfrac{x}{a} + C} \tag{4-5}$$

例 4-34 求 $\int \dfrac{1+2x}{\sqrt{9-x^2}}\mathrm{d}x$.

解 $\int \dfrac{1+2x}{\sqrt{9-x^2}}\mathrm{d}x = \int \dfrac{1}{\sqrt{9-x^2}}\mathrm{d}x + \int \dfrac{2x}{\sqrt{9-x^2}}\mathrm{d}x$

$$= \int \dfrac{1}{\sqrt{3^2-x^2}}\mathrm{d}x - \int \dfrac{1}{\sqrt{9-x^2}}\mathrm{d}(9-x^2)$$

$$= \arcsin \dfrac{x}{3} - 2\sqrt{9-x^2} + C$$

例 4-35 求 $\int \dfrac{\mathrm{d}x}{a^2+x^2}$.

解 $\int \dfrac{\mathrm{d}x}{a^2+x^2} = \int \dfrac{\mathrm{d}x}{a^2\left(1+\dfrac{x^2}{a^2}\right)} = \dfrac{1}{a}\int \dfrac{\mathrm{d}\left(\dfrac{x}{a}\right)}{1+\left(\dfrac{x}{a}\right)^2} = \dfrac{1}{a}\arctan \dfrac{x}{a} + C$

即
$$\boxed{\int \dfrac{\mathrm{d}x}{a^2+x^2} = \dfrac{1}{a}\arctan \dfrac{x}{a} + C} \tag{4-6}$$

例 4-36 求 $\int \dfrac{\mathrm{d}x}{x^2+2x+5}$.

解 $\int \dfrac{\mathrm{d}x}{x^2+2x+5} = \int \dfrac{1}{(x+1)^2+2^2}\mathrm{d}(x+1)$

$$= \dfrac{1}{2}\arctan \dfrac{x+1}{2} + C$$

例 4-37 求 $\int \dfrac{\mathrm{d}x}{x^2-a^2}$.

解 $\int \dfrac{\mathrm{d}x}{x^2-a^2} = \int \dfrac{\mathrm{d}x}{(x-a)(x+a)} = \dfrac{1}{2a}\int \left(\dfrac{1}{x-a} - \dfrac{1}{x+a}\right)\mathrm{d}x$

$$= \dfrac{1}{2a}\int \dfrac{1}{x-a}\mathrm{d}(x-a) - \dfrac{1}{2a}\int \dfrac{1}{x+a}\mathrm{d}(x+a)$$

$$= \frac{1}{2a}\ln|x-a| - \frac{1}{2a}\ln|x+a| + C$$

$$= \frac{1}{2a}\ln\left|\frac{x-a}{x+a}\right| + C$$

即
$$\boxed{\int \frac{\mathrm{d}x}{x^2-a^2} = \frac{1}{2a}\ln\left|\frac{x-a}{x+a}\right| + C} \tag{4-7}$$

凑微分有时需多项一起凑,有时需凑几次.

例 4-38 求 $\int \dfrac{\arctan\sqrt{x}}{\sqrt{x}(1+x)}\mathrm{d}x$.

解 $\int \dfrac{\arctan\sqrt{x}}{\sqrt{x}(1+x)}\mathrm{d}x = 2\int \dfrac{\arctan\sqrt{x}}{1+(\sqrt{x})^2}\mathrm{d}(\sqrt{x}) = 2\int \dfrac{\arctan u}{1+u^2}\mathrm{d}u$ (设 $\sqrt{x} = u$)

$$= 2\int \arctan u \,\mathrm{d}(\arctan u) = (\arctan u)^2 + C$$

$$= (\arctan\sqrt{x})^2 + C$$

4.2.2 第二类换元积分法

第一类换元积分法是通过变量代换 $u = \varphi(x)$,将积分 $\int f(\varphi(x))\varphi'(x)\mathrm{d}x$ 化为 $\int f(u)\mathrm{d}u$. 计算中常常遇到与第一类换元积分法相反的情形,即 $\int f(x)\mathrm{d}x$ 不易求出,但适当选择变量代换 $x = \varphi(t)$ 后,得 $\int f(x)\mathrm{d}x = \int f(\varphi(t))\varphi'(t)\mathrm{d}t$,而新的被积函数 $f(\varphi(t))\varphi'(t)$ 的原函数容易求出. 设

$$\int f(\varphi(t))\varphi'(t)\mathrm{d}t = F(t) + C$$

如果 $x = \varphi(t)$ 的反函数存在,则

$$\int f(x)\mathrm{d}x = \int f(\varphi(t))\varphi'(t)\mathrm{d}t = F(\varphi^{-1}(x)) + C$$

这就是第二类换元积分法.

第二类换元积分法就是直接把不好积分的项通过换元换掉,同时被积函数的其他项及微分也作相应变换. 下面介绍第二类换元积分法常见的两种题型.

1. 根式换元

例 4-39 求 $\int \dfrac{\sqrt{x}}{1+\sqrt{x}}\mathrm{d}x$.

解 为了消去根式,可令 $\sqrt{x} = t$,即 $x = t^2 (t>0)$,则 $\mathrm{d}x = 2t\mathrm{d}t$,于是

$$\int \frac{\sqrt{x}}{1+\sqrt{x}}\mathrm{d}x = \int \frac{t}{1+t}2t\mathrm{d}t = 2\int \frac{(t^2-1)+1}{1+t}\mathrm{d}t$$

$$= 2\int\left(t-1+\frac{1}{1+t}\right)\mathrm{d}t = t^2 - 2t + 2\ln|1+t| + C$$

$$= x - 2\sqrt{x} + 2\ln|1+\sqrt{x}| + C$$

例 4-40 求 $\int \dfrac{x+1}{\sqrt[3]{3x+1}}dx$.

解 为了消去根式,可令 $\sqrt[3]{3x+1} = t$,即 $x = \dfrac{1}{3}(t^3-1)$,则 $dx = t^2 dt$,于是

$$\int \dfrac{x+1}{\sqrt[3]{3x+1}}dx = \int \dfrac{\dfrac{1}{3}(t^3-1)+1}{t}t^2 dt = \dfrac{1}{3}\int(t^4+2t)dt$$

$$= \dfrac{1}{15}t^5 + \dfrac{1}{3}t^2 + C$$

$$= \dfrac{1}{15}\sqrt[3]{(3x+1)^5} + \dfrac{1}{3}\sqrt[3]{(3x+1)^2} + C$$

根式换元是通过换元消去被积函数中根号,从而求出积分.

例 4-41 求 $\int \dfrac{\sqrt[3]{x}dx}{x(\sqrt{x}+\sqrt[3]{x})}$.

解 被积函数中含有 $\sqrt[3]{x}$ 和 $\sqrt{x}$,为了消去根式,设 $u = \sqrt[6]{x}$ ($u > 0$),即 $x = u^6$,$dx = 6u^5 du$,于是

$$\int \dfrac{\sqrt[3]{x}dx}{x(\sqrt{x}+\sqrt[3]{x})} = \int \dfrac{u^2}{u^6(u^3+u^2)} \times 6u^5 du = 6\int \dfrac{du}{u(u+1)}$$

$$= 6\int\left(\dfrac{1}{u} - \dfrac{1}{u+1}\right)du = 6\ln u - 6\ln(u+1) + C$$

$$= 6\ln\sqrt[6]{x} - 6\ln(\sqrt[6]{x}+1) + C = \ln\dfrac{x}{(\sqrt[6]{x}+1)^6} + C$$

2. 倒代换

例 4-42 求 $\int \dfrac{dx}{x(x^{10}+2)}$.

解

$$\int \dfrac{dx}{x(x^{10}+2)} = \int \dfrac{dx}{x^{11}\left(1+\dfrac{2}{x^{10}}\right)} = -\dfrac{1}{20}\int \dfrac{d\left(1+\dfrac{2}{x^{10}}\right)}{1+\dfrac{2}{x^{10}}}$$

$$= \dfrac{1}{20}\ln\dfrac{x^{10}}{x^{10}+2} + C$$

3. 三角换元

当被积函数中含有 $\sqrt{a^2+x^2}$,$\sqrt{a^2-x^2}$,$\sqrt{x^2-a^2}$ ($a > 0$) 等根式时,可以设 x 为某个三角函数,从而达到消去根式的目的.

(1) 当被积函数中含有 $\sqrt{a^2-x^2}$ ($a > 0$) 时,可设 $x = a\sin t$,则有 $dx = a\cos t dt$.

(2) 当被积函数中含有 $\sqrt{x^2-a^2}$ ($a > 0$) 时,可设 $x = a\sec t$,则有 $dx = a\sec t\tan t dt$.

(3) 当被积函数中含有 $\sqrt{a^2+x^2}$ ($a > 0$) 时,可设 $x = a\tan t$,则有 $dx = a\sec^2 t dt$.

例 4 – 43 求 $\int \sqrt{a^2 - x^2}\,dx\ (a > 0)$.

解 令 $x = a\sin t\left(-\dfrac{\pi}{2} < t < \dfrac{\pi}{2}\right)$，则 $dx = a\cos t\,dt$，于是

$$\int \sqrt{a^2 - x^2}\,dx = \int \sqrt{a^2 - (a\sin t)^2}\,a\cos t\,dt = a^2 \int \cos^2 t\,dt$$

$$= a^2 \int \frac{1 + \cos 2t}{2}\,dt = \frac{a^2}{2}\int (1 + \cos 2t)\,dt$$

$$= \frac{a^2}{2}\left(t + \frac{1}{2}\sin 2t\right) + C = \frac{a^2}{2}t + \frac{a^2}{2}\sin t\cos t + C$$

为了换回原变量，还可利用辅助直角三角形. 如图 4 – 2 所示，由三角函数的定义，将三角形的三条边按所设写成适当变量即可.

所以 $\int \sqrt{a^2 - x^2}\,dx = \dfrac{a^2}{2}\arcsin\dfrac{x}{a} + \dfrac{x}{2}\sqrt{a^2 - x^2} + C$

例 4 – 44 求 $\int \dfrac{dx}{\sqrt{x^2 + a^2}}\ (a > 0)$.

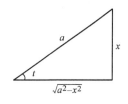

图 4 – 2

解 令 $x = a\tan t\left(-\dfrac{\pi}{2} < t < \dfrac{\pi}{2}\right)$，则 $dx = a\sec^2 t\,dt$，于是

$$\int \frac{dx}{\sqrt{x^2 + a^2}} = \int \frac{a\sec^2 t\,dt}{\sqrt{a^2\tan^2 t + a^2}} = \int \sec t\,dt = \ln|\sec t + \tan t| + C_1$$

由图 4 – 3 可知 $\sec t = \dfrac{\sqrt{x^2 + a^2}}{a}$，因此

$$\int \frac{dx}{\sqrt{x^2 + a^2}} = \ln\left(\frac{\sqrt{x^2 + a^2}}{a} + \frac{x}{a}\right) + C_1 = \ln(x + \sqrt{x^2 + a^2}) + C$$

其中 $C = C_1 - \ln a$.

即

$$\boxed{\int \frac{dx}{\sqrt{x^2 + a^2}} = \ln(x + \sqrt{x^2 + a^2}) + C} \qquad (4 - 8)$$

例 4 – 45 求 $\int \dfrac{dx}{\sqrt{4x^2 + 25}}$.

解
$$\int \frac{dx}{\sqrt{4x^2 + 25}} = \int \frac{dx}{\sqrt{(2x)^2 + 5^2}} = \frac{1}{2}\int \frac{d(2x)}{\sqrt{(2x)^2 + 5^2}}$$

$$= \frac{1}{2}\ln[(2x) + \sqrt{(2x)^2 + 5^2}] + C$$

$$= \frac{1}{2}\ln(2x + \sqrt{4x^2 + 25}) + C$$

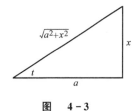

图 4 – 3

例 4 – 46 求 $\int \dfrac{dx}{\sqrt{x^2 - a^2}}\ (a > 0)$.

解 令 $x = a\sec t$，则 $dx = a\sec t\tan t\,dt$，于是

$$\int \frac{dx}{\sqrt{x^2 - a^2}} = \int \frac{a\sec t\tan t\,dt}{\sqrt{a^2\sec^2 t - a^2}} = \int \sec t\,dt = \ln|\sec t + \tan t| + C_1$$

由图 4-4 可知 $\tan t = \dfrac{\sqrt{x^2-a^2}}{a}$，所以

$$\int \frac{\mathrm{d}x}{\sqrt{x^2-a^2}} = \ln\left|\frac{x}{a} + \frac{\sqrt{x^2-a^2}}{a}\right| + C_1 = \ln|x + \sqrt{x^2-a^2}| + C$$

其中 $C = C_1 - \ln a$.

即
$$\boxed{\int \frac{\mathrm{d}x}{\sqrt{x^2-a^2}} = \ln|x + \sqrt{x^2-a^2}| + C} \qquad (4-9)$$

三角换元是解决以上几种类型题的常用方法，但对有些被积函数还可采用更为简捷的代换.

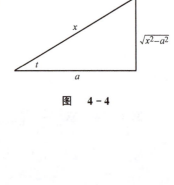

图 4-4

例 4-47 求 $\displaystyle\int \dfrac{1}{x\sqrt{x^2-1}} \mathrm{d}x$.

解
$$\int \frac{1}{x\sqrt{x^2-1}} \mathrm{d}x = \int \frac{1}{x^2\sqrt{1-\dfrac{1}{x^2}}} \mathrm{d}x$$

$$= -\int \frac{1}{\sqrt{1-\dfrac{1}{x^2}}} \mathrm{d}\left(\frac{1}{x}\right)$$

$$= \arccos\frac{1}{x} + C$$

第一类换元积分法与第二类换元积分法既有区别又有联系，第一类换元积分法是先变微分再作代换；而第二类换元积分法是先作代换再变微分. 有的积分既可用第一类换元积分法也可用第二类换元积分法求解，而有的积分则需要同时用第一类换元积分法和第二类换元积分法求解.

习 题 4-2

1. 求下列不定积分：

(1) $\displaystyle\int 3\sqrt{3x+1}\,\mathrm{d}x$；

(2) $\displaystyle\int (2x+1)^8 \mathrm{d}x$；

(3) $\displaystyle\int \sin(5x+8)\mathrm{d}x$；

(4) $\displaystyle\int (5x^2+11)^5 x\mathrm{d}x$；

(5) $\displaystyle\int x^3\sqrt{4+2x^4}\,\mathrm{d}x$；

(6) $\displaystyle\int x\sqrt{1-x^2}\,\mathrm{d}x$；

(7) $\displaystyle\int \dfrac{x}{\sqrt{1+x^2}}\mathrm{d}x$；

(8) $\displaystyle\int 2x\mathrm{e}^{x^2}\mathrm{d}x$；

(9) $\displaystyle\int \dfrac{2x}{(x^2+1)^3}\mathrm{d}x$；

(10) $\displaystyle\int \dfrac{\mathrm{e}^{\sqrt{x}}}{\sqrt{x}}\mathrm{d}x$；

(11) $\displaystyle\int \dfrac{\cos\sqrt{x}}{\sqrt{x}}\mathrm{d}x$；

(12) $\displaystyle\int x\cos(2x^2-1)\mathrm{d}x$；

(13) $\displaystyle\int \dfrac{\mathrm{d}x}{x(x+1)}$；

(14) $\displaystyle\int \dfrac{1}{x^2}\sin\dfrac{1}{x}\mathrm{d}x$；

(15) $\displaystyle\int \dfrac{\mathrm{d}x}{x(1+2\ln x)}$；

(16) $\displaystyle\int \dfrac{1}{x\sqrt{1-\ln^2 x}}\mathrm{d}x$；

(17) $\int \dfrac{e^x + e^{-x}}{e^x - e^{-x}} dx$;

(18) $\int \dfrac{(\arctan x)^2}{1+x^2} dx$;

(19) $\int \dfrac{e^{\sqrt[3]{x}+1}}{\sqrt[3]{x^2}} dx$;

(20) $\int \dfrac{e^{2x}}{9-e^{4x}} dx$;

(21) $\int \dfrac{e^x}{1+e^{2x}} dx$;

(22) $\int e^{e^x + x} dx$;

(23) $\int \dfrac{\cos x}{(1+\sin x)^3} dx$;

(24) $\int \dfrac{x}{\sqrt{1-x^4}} dx$;

(25) $\int x(x+3)^{10} dx$;

(26) $\int x(1-5x^2)^{10} dx$;

(27) $\int \dfrac{x^2}{\sqrt{1-x^6}} dx$;

(28) $\int \sin^2 x \cos^5 x \, dx$;

(29) $\int x^2 \sqrt{1+x^3} \, dx$;

(30) $\int \dfrac{dx}{(x^2+1)\arctan x}$.

2. 求下列不定积分：

(1) $\int \dfrac{2-\sqrt{2x+3}}{1-2x} dx$;

(2) $\int \dfrac{\sqrt{x}}{1+\sqrt[3]{x}} dx$;

(3) $\int \dfrac{1}{(2+x)\sqrt{1+x}} dx$;

(4) $\int \dfrac{dx}{1+\sqrt[3]{x+1}}$;

(5) $\int \dfrac{dx}{\sqrt{x}+\sqrt[4]{x}}$;

(6) $\int \dfrac{x+1}{x\sqrt{x-2}} dx$;

(7) $\int \dfrac{1-x}{\sqrt{9-4x^2}} dx$;

(8) $\int \dfrac{\sqrt{x^2-9}}{x} dx$;

(9) $\int \dfrac{dx}{x\sqrt{x^2-4}}$;

(10) $\int \dfrac{x+1}{x^2 \sqrt{x^2-1}} dx$;

(11) $\int \dfrac{\sqrt{x^2-4}}{x^4} dx$;

(12) $\int \dfrac{1}{x\sqrt{x^2+1}} dx$;

(13) $\int \dfrac{1}{x^2 \sqrt{x^2+1}} dx$;

(14) $\int \dfrac{dx}{(x^2+a^2)^{\frac{3}{2}}}$;

(15) $\int \dfrac{dx}{x^2 \sqrt{x^2-4}}$;

(16) $\int \dfrac{dx}{\sqrt{1+e^x}}$;

(17) $\int \dfrac{1}{x}\sqrt{\dfrac{1+x}{x}} dx$.

> 人一能之,己百之；人十能之,己千之.果能此道矣,虽愚必明,虽柔必强.
>
> ——《中庸》

4.3 分部积分法

分部积分法是一种重要且常用的方法，它是两个函数乘积的求导法则的逆运用.

设 $u=u(x)$, $v=v(x)$ 具有连续的导数，由函数乘积的微分法有

$$d(uv) = u\,dv + v\,du$$

$$udv = d(uv) - vdu$$

两边取不定积分,则有

$$\boxed{\int u\,dv = uv - \int v\,du} \tag{4-10}$$

式(4-10)称为**分部积分公式**. 这个公式把积分 $\int u\,dv$ 转化成了积分 $\int v\,du$, $\int u\,dv \xrightarrow{\text{转化}} \int v\,du$

如图4-5所示,当积分 $\int u\,dv$ 不易计算,而积分 $\int v\,du$ 比较容易计算时,就可以使用这个公式.

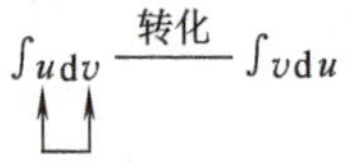

图 4-5

应用分部积分法的关键是合理地将被积表达式 $f(x)\,dx$ 分解成两部分 $u(x)$ 和 $d(v(x))$.

1. $\int x^{\alpha}\beta^{x}\,dx$ 型 或 $\int x^{\alpha}\sin\beta x\,dx$ 型.

例 4-48 求 $\int xe^{2x}\,dx$.

解 设 $u = x$, $dv = e^{2x}\,dx = d\left(\dfrac{1}{2}e^{2x}\right)$,则

$$\int xe^{2x}\,dx = \int \underset{u}{x}\,d\underset{v}{\left(\dfrac{1}{2}e^{2x}\right)} = \dfrac{1}{2}xe^{2x} - \dfrac{1}{2}\int e^{2x}\,dx = \dfrac{1}{2}xe^{2x} - \dfrac{1}{4}e^{2x} + C$$

例 4-49 求 $\int x\sin x\,dx$.

解 设 $u = x$, $dv = \sin x\,dx = d(-\cos x)$,则

$$\int x\sin x\,dx = \int x\,d(-\cos x) = -x\cos x - \int(-\cos x)\,dx$$

$$= -x\cos x + \int \cos x\,dx$$

$$= -x\cos x + \sin x + C$$

当运算比较熟练以后,可以不写出 u 和 dv,而直接应用分部积分公式.

例 4-50 求 $\int \dfrac{x\cos x}{\sin^3 x}\,dx$.

解
$$\int \dfrac{x\cos x}{\sin^3 x}\,dx = \int \dfrac{x}{\sin^3 x}\,d(\sin x) = -\dfrac{1}{2}\int x\,d\left(\dfrac{1}{\sin^2 x}\right)$$

$$= -\dfrac{x}{2\sin^2 x} + \dfrac{1}{2}\int \dfrac{1}{\sin^2 x}\,dx$$

$$= -\dfrac{x}{2\sin^2 x} - \dfrac{1}{2}\cot x + C$$

2. $\int x^{\alpha}\log_a x\,dx$ 型 或 $\int x^{\alpha}\arcsin x\,dx$ 型.

例 4-51 求 $\int x\ln(x-1)\,dx\ (x > 1)$.

解 $\int x\ln(x-1)\,dx = \dfrac{1}{2}\int \ln(x-1)\,d(x^2)$

$$= \frac{1}{2}x^2\ln(x-1) - \frac{1}{2}\int x^2 \mathrm{d}(\ln(x-1))$$

$$= \frac{1}{2}x^2\ln(x-1) - \frac{1}{2}\int \frac{(x^2-1)+1}{x-1}\mathrm{d}x$$

$$= \frac{1}{2}x^2\ln(x-1) - \frac{1}{2}\int \left(x+1+\frac{1}{x-1}\right)\mathrm{d}x$$

$$= \frac{1}{2}x^2\ln(x-1) - \frac{1}{4}x^2 - \frac{1}{2}x - \frac{1}{2}\ln(x-1) + C$$

例 4 - 52 求 $\int \frac{1}{x^3}\arctan x \mathrm{d}x$.

解
$$\int \frac{1}{x^3}\arctan x \mathrm{d}x = -\frac{1}{2}\int \arctan x \mathrm{d}\left(\frac{1}{x^2}\right)$$

$$= -\frac{1}{2}\frac{\arctan x}{x^2} + \frac{1}{2}\int \frac{1}{x^2}\mathrm{d}(\arctan x)$$

$$= -\frac{1}{2}\frac{\arctan x}{x^2} + \frac{1}{2}\int \frac{1}{x^2}\frac{1}{1+x^2}\mathrm{d}x$$

$$= -\frac{1}{2}\frac{\arctan x}{x^2} + \frac{1}{2}\int \left(\frac{1}{x^2} - \frac{1}{1+x^2}\right)\mathrm{d}x$$

$$= -\frac{1}{2}\frac{\arctan x}{x^2} - \frac{1}{2x} - \frac{1}{2}\arctan x + C$$

3. $\int f(x)\mathrm{d}x$ **型.**

例 4 - 53 求 $\int \arcsin x \mathrm{d}x$.

解
$$\int \arcsin x \mathrm{d}x = x\arcsin x - \int x \mathrm{d}(\arcsin x)$$

$$= x\arcsin x - \int \frac{x}{\sqrt{1-x^2}}\mathrm{d}x$$

$$= x\arcsin x + \frac{1}{2}\int \frac{\mathrm{d}(1-x^2)}{\sqrt{1-x^2}}$$

$$= x\arcsin x + \sqrt{1-x^2} + C$$

有些积分需要连接使用几次分部积分公式才能得出结果.

例 4 - 54 求 $\int x^2 \sin x \mathrm{d}x$.

解
$$\int x^2 \sin x \mathrm{d}x = -\int x^2 \mathrm{d}(\cos x) = -x^2\cos x + \int \cos x \mathrm{d}(x^2)$$

$$= -x^2\cos x + 2\int x\cos x \mathrm{d}x$$

$$= -x^2\cos x + 2\int x \mathrm{d}(\sin x)$$

$$= -x^2\cos x + (2x\sin x - 2\int \sin x \mathrm{d}x)$$

$$= -x^2\cos x + 2x\sin x + 2\cos x + C$$

有些积分在重复利用分部积分公式,经过有限次的积分后,等式中出现与原式相同的积分,于是可以像解方程那样,求出所求积分.

例 4 – 55 求 $\int e^x \sin x dx$.

解 $\int e^x \sin x dx = \int \sin x d(e^x) = e^x \sin x - \int e^x d(\sin x)$

$= e^x \sin x - \int e^x \cos x dx$

$= e^x \sin x - \int \cos x d(e^x)$

$= e^x \sin x - e^x \cos x + \int e^x d(\cos x)$

$= e^x \sin x - e^x \cos x - \int e^x \sin x dx$

所以 $2\int e^x \sin x dx = e^x \sin x - e^x \cos x + C_1$

$\int e^x \sin x dx = \dfrac{e^x}{2}(\sin x - \cos x) + C$

其中 $C = \dfrac{C_1}{2}$.

思考该题还有没有其他解法?

需要注意的是:由于积分中隐含着积分常数 C,因此当右端的积分移到左边后,右端一定要加上任意常数 C.

有些积分既要用到分部积分方法,同时还要用到换元法.

例 4 – 56 求 $\int \arctan \sqrt{x} dx$.

解 设 $\sqrt{x} = t$,则 $x = t^2$, $dx = 2t dt$,于是

$\int \arctan \sqrt{x} dx = \int \arctan t d(t^2)$

$= t^2 \arctan t - \int t^2 d(\arctan t)$

$= t^2 \arctan t - \int \dfrac{t^2}{1+t^2} dt$

$= t^2 \arctan t - \int \left(1 - \dfrac{1}{1+t^2}\right) dt$

$= t^2 \arctan t - t + \arctan t + C$

$= (x+1)\arctan \sqrt{x} - \sqrt{x} + C$

有些积分可以用换元法也可以用分部积分法.

例 4 – 57 求 $\int \dfrac{dx}{(1+x^2)^2}$.

解法 1 $\int \dfrac{dx}{(1+x^2)^2} = \int \dfrac{(1+x^2) - x^2 dx}{(1+x^2)^2}$

$$= \int \frac{1}{1+x^2}dx + \frac{1}{2}\int xd\left(\frac{1}{1+x^2}\right)$$

$$= \arctan x + \frac{x}{2(1+x^2)} - \frac{1}{2}\int \frac{1}{1+x^2}dx$$

$$= \frac{1}{2}\arctan x + \frac{x}{2(1+x^2)} + C$$

解法2 令 $x = \tan t$,则

$$\int \frac{dx}{(1+x^2)^2} = \int \frac{1}{(\tan^2 t + 1)^2}\sec^2 t dt = \int \cos^2 t dt$$

$$= \frac{1}{2}\int (1+\cos 2t)dt = \frac{1}{2}t + \frac{1}{4}\sin 2t + C$$

$$= \frac{1}{2}t + \frac{1}{2}\frac{\tan t}{1+\tan^2 t} + C$$

$$= \frac{1}{2}\arctan x + \frac{x}{2(1+x^2)} + C$$

积分计算非常灵活,在熟悉基本积分公式的基础上,熟练掌握各种积分方法.

习 题 4-3

求下列不定积分:

(1) $\int x\cos 3x dx$;

(2) $\int xe^{-x}dx$;

(3) $\int x^2 e^x dx$;

(4) $\int \ln x dx$;

(5) $\int x^2 \ln(1+x)dx$;

(6) $\int \ln(1+x^2)dx$;

(7) $\int \frac{\ln x}{\sqrt{x}}dx$;

(8) $\int x\ln\frac{1+x}{1-x}dx$;

(9) $\int x\tan^2 x dx$;

(10) $\int x\cos^2 x dx$;

(11) $\int \sin\sqrt{x}dx$;

(12) $\int \arctan x dx$;

(13) $\int x^2 \arctan x dx$;

(14) $\int e^{2x}\cos 3x dx$.

> 攀登科学高峰,就像登山运动员攀登珠穆朗玛峰一样,要克服无数艰难险阻,懦夫和懒汉是不可能享受到胜利的喜悦和幸福的.
>
> ——陈景润

4.4 有理函数的积分举例

分子、分母都是多项式的分式函数称为**有理函数**.分子的次数不小于分母的次数的有理函数,称为**有理假分式**,否则,称为**有理真分式**.

有理函数积分时,将一个分式化为几个简单的分式之和,再做积分,往往会使计算变得容易,这种方法称为**部分分式法**.

任何一个假分式,总可以化为一个多项式与真分式之和,如

$$\frac{2x^4+x^2+3}{x^2+1}=2x^2-1+\frac{4}{x^2+1}.$$

4.4.1 利用待定系数法将分式分解为部分分式的和

1. 当分母分解出因式 $x-a$ 时,则分解式中对应有一项 $\dfrac{A}{x-a}$,其中 A 为待定常数.

例 4-58 将 $\dfrac{x^2-24x-12}{x^3-x^2-6x}$ 分解成部分分式.

解 设 $\dfrac{x^2-24x-12}{x^3-x^2-6x}=\dfrac{x^2-24x-12}{x(x-3)(x+2)}=\dfrac{A}{x}+\dfrac{B}{x-3}+\dfrac{C}{x+2}$,

其中 A,B,C 为待定系数,将等式两边同乘以 $x(x-3)(x+2)$,得

$$x^2-24x-12=A(x-3)(x+2)+Bx(x+2)+Cx(x-3)$$

令 $x=0$,得 $A=2$;令 $x=3$,得 $B=-5$;令 $x=-2$,得 $C=4$,所以

$$\frac{x^2-24x-12}{x^3-x^2-6x}=\frac{2}{x}+\frac{-5}{x-3}+\frac{4}{x+2}$$

2. 当分母分解出因式 (x^2+px+q) 时,则分解式中对应有一项 $\dfrac{Ax+B}{x^2+px+q}$,其中 A,B 为待定常数.

例 4-59 将 $\dfrac{-x+2}{(x^2+1)(x^2+2x+2)}$ 分解成部分分式.

解 设 $\dfrac{-x+2}{(x^2+1)(x^2+2x+2)}=\dfrac{Ax+B}{x^2+1}+\dfrac{Cx+D}{x^2+2x+2}$,

其中 A,B,C,D 为待定系数,将等式两边同乘以 $(x^2+1)(x^2+2x+2)$,得

$$(Ax+B)(x^2+2x+2)+(Cx+D)(x^2+1)=-x+2$$

整理得 $(A+C)x^3+(2A+B+D)x^2+(2A+2B+C)x+(2B+D)=-x+2$

比较系数得
$$\begin{cases}A+C=0\\2A+B+D=0\\2A+2B+C=-1\\2B+D=2\end{cases}$$

解方程组得 $A=-1,B=0,C=1,D=2$

所以
$$\frac{-x+2}{(x^2+1)(x^2+2x+2)}=\frac{-x}{x^2+1}+\frac{x+2}{x^2+2x+2}$$

3. 当分母分解出因式 $(x-a)^n$,则分解式中对应有下列 n 个部分分式之和.

$$\frac{A_1}{x-a}+\frac{A_2}{(x-a)^2}+\cdots+\frac{A_n}{(x-a)^n}$$

其中 $A_1,A_2,\cdots,A_n$ 为待定系数.

例 4-60 将 $\dfrac{2x^2+x-7}{(x-2)(x-1)^2}$ 分解成部分分式.

解 设 $\dfrac{2x^2+x-7}{(x-2)(x-1)^2} = \dfrac{A}{x-2} + \dfrac{B}{x-1} + \dfrac{C}{(x-1)^2}$,

其中 A, B, C 为待定系数,将等式两边同乘以 $(x-2)(x-1)^2$,得
$$2x^2+x-7 = A(x-1)^2 + B(x-2)(x-1) + C(x-2)$$
令 $x=2$,得 $A=3$;令 $x=1$,得 $C=4$;再比较等式两边 x^2 的系数,得 $A+B=2$,所以 $B=-1$,所以
$$\dfrac{2x^2+x-7}{(x-2)(x-1)^2} = \dfrac{3}{x-2} + \dfrac{-1}{x-1} + \dfrac{4}{(x-1)^2}$$

4.4.2 有理真分式的积分

型如 $\displaystyle\int \dfrac{Ax+B}{x^2+px+q}\mathrm{d}x$ 的积分,一种情况是分母能因式分解,分式拆开后换元积分;另一种情况是分母不能因式分解,这时把分母配方再换元积分.

例 4-61 求 $\displaystyle\int \dfrac{x+9}{x^2+3x-4}\mathrm{d}x$.

解 $\displaystyle\int \dfrac{x+9}{x^2+3x-4}\mathrm{d}x = \int \dfrac{2(x+4)-(x-1)}{(x+4)(x-1)}\mathrm{d}x = \int \left(\dfrac{2}{x-1} - \dfrac{1}{x+4}\right)\mathrm{d}x$
$= 2\ln|x-1| - \ln|x+4| + C$

例 4-62 求 $\displaystyle\int \dfrac{x+2}{x^2+2x+2}\mathrm{d}x$.

解 $\displaystyle\int \dfrac{x+2}{x^2+2x+2}\mathrm{d}x = \int \dfrac{(x+1)+1}{(x+1)^2+1}\mathrm{d}(x+1)$ （设 $x+1=u$）
$= \displaystyle\int \dfrac{u}{u^2+1}\mathrm{d}u + \int \dfrac{1}{u^2+1}\mathrm{d}u$
$= \dfrac{1}{2}\ln(u^2+1) + \arctan u + C$
$= \dfrac{1}{2}\ln(x^2+2x+2) + \arctan(x+1) + C$

由上述讨论可知,有理分式的积分,在其分解并变换以后总能化为以下几种形式的积分:

(1) $\displaystyle\int \dfrac{1}{x-a}\mathrm{d}x = \ln|x-a| + C$

(2) $\displaystyle\int \dfrac{1}{(x-a)^n}\mathrm{d}x = \dfrac{(x-a)^{1-n}}{1-n} + C$

(3) $\displaystyle\int \dfrac{x\mathrm{d}x}{x^2 \pm a^2} = \dfrac{1}{2}\ln|x^2 \pm a^2| + C$

(4) $\displaystyle\int \dfrac{\mathrm{d}x}{a^2+x^2} = \dfrac{1}{a}\arctan\dfrac{x}{a} + C$

(5) $\displaystyle\int \dfrac{\mathrm{d}x}{x^2-a^2} = \dfrac{1}{2a}\ln\left|\dfrac{x-a}{x+a}\right| + C$

例 4-63 求 $\displaystyle\int \dfrac{x^2-24x-12}{x^3-x^2-6x}\mathrm{d}x$.

解 由例 4-58 知 $\dfrac{x^2-24x-12}{x^3-x^2-6x} = \dfrac{2}{x} + \dfrac{-5}{x-3} + \dfrac{4}{x+2}$

因此 $\int \dfrac{x^2-24x-12}{x^3-x^2-6x}dx = 2\int \dfrac{1}{x}dx - 5\int \dfrac{1}{x-3}d(x-3) + 4\int \dfrac{1}{x+2}d(x+2)$

$$= 2\ln|x| - 5\ln|x-3| + 4\ln|x+2| + C$$

例 4-64 求 $\int \dfrac{-x+2}{(x^2+1)(x^2+2x+2)}dx$.

解 由例 4-58、例 4-62 可知

$$\dfrac{-x+2}{(x^2+1)(x^2+2x+2)} = \dfrac{-x}{x^2+1} + \dfrac{x+2}{x^2+2x+2}$$

因此 $\int \dfrac{-x+2}{(x^2+1)(x^2+2x+2)}dx = -\int \dfrac{x}{x^2+1}dx + \int \dfrac{x+2}{x^2+2x+2}dx$

$$= -\dfrac{1}{2}\ln(x^2+1) + \dfrac{1}{2}\ln(x^2+2x+2)$$
$$+ \arctan(x+1) + C$$

例 4-65 求 $\int \dfrac{2x^2+x-7}{(x-2)(x-1)^2}dx$.

解 由例 4-60 可知 $\dfrac{2x^2+x-7}{(x-2)(x-1)^2} = \dfrac{3}{x-2} + \dfrac{-1}{x-1} + \dfrac{4}{(x-1)^2}$

因此 $\int \dfrac{2x^2+x-7}{(x-2)(x-1)^2}dx = 3\ln|x-2| - \ln|x-1| - \dfrac{4}{x-1} + C$

4.4.3 有理假分式的积分

有理假分式可以利用多项式的除法或恒等拼凑法将其转化为一个多项式与一个真分式的和的形式，然后再对其积分。

例 4-66 求 $\int \dfrac{x^3}{x+1}dx$.

解 因为 $\dfrac{x^3}{x+1} = \dfrac{(x^3+1)-1}{x+1} = (x^2-x+1) - \dfrac{1}{x+1}$

所以 $\int \dfrac{x^3}{x+1}dx = \dfrac{1}{3}x^3 - \dfrac{1}{2}x^2 + x - \ln|x+1| + C$

习 题 4-4

求下列不定积分：

(1) $\int \dfrac{x+5}{x^2-2x-3}dx$;

(2) $\int \dfrac{1}{x^2(x^2+1)}dx$;

(3) $\int \dfrac{x^2-4x-2}{x(x^2+1)}dx$;

(4) $\int \dfrac{4}{x^3+4x}dx$;

(5) $\int \dfrac{2}{x(x^2-1)}dx$;

(6) $\int \dfrac{3x^2-8x-1}{(x+2)(x-1)^3}dx$;

(7) $\int \dfrac{1}{x^3-2x^2+x}dx$;

(8) $\int \dfrac{x^2}{x^2+2x+5}dx$;

(9) $\int \dfrac{x^2+1}{(x+1)^2(x-1)}dx$;

(10) $\int \dfrac{3x+33}{(x+1)(x^2+9)}dx$;

(11) $\int \dfrac{x^5 + x^4 - 8}{x^3 - x}\mathrm{d}x$.

◈ 背景聚焦 ◈

为什么不宜制造当量级太大的核弹头？

为什么不宜制造超大能量的核弹？这个问题成为很多军迷心中的疑点. 要了解这个问题，我们首先要知道核弹的杀伤力是如何计算的.

核弹在与它的爆炸当量（系指核裂变或聚变时释放出的能量，通常用相当于多少千吨 TNT 炸药的爆炸威力来度量）的立方根成正比的距离内会产生每平方厘米 0.3516 千克的超压，这种距离算作有效距离. 若记有效距离为 D，爆炸当量为 x，则二者的函数关系为

$$D = C \cdot x^{\frac{1}{3}} \quad (x \text{ 单位：千吨}, D \text{ 单位：千米})$$

其中 C 是比例常数. 又知当 x 是 100 千吨时，有效距离 D 为 3.2186 千米. 于是

$$3.2186 = C \cdot 100^{\frac{1}{3}}$$

即 $C = \dfrac{3.2186}{100^{\frac{1}{3}}} \approx 0.6934$

所以

这样，当爆炸当量增至 10 倍（变成 1 000 千吨）时，有效距离增至差不多 100 千吨时的 2 倍，说明其作用范围并没因爆炸当量的大幅度增加而显著增加.

下面再来研究爆炸当量与相对效率的关系（这里相对效率的含义是，核弹的爆炸当量每增加 1 千吨 TNT 当量时有效距离的增量）.

由

$$\dfrac{\mathrm{d}D}{\mathrm{d}x} = \dfrac{1}{3} \cdot 0.6934 \cdot x^{-\frac{2}{3}} = 0.2311 x^{-\frac{2}{3}}$$

知

$$\Delta D \approx 0.2311 x^{-\frac{2}{3}} \cdot \Delta x$$

若 $x = 100, \Delta x = 1$，则 $\Delta D \approx 0.0107$（千米）.

这就是说，对 100 千吨（10 万吨级）爆炸当量的核弹来说，爆炸当量每增加 1 千吨，有效距离差不多增加 10.7 米；

若 $x = 1000, \Delta x = 1$，则 $\Delta D \approx 0.0023$（千米）.

即对百万吨级的核弹来说，每增加 1 千吨的爆炸当量，有效距离差不多仅增加 2.3 米，相对效率是下降的.

可见，除了制造、运载、投放等技术因素外，无论从作用范围还是从相对效率来说，都不宜制造当量级太大的核弹头. 事实上，二战中美国投放在日本广岛、长崎的原子弹，其爆炸当量为 20 千吨，有效距离为 1.87 千米.

4.5 提示与提高

1. 不定积分的定义

(1) 若在某一个区间上满足关系式 $F'(x) = f(x)$ 或 $\mathrm{d}F(x) = f(x)\mathrm{d}x$，那么，就说在这个区间上 $F(x)$ 是 $f(x)$ 的原函数. 而函数 $f(x)$ 的不定积分就是其全体原函数.

例 4-67 设 e^{x^2} 是 $f(x)$ 的一个原函数，求 $\int x^2 f(x) dx$.

解 由于 e^{x^2} 是 $f(x)$ 的一个原函数，故 $f(x)dx = d(F(x)) = d(e^{x^2})$，所以

$$\int x^2 f(x) dx = \int x^2 d(e^{x^2}) = x^2 e^{x^2} - \int e^{x^2} d(x^2) = x^2 e^{x^2} - e^{x^2} + C$$

（2）因为原函数都是连续的，所以分段函数的不定积分应在分段积分后，调整好两段分别积分的常数，使积出来的分段函数在分界点连续．

例 4-68 设 $f(x) = \begin{cases} x & x \leqslant 1 \\ 1 & x > 1 \end{cases}$，求 $\int f(x) dx$.

解 $\int f(x) dx = \begin{cases} \dfrac{1}{2}x^2 + C & x \leqslant 1 \\ x + C_1 & x > 1 \end{cases}$

由于 $f(x)$ 是连续函数，则其原函数必定存在．由于原函数在 $x=1$ 处应连续，从而

$$\frac{1}{2} + C = 1 + C_1, \text{即 } C_1 = C - \frac{1}{2}$$

故 $\int f(x) dx = \begin{cases} \dfrac{1}{2}x^2 + C & x \leqslant 1 \\ x + C - \dfrac{1}{2} & x > 1 \end{cases}$

2. 不定积分的性质

例 4-69 设 $\int \dfrac{f(x)}{x} dx = \arcsin x + C$，求 $\int f(x) dx$.

解 根据已知条件，由不定积分的性质有

$$\frac{f(x)}{x} = \left(\int \frac{f(x)}{x} dx\right)' = (\arcsin x + C)' = \frac{1}{\sqrt{1-x^2}}, \text{即 } f(x) = \frac{x}{\sqrt{1-x^2}}$$

故 $\int f(x) dx = \int \dfrac{x}{\sqrt{1-x^2}} dx = -\sqrt{1-x^2} + C$（$C$ 为任意常数）

例 4-70 已知 $f'(e^x) = 1 + x$，求 $f(x)$.

解法 1 令 $e^x = t$，则 $f'(t) = 1 + \ln t$，即 $f'(x) = 1 + \ln x$，则

$$\int f'(x) dx = \int (1 + \ln x) dx$$
$$= x + (x\ln x - \int x d(\ln x)) = x + x\ln x - x$$

即 $$f(x) = x\ln x + C$$

解法 2 根据已知，有

$$f(e^x) = \int f'(e^x) d(e^x) = \int (1+x) d(e^x)$$
$$= (1+x)e^x - \int e^x d(1+x) = xe^x$$

故 $$f(x) = x\ln x + C$$

易错提醒：上例容易犯如下错误

$$f(x) = \int f'(e^x)dx$$

使用不定积分的性质 $\int f(\underline{x})d\underline{x} = f(\underline{x})+C$ 时,应注意式画○的三个量应一致。

3. 不定积分的换元积分法

(1) 计算某些积分时需用下面给出的较为复杂的"凑"微分式.

$$\frac{x}{(1+x^2)^2}dx = -\frac{1}{2}d\left(\frac{1}{1+x^2}\right) \qquad (1+\ln x)dx = d(x\ln x)$$

$$\frac{1}{1-x^2}dx = \frac{1}{2}d\left(\ln\frac{1+x}{1-x}\right) \qquad (1+x)e^x dx = d(xe^x)$$

$$\frac{1-\ln x}{x^2}dx = d\left(\frac{\ln x}{x}\right) \qquad \left(1-\frac{1}{x^2}\right)dx = d\left(x-\frac{1}{x}\right)$$

$$\frac{1}{\sqrt{1+x^2}}dx = d(\ln(x+\sqrt{1+x^2}))$$

例 4 – 71 求 $\int \dfrac{x^2+2x}{(x+1)^2}\,dx$.

解
$$\int \frac{x^2+2x}{(x+1)^2}\,dx = \int \frac{(x+1)^2-1}{(x+1)^2}\,dx$$
$$= \int dx - \int \frac{1}{(x+1)^2}\,dx$$
$$= \int dx - \int \frac{1}{(x+1)^2}\,d(x+1)$$
$$= x + \frac{1}{x+1} + C$$

例 4 – 72 求 $\int \dfrac{1}{\sqrt{1+x^2}}\ln(x+\sqrt{1+x^2})dx$.

解
$$\int \frac{1}{\sqrt{1+x^2}}\ln(x+\sqrt{1+x^2})dx = \int \ln(x+\sqrt{1+x^2})d(\ln(x+\sqrt{1+x^2}))$$
$$= \frac{1}{2}(\ln(x+\sqrt{1+x^2}))^2 + C$$

例 4 – 73 求 $\int \dfrac{x+1}{x(1+xe^x)}\,dx$.

解
$$\int \frac{x+1}{x(1+xe^x)}\,dx = \int \frac{(x+1)e^x}{xe^x(1+xe^x)}\,dx$$
$$= \int \frac{1}{xe^x(1+xe^x)}d(xe^x)$$
$$= \int \frac{1}{xe^x}d(e^x x) - \int \frac{1}{(1+xe^x)}d(e^x x)$$
$$= \ln(xe^x) - \ln(1+xe^x) + C$$

(2) 某些分式的积分使用"倒"代换更为简便.

例 4 – 74 求 $\int \dfrac{1}{x^2\sqrt{x^2-1}}dx$.

解 $\int \dfrac{1}{x^2\sqrt{x^2-1}}\mathrm{d}x = \int \dfrac{1}{x^3\sqrt{1-\dfrac{1}{x^2}}}\mathrm{d}x = \dfrac{1}{2}\int \dfrac{1}{\sqrt{1-\dfrac{1}{x^2}}}\mathrm{d}\left(1-\dfrac{1}{x^2}\right)$

$$= \sqrt{1-\dfrac{1}{x^2}} + C = \dfrac{\sqrt{x^2-1}}{x} + C$$

4. 不定积分的分部积分法

(1) 有些积分可以将被积表达式拆成两项,对其中的一项用分部积分后,出现与另一项相抵消的项,从而解出所求积分,这是一种常用的方法.

例 4 - 75 求 $\int \dfrac{x\mathrm{e}^x}{(x+1)^2}\mathrm{d}x$.

解 $\int \dfrac{x\mathrm{e}^x}{(x+1)^2}\mathrm{d}x = \int \dfrac{[(x+1)-1]\mathrm{e}^x}{(x+1)^2}\mathrm{d}x = \int \dfrac{\mathrm{e}^x}{x+1}\mathrm{d}x + \int \mathrm{e}^x \mathrm{d}\left(\dfrac{1}{x+1}\right)$

$$= \int \dfrac{\mathrm{e}^x}{x+1}\mathrm{d}x + \dfrac{\mathrm{e}^x}{x+1} - \int \dfrac{\mathrm{e}^x}{x+1}\mathrm{d}x = \dfrac{\mathrm{e}^x}{x+1} + C$$

例 4 - 76 求 $\int \sec^3 x\,\mathrm{d}x$.

解 $\int \sec^3 x\,\mathrm{d}x = \int \sec x\,\mathrm{d}(\tan x) = \sec x\tan x - \int \tan x\,\mathrm{d}(\sec x)$

$$= \sec x\tan x - \int \tan^2 x\sec x\,\mathrm{d}x$$

$$= \sec x\tan x - \int (\sec^2 x - 1)\sec x\,\mathrm{d}x$$

$$= \sec x\tan x - \int \sec^3 x\,\mathrm{d}x + \int \sec x\,\mathrm{d}x$$

所以 $\qquad 2\int \sec^3 x\,\mathrm{d}x = \sec x\tan x + \ln|\sec x + \tan x| + C_1$

$$\int \sec^3 x\,\mathrm{d}x = \dfrac{1}{2}\sec x\tan x + \dfrac{1}{2}\ln|\sec x + \tan x| + C$$

其中 $C = \dfrac{C_1}{2}$.

(2) 用分部积分法求解某些带根式的积分有时更为快捷.

例 4 - 77 求 $\int \dfrac{x^2}{\sqrt{x^2-1}}\mathrm{d}x$.

解 $\int \dfrac{x^2}{\sqrt{x^2-1}}\mathrm{d}x = \int x\,\mathrm{d}(\sqrt{x^2-1}) = x\sqrt{x^2-1} - \int \sqrt{x^2-1}\,\mathrm{d}x$

$$= x\sqrt{x^2-1} - \int \dfrac{x^2-1}{\sqrt{x^2-1}}\mathrm{d}x$$

$$= x\sqrt{x^2-1} - \int \dfrac{x^2}{\sqrt{x^2-1}}\mathrm{d}x + \int \dfrac{1}{\sqrt{x^2-1}}\mathrm{d}x$$

所以 $\qquad 2\int \dfrac{x^2}{\sqrt{x^2-1}}\mathrm{d}x = x\sqrt{x^2-1} + \int \dfrac{1}{\sqrt{x^2-1}}\mathrm{d}x$

$$\int \frac{x^2}{\sqrt{x^2-1}} dx = \frac{1}{2} x \sqrt{x^2-1} + \frac{1}{2} \ln(x + \sqrt{x^2-1}) + C$$

5. 对有些有理式来说，用拼凑的方法拆分式比待定系数法更为简便.

例 4 - 78 求 $\int \frac{1}{x^4(x^2+1)} dx$.

解 $\int \frac{1}{x^4(x^2+1)} dx = \int \frac{(1-x^4)+x^4}{x^4(x^2+1)} dx = \int \left(\frac{1-x^2}{x^4} + \frac{1}{x^2+1} \right) dx$

$$= \int \left(\frac{1}{x^4} - \frac{1}{x^2} + \frac{1}{x^2+1} \right) dx$$

$$= -\frac{1}{3x^3} + \frac{1}{x} + \arctan x + C$$

6. 一题多解

例 4 - 79 求 $\int \frac{\ln x - 1}{(\ln x)^2} dx$.

解法 1 $\int \frac{\ln x - 1}{(\ln x)^2} dx = -\int \frac{\frac{1-\ln x}{x^2}}{\left(\frac{\ln x}{x}\right)^2} dx = -\int \frac{d\left(\frac{\ln x}{x}\right)}{\left(\frac{\ln x}{x}\right)^2} = \frac{x}{\ln x} + C$

解法 2 $\int \frac{\ln x - 1}{(\ln x)^2} dx = \int \frac{\ln x}{(\ln x)^2} dx - \int \frac{1}{(\ln x)^2} dx = \int \frac{1}{\ln x} dx - \int \frac{1}{(\ln x)^2} dx$

$$= \left[\frac{x}{\ln x} - \int x d\left(\frac{1}{\ln x} \right) \right] - \int \frac{1}{(\ln x)^2} dx$$

$$= \frac{x}{\ln x} + \int \frac{1}{(\ln x)^2} dx - \int \frac{1}{(\ln x)^2} dx = \frac{x}{\ln x} + C$$

例 4 - 80 求 $\int \frac{dx}{x^2 \sqrt{1+x^2}}$.

解法 1 设 $x = \tan t \left(-\frac{\pi}{2} < t < \frac{\pi}{2} \right)$，则 $dx = \sec^2 t \, dt$，于是

$$\int \frac{dx}{x^2 \sqrt{1+x^2}} = \int \frac{\sec^2 t \, dt}{\tan^2 t \sqrt{1+\tan^2 t}} = \int \frac{\cos t}{\sin^2 t} dt$$

$$= \int \frac{d(\sin t)}{\sin^2 t} = -\frac{1}{\sin t} + C$$

$$= -\frac{\sqrt{1+\tan^2 t}}{\tan t} + C$$

$$= -\frac{\sqrt{1+x^2}}{x} + C$$

解法 2 $\int \frac{dx}{x^2 \sqrt{1+x^2}} = \int \frac{dx}{x^3 \sqrt{\frac{1}{x^2}+1}}$

$$= -\frac{1}{2} \int \frac{1}{\sqrt{\frac{1}{x^2}+1}} d\left(\frac{1}{x^2} + 1 \right)$$

$$= -\sqrt{\frac{1}{x^2}+1} + C$$

$$= -\frac{\sqrt{1+x^2}}{x} + C$$

解法 3 $\displaystyle\int \frac{\mathrm{d}x}{x^2\sqrt{1+x^2}} = \int \frac{(1+x^2)-x^2}{x^2\sqrt{1+x^2}}\mathrm{d}x$

$$= \int \frac{\sqrt{1+x^2}}{x^2}\mathrm{d}x - \int \frac{\mathrm{d}x}{\sqrt{1+x^2}}$$

$$= -\int \sqrt{1+x^2}\,\mathrm{d}\left(\frac{1}{x}\right) - \int \frac{\mathrm{d}x}{\sqrt{1+x^2}}$$

$$= -\frac{\sqrt{1+x^2}}{x} + \int \frac{1}{x}\mathrm{d}\left(\sqrt{1+x^2}\right) - \int \frac{\mathrm{d}x}{\sqrt{1+x^2}}$$

$$= -\frac{\sqrt{1+x^2}}{x} + C$$

例 4 - 81 求 $\displaystyle\int \frac{\mathrm{d}x}{\sqrt{x(4-x)}}$.

解法 1 $\displaystyle\int \frac{\mathrm{d}x}{\sqrt{x(4-x)}} = \int \frac{\mathrm{d}x}{\sqrt{4x-x^2}}$

$$= \int \frac{\mathrm{d}(x-2)}{\sqrt{2^2-(x-2)^2}}$$

$$= \arcsin\frac{x-2}{2} + C$$

解法 2 $\displaystyle\int \frac{\mathrm{d}x}{\sqrt{x(4-x)}} = \int \frac{1}{x}\sqrt{\frac{x}{4-x}}\,\mathrm{d}x \quad \left(\text{令 } t = \sqrt{\frac{x}{4-x}}\right)$

$$= 2\int \frac{\mathrm{d}t}{1+t^2} = 2\arctan t + C$$

$$= 2\arctan\sqrt{\frac{x}{4-x}} + C$$

解法 3 $\displaystyle\int \frac{\mathrm{d}x}{\sqrt{x(4-x)}} = \int \frac{\mathrm{d}x}{\sqrt{x}\sqrt{4-x}}$

$$= 2\int \frac{\mathrm{d}(\sqrt{x})}{\sqrt{4-(\sqrt{x})^2}} = 2\arcsin\frac{\sqrt{x}}{2} + C$$

需要说明的是:由于同一个不定积分可以用不同的方法计算,有时积分结果的表达形式可能不一样.但这些结果除了差一个常数外,实质上并无差别,属同一个原函数族.

7. 三角函数有理式的积分举例

(1)"万能变换"的方法.

三角函数有理式是指由三角函数经过四则运算所组成的式子.对形如 $\displaystyle\int f(\sin x, \cos x, \tan x)\mathrm{d}x$ 三角函数有理式的积分,通常采用"万能替换"的方法,即

设 $u = \tan\dfrac{x}{2}$,则 $x = 2\arctan u$, $\mathrm{d}x = \dfrac{2}{1+u^2}\mathrm{d}u$,且有

$$\sin x = \frac{2u}{1+u^2},\ \cos x = \frac{1-u^2}{1+u^2}$$

例 4 – 82 求 $\displaystyle\int \dfrac{1}{3+\cos x}\,\mathrm{d}x$.

解 设 $\tan\dfrac{x}{2} = u$,则

$$\int \frac{1}{3+\cos x}\mathrm{d}x = \int \frac{1}{3+\dfrac{1-u^2}{1+u^2}}\frac{2}{1+u^2}\mathrm{d}u = \int \frac{1}{2+u^2}\mathrm{d}u$$

$$= \frac{1}{\sqrt{2}}\arctan\frac{u}{\sqrt{2}} + C = \frac{1}{\sqrt{2}}\arctan\left(\frac{1}{\sqrt{2}}\tan\frac{x}{2}\right) + C$$

(2) "万能变换"是三角函数有理式积分的一般方法,但不一定是最简捷的方法.

例 4 – 83 求 $\displaystyle\int \dfrac{\sin x}{1+\sin x}\,\mathrm{d}x$.

解法 1 设 $\tan\dfrac{x}{2} = u$,则 $\sin x = \dfrac{2u}{1+u^2}$,$\mathrm{d}x = \dfrac{2}{1+u^2}\mathrm{d}u$,于是

$$\int \frac{\sin x}{1+\sin x}\mathrm{d}x = \int \frac{\dfrac{2u}{1+u^2}}{1+\dfrac{2u}{1+u^2}}\frac{2}{1+u^2}\mathrm{d}u$$

$$= 4\int \frac{u}{(1+u^2)(1+u^2+2u)}\mathrm{d}u$$

$$= 2\int \left(\frac{1}{1+u^2} - \frac{1}{1+u^2+2u}\right)\mathrm{d}u$$

$$= 2\int \frac{1}{1+u^2}\mathrm{d}u - 2\int \frac{1}{(1+u)^2}\mathrm{d}u$$

$$= 2\arctan u + \frac{2}{1+u} + C$$

$$= 2\arctan\left(\tan\frac{x}{2}\right) + \frac{2}{1+\tan\dfrac{x}{2}} + C$$

$$= x + \frac{2}{1+\tan\dfrac{x}{2}} + C$$

解法 2 $\displaystyle\int \frac{\sin x}{1+\sin x}\mathrm{d}x = \int \frac{\sin x(1-\sin x)}{(1+\sin x)(1-\sin x)}\mathrm{d}x$

$$= \int \frac{\sin x - \sin^2 x}{\cos^2 x}\mathrm{d}x$$

$$= \int (\sec x\tan x - \tan^2 x)\mathrm{d}x$$

$$= \sec x - \int (\sec^2 x - 1)\mathrm{d}x$$

$$= \sec x - \tan x + x + C$$

例 4-84 求 $\int \dfrac{2\cos x}{\cos x + \sin x} \mathrm{d}x$.

解
$$\int \dfrac{2\cos x}{\cos x + \sin x} \mathrm{d}x = \int \dfrac{(-\sin x + \cos x) + (\cos x + \sin x)}{\cos x + \sin x} \mathrm{d}x$$
$$= \int \dfrac{(-\sin x + \cos x)}{\cos x + \sin x} \mathrm{d}x + \int \mathrm{d}x$$
$$= \int \dfrac{\mathrm{d}(\cos x + \sin x)}{\cos x + \sin x} + x + C$$
$$= \ln|\cos x + \sin x| + x + C$$

此题若用万能变换比较麻烦(读者自己检验).

8. 并非所有初等函数都可积

许多初等函数的原函数本身不是初等函数,因而出现不定积分存在但"积不出来"的情况,比如 $\int \dfrac{\sin x}{x} \mathrm{d}x, \int \dfrac{\mathrm{e}^x}{x^n} \mathrm{d}x, \int \dfrac{1}{\ln x} \mathrm{d}x$ 等.实际上,可以"积出来"的不定积分仅仅是不定积分存在情况下的一小部分.

习 题 4-5

1. 设 $\sin^2 x$ 是 $f(x)$ 的一个原函数,求 $\int x^2 f''(x) \mathrm{d}x$.

2. 求下列不定积分:

(1) $\int \dfrac{\mathrm{e}^{\sqrt{2x-1}}}{\sqrt{2x-1}} \mathrm{d}x$;

(2) $\int \dfrac{4x+6}{x^2+3x-4} \mathrm{d}x$;

(3) $\int \dfrac{1+\ln x}{(x\ln x)^2} \mathrm{d}x$;

(4) $\int \dfrac{x+\cos x}{x^2+2\sin x} \mathrm{d}x$;

(5) $\int \dfrac{\cos 2x}{1+\sin x \cos x} \mathrm{d}x$;

(6) $\int \dfrac{1}{3+\cos x} \mathrm{d}x$;

(7) $\int \dfrac{1+\sin x}{\sin x(1+\cos x)} \mathrm{d}x$;

(8) $\int \dfrac{1}{1-x^2} \ln \dfrac{1+x}{1-x} \mathrm{d}x$;

(9) $\int \sqrt{\dfrac{\ln(x+\sqrt{1+x^2})}{1+x^2}} \mathrm{d}x$;

(10) $\int \dfrac{x+\sin x}{1+\cos x} \mathrm{d}x$;

(11) $\int \dfrac{\ln \cos x}{\cos^2 x} \mathrm{d}x$;

(12) $\int \dfrac{\ln(1+\mathrm{e}^x)}{\mathrm{e}^x} \mathrm{d}x$;

(13) $\int x \sec^4 x \tan x \mathrm{d}x$;

(14) $\int x^2 \cos^2 \dfrac{x}{2} \mathrm{d}x$;

(15) $\int \dfrac{\arctan x}{x^2} \mathrm{d}x$;

(16) $\int \sin x \ln(\tan x) \mathrm{d}x$;

(17) $\int \mathrm{e}^{2x} (\tan x + 1)^2 \mathrm{d}x$.

数学文摘

数学对其他学科和高科技的影响

今天主持人阿忆给大家请来了著名的数学家杨乐,由他为我们带来一场讲演.阿忆的第一个问题就是,到底数学还是物理是一切科学的基础?

主持人：杨先生，我要问的第一个问题，就是李杰信李博士，他是物理学家，太空物理学家，所以他认为物理是一切科学的基础．您同意吗？您是数学家．

杨乐：依我的看法，数学相对于物理来得更基础．

主持人：来得更基础．

杨乐：对．

主持人：换句话说，那还是数学更是一切科学的基础．

杨乐：对．

主持人：今天杨先生带给我们讲演的题目很长，"数学对其他学科和高科技的影响"．有请杨先生．

杨乐：谢谢大家．在座的同学可能都知道，数学从它发展的历史阶段，各个进程中间，一直是跟物理学、力学、天文发展紧密联系在一起的．

那么到现代，到 20 世纪，尤其是最近的几十年以来，一方面数学还是跟物理、力学和天文有非常密切的关系．尤其是像理论物理，我们在 2002 年的夏天，在北京请到的史蒂芬·霍金教授，大家都知道他是一位非常杰出的理论物理学家．像我们华裔的，杨振宁先生，当然也是非常杰出的理论物理学家．但是他们都有一个共同点，他们的数学的造诣很深，他们同时是杰出的数学家．所以，数学对物理学、力学、天文学依然有着非常重要的作用．不仅仅这样，退回到半个多世纪以前，有的学科，比如化学、医学、生物学、地学，相对数学用得比较少，而且用得比较浅显，它里面也有一些计算，但是不需要很高深的数学工具和知识．但是最近几十年，包括这样一些学科，也都毫无例外地用到数学很多了．

比如说拿生物学来讲，大家都说 21 世纪是生物学的世纪，我们先姑且不论这个观点本身，当然我想有一点是共同的，大家都认为生物学非常重要，今后的发展前途很大．在生物学的发展中，数学就起着越来越大的作用．比如说现在有一个领域，叫生物信息学．生物信息学就是除掉生物本身，还要用数学，用计算机科学，把它们统一地作为工具，来研究一些比如说像核酸、像蛋白质这种大分子的、有大量数据的现象，因为这样就可以解决很多关于基因的、关于遗传密码的、关于生命起源这样重大的问题，对人类、对社会都有非常大的意义．

比如说，我们拿信息这方面来说，信息科学与技术几十年来对整个人类社会发展起了重大的作用．在信息、科学和技术里面，数学就是一个非常重要的工具．我们可以举一个非常简单的例子，用数学的语言表述就是这样，比如说有 N 座城市，你要把 N 座城市连接起来，什么时候能够使它最短，这在信息科学中间当然有很重要的意义．但是它抽象起来就是一个数学问题，这个问题比如说可以考虑 N 等于 3，我们有 3 座城市，北京、天津、保定，我们把问题变得更简单一点，我们假设这 3 个城市是等距离的，这个距离都是 100 公里，我们做这样的假定，如果你不加任何思索的话，你认为把城市 A 连到城市 B，再连到城市 C，用直线来连就可以．但是大家很容易看到这样的连接是 200 公里，如果说 A、B、C 三座城市是等距离，那么它实际上构成了一个等边三角形．我们稍微想一想，再取它的中心，比如说 D，好像加了一座城市 D，我们把 D 来跟 A、B、C 分别连的话，大家很容易看出来，这个时候把它们连在一起，只要 $100 \times \sqrt{3}$，这样的距离，也就是说大约 173 公里，这就比原来短得多了. 当然这是最简单的情况, N 等于 3, 而且所谓分布是等距离. 如果说 N 相当大, N 等于 30 或者 300, 那么问题就复杂得多了, 而且位置可以很随意. 那么从数学上, 我们还考虑所谓 N 趋向于无穷, 情况怎么样, 这是一个很困难的问题, 数学的, 也是计算机科学的极其困难的问题.

再比如说, 在现代社会里, 能源主要靠电, 电是几乎无所不用、无所不在, 如果突然停电的话, 对我们的生产和社会会产生很大的影响. 在那些经济非常发达的地区, 如果说突然停电的话, 会造成几亿甚至于几十亿美元的损失, 那么供电的安全那就是一个重要问题. 实际上供电现在不是靠一个电厂, 而是靠一个大的地区的电网. 这个大的电网由若干个电网组成, 而每个电网又包含了一些发电厂, 每一个发电厂的生产可以通过一组偏微分方程来描述. 这时它是有些制约条件的, 可以用代数方程和数理统计表述出来. 对这么多的偏微分方程组联列起来, 描述一个大的电网, 你不可能求出它的所谓解析解. 我们要求它的数字解, 除掉偏微分方程, 你就要用到计算数学. 而在这个过程中间, 是有很多忽然因素的, 就是随机的因素, 所以我们还要借助于概率论和数理统计. 最终我们是希望控制整个的发电和供电的过程, 使得它能够比较稳定, 所以我们要用控制论. 最后我们还用到微分几何, 为什么呢? 发电和供电的过程有很多的参数, 我们希望每一个参数都找一个合适的范围, 让它在这里头能够保证发电和供电的安全. 参数很多, 所以最后我们要找的是高维空间的一个复杂的几何区域. 当点在这个区域里头, 就能保证是电力稳定的生产和供应; 当它出了这个区域就开始可能发生问题了, 就有一个较大的叫预警区, 当然我们就要非常注意, 要采取一些措施.

再比如说农业吧, 种地你用数学吗? 我就再举一个例子.

现在在农业方面有一种叫精准农业, 也是一个比较新兴的东西. 我们知道一般我们的蔬菜、水果, 上面都会残留有农药或者化肥, 这当然毫无疑问对人体是有害的. 现在又要提出问题了, 我们能不能根据生物的生长规律, 给它建立数学模型, 然后用计算机进行控制, 当这个作物生长的时候, 什么阶段正好需要化肥、需要农药, 而且需要多少量. 我们能够非常精确地给它这么多化肥和农药, 这当然是现在理想的一个境界了, 这样就促使一个新兴的学问产生了, 叫作精准农业. 所以说, 即使像农业这样的学问, 它也需要用到很多数学工具和知识.

那么, 数学现在不仅仅在这些科学、高新技术, 包括像农业、医学这些方面有大量的用途, 而且数学在金融、财贸、保险、证券以至于管理这些方面都有很多的用途. 我也只是举两个例子给同学们听一听. 比如说金融, 一个大的银行系统, 它要有一定的储备金, 任何客户来兑钱的时候, 拿了存折取钱, 它必须要有现金给人家, 这当然是银行必须要做到的事情. 但是它又不能把非常多的现金放在那里, 现金放在那不产生任何的效益, 所以这就变成了数学问题——储备金要足够, 但是又希望它是最少. 这实际上是数学最优化的一个问题. 我们研究院有一个学者, 他过去在国外的时候, 帮一个大的银行系统做过这方面的研究, 结果他发现那个银行的储备金留得太多了, 储备金可以减少一亿多英镑, 还够用, 可以来实现这个兑换, 这就是一个非常重要的成果了, 因为一亿多英镑用于其他方面可以产生很大的效益. 经济上面涉及这些问题还很多. 外币的汇率在不断地变化, 比如美元和日元,它的汇率有的时候就产生相当大的变化,在个别时候变化很激烈.那么这种变化不仅影响美国和日本之间的贸易和经济的发展,而且对我们中国的进出口,对我们中国的经济也同样产生影响.这就是一个研究课题了.这一类的问题当然还很多,所以现在国外有很多数学家,在金融、经济、财贸、证券、保险这些部门在发挥他们的作用,而且有的作用可以说是很突出的.

所以从这些方面来看,数学可以发挥很大的作用.数学之所以能发挥这样大的作用,是由于它的抽象性、直观性、普遍实用性以及精确性.而刚才我说的,数学可以把它的知识、把它的工具用到了这么广泛的,可以说是所有的科学、技术、经济和管理方面,这我认为还是第二位的.第一位的就是,如果说你在数学方面进行了很好的培养和训练的话,你的几何直观能力、你的分析思考的能力、你的逻辑推理的能力以及你的计算能力,都能得到提高,而这些是你做任何事情要做得有创造性、做出高水平所必不可少的.

总的一句话,现在我们提希望素质教育,希望能够创新,那我认为,数学是最好的一个基础,这也就是我回答刚才主持人提出的问题,为什么说数学应该作为科学技术,作为人才培养的基础.

……

主持人:通过这次讲演,我的收获真是不少.我有一个问题是,数学研究在你的心中是一件什么物件?什么东西?什么存在?

杨乐:数学应该说是我整个一生的一个组成部分,而且可以说是最主要的部分.

主持人:数学是杨乐先生一生当中最重要的组成部分.好,谢谢杨先生光临我们的节目.

编载自"凤凰卫视世纪大讲堂"

复习题 4

[A]

1. 填空题.

(1) 已知 $f(x)$ 的一个原函数是 $\ln x$,则 $\int f(x)\mathrm{d}x = $ _____.

(2) 如果 $\int f(x)\mathrm{d}x = \arcsin x + C$,则 $f(x) = $ _____.

(3) 积分曲线族 $\int 2x\mathrm{d}x$ 中,通过点 $(0,1)$ 的一条曲线方程为_____.

(4) $\int \dfrac{x\cos x - 1}{x}\mathrm{d}x = $ _____.

(5) $\int \dfrac{1}{(x+1)^2}\mathrm{d}x = $ _____.

(6) $\int \dfrac{\mathrm{e}^x}{1+\mathrm{e}^x}\mathrm{d}x = $ _____.

(7) 若 $\int f(x)\mathrm{d}x = F(x) + C$,则 $\int f(ax+b)\mathrm{d}x = $ _____.

(8) 设 $f(x) = \sqrt{1-x^2}$,则 $\int f'(\sin x)\cos x \mathrm{d}x =$ _____.

(9) 若 $\int f(x)\mathrm{d}x = x^2 + C$,则 $\int xf(1+x^2)\mathrm{d}x =$ _____.

(10) $\int x\mathrm{d}\left(\dfrac{1}{1+x^2}\right) =$ _____.

2. 选择题.

(1) $f(x)$ 的一个原函数是 $\dfrac{\ln x}{x}$,则 $\int f'(x)\mathrm{d}x$ 等于( ).

A. $\dfrac{\ln x}{x} + C$; B. $\dfrac{1}{x} + C$;

C. $\dfrac{1-\ln x}{x^2} + C$; D. $\dfrac{1-2\ln x}{x} + C$.

(2) $\int f(x)\mathrm{d}x = 2\sin\dfrac{x}{2} + C$,则 $f(x) = ($).

A. $\cos\dfrac{x}{2} + C$; B. $\cos\dfrac{x}{2}$;

C. $2\cos\dfrac{x}{2} + C$; D. $2\cos\dfrac{x}{2}$.

(3) $\int \cos 2x \mathrm{d}x = ($).

A. $\sin x \cos x + C$; B. $-\dfrac{1}{2}\sin 2x + C$;

C. $2\sin 2x + C$; D. $\sin 2x + C$.

(4) 如果 $f(x) = \mathrm{e}^{-x}$,则 $\int \dfrac{f'(\ln x)}{x}\mathrm{d}x = ($).

A. $-\dfrac{1}{x} + C$; B. $\dfrac{1}{x} + C$;

C. $-\ln x + C$; D. $\ln x + C$.

(5) $\int \dfrac{f'(x)}{1+[f(x)]^2}\mathrm{d}x = ($).

A. $\ln[1+f(x)] + C$; B. $\tan f(x) + C$;

C. $\dfrac{1}{2}\arctan f(x) + C$; D. $\arctan f(x) + C$.

(6) 设 $f(x) = \sin x$,则 $\int xf'(x)\mathrm{d}x = ($).

A. $x\cos x + \sin x + C$; B. $x\cos x - \sin x + C$;

C. $x\sin x - \cos x + C$; D. $x\sin x + \cos x + C$.

3. 计算下列不定积分:

(1) $\int (5-2x)^9 \mathrm{d}x$; (2) $\int \cos^5 x \sqrt{\sin x}\,\mathrm{d}x$;

(3) $\int \dfrac{\ln x}{x\sqrt{1+\ln x}}\mathrm{d}x$; (4) $\int \dfrac{1}{1+\mathrm{e}^{2x}}\mathrm{d}x$;

(5) $\int \dfrac{1}{x^2-x-6}\mathrm{d}x$; (6) $\int \dfrac{\sqrt{x+1}-1}{\sqrt{x+1}+1}\mathrm{d}x$;

(7) $\int \dfrac{1}{x^2\sqrt{x^2+3}}\mathrm{d}x$; (8) $\int \dfrac{\ln x}{x^2}\mathrm{d}x$;

(9) $\int x^2 \cos x \mathrm{d}x$.

[B]

1. 填空题.

(1) 若 $f'(x) = 2x$,则 $\int f(x)\mathrm{d}x = $ _____.

(2) $\int $ _____ $\mathrm{d}x = x\mathrm{e}^x + C$.

(3) 设 $f(x)$ 是连续函数且 $\int f(x)\mathrm{d}x = F(x) + C$,则 $\int F(x)f(x)\mathrm{d}x = $ _____.

(4) $\int \dfrac{\sin x + \cos x}{(\sin x - \cos x)^3}\mathrm{d}x = $ _____.

(5) $\int \dfrac{\mathrm{d}x}{\sqrt{x}(1+x)} = $ _____.

(6) $\int x(x-1)^3 \mathrm{d}x = $ _____.

(7) $\int \dfrac{x\sin x \mathrm{d}x}{\cos^3 x} = $ _____.

(8) 若 $f(x) = \tan x$,则 $\int xf''(x)\mathrm{d}x = $ _____.

2. 选择题.

(1) 设 $f(x) = k\tan 2x$ 的一个原函数为 $\dfrac{2}{3}\ln\cos 2x$,则 k 等于( ).

A. $-\dfrac{2}{3}$; B. $\dfrac{3}{2}$;

C. $-\dfrac{4}{3}$; D. $\dfrac{3}{4}$.

(2) 设 $f(x)$ 有连续导函数,则下列命题中正确的是( ).

A. $\int f'(2x)\mathrm{d}x = \dfrac{1}{2}f(2x) + C$; B. $\int f'(2x)\mathrm{d}x = f(2x) + C$;

C. $(\int f(2x)\mathrm{d}x)' = 2f(2x)$; D. $\int f'(2x)\mathrm{d}x = f(x) + C$.

(3) 设 $\ln x$ 是 $f(x)$ 的一个原函数,则 $f(x)$ 的另一个原函数是(其中 $a > 0$ 且为常数)( ).

A. $\ln|x+a|$; B. $\dfrac{1}{a}\ln ax$;

C. $\ln|ax|$; D. $a\ln x$.

(4) 若 $\int f'(x^2)\mathrm{d}x = x^4 + C$,则 $f(x) = $ ( ).

A. $x^2 + C$; B. $\dfrac{8}{5}x^{\frac{5}{2}} + C$;

C. $\dfrac{1}{3}x^3 + C$; D. $x^4 + C$.

(5) 设 $f'(\cos^2 x) = \sin^2 x$,且 $f(0) = 0$,则 $f(x) = $ ( ).

A. $\cos x + \dfrac{1}{2}\cos^2 x$; B. $\cos^2 x - \dfrac{1}{2}\cos^4 x$;

C. $x + \dfrac{1}{2}x^2$; D. $x - \dfrac{1}{2}x^2$.

(6) $\int \sec^7(5x)\tan(5x)\mathrm{d}x = ($ $)$.

A. $\dfrac{1}{7}\sec^7(5x) + C$;   B. $\dfrac{1}{5}\sec^7(5x) + C$;

C. $\dfrac{1}{35}\sec^7(5x) + C$;   D. $35\sec^7(5x) + C$.

3. 计算下列不定积分：

(1) $\int \dfrac{\ln\tan x}{\sin x \cos x}\mathrm{d}x$;

(2) $\int \dfrac{1+x^2}{1+x^4}\mathrm{d}x$;

(3) $\int \dfrac{\mathrm{d}x}{x^6(x^2+1)}$;

(4) $\int \dfrac{x\mathrm{e}^x}{\sqrt{1+\mathrm{e}^x}}\mathrm{d}x$;

(5) 若 $f'(\sin^2 x) = \cos 2x + \tan^2 x$ $(0 < x < 1)$，求 $f(x)$;

(6) 设 $\int xf(x)\mathrm{d}x = \arcsin x + C$，求 $\int f(x)\mathrm{d}x$;

(7) 设 $f(\ln x) = \dfrac{\ln(1+x)}{x}$，求 $\int f(x)\mathrm{d}x$.

课外学习 4

1. 在线学习

苏步青：谈谈怎样学好数学（网页链接见对应配套电子课件）．

2. 阅读与写作

阅读本章"数学文摘：数学对其他学科和高科技的影响"．

第 5 章　定积分及其应用

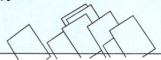

在科学技术和现实生活的许多问题中,经常需要计算某些"和式的极限".定积分就是从各种计算"和式的极限"问题抽象出的数学概念,它与不定积分是两个不同的数学概念.但是,微积分基本定理把这两个概念联系起来,解决了定积分的计算问题,从而使定积分得到了广泛的应用.

5.1　定积分的概念及性质

5.1.1　引例

1. 曲边梯形的面积

由连续曲线 $y=f(x)$ 和直线 $x=a, x=b$,及 $y=0$ 所围成的平面图形称为曲边梯形,如图 5-1 所示.

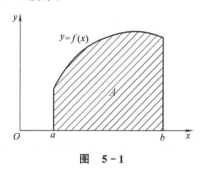

图 5-1

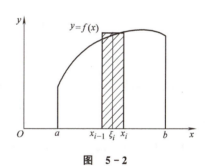

图 5-2

如何计算曲边梯形的面积 A 呢?在前面我们已经作过类似的计算(见第 1.2 节中的引例 2),方法是拆分区间、近似代替、求和、取极限,计算曲边梯形的面积也采用这种方法.

如果把区间 $[a,b]$ 划分成许多小区间,那么曲边梯形也相应地被划分成许多小曲边梯形.在每个小区间上用其中某一点处的高来近似代替同一区间上小曲边梯形的高,那么,每个小曲边梯形就可以近似地看成小矩形,如图 5-2 所示.我们就以所有这些小矩形的面积之和作为曲边梯形面积的近似值,区间越细分,近似的程度越好,如图 5-3 所示.若把区间 $[a,b]$ 无限细分下去,使每个小区间的长度都趋于零,这时所有小矩形面积之和的极限就是曲边梯形的面积.上述思路分成以下四个步骤:

(1) 分割　用分点 $a=x_0<x_1<x_2<\cdots<x_n=b$ 将 $[a,b]$ 分成 n 个小区间
$$[x_{i-1},x_i] \quad (i=1,2,\cdots,n)$$
小区间的长度为

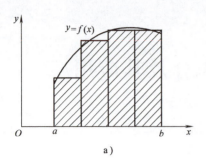
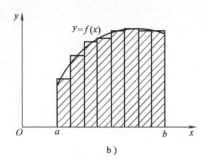

图 5-3

$$\Delta x_i = x_i - x_{i-1} \quad (i=1,2,\cdots,n)$$

过各分点做 x 轴的垂线将曲边梯形分成 n 个小曲边梯形.

(2) 近似代替　在每个小区间 $[x_{i-1}, x_i]$ 上任取一点 ξ_i, 取以 Δx_i 为底, $f(\xi_i)$ 为高的小矩形面积 ΔA_i 作为小曲边梯形面积的近似值, 即

$$\Delta A_i = f(\xi_i) \Delta x_i$$

(3) 求和　各个小矩形面积的和 A_n 为

$$A_n = \sum_{i=1}^{n} \Delta A_i$$

用 A_n 作为曲边梯形面积 A 的近似值.

(4) 取极限　记 $\lambda = \max_{0 \leqslant i \leqslant n} \{\Delta x_i\}$, 当 $\lambda \to 0$ 时, A_n 的极限 A 为曲边梯形的面积, 即

$$A = \lim_{\lambda \to 0} A_n = \lim_{\lambda \to 0} \sum_{i=1}^{n} f(\xi_i) \Delta x_i$$

2. 变速直线运动路程的计算

设物体做变速直线运动的速度 v 与时间 t 的函数关系为 $v = v(t)$, 则求该物体在时间区间 $[T_1, T_2]$ 内运动的距离 s 可类似进行分析.

用分点 $T_1 = t_0 < t_1 < t_2 < \cdots < t_n = T_2$ 将时间区间 $[T_1, T_2]$ 分成 n 个小区间. 在每个小区间 $[t_{i-1}, t_i]$ 上任取一点 τ_i, 以 $\Delta s_i = v(\tau_i) \Delta t_i$ 作为小时间区间 $[t_{i-1}, t_i]$ 上运动距离的近似值. $\sum_{i=1}^{n} v(\tau_i) \Delta t_i$ 作为距离 s 的近似值, 记 $\lambda = \max_{0 \leqslant i \leqslant n} \{\Delta t_i\}$, 则

$$s = \lim_{\lambda \to 0} \sum_{i=1}^{n} v(\tau_i) \Delta t_i$$

上述两个问题虽然实际意义不同, 但解决问题的基本方法和步骤却完全相同, 最终都归结为一种特殊和式的极限.

对于处理类似这种问题的思想方法, 给出一个统一的说法和简单具有代表性的记号, 这就是下面要介绍的定积分.

5.1.2　定积分的定义及性质

1. 定积分的定义

定义 1　已知函数 $f(x)$ 在 $[a, b]$ 上有定义, 用任意分点

$$a = x_0 < x_1 < x_2 < \cdots < x_n = b$$

将$[a,b]$分成 n 个小区间,小区间的长度为 $\Delta x_i = x_i - x_{i-1}$ $(i=1,2,\cdots,n)$,在每个小区间 $[x_{i-1}, x_i]$ 上任取一点 ξ_i $(x_{i-1} \leqslant \xi_i \leqslant x_i)$,求乘积 $f(\xi_i)\Delta x_i$;再作和 $\sum_{i=1}^{n} f(\xi_i)\Delta x_i$,记 $\lambda = \max_{0 \leqslant i \leqslant n}\{\Delta x_i\}$. 若极限 $\lim_{\lambda \to 0} \sum_{i=1}^{n} f(\xi_i)\Delta x_i$ 存在,则称此极限值为函数 $f(x)$ 在$[a,b]$上的**定积分**,记作 $\int_a^b f(x)\mathrm{d}x$,即

$$\int_a^b f(x)\mathrm{d}x = \lim_{\lambda \to 0} \sum_{i=1}^{n} f(\xi_i)\Delta x_i$$

其中 $f(x)$ 叫作**被积函数**,$f(x)\mathrm{d}x$ 叫作**被积表达式**;x 叫作**积分变量**,a,b 分别叫作积分的下限和上限,$[a,b]$叫作**积分区间**.

需要说明的是:(1) 定积分是特殊和式的极限,它是一个定数,只与被积函数 $f(x)$ 和积分区间$[a,b]$有关,与积分变量所用的字母无关. 例如

$$\int_a^b f(x)\mathrm{d}x = \int_a^b f(t)\mathrm{d}t$$

(2) 在定积分定义中要求积分限 $a<b$,我们补充如下规定:

当 $a=b$ 时,$\int_a^b f(x)\mathrm{d}x = 0$;

当 $a>b$ 时,$\int_a^b f(x)\mathrm{d}x = -\int_b^a f(x)\mathrm{d}x$.

根据定积分的定义,前面的两个实例可分别表述为:

(1) 曲边梯形的面积 $A = \int_a^b f(x)\mathrm{d}x$;

(2) 变速运动的路程 $s = \int_{T_1}^{T_2} v(t)\mathrm{d}t$.

由于定积分是特殊和式的极限,那么函数 $f(x)$ 在什么条件下其定积分存在呢? 为此,我们给出如下定理.

定理 1 若函数 $f(x)$在$[a,b]$上连续,那么,$f(x)$在$[a,b]$上可积.

定理 2 若函数 $f(x)$在$[a,b]$上有界,且只有有限个间断点,那么,$f(x)$在$[a,b]$上可积.

2. 定积分的几何意义

(1) 如果 $f(x)>0$,图形在 x 轴之上,积分值为正,有 $\int_a^b f(x)\mathrm{d}x = A$;

(2) 如果 $f(x) \leqslant 0$,图形在 x 轴下方,积分值为负,即 $\int_a^b f(x)\mathrm{d}x = -A$;

(3) 如果 $f(x)$在$[a,b]$上有正有负,则积分值就等于曲线 $y=f(x)$在 x 轴上方的部分与下方部分面积的代数和,如图 5-4 所示,有

$$\int_a^b f(x)\mathrm{d}x = A_1 - A_2 + A_3$$

例 5-1 利用定积分的几何意义,求 $\int_0^1 \sqrt{1-x^2}\,\mathrm{d}x$ 的值.

解 定积分 $\int_0^1 \sqrt{1-x^2}\,\mathrm{d}x$ 在几何上表示以 $O(0,0)$ 为圆心,半径为 1 的 $\frac{1}{4}$ 圆的面积,如图 5-5 所示,所以 $\int_0^1 \sqrt{1-x^2}\,\mathrm{d}x = \frac{\pi}{4}$.

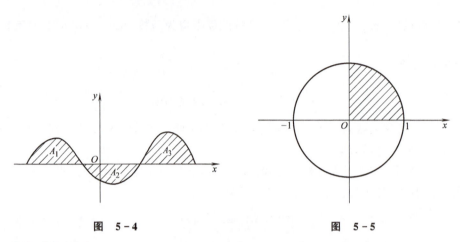

图 5-4　　　　　　图 5-5

3. 定积分的性质

设函数 $f(x), g(x)$ 在所讨论的区间上可积,则定积分有如下性质:

性质 1　$\int_a^b kf(x)\,\mathrm{d}x = k\int_a^b f(x)\,\mathrm{d}x$ (k 为常数)

性质 2　$\int_a^b [f(x) \pm g(x)]\,\mathrm{d}x = \int_a^b f(x)\,\mathrm{d}x \pm \int_a^b g(x)\,\mathrm{d}x$

性质 3(积分区间的可加性)　$\int_a^b f(x)\,\mathrm{d}x = \int_a^c f(x)\,\mathrm{d}x + \int_c^b f(x)\,\mathrm{d}x$ (c 为任意实数)

需要说明的是:无论 c 是 $[a,b]$ 的内分点还是外分点,该式都成立. 这是因为:当 $a<c<b$ 时,即 c 是 $[a,b]$ 的内分点时上式显然成立;当 $a<b<c$,即 c 是 $[a,b]$ 的外分点时($c<a<b$ 的情况可类似说明),有

$$\int_a^c f(x)\,\mathrm{d}x = \int_a^b f(x)\,\mathrm{d}x + \int_b^c f(x)\,\mathrm{d}x$$

即　$\int_a^b f(x)\,\mathrm{d}x = \int_a^c f(x)\,\mathrm{d}x - \int_b^c f(x)\,\mathrm{d}x = \int_a^c f(x)\,\mathrm{d}x + \int_c^b f(x)\,\mathrm{d}x$

所以上式成立.

性质 4　如果在 $[a,b]$ 上,$f(x)$ 恒等于 1,则 $\int_a^b \mathrm{d}x = b - a$.

性质 5　如果在 $[a,b]$ 上,$f(x) \leqslant g(x)$,则 $\int_a^b f(x)\,\mathrm{d}x \leqslant \int_a^b g(x)\,\mathrm{d}x$.

性质 6(估值定理)　如果在 $[a,b]$ 上,$m \leqslant f(x) \leqslant M$,则有

$$m(b-a) \leqslant \int_a^b f(x)\,\mathrm{d}x \leqslant M(b-a)$$

性质 7(积分中值定理)　如果 $f(x)$ 在闭区间 $[a,b]$ 上连续,则在该区间上至少存在一点 ξ,使得

$$\int_a^b f(x)\mathrm{d}x = f(\xi)(b-a) \quad (a \leqslant \xi \leqslant b)$$

积分中值定理表明,在$[a,b]$上的曲边梯形的面积等于同一底边而高为$f(\xi)$的矩形的面积,如图 5-6 所示.

将上式变形即可得 $f(\xi) = \dfrac{\int_a^b f(x)\mathrm{d}x}{b-a}$,从几何角度容易看出,数值 $\dfrac{\int_a^b f(x)\mathrm{d}x}{b-a}$ 表示连续曲线 $y=f(x)$ 在闭区间$[a,b]$上的平均高度,也就是函数 $y=f(x)$ 在闭区间$[a,b]$上的平均值,这是有限个数的平均值概念的拓广.

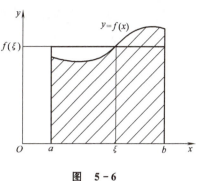

图 5-6

习 题 5-1

1. 利用定积分的几何意义,证明下列等式:

(1) $\int_0^1 2x\mathrm{d}x = 1$;(2) $\int_{-\pi}^{\pi} \sin x\mathrm{d}x = 0$.

2. 用定积分表示下列各组曲线围成的平面图形的面积 A:

(1) $y = 1 - x^2, y = 0$;

(2) $y = \sin x, x = \dfrac{\pi}{2}, x = \pi, y = 0$;

(3) $y = \ln x, x = \mathrm{e}, y = 0$.

3. 确定下列定积分的符号:

(1) $\int_{\frac{1}{2}}^1 x^2 \ln x\mathrm{d}x$; (2) $\int_0^{-\frac{\pi}{2}} \sin^3 x \cos^3 x\mathrm{d}x$.

4. 利用定积分的几何意义或性质计算下列定积分:

(1) $\int_{-2}^2 (x+1)\mathrm{d}x$; (2) $\int_{-2}^2 2\sqrt{4-x^2}\mathrm{d}x$.

> 定积分的思想启示:再复杂的事情都可以分解成一些简单的事情,再伟大的目标都是由一些简单的小目标组合起来的,只要我们运用智慧将它们合理地分解之后再累积起来,就可以实现自己的梦想.

5.2 微积分基本公式

前面介绍了定积分的定义与性质,下面将介绍如何计算定积分.

5.2.1 积分上限的函数及其导数

1. 积分上限的函数

设函数 $f(x)$ 在区间$[a,b]$上连续,则定积分 $\int_a^b f(x)\mathrm{d}x$ 存在,且为一定数.设 $x \in [a,b]$,

因为 $f(x)$ 在 $[a,x]$ 上连续,所以定积分 $\int_a^x f(x)dx$ 存在. 这里积分上限和积分变量都用 x 表示,为便于区分起见,把积分变量换写为 t,于是上面的定积分可以写成

$$\int_a^x f(t)dt$$

当 x 在 $[a,b]$ 上变动时,对应于每一个 x 值,积分 $\int_a^x f(t)dt$ 就有一个确定的值,显然它是上限 x 的函数,所以,称其为积分上限的函数,记作

$$\Phi(x) = \int_a^x f(t)dt \quad (a \leqslant x \leqslant b)$$

2. 积分上限的函数的性质

定理 3 如果函数 $f(x)$ 在区间 $[a,b]$ 上连续,则变上限积分 $\Phi(x) = \int_a^x f(t)dt$ 在 $[a,b]$ 上可导,且其导数是

$$\boxed{\Phi'(x) = \frac{d}{dx}\int_a^x f(t)dt = f(x) \quad (a \leqslant x \leqslant b)} \tag{5-1}$$

证 因为 $\Phi(x) = \int_a^x f(t)dt$,则函数 $\Phi(x)$ 在 x 处的增量为

$$\Delta\Phi(x) = \Phi(x+\Delta x) - \Phi(x) \quad x+\Delta x \in [a,b]$$
$$= \int_a^{x+\Delta x} f(t)dt - \int_a^x f(t)dt$$
$$= \int_a^{x+\Delta x} f(t)dt + \int_x^a f(t)dt$$
$$= \int_x^{x+\Delta x} f(t)dt$$

由积分中值定理有 $\int_x^{x+\Delta x} f(t)dt = f(\xi)\Delta x \quad \xi \in [x, x+\Delta x]$

即 $\Delta\Phi(x) = f(\xi)\Delta x$,则 $\lim\limits_{\Delta x \to 0} \dfrac{\Delta\Phi(x)}{\Delta x} = \lim\limits_{\Delta x \to 0} \dfrac{f(\xi)\Delta x}{\Delta x} = f(x)$,

所以函数 $\Phi(x)$ 可微,且 $\Phi'(x) = f(x)$.

定理说明积分上限的函数 $\Phi(x) = \int_a^x f(t)dt$ 的导数就是 $f(x)$,又由原函数的定义知,$\Phi(x)$ 是 $f(x)$ 的一个原函数. 由此可知,连续函数的原函数一定存在.

例 5-2 求函数 $\Phi(x) = \int_a^x \sin t^3 dt$ 的导数.

解 $\Phi'(x) = \dfrac{d}{dx}\int_a^x \sin t^3 dt = \sin x^3$

例 5-3 求函数 $\int_x^0 \ln(3t+1)dt$ 的导数.

解 $\left[\int_x^0 \ln(3t+1)dt\right]' = \left[-\int_0^x \ln(3t+1)dt\right]' = -\ln(3x+1)$

例 5-4 求极限 $\lim\limits_{x \to 0} \dfrac{\int_0^x \cos t^2 \, dt}{x}$.

解 这是一个"$\dfrac{0}{0}$"型未定式,故可用洛必达法则求极限.

因为
$$\left(\dfrac{d}{dx}\int_0^x \cos t^2 \, dt\right)' = \cos x^2$$

所以
$$\lim\limits_{x \to 0} \dfrac{\int_0^x \cos t^2 \, dt}{x} = \lim\limits_{x \to 0} \dfrac{\left(\int_0^x \cos t^2 \, dt\right)'}{x'} = \lim\limits_{x \to 0} \dfrac{\cos x^2}{1} = 1$$

5.2.2 微积分基本公式

定理 4(牛顿—莱布尼茨公式) 设函数 $f(x)$ 是闭区间 $[a,b]$ 上的连续函数,$F(x)$ 是它在闭区间 $[a,b]$ 上的任意一个原函数,则有

$$\boxed{\int_a^b f(x) \, dx = F(b) - F(a) = F(x)\Big|_a^b = [F(x)]_a^b} \tag{5-2}$$

证 已知 $F(x)$ 是 $f(x)$ 的任意一个原函数,因为 $\Phi(x) = \int_a^x f(t) \, dt$ 也是 $f(x)$ 的一个原函数,因此,$F(x)$ 与 $\Phi(x)$ 只相差一个常数,即

$$\int_a^x f(t) \, dt = F(x) + C$$

令 $x = a$,得
$$C = -F(a)$$

因此
$$\int_a^x f(t) \, dt = F(x) - F(a)$$

再令 $x = b$,得
$$\int_a^b f(x) \, dx = F(b) - F(a) = F(x)\Big|_a^b$$

牛顿—莱布尼茨公式深刻地揭示了微分学与积分学之间的联系,给出了计算连续函数定积分的一个一般而简便的方法,把定积分的计算与求函数的不定积分联系了起来.

例 5-5 求 $\int_0^1 x^2 \, dx$.

解 $\int_0^1 x^2 \, dx = \dfrac{1}{3} x^3 \Big|_0^1 = \dfrac{1}{3}(1^3 - 0^3) = \dfrac{1}{3}$

例 5-6 求 $\int_{-1}^1 \dfrac{1}{1+x^2} \, dx$.

解 $\int_{-1}^1 \dfrac{1}{1+x^2} \, dx = \arctan x \Big|_{-1}^1 = \arctan 1 - \arctan(-1)$
$$= \dfrac{\pi}{4} - \left(-\dfrac{\pi}{4}\right) = \dfrac{\pi}{2}$$

例 5-7 求 $\int_{-1}^1 \dfrac{e^x}{1+e^x} \, dx$.

解 $\int_{-1}^1 \dfrac{e^x}{1+e^x} \, dx = \int_{-1}^1 \dfrac{1}{1+e^x} \, d(1+e^x) = \ln(1+e^x) \Big|_{-1}^1 = 1$

例 5-8 求 $\int_0^\pi \cos^2 x \sin x \, dx$.

解 $\int_0^\pi \cos^2 x \sin x \, dx = -\int_0^\pi \cos^2 x \, d(\cos x) = -\frac{1}{3}\cos^3 x \Big|_0^\pi = \frac{2}{3}$

例 5-9 设 $f(x) = \begin{cases} x+1 & x \geq 0 \\ e^{-x} & x < 0 \end{cases}$, 求 $\int_{-1}^2 f(x) \, dx$.

解 由定积分性质 3,有
$$\int_{-1}^2 f(x) \, dx = \int_{-1}^0 f(x) \, dx + \int_0^2 f(x) \, dx = \int_{-1}^0 e^{-x} \, dx + \int_0^2 (x+1) \, dx$$
$$= [-e^{-x}]_{-1}^0 + \left[\frac{1}{2}x^2 + x\right]_0^2 = e + 3$$

例 5-10 求 $\int_1^3 |x-2| \, dx$.

解 因为 $|x-2| = \begin{cases} 2-x & 1 \leq x < 2 \\ x-2 & 2 \leq x \leq 3 \end{cases}$, 由定积分性质 3,有
$$\int_1^3 |x-2| \, dx = \int_1^2 (2-x) \, dx + \int_2^3 (x-2) \, dx$$
$$= \int_1^2 2 \, dx - \int_1^2 x \, dx + \int_2^3 x \, dx - \int_2^3 2 \, dx = 1$$

习 题 5-2

1. 求下列函数的导数:

(1) $\Phi(x) = \int_0^x \ln(1+t^2) \, dt$;

(2) $\Phi(x) = \int_x^{-2} e^{2t} \sin t \, dt$;

(3) $\Phi(x) = \int_x^1 \sqrt{1+t^3} \, dt$;

(4) $\Phi(x) = \int_0^{x^2} \sqrt{1+t^2} \, dt$;

(5) $\Phi(x) = \int_{x^2}^{x^3} \frac{1}{\sqrt{1+t^4}} \, dt$;

(6) $\Phi(x) = \int_{\sin x}^{\cos x} \cos(\pi t^2) \, dt$.

2. 求下列极限:

(1) $\lim\limits_{x \to 0} \dfrac{\int_0^x t \tan t \, dt}{x^3}$;

(2) $\lim\limits_{x \to 0} \dfrac{\int_0^x 2t \cos t \, dt}{1 - \cos x}$;

(3) $\lim\limits_{x \to +\infty} \dfrac{\int_a^x \left(1+\dfrac{1}{t}\right)^t dt}{x}$ ($a > 0$ 为常数).

3. 计算下列定积分:

(1) $\int_0^1 e^x \, dx$;

(2) $\int_0^{\frac{\pi}{2}} \sin x \, dx$;

(3) $\int_0^1 \dfrac{3x^4 + 3x^2 + 1}{1+x^2} \, dx$;

(4) $\int_0^{\frac{\pi}{2}} \sin^2 \dfrac{x}{2} \, dx$;

(5) $\int_0^{\frac{\pi}{4}} \dfrac{\tan x}{\cos^2 x} \, dx$;

(6) $\int_0^1 (2x-1)^{100} \, dx$;

(7) $\int_0^\pi \cos\left(\dfrac{x}{4} + \dfrac{\pi}{4}\right) dx$;

(8) $\int_{\frac{1}{\pi}}^{\frac{2}{\pi}} \dfrac{1}{x^2} \sin \dfrac{1}{x} \, dx$;

(9) $\int_{-2}^{0} \frac{1}{1+e^x} dx$;

(10) $\int_{0}^{1} \frac{x}{1+x^2} dx$;

(11) $\int_{0}^{2} |1-x| dx$;

(12) $\int_{0}^{2\pi} |\sin x| dx$.

4. 设函数 $f(x) = \begin{cases} x+1 & x \leqslant 1 \\ 2x^2 & x > 1 \end{cases}$, 求 $\int_{-1}^{3} f(x) dx$.

背景聚焦

谁发明了微积分?

微积分思想,最早可以追溯到希腊由阿基米德等人提出的计算面积和体积的方法. 经过长时期的酝酿, 在牛顿与莱布尼茨两人的手中成为有系统的学问, 所以简单的说法就认定他们两人是微积分的发明者. 即便如此, 他们两人的微积分风格不同, 贡献各异, 甚至为了"谁发明了微积分", 还争吵不休.

牛顿(1642—1727)首先得到一般指数的二项式展开式, 利用它及微积分基本定理, 将主要的函数表示成幂级数, 然后用逐项积分与逐项微分的方法, 来处理这些函数的微积分. 所以他是深知微积分基本定理的人, 而且用幂级数的方法处理微积分的计算.

此外, 牛顿最大的贡献就是把微积分用到物理上. 他从开普勒的行星运动三大定律及伽利略的落体运动及抛物运动出发, 构思了自己的运动定律及万有引力定律, 而他自己的定律都可以用微积分的式子表示. 而且在仅有太阳及一颗行星的简化系统上, 他能用微积分的方法, 证明开普勒的三大定律与万有引力定律之间可以互相导出. 牛顿在其巨著《自然哲学的数学原理》中, 不但做了这样的推演, 更用微积分的方法, 讨论了潮汐、月球的不规则运动等现象.

莱布尼茨(1646—1716)从几何问题出发, 运用分析学方法引进微积分概念. 他最主要的贡献是把微分与积分的技巧整理得很清楚, 包括微分的四则定理——即函数的四则运算与微分运算的交换法则, 也包括了积分的分部积分技巧.

另外, 莱布尼茨的微积分符号更是影响深远, 直到现在大家都乐于使用. 莱布尼茨的微分符号 $\frac{dy}{dx}$, 不但具有无穷小观点的直观, 而且像连锁规则 $\frac{dz}{dx} = \frac{dz}{dy} \frac{dy}{dx}$ 看起来就是自然的结果(虽然它是必须严格证明的定理), 不但方便记忆, 也方便运算. 莱布尼茨的积分符号 $\int_{a}^{b} f(x) dx$, 一样深具无穷小观点的直观, 许多物理中的积分公式, 只要懂得物理内涵, 积分公式就自然写出. 变量代换、分部积分在这样的符号下, 变成为符号的形式操作.

牛顿在1660年代就开始思考微积分及相关的应用, 但直到1687年出版其巨著时, 才正式公之于世. 莱布尼茨1670年代才开始了微积分的创造, 但1684年就在《教师学报》上发表了论文, 题目是《一种求极大极小的奇妙类型的计算》, 被认为是数学史上最早发表的微积分文献. 因此, 谁先发明微积分就成了问题. 更关键的是, 1676年莱布尼茨透过英国皇家学会的秘书通信, 与牛顿交换了彼此对微积分的研究结果.

牛顿在推销自己想法方面是被动的, 莱布尼茨则较积极, 而且他的符号又直观, 非

> 常好用. 于是莱布尼茨逐渐成为一群活跃数学家的领袖, 这使得英国学者很不是滋味. 他们认为莱布尼茨从与牛顿间接通信中得到重大的启示(牛顿也这么认为)但居然未公开如此表示过, 所以令人感到不高兴, 于是公开指控莱布尼茨抄袭的罪行. 其实在通信中, 牛顿提到的只是结果, 从未透露得到结果的方法.
>
> 所以, 现在的说法就是: 牛顿与莱布尼茨两人都是微积分的发明者.
>
> 编摘自曹亮吉的《阿草的葫芦》

5.3 定积分的换元法与分部积分法

与不定积分计算类似, 求解定积分时, 也需要讨论定积分的换元法与分部积分法.

5.3.1 定积分的换元法

定理 5 若函数 $f(x)$ 在区间 $[a,b]$ 上连续, 函数 $x=\varphi(t)$ 在区间 $[\alpha,\beta]$ 上单调且有连续导数 $\varphi'(t)$, 当 t 在 $[\alpha,\beta]$ 上变化时, $\varphi(t)$ 在 $[a,b]$ 上变化, 且 $\varphi(\alpha)=a$, $\varphi(\beta)=b$, 则

$$\int_a^b f(x)\,dx = \int_\alpha^\beta f[\varphi(t)]\varphi'(t)\,dt \tag{5-3}$$

需要说明的是: 用换元法计算定积分时, 作变量替换的同时, 积分的上、下限也应相应地变化, 这样就不必再回到原来的变量了.

例 5-11 求 $\int_0^4 \dfrac{dx}{1+\sqrt{x}}$.

解 设 $\sqrt{x}=t$, 即 $x=t^2$ $(t\geqslant 0)$, $dx=2t\,dt$. 当 $x=0$ 时, $t=0$; 当 $x=4$ 时, $t=2$, 于是

$$\int_0^4 \frac{dx}{1+\sqrt{x}} = \int_0^2 \frac{2t\,dt}{1+t} = 2\int_0^2 \left(1-\frac{1}{1+t}\right)dt = 2(t-\ln|1+t|)\Big|_0^2 = 2(2-\ln 3)$$

例 5-12 计算 $\int_0^a \sqrt{a^2-x^2}\,dx\,(a>0)$.

解 设 $x=a\sin t$, 则 $dx=a\cos t\,dt$. 当 $x=0$ 时, $t=0$; 当 $x=a$ 时, $t=\dfrac{\pi}{2}$, 于是

$$\int_0^a \sqrt{a^2-x^2}\,dx = a^2\int_0^{\frac{\pi}{2}} \cos^2 t\,dt = \frac{a^2}{2}\int_0^{\frac{\pi}{2}}(1+\cos 2t)\,dt$$

$$= \frac{a^2}{2}\left(t+\frac{1}{2}\sin 2t\right)\Big|_0^{\frac{\pi}{2}} = \frac{\pi a^2}{4}$$

例 5-13 求 $\int_0^1 \dfrac{1}{(1+x^2)^{3/2}}\,dx$.

解 设 $x=\tan t$, 则 $dx=\sec^2 t\,dt$. 当 $x=0$ 时, $t=0$; 当 $x=1$ 时, $t=\dfrac{\pi}{4}$, 于是

$$\int_0^1 \frac{1}{(1+x^2)^{3/2}}\,dx = \int_0^{\frac{\pi}{4}} \frac{\sec^2 t}{\sec^3 t}\,dt = \int_0^{\frac{\pi}{4}} \cos t\,dt = \sin t\Big|_0^{\frac{\pi}{4}}$$

$$= \sin\frac{\pi}{4} - \sin 0 = \frac{\sqrt{2}}{2}$$

使用定积分换元积分法时,需要注意的是:

(1) 换元时,如果积分变量改变了,则积分上、下限必须同时改变,即"换元必换限".

(2) 换元时,如果积分变量不变(例如用凑微分法时),则积分限不变,即"凑元不换限".

(3) 所作代换必须满足换元法中所限定的条件.

例 5 – 14 求 $\int_0^4 \dfrac{1}{\sqrt{x}(1+x)}dx$.

解法 1
$$\int_0^4 \frac{1}{\sqrt{x}(1+x)}dx = 2\int_0^4 \frac{d(\sqrt{x})}{1+x} = 2\int_0^4 \frac{d(\sqrt{x})}{1+(\sqrt{x})^2} = 2\arctan\sqrt{x}\Big|_0^4$$
$$= 2(\arctan 2 - \arctan 0) = 2\arctan 2$$

解法 2 设 $u=\sqrt{x}$,则 $x=u^2$,$dx=2udu$. 当 $x=0$ 时,$u=0$;当 $x=4$ 时,$u=2$,于是
$$\int_0^4 \frac{1}{\sqrt{x}(1+x)}dx = \int_0^2 \frac{1}{u(1+u^2)} \times 2udu = 2\int_0^2 \frac{1}{1+u^2}du$$
$$= 2\arctan u\Big|_0^2$$
$$= 2(\arctan 2 - \arctan 0) = 2\arctan 2$$

利用定积分的换元法,可以得到奇、偶函数积分的一个重要性质.

例 5 – 15 设 $f(x)$ 在区间 $[-a,a]$ 上连续,证明:

(1) 如果 $f(x)$ 为奇函数,则 $\int_{-a}^a f(x)dx = 0$;

(2) 如果 $f(x)$ 为偶函数,则 $\int_{-a}^a f(x)dx = 2\int_0^a f(x)dx$.

证 因为
$$\int_{-a}^a f(x)dx = \int_{-a}^0 f(x)dx + \int_0^a f(x)dx$$

对于积分 $\int_{-a}^0 f(x)dx$ 作变量代换 $x=-t$,$dx=-dt$. 当 $x=-a$ 时,$t=a$;当 $x=0$ 时,$t=0$,由定积分换元法得
$$\int_{-a}^0 f(x)dx = -\int_a^0 f(-t)dt = \int_0^a f(-t)dt = \int_0^a f(-x)dx$$

于是
$$\int_{-a}^a f(x)dx = \int_0^a f(-x)dx + \int_0^a f(x)dx = \int_0^a [f(-x)+f(x)]dx$$

(1) 若 $f(x)$ 是奇函数,则 $f(-x)=-f(x)$,于是
$$\boxed{\int_{-a}^a f(x)dx = 0} \tag{5-4}$$

(2) 若 $f(x)$ 是偶函数,则 $f(-x)=f(x)$,于是
$$\boxed{\int_{-a}^a f(x)dx = 2\int_0^a f(x)dx} \tag{5-5}$$

利用这个结果,奇、偶函数在对称区间上的积分计算可以得到简化.

例 5 – 16 求 $\int_{-\frac{\pi}{2}}^{\frac{\pi}{2}} \sqrt{1-\cos 2x}\,dx$.

解 因为被积函数 $f(x)=\sqrt{1-\cos 2x}$ 是偶函数,积分区间 $\left[-\dfrac{\pi}{2},\dfrac{\pi}{2}\right]$ 关于原点对称,所以

$$\int_{-\frac{\pi}{2}}^{\frac{\pi}{2}}\sqrt{1-\cos 2x}\,\mathrm{d}x = 2\int_{0}^{\frac{\pi}{2}}\sqrt{1-\cos 2x}\,\mathrm{d}x = 2\int_{0}^{\frac{\pi}{2}}\sqrt{2\sin^2 x}\,\mathrm{d}x$$

$$= 2\sqrt{2}\int_{0}^{\frac{\pi}{2}}\sin x\,\mathrm{d}x = -2\sqrt{2}\cos x\Big|_{0}^{\frac{\pi}{2}} = 2\sqrt{2}$$

例 5 - 17 求 $\displaystyle\int_{-5}^{5}\dfrac{x^2\sin^3 x}{1+x^4}\,\mathrm{d}x$.

解 因为被积函数 $f(x)=\dfrac{x^2\sin^3 x}{1+x^4}$ 是奇函数,积分区间 $[-5,5]$ 关于原点对称,所以

$$\int_{-5}^{5}\dfrac{x^2\sin^3 x}{1+x^4}\,\mathrm{d}x = 0$$

例 5 - 18 证明 $\displaystyle\int_{0}^{\frac{\pi}{2}}f(\sin x)\,\mathrm{d}x = \int_{0}^{\frac{\pi}{2}}f(\cos x)\,\mathrm{d}x$.

证 令 $x=\dfrac{\pi}{2}-t$,则 $\mathrm{d}x=-\mathrm{d}t$. 当 $x=0$ 时,$t=\dfrac{\pi}{2}$;当 $x=\dfrac{\pi}{2}$ 时,$t=0$,于是

$$\int_{0}^{\frac{\pi}{2}}f(\sin x)\,\mathrm{d}x = -\int_{\frac{\pi}{2}}^{0}f\left[\sin\left(\dfrac{\pi}{2}-t\right)\right]\mathrm{d}t = \int_{0}^{\frac{\pi}{2}}f(\cos t)\,\mathrm{d}t = \int_{0}^{\frac{\pi}{2}}f(\cos x)\,\mathrm{d}x$$

即

$$\boxed{\int_{0}^{\frac{\pi}{2}}f(\sin x)\,\mathrm{d}x = \int_{0}^{\frac{\pi}{2}}f(\cos x)\,\mathrm{d}x} \tag{5-6}$$

类似地,有

$$\boxed{\int_{0}^{\frac{\pi}{2}}f(\tan x)\,\mathrm{d}x = \int_{0}^{\frac{\pi}{2}}f(\cot x)\,\mathrm{d}x} \tag{5-7}$$

5.3.2 定积分的分部积分法

设函数 $u(x),v(x)$ 在区间 $[a,b]$ 上有连续导数,则

$$\boxed{\int_{a}^{b}u\,\mathrm{d}v = uv\Big|_{a}^{b} - \int_{a}^{b}v\,\mathrm{d}u} \tag{5-8}$$

公式(5-8)就是定积分的**分部积分公式**. 其推导方法与不定积分分部积分公式的推导类似.

例 5 - 19 求 $\displaystyle\int_{1}^{\mathrm{e}}\ln x\,\mathrm{d}x$.

解 $\displaystyle\int_{1}^{\mathrm{e}}\ln x\,\mathrm{d}x = (x\ln x)\Big|_{1}^{\mathrm{e}} - \int_{1}^{\mathrm{e}}x\,\mathrm{d}(\ln x) = \mathrm{e} - \int_{1}^{\mathrm{e}}\mathrm{d}x = \mathrm{e}-(\mathrm{e}-1) = 1$

例 5 - 20 求 $\displaystyle\int_{0}^{\pi}x\sin x\,\mathrm{d}x$.

解 $\displaystyle\int_{0}^{\pi}x\sin x\,\mathrm{d}x = -\int_{0}^{\pi}x\,\mathrm{d}(\cos x) = -[x\cos x]_{0}^{\pi} + \int_{0}^{\pi}\cos x\,\mathrm{d}x = \pi + [\sin x]_{0}^{\pi} = \pi$

例 5-21 求 $\int_0^{\ln 2} x\mathrm{e}^{-x}\mathrm{d}x$.

解 $\int_0^{\ln 2} x\mathrm{e}^{-x}\mathrm{d}x = -\int_0^{\ln 2} x\mathrm{d}(\mathrm{e}^{-x}) = -x\mathrm{e}^{-x}\Big|_0^{\ln 2} + \int_0^{\ln 2} \mathrm{e}^{-x}\mathrm{d}x$

$\qquad\qquad = -\dfrac{1}{2}\ln 2 - \mathrm{e}^{-x}\Big|_0^{\ln 2} = \dfrac{1}{2}\ln\dfrac{\mathrm{e}}{2}$

例 5-22 求 $\int_0^1 x\arctan x\mathrm{d}x$.

解 $\int_0^1 x\arctan x\mathrm{d}x = \dfrac{1}{2}\int_0^1 \arctan x\mathrm{d}(x^2) = \left[\dfrac{x^2}{2}\arctan x\right]_0^1 - \dfrac{1}{2}\int_0^1 \dfrac{x^2}{1+x^2}\mathrm{d}x$

$\qquad\qquad = \dfrac{\pi}{8} - \dfrac{1}{2}\int_0^1\left(1 - \dfrac{1}{1+x^2}\right)\mathrm{d}x = \dfrac{\pi}{8} - \dfrac{1}{2}[x - \arctan x]_0^1$

$\qquad\qquad = \dfrac{\pi}{4} - \dfrac{1}{2}$

与不定积分类似,有些定积分求解时既要用到分部积分方法,同时还要用到换元法.

例 5-23 求 $\int_1^4 \mathrm{e}^{\sqrt{x}}\mathrm{d}x$.

解 先用换元法后,再用分部积分法. 令 $\sqrt{x} = t$,于是

$\int_1^4 \mathrm{e}^{\sqrt{x}}\mathrm{d}x = \int_1^2 \mathrm{e}^t\mathrm{d}(t^2) = 2\int_1^2 t\mathrm{e}^t\mathrm{d}t = 2\int_1^2 t\mathrm{d}(\mathrm{e}^t)$

$\qquad = 2[t\mathrm{e}^t]_1^2 - 2\int_1^2 \mathrm{e}^t\mathrm{d}t = 4\mathrm{e}^2 - 2\mathrm{e} - 2[\mathrm{e}^t]_1^2 = 2\mathrm{e}^2$

例 5-24 求 $\int_0^3 \arcsin\sqrt{\dfrac{x}{1+x}}\,\mathrm{d}x$.

解 先用分部积分法,再用换元法.

$\int_0^3 \arcsin\sqrt{\dfrac{x}{1+x}}\,\mathrm{d}x = x\arcsin\sqrt{\dfrac{x}{1+x}}\bigg|_0^3 - \int_0^3 \dfrac{\sqrt{x}\,\mathrm{d}x}{2(1+x)}$

$\qquad = \pi - \int_0^{\sqrt{3}} \dfrac{t\mathrm{d}(t^2)}{2(1+t^2)} = \pi - \int_0^{\sqrt{3}} \dfrac{t^2\mathrm{d}t}{1+t^2}$ （设 $\sqrt{x} = t$）

$\qquad = \pi - (t - \arctan t)\Big|_0^{\sqrt{3}}$

$\qquad = \dfrac{4\pi}{3} - \sqrt{3}$

习 题 5-3

1. 利用函数的奇偶性求下列定积分的值:

(1) $\int_{-2}^2 (5x^4 + 3x^2 + 1)\mathrm{d}x$; 　　　　(2) $\int_{-1}^1 x\cos x\mathrm{d}x$;

(3) $\int_{-\pi}^\pi x^2\sin x\mathrm{d}x$; 　　　　(4) $\int_{-4}^4 x^3\mathrm{e}^{-x^2}\mathrm{d}x$;

(5) $\int_{-1}^1 \mathrm{e}^{|-x|}\mathrm{d}x$.

2. 计算下列定积分:

(1) $\int_0^{\frac{\pi}{2}} x\cos x\,dx$; (2) $\int_0^1 xe^{-x}\,dx$;

(3) $\int_1^4 \frac{x}{\sqrt{2+4x}}\,dx$; (4) $\int_0^{\frac{1}{2}} (\arcsin x)^2\,dx$;

(5) $\int_0^{\pi} x\sqrt{\cos^2 x - \cos^4 x}\,dx$; (6) $\int_1^5 \frac{\sqrt{x-1}}{x}\,dx$;

(7) $\int_0^{\pi} (1-\sin^3 x)\,dx$; (8) $\int_{-\frac{\pi}{2}}^{\frac{\pi}{2}} \sqrt{\cos x - \cos^3 x}\,dx$;

(9) $\int_{\frac{1}{\sqrt{3}}}^{\sqrt{3}} x\arctan x\,dx$; (10) $\int_0^1 x^4\sqrt{1-x^2}\,dx$;

(11) $\int_1^4 \frac{\ln x}{\sqrt{x}}\,dx$; (12) $\int_{-2}^0 \frac{1}{x^2+2x+2}\,dx$;

(13) $\int_{\frac{a}{2}}^{\frac{\sqrt{3}}{2}a} \frac{x^2}{\sqrt{a^2-x^2}}\,dx\ (a>0)$; (14) $\int_{-2}^{-\sqrt{2}} \frac{1}{x\sqrt{x^2-1}}\,dx$.

> 微积分,或者数学分析,是人类思维的伟大成果之一.它处于自然科学与人文科学之间的地位,使它成为高等教育的一种特别有效的工具.遗憾的是,微积分的教学方法有时流于机械,不能体现出这门学科乃是撼人心灵的智力奋斗的结晶;这种奋斗已经历两千五百多年之久,它深深扎根于人类活动的许多领域,并且,只要人们认识自己和认识自然的努力一日不止,这种奋斗就将继续不已.
>
> ——R. 柯朗

5.4 广义积分

前面研究的定积分,积分区间有限且被积函数在积分区间上是有界的.但是我们还会遇到积分区间无限或被积函数有无穷间断点的积分,这就是本节所要讨论的问题.

引例 求由 $y=e^{-x}$,x 轴及 y 轴右侧所围成的"开口曲边梯形"的面积.

解 如图 5-7 所示,在区间 $[0,+\infty)$ 上任取一大于零的数 b,先求区间 $[0,b]$ 上的曲边梯形的面积,然后令 $b\to +\infty$ 取极限问题即可以得到解决.因为

$$\int_0^b e^{-x}\,dx = -\int_0^b e^{-x}\,d(-x) = e^{-x}\Big|_b^0 = e^0 - e^{-b} = 1 - e^{-b}$$

故所求面积 A 为

$$A = \lim_{b\to +\infty}\int_0^b e^{-x}\,dx = \lim_{b\to +\infty}(1-e^{-b}) = 1$$

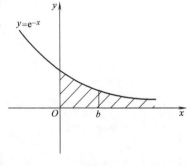

图 5-7

定义 2 设函数 $f(x)$ 在 $[a,+\infty)$ 上连续,取 $b>a$,我们把极限 $\lim_{b\to +\infty}\int_a^b f(x)\,dx$ 称为函数 $f(x)$ 在 $[a,+\infty)$ 上的广义积分,记作

$$\int_a^{+\infty} f(x)\mathrm{d}x = \lim_{b\to+\infty}\int_a^b f(x)\mathrm{d}x \qquad (5-9)$$

若该极限存在,则称广义积分 $\int_a^{+\infty} f(x)\mathrm{d}x$ 收敛;若极限不存在,则称广义积分 $\int_a^{+\infty} f(x)\mathrm{d}x$ 发散.

类似地,可以定义在 $(-\infty, b]$ 上的广义积分为

$$\int_{-\infty}^b f(x)\mathrm{d}x = \lim_{a\to-\infty}\int_a^b f(x)\mathrm{d}x \qquad (5-10)$$

$f(x)$ 在 $(-\infty, +\infty)$ 上的广义积分定义为

$$\int_{-\infty}^{+\infty} f(x)\mathrm{d}x = \int_{-\infty}^c f(x)\mathrm{d}x + \int_c^{+\infty} f(x)\mathrm{d}x \qquad (5-11)$$

其中 c 为任意常数,当右边的两个广义积分都收敛时,广义积分 $\int_{-\infty}^{+\infty} f(x)\mathrm{d}x$ 才是收敛的,否则是发散的.

例 5-25 计算广义积分 $\int_0^{+\infty} \mathrm{e}^{-x}\mathrm{d}x$.

解 $\int_0^{+\infty} \mathrm{e}^{-x}\mathrm{d}x = \lim\limits_{b\to+\infty}\int_0^b \mathrm{e}^{-x}\mathrm{d}x = -\lim\limits_{b\to+\infty}(\mathrm{e}^{-x}\big|_0^b) = -\lim\limits_{b\to+\infty}(\mathrm{e}^{-b}-1) = 1$

为了书写简便,在运算过程中常常省去极限符号,将 ∞ 当成"数",使用牛顿—莱布尼茨公式的格式,即有

$$\int_a^{+\infty} f(x)\mathrm{d}x = F(x)\big|_a^{+\infty} = F(+\infty) - F(a)$$

$$\int_{-\infty}^b f(x)\mathrm{d}x = F(x)\big|_{-\infty}^b = F(b) - F(-\infty)$$

$$\int_{-\infty}^{+\infty} f(x)\mathrm{d}x = F(x)\big|_{-\infty}^{+\infty} = F(+\infty) - F(-\infty)$$

其中 $F(x)$ 是 $f(x)$ 的一个原函数,记号 $F(\pm\infty)$ 应理解为 $F(\pm\infty) = \lim\limits_{x\to\pm\infty} F(x)$.

例 5-26 计算广义积分 $\int_{-\infty}^{+\infty} \dfrac{\mathrm{d}x}{1+x^2}$.

解 $\int_{-\infty}^{+\infty} \dfrac{\mathrm{d}x}{1+x^2} = \arctan x\big|_{-\infty}^{+\infty} = \dfrac{\pi}{2} - \left(-\dfrac{\pi}{2}\right) = \pi$

例 5-27 计算广义积分 $\int_1^{+\infty} \dfrac{\mathrm{d}x}{x^2}$.

解 $\int_1^{+\infty} \dfrac{\mathrm{d}x}{x^2} = -\dfrac{1}{x}\bigg|_1^{+\infty} = -(0-1) = 1$

例 5-28 计算广义积分 $\int_0^{+\infty} x\mathrm{e}^{-x^2}\mathrm{d}x$.

解 $\int_0^{+\infty} x\mathrm{e}^{-x^2}\mathrm{d}x = -\dfrac{1}{2}\int_0^{+\infty} \mathrm{e}^{-x^2}\mathrm{d}(-x^2) = -\dfrac{1}{2}\mathrm{e}^{-x^2}\bigg|_0^{+\infty} = -\dfrac{1}{2}(0-1) = \dfrac{1}{2}$

例 5-29 讨论 $\int_a^{+\infty} \dfrac{\mathrm{d}x}{x(\ln x)^p}\ (a>1)$ 的敛散性.

解 (1) 当 $p>1$ 时,

$$\int_a^{+\infty} \frac{\mathrm{d}x}{x(\ln x)^p} = \int_a^{+\infty} \frac{\mathrm{d}(\ln x)}{(\ln x)^p} = -\frac{1}{(p-1)(\ln x)^{p-1}}\bigg|_a^{+\infty}$$

$$= -\frac{1}{p-1}\left(0 - \frac{1}{(\ln a)^{p-1}}\right) = \frac{1}{(p-1)(\ln a)^{p-1}}$$

所以广义积分收敛.

(2) 当 $p=1$ 时,

$$\int_a^{+\infty} \frac{\mathrm{d}x}{x\ln x} = \int_a^{+\infty} \frac{\mathrm{d}(\ln x)}{\ln x} = \ln|\ln x|\big|_a^{+\infty} = +\infty$$

所以广义积分发散.

(3) 当 $p<1$ 时,

$$\int_a^{+\infty} \frac{\mathrm{d}x}{x(\ln x)^p} = \int_a^{+\infty} \frac{\mathrm{d}(\ln x)}{(\ln x)^p} = \frac{(\ln x)^{1-p}}{1-p}\bigg|_a^{+\infty} = +\infty$$

所以广义积分发散.

综上所述,有

$$\boxed{\int_a^{+\infty} \frac{1}{x(\ln x)^p}\mathrm{d}x = \begin{cases} +\infty & p \leq 1 \\ \dfrac{1}{(p-1)(\ln a)^{p-1}} & p > 1 \end{cases} (a > 1)} \tag{5-12}$$

类似地,有

$$\boxed{\int_a^{+\infty} \frac{1}{x^p}\mathrm{d}x = \begin{cases} +\infty & p \leq 1 \\ \dfrac{1}{(p-1)a^{p-1}} & p > 1 \end{cases} (a > 0)} \tag{5-13}$$

在计算广义积分时需要求极限,有些极限并不好求,需用洛必达法则等计算方法.

例 5-30 计算广义积分 $\int_{-\infty}^0 x\mathrm{e}^x \mathrm{d}x$.

解 因为 $\lim\limits_{x\to-\infty} x\mathrm{e}^x = \lim\limits_{x\to-\infty} \frac{x}{\mathrm{e}^{-x}} = \lim\limits_{x\to-\infty} \frac{1}{-\mathrm{e}^{-x}} = 0$

所以
$$\int_{-\infty}^0 x\mathrm{e}^x \mathrm{d}x = \int_{-\infty}^0 x\mathrm{d}(\mathrm{e}^x) = x\mathrm{e}^x\bigg|_{-\infty}^0 - \int_{-\infty}^0 \mathrm{e}^x \mathrm{d}x$$

$$= -\int_{-\infty}^0 \mathrm{e}^x \mathrm{d}x = -\mathrm{e}^x\bigg|_{-\infty}^0 = -(1-0) = -1$$

例 5-31 求 $\int_1^{+\infty} \frac{1}{x(1+x^2)}\mathrm{d}x$.

解 因为

$$\lim_{x\to+\infty} \ln\frac{x}{\sqrt{1+x^2}} = \ln\lim_{x\to+\infty} \frac{x}{\sqrt{1+x^2}} = \ln\lim_{x\to+\infty} \frac{1}{\sqrt{\frac{1}{x^2}+1}} = \ln 1 = 0$$

所以
$$\int_1^{+\infty} \frac{1}{x(1+x^2)}\mathrm{d}x = \int_1^{+\infty} \left(\frac{1}{x} - \frac{x}{1+x^2}\right)\mathrm{d}x = \left(\ln x - \frac{1}{2}\ln(1+x^2)\right)\bigg|_1^{+\infty}$$

$$= \ln\frac{x}{\sqrt{1+x^2}}\bigg|_1^{+\infty} = 0 - \ln\frac{1}{\sqrt{2}} = \frac{1}{2}\ln 2$$

习 题 5-4

计算下列各广义积分：

(1) $\int_{1}^{+\infty} \dfrac{1}{x} dx$;

(2) $\int_{e}^{+\infty} \dfrac{1}{x\ln^2 x} dx$;

(3) $\int_{-\infty}^{0} e^x dx$;

(4) $\int_{1}^{+\infty} \dfrac{1}{x^4} dx$;

(5) $\int_{\frac{2}{\pi}}^{+\infty} \dfrac{1}{x^2} \sin \dfrac{1}{x} dx$;

(6) $\int_{0}^{+\infty} \dfrac{\arctan x}{1+x^2} dx$;

(7) $\int_{0}^{+\infty} \dfrac{x}{1+x^2} dx$;

(8) $\int_{e}^{+\infty} \dfrac{1}{x\ln x} dx$;

(9) $\int_{1}^{+\infty} \dfrac{1}{\sqrt{x}} dx$;

(10) $\int_{1}^{+\infty} \dfrac{1}{x^{3/2}} dx$;

(11) $\int_{-\infty}^{+\infty} \dfrac{1}{x^2+2x+2} dx$;

(12) $\int_{-\infty}^{+\infty} \dfrac{1}{a^2+x^2} dx$;

(13) $\int_{0}^{+\infty} \dfrac{dx}{(x+2)(x+3)}$;

(14) $\int_{2}^{+\infty} \dfrac{1}{x^2-x} dx$.

> 要想发现这种适用于一切事物的理论，我们将在很大程度上依赖于数学的美感和确定性.
>
> ——霍金

5.5 定积分的应用

根据定义，求曲边梯形的面积有四个步骤：分区间、近似替代、求和、取极限. 其实在应用中可以把这些步骤简化为：将曲边梯形分割为许多小曲边梯形，任取一小区间 $[x, x+dx]$ 上的面积 ΔA，其大小可近似表示为以 dx 为宽，以 $f(x)$ 为高的小矩形面积，即 $\Delta A \approx f(x)dx$，如图 5-8 所示，称 ΔA 的近似值 $f(x)dx$ 为 A 的**微元**，记作

$$dA = f(x)dx$$

把这些微元在 $[a,b]$ 上"无限积累"，所得定积分

$$\int_a^b dA = \int_a^b f(x)dx$$

就是曲边梯形的面积 A.

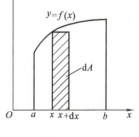

图 5-8

一般地，若一整体量 Q 与某个变量的变化区间 $[a,b]$ 有关，且在 $[a,b]$ 上具有可加性，Q 的部分量 ΔQ 近似等于 dQ，dQ 与 ΔQ 相差一个高阶无穷小，则

$$Q = \int_a^b dQ$$

dQ 称为 Q 的微元，这种求整体量 Q 的方法通常称为"微元法".

下面我们将学习如何用微元法去分析和解决问题.

5.5.1 平面图形的面积

如图 5-8 所示,连续曲线 $y=f(x)$ $(f(x)\geqslant 0)$,$x=a$,$x=b$ 及 x 轴所围图形的面积微元 $\mathrm{d}A=f(x)\mathrm{d}x$,面积为

$$\boxed{A=\int_a^b f(x)\mathrm{d}x} \qquad (5-14)$$

如图 5-9 所示,由上、下两条连续曲线 $y=f(x)$,$y=g(x)$ $(f(x)\geqslant g(x))$ 及 $x=a$,$x=b$ 所围成的图形的面积微元 $\mathrm{d}A=[f(x)-g(x)]\mathrm{d}x$,面积为

$$\boxed{A=\int_a^b [f(x)-g(x)]\mathrm{d}x} \qquad (5-15)$$

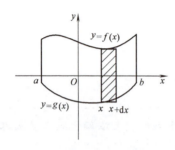

图 5-9

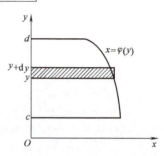

图 5-10

如图 5-10 所示,连续曲线 $x=\varphi(y)$ $(\varphi(y)\geqslant 0)$,$y=c$,$y=d$ 及 y 轴所围图形的面积微元 $\mathrm{d}A=\varphi(y)\mathrm{d}y$,面积为

$$\boxed{A=\int_c^d \varphi(y)\mathrm{d}y} \qquad (5-16)$$

如图 5-11 所示,由左、右两条连续曲线 $x=\psi(y)$,$x=\varphi(y)$ $(\varphi(y)\geqslant \psi(y))$ 及 $y=c$,$y=d$ 所围图形的面积微元 $\mathrm{d}A=[\varphi(y)-\psi(y)]\mathrm{d}y$,面积为

$$\boxed{A=\int_c^d [\varphi(y)-\psi(y)]\mathrm{d}y} \qquad (5-17)$$

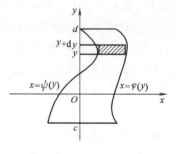

图 5-11

计算平面图形的面积的一般步骤:

(1) 画出的草图,根据被积函数的特点确定积分变量;

(2) 求出曲线与坐标轴或曲线间的交点,找出积分的上下限;

(3) 根据所给公式,求出所求面积.

例 5-32 求由曲线 $y=x^2$ 及 $y=2-x^2$ 所围成的平面图形的面积.

解 如图 5-12 所示,两曲线的交点为 $(-1,1)$,$(1,1)$. 以 x 为积分变量,则面积微元 $\mathrm{d}A=[(2-x^2)-x^2]\mathrm{d}x=(2-2x^2)\mathrm{d}x$,故所求面积为

$$A=\int_{-1}^{1}(2-2x^2)\mathrm{d}x=4\int_0^1(1-x^2)\mathrm{d}x=4\left(x-\frac{1}{3}x^3\right)\bigg|_0^1=\frac{8}{3}$$

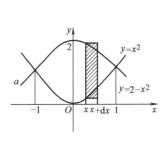

图 5-12

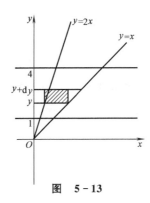

图 5-13

例 5-33 求由直线 $y=x, y=2x, y=1$ 及 $y=4$ 所围成的平面图形的面积.

解 如图 5-13 所示,以 y 为积分变量,积分区间为 $[1,4]$,则面积微元 $dA=\left(y-\dfrac{y}{2}\right)dy=\dfrac{y}{2}dy$,故所求面积为

$$A=\int_1^4 \frac{y}{2}dy=\frac{1}{4}y^2\Big|_1^4=\frac{15}{4}$$

解题时,以 x 还是以 y 为积分变量要根据题的特点以简便计算为原则来确定.

以下面两题为例,分别以 x 和 y 为积分变量求解,就可看出两种求解哪一种较为简便,其中有的解法须将积分区间分成几部分,分别计算后再求和.

例 5-34 求由曲线 $y=\dfrac{1}{x}$ 及直线 $y=x, x=2$ 所围成的图形面积.

解法 1 如图 5-14a 所示,以 x 为积分变量,积分区间为 $[1,2]$,根据公式(5-15),得

$$A=\int_1^2\left(x-\frac{1}{x}\right)dx=\frac{1}{2}x^2\Big|_1^2-\ln x\Big|_1^2=\frac{3}{2}-\ln 2$$

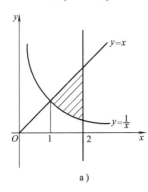

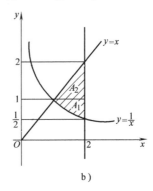

图 5-14

解法 2 以 y 为积分变量,积分区间为 $\left[\dfrac{1}{2},2\right]$,此时需要用直线 $y=1$ 把图形分成 A_1 和 A_2 两部分,如图 5-14b 所示,根据公式(5-17),得

$$A_1=\int_{\frac{1}{2}}^1\left(2-\frac{1}{y}\right)dy=1-\ln y\Big|_{\frac{1}{2}}^1=1-\ln 2$$

$$A_2 = \int_1^2 (2-y)\mathrm{d}y = 2 - \frac{1}{2}y^2 \Big|_1^2 = 2 - \frac{3}{2} = \frac{1}{2}$$

$$A = A_1 + A_2 = \frac{3}{2} - \ln 2$$

例 5 - 35 求由曲线 $y^2 = 2x$ 及 $y = x - 4$ 所围成图形的面积.

解法 1 如图 5 - 15a 所示,两曲线的交点为 $(2,-2)$ 及 $(8,4)$. 以 y 为积分变量,根据公式 $(5-17)$,得

$$A = \int_{-2}^{4} \left[(y+4) - \frac{1}{2}y^2\right]\mathrm{d}y = \left(\frac{1}{2}y^2 + 4y - \frac{1}{6}y^3\right)\Big|_{-2}^{4} = 18$$

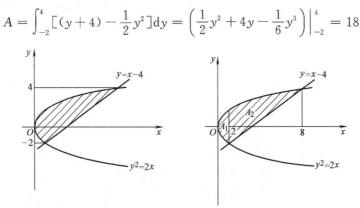

图 5 - 15

解法 2 以 x 为积分变量,积分区间为 $[0,8]$,此时需要以直线 $x = 2$ 把图形分成 A_1 和 A_2 两部分,如图 5 - 15b 所示,根据公式 $5-14$、公式 $5-15$,得

$$A_1 = 2\int_0^2 \sqrt{2x}\,\mathrm{d}x = \frac{4\sqrt{2}}{3}x^{\frac{3}{2}}\Big|_0^2 = \frac{16}{3}$$

$$A_2 = \int_2^8 \left[\sqrt{2x} - (x-4)\right]\mathrm{d}x = \left(\frac{2\sqrt{2}}{3}x^{\frac{3}{2}} - \frac{x^2}{2} + 4x\right)\Big|_2^8 = \frac{38}{3}$$

于是所求面积为

$$A = A_1 + A_2 = \frac{16}{3} + \frac{38}{3} = 18$$

5.5.2 立体的体积

1. 旋转体体积

一平面图形绕一定直线旋转所成的立体叫作**旋转体**,这条定直线称为**旋转轴**.

(1) 绕 x 轴旋转而成的旋转体的体积.

如图 5 - 16 所示,由连续曲线 $y = f(x)$(假设 $f(x) \geq 0$),x 轴,及直线 $x = a$,$x = b(a < b)$ 围成图形绕 x 轴旋转而成的旋转体体积的计算方法.

以 x 为积分变量,它的变化区间为 $[a,b]$,相应于

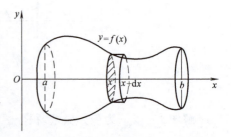

图 5 - 16

$[a,b]$ 上任一小区间 $[x,x+\mathrm{d}x]$ 的薄片的体积,近似等于以 $f(x)$ 为底面圆的半径、$\mathrm{d}x$ 为高的圆柱体的体积. 即体积微元为 $\mathrm{d}V=\pi y^2\mathrm{d}x=\pi[f(x)]^2\mathrm{d}x$,故

$$V=\int_a^b \pi y^2\mathrm{d}x=\int_a^b \pi[f(x)]^2\mathrm{d}x \tag{5-18}$$

(2) 绕 y 轴旋转而成的旋转体的体积.

与(1)类似,由曲线 $x=\varphi(y)$,直线 $y=c,y=d(c<d)$ 及 y 轴所围成的曲边梯形绕 y 轴旋转,所得旋转体体积为

$$V=\int_c^d \pi x^2\mathrm{d}y=\int_c^d \pi[\varphi(y)]^2\mathrm{d}y \tag{5-19}$$

例 5-36 计算由抛物线 $y=\sqrt{2px}$,x 轴及直线 $x=a$ 所围成的曲边梯形绕 x 轴旋转而成的旋转体的体积.

解 如图 5-17 所示,x 处垂直于 x 轴的截面圆的半径为 $\sqrt{2px}$,所以

$$V=\int_0^a \pi[\sqrt{2px}]^2\mathrm{d}x=\int_0^a \pi\times 2px\,\mathrm{d}x=\pi pa^2$$

例 5-37 求曲线 $\dfrac{x^2}{2}+y^2=1$ 绕 y 轴旋转而成的旋转体的体积.

解 如图 5-18 所示,$V=\int_{-1}^1 \pi x^2\mathrm{d}y=\int_{-1}^1 \pi(2-2y^2)\mathrm{d}y=4\pi\int_0^1(1-y^2)\mathrm{d}y=\dfrac{8\pi}{3}$.

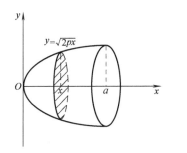

图 5-17

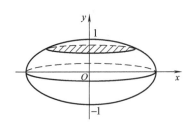

图 5-18

(3) 如图 5-19a 所示,由两条连续曲线 $y_1=g(x)$,$y_2=f(x)$ $(0\leqslant f(x)\leqslant g(x))$ 及 $x=a,x=b(a<b)$ 所围图形绕 x 轴旋转而成旋转体的体积为

$$V=\pi\int_a^b(y_1^2-y_2^2)\mathrm{d}x=\pi\int_a^b[g^2(x)-f^2(x)]\mathrm{d}x \tag{5-20}$$

(4) 如图 5-19b 所示,由两条连续曲线 $x_1=\varphi(y)$,$x_2=\psi(y)$ $(0\leqslant\varphi(y)\leqslant\psi(y))$ 及 $y=c,y=d$ $(c<d)$ 所围图形绕 y 轴旋转而成旋转体的体积为

$$V=\pi\int_c^d(x_1^2-x_2^2)\mathrm{d}y=\pi\int_c^d[\psi^2(y)-\varphi^2(y)]\mathrm{d}y \tag{5-21}$$

例 5-38 求曲线 $y=x^2$ 及 $y=x$ 所围图形分别绕 x 轴、y 轴旋转而成的旋转体的体积.

解 由 $\begin{cases}y=x^2\\y=x\end{cases}$,得交点 $(0,0)$ 和 $(1,1)$.

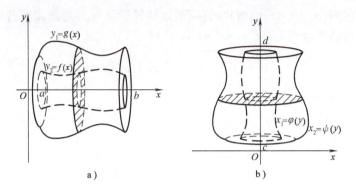

图 5 - 19

(1) 如图 5 - 20a 所示,绕 x 轴旋转而成的旋转体的体积为

$$V = \int_0^1 \pi(x^2 - (x^2)^2)dx = \int_0^1 \pi(x^2 - x^4)dx = \pi\left(\frac{1}{3} - \frac{1}{5}\right) = \frac{2}{15}\pi$$

(2) 如图 5 - 20b 所示,绕 y 轴旋转而成的旋转体的体积为

$$V = \int_0^1 \pi[(\sqrt{y})^2 - y^2]dy = \int_0^1 \pi(y - y^2)dy = \pi\left(\frac{1}{2} - \frac{1}{3}\right) = \frac{1}{6}\pi$$

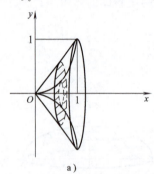 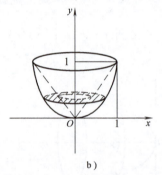

图 5 - 20

2. 平行截面面积为已知的立体体积

若立体被垂直于 x 轴的平面截得的截面面积能表示为 x 的连续函数 $A(x)$,则显然立体的体积微元可表示为 $dV = A(x)dx$,如图 5 - 21 所示,所以

$$V = \int_a^b A(x)dx \tag{5-22}$$

例 5 - 39 一立体具有 $x^2 + y^2 = 4$ 的圆柱形平底,而垂直于 x 轴的所有截面都是正方形,求此立体的体积.

解 如图 5 - 22 所示,任意取一垂直于 x 轴的截面 $ABCD$,并设其面积为 $A(x)$,并设此平面与底面中心 O 的距离为 x,则在 Rt$\triangle OEB$ 中

$$EB^2 = OB^2 - OE^2 = 4 - x^2$$

又

$$AB = 2EB \Rightarrow AB^2 = 4EB^2$$

从而

$$AB^2 = 16 - 4x^2$$

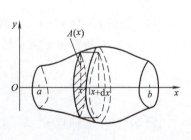

图 5 - 21

又因为垂直于 x 轴的所有截面都是正方形,故
$$A(x)=AB^2=16-4x^2$$
积分区间为$[-2,2]$,图形为对称图形.从而,所求体积为
$$V=2\int_0^2(16-4x^2)\mathrm{d}x=\frac{128}{3}$$

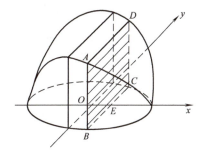

图 5-22

5.5.3 连续函数的平均值

在实际问题中,常常用一组数据的算术平均值来描述这组数据的概貌. 例如,对某一零件的长度进行 n 次测量,每次测量的值为 $y_1,y_2,y_3,\cdots,y_n$. 通常用算术平均值

$$\bar{y}=\frac{1}{n}(y_1+y_2+y_3+\cdots+y_n)$$

作为这个零件的长度的近似值.

然而,有时还需要计算一个连续函数 $y=f(x)$ 在区间$[a,b]$上的一切平均值.

我们知道,速度为 $v(t)$ 的物体作直线运动,它在时间间隔$[t_1,t_2]$上所经过的路程为

$$s=\int_{t_1}^{t_2}v(t)\mathrm{d}t$$

用 t_2-t_1 去除路程 s,即得它在时间间隔$[t_1,t_2]$上的平均速度,即

$$\bar{v}=\frac{s}{t_2-t_1}=\frac{1}{t_2-t_1}\int_{t_1}^{t_2}v(t)\mathrm{d}t$$

一般地,设函数 $y=f(x)$ 在闭区间$[a,b]$上连续,则它在$[a,b]$上的平均值 $\bar{y}$,等于它在$[a,b]$上的定积分除以区间$[a,b]$的长度 $b-a$,即

$$\boxed{\bar{y}=\frac{1}{b-a}\int_a^b f(x)\mathrm{d}x} \qquad (5-23)$$

例 5-40 正弦交流电的电流 $i=I_m\sin\omega t$,其中 I_m 是电流的最大值,ω 叫作角频率(I_m,ω 都是常数),求 i 在半周期 $\left[0,\dfrac{\pi}{\omega}\right]$ 内的平均值 $\bar{I}$.

解 $\bar{I}=\dfrac{1}{\dfrac{\pi}{\omega}}\int_0^{\frac{\pi}{\omega}}I_m\sin\omega t\,\mathrm{d}t=\dfrac{I_m\omega}{\pi}\int_0^{\frac{\pi}{\omega}}\sin\omega t\,\mathrm{d}t$

$=\dfrac{I_m}{\pi}(-\cos\omega t)\Big|_0^{\frac{\pi}{\omega}}=\dfrac{2}{\pi}I_m$

习 题 5-5

1. 求出下列各曲线所围成的平面图形的面积:

(1) $y=x^2,x+y=2$;

(2) $y=\ln x$ 与直线 $x=0,y=\ln a,y=\ln b\ (b>a>0)$;

(3) $y=\mathrm{e}^x,y=\mathrm{e}^{-x}$ 与直线 $y=\mathrm{e}^2$;

(4) $y=\dfrac{1}{x}$ 与直线 $y=x$ 及 $y=3$;

(5) $y=x^3$ 与 $y=\sqrt{x}$;

(6) $y=\cos x$ 与 $y=0, x\in\left[\dfrac{\pi}{2}, \dfrac{3}{2}\pi\right]$；

(7) $y=3-2x-x^2$ 与 x 轴；

(8) $y=x$ 与 $y=\sqrt{x}$；

(9) $y=x^3, y=1$ 及 $x=0$；

(10) $y^2=x$ 与 $x=1$；

(11) $y+1=x^2$ 与 $y=1+x$；

(12) $x=y^2+1, y=-1, y=1$ 及 $x=0$；

(13) $y=x, y=2x$ 及 $y=2$.

2. 求下列曲线所围成的图形按指定的轴旋转产生的旋转体的体积：

(1) $y=x^2, y=0, x=2$，绕 x 轴；

(2) $y=x, x=1, y=0$，绕 x 轴；

(3) $y=\sqrt{x}, x=4, y=0$，绕 x 轴；

(4) $y=e^x, x=0, x=1$ 及 $y=0$，绕 x 轴；

(5) $x=5-y^2, x=1$，绕 y 轴；

(6) $y=x^2, x=4, y=0$，绕 y 轴；

(7) $y=x^3, y=1, x=0$，绕 y 轴；

(8) $y=\sqrt{2x-x^2}, y=\sqrt{x}$，绕 x 轴；

(9) $y=x^2, x=-1, x=1, y=0$，绕 x 轴；

(10) $y=\sin x, y=\cos x, x=0$ $\left(0<x<\dfrac{\pi}{2}\right)$，绕 x 轴；

(11) $y=x^2, y=(x-1)^2, y=0$，绕 y 轴.

3. 求下列函数在给定区间上的平均值：

(1) $y=\sin x, x\in\left[0, \dfrac{\pi}{2}\right]$；

(2) $y=2xe^{-x}, x\in[0,2]$.

🔹 背景聚焦 🔹

定积分——存储和积累过程

在工程技术问题中，凡是输出量对输入量有存储和积累特点的过程或元件一般都含有积分环节. 例如水箱的水位与水流量，烘箱的温度与热流量（或功率），机械运动中转速与转矩、位移与速度、速度与加速度，电容的电量与电流等.

示例 1：齿轮和齿条

齿条的位移 $x(t)$ 和齿轮的角速度 $\omega(t)$ 为积分关系. 由 $\dfrac{\mathrm{d}x(t)}{\mathrm{d}t}=\omega(t)r$，得

$$x(t)=r\int\omega(t)\mathrm{d}t$$

示例 2：电动机

电动机的转速与转矩：由 $T(t)=J_G\dfrac{\mathrm{d}n(t)}{\mathrm{d}t}$（式中 J_G 为转动惯量），得

$$n(t)=\int\dfrac{1}{J_G}T(t)\mathrm{d}t$$

角位移和转速：由 $\dfrac{\mathrm{d}\theta(t)}{\mathrm{d}t} = \omega(t) = \dfrac{2\pi}{60}n(t)$，得

$$\theta(t) = \int \omega(t)\mathrm{d}t = \dfrac{2\pi}{60}\int n(t)\mathrm{d}t$$

示例 3：水箱

水箱的水位与水流量为积分关系.

水流量 $Q(t) = \dfrac{\mathrm{d}V(t)}{\mathrm{d}t} = A\dfrac{\mathrm{d}H(t)}{\mathrm{d}t}$ （式中，V 为水的体积；H 为水位高度；A 为容器地面积）

$$H(t) = \dfrac{1}{A}\int Q(t)\mathrm{d}t$$

示例 4：电容电路

电容器电压与充电电流为积分关系.

电容电压 $U_C(t) = \dfrac{q(t)}{C} = \dfrac{1}{C}\int i(t)\mathrm{d}t$ （式中，$q(t)$ 为电量；C 为电容；$i(t)$ 为电流）

5.6 提示与提高

1. 定积分的定义

(1) 定积分是特殊和式的极限，因此，有些极限问题可转化为定积分的问题.

例 5-41 求 $\lim\limits_{n\to\infty}\left(\dfrac{1}{n+1} + \dfrac{1}{n+2} + \cdots + \dfrac{1}{n+n}\right)$.

解 将所求极限式变型为

$$\dfrac{1}{n}\left[\dfrac{1}{1+\dfrac{1}{n}} + \dfrac{1}{1+\dfrac{2}{n}} + \cdots + \dfrac{1}{1+\dfrac{n}{n}}\right]$$

上式可看成是把区间 $[0,1]$ 分成 n 等份，每个小区间的长度为 $\dfrac{1}{n}$，函数 $f(x) = \dfrac{1}{1+x}$ 在区间 $[0,1]$ 上的积分和，即

$$\lim_{n\to\infty}\left(\dfrac{1}{n+1} + \dfrac{1}{n+2} + \cdots + \dfrac{1}{n+n}\right)$$

$$= \lim_{n\to\infty}\dfrac{1}{n}\left[\dfrac{1}{1+\dfrac{1}{n}} + \dfrac{1}{1+\dfrac{2}{n}} + \cdots + \dfrac{1}{1+\dfrac{n}{n}}\right] = \int_0^1 \dfrac{\mathrm{d}x}{1+x}$$

$$= \ln 2$$

(2) 若定积分 $\int_a^b f(x)\mathrm{d}x$ 存在，则定积分值是一个确定的常数. 这一点常被用来求解方程中含有定积分的问题.

例 5-42 设 $f(x)$ 满足方程 $x - f(x) = \int_0^1 f(x)\mathrm{d}x$，求 $\int_0^1 f(x)\mathrm{d}x$ 的值.

解 设 $A = \int_0^1 f(x)\mathrm{d}x$，根据已知有

$$x - f(x) = A$$

对等式两端取定积分，得

$$\int_0^1 x \mathrm{d}x - \int_0^1 f(x)\mathrm{d}x = \int_0^1 A \mathrm{d}x$$

所以 $\quad \dfrac{1}{2} - A = A \quad$ 即 $\quad \int_0^1 f(x)\mathrm{d}x = A = \dfrac{1}{4}$

2. 定积分的性质

(1) 对于不好积分或不能积分的函数，可以利用定积分的估值定理（性质 6）估计其定积分值的范围，也可以利用定积分的比较性质（性质 5）比较不同函数定积分值的大小.

例 5 - 43 估计 $\int_1^3 e^{x^2} \mathrm{d}x$ 的值.

解 当 $x \in [1,3]$ 时，$(e^{x^2})' = 2xe^{x^2} > 0$，所以 e^{x^2} 单调增加，故
$$e < e^{x^2} < e^9$$

由定积分的性质 6，可得

$$2e < \int_1^3 e^{x^2} \mathrm{d}x < 2e^9$$

例 5 - 44 比较 $\int_0^1 \ln^3(1+x)\mathrm{d}x$ 与 $\int_0^1 \ln^2(1+x)\mathrm{d}x$ 的大小.

解 当 $x \in [0,1]$ 时，$1 < 1 + x < 2$，
$$0 = \ln 1 < \ln(1+x) < \ln 2 < 1$$
$$\ln^3(1+x) < \ln^2(1+x)$$

由定积分的性质 6（估值定理），可得

$$\int_0^1 \ln^3(1+x)\mathrm{d}x < \int_0^1 \ln^2(1+x)\mathrm{d}x$$

(2) 若被积函数是分段函数、绝对值函数、最大（小）值函数，应按定积分对积分区间的可加性（性质 3）进行运算.

例 5 - 45 求 $\int_{-1}^3 |2x - x^2| \mathrm{d}x$（函数 $y = |2x - x^2|$ 的图形如图 5 - 23 所示）.

解 $\int_{-1}^3 |2x - x^2| \mathrm{d}x = \int_{-1}^0 (x^2 - 2x)\mathrm{d}x + \int_0^2 (2x - x^2)\mathrm{d}x + \int_2^3 (x^2 - 2x)\mathrm{d}x$
$= 4$

技巧提示：若被积函数含有绝对值符号，一般令绝对值之内的式子为零，找出积分区间的分界点，把被积函数化为分段函数再求解.

(3) 积分中值定理的应用.

例 5 - 46 设 $f(x)$ 在 $(0, +\infty)$ 上连续，又设 $\lim\limits_{x \to +\infty} f(x) = e^2$，求 $\lim\limits_{x \to +\infty} \int_x^{x+2} f(t)\mathrm{d}t$.

解 根据积分中值定理有
$\int_x^{x+2} f(t)\mathrm{d}t = f(\xi)(x + 2 - x) = 2f(\xi)$

$$(x < \xi < x+2)$$

所以 $\lim\limits_{x \to +\infty} \int_x^{x+2} f(t)\mathrm{d}t = 2\lim\limits_{x \to +\infty} f(\xi) = 2\lim\limits_{\xi \to +\infty} f(\xi) = 2\mathrm{e}^2$

例 5-47 设函数 $f(x)$ 在闭区间 $[0,1]$ 上连续，且 $f(x) < 1$，证明方程

$$2x - \int_0^x f(t)\mathrm{d}t - 1 = 0$$

在开区间 $(0,1)$ 内有且仅有一个实根.

证 设 $F(x) = 2x - \int_0^x f(t)\mathrm{d}t - 1$

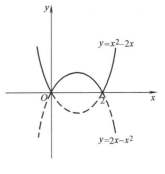

图 5-23

根据已知，有 $F(x)$ 在 $[0,1]$ 上连续，且

$$F(0) = -1 < 0$$

$F(1) = 1 - \int_0^1 f(t)\mathrm{d}t = 1 - f(\xi) > 0$ （根据积分中值定理，其中 $0 < \xi < 1$）

所以，由零点定理可知原方程在开区间 $(0,1)$ 内至少有一个实根，又因为

$$F'(x) = 2 - f(x) > 0$$

所以 $F(x)$ 单调增加，故方程在开区间 $(0,1)$ 内有且仅有一个实根.

3. 积分上限函数

(1) 若积分上限函数的上限是变量 x 的函数，求导时需用复合函数的求导法则.

例 5-48 已知 $\Phi(x) = \int_0^{x^2} \ln(1+t)\mathrm{d}t$，求 $\Phi'(x)$.

解 令 $\Phi(x) = \int_0^u \ln(1+t)\mathrm{d}t, u = x^2$，则

$$\Phi'(x) = \left(\int_0^u \ln(1+t)\mathrm{d}t\right)'_u (x^2)'_x = \ln(1+u) \times 2x = 2x\ln(1+x^2)$$

一般地，有

$$\boxed{\left[\int_a^{\varphi(x)} f(t)\mathrm{d}t\right]' = f(\varphi(x))\varphi'(x)} \qquad (5-24)$$

例 5-49 求 $\lim\limits_{x \to 0} \dfrac{\int_0^{x^2} \ln(1+t)\mathrm{d}t}{x^4}$.

解 此题属于"$\dfrac{0}{0}$"型，用洛必达法则求解

$$\lim_{x \to 0} \frac{\int_0^{x^2}\ln(1+t)\mathrm{d}t}{x^4} = \lim_{x \to 0}\frac{\ln(1+x^2)2x}{4x^3} = \frac{1}{2}\lim_{x \to 0}\frac{\ln(1+x^2)}{x^2} = \frac{1}{2}$$

(2) 若被积函数中出现上限（或极限、求导）变量 x，求导时需先通过换元把被积函数中的 x 移出，再求导.

例 5-50 设 $F(x) = \int_0^{\sqrt{x}} tf(x+t^2)\mathrm{d}t$，求 $F'(x)$.

解 令 $x+t^2 = u$，则 $\mathrm{d}u = 2t\mathrm{d}t$（因为积分变量是 t），即 $\mathrm{d}t = \dfrac{1}{2t}\mathrm{d}u$. 当 $t=0$ 时，$u=x$；$t=\sqrt{x}$

时,$u=2x$. 于是

$$F(x) = \int_x^{2x} tf(u)\frac{1}{2t}du = \int_x^{2x} \frac{1}{2}f(u)du$$

$$F'(x) = \frac{1}{2}[f(2x)\times 2 - f(x)] = f(2x) - \frac{1}{2}f(x)$$

(3) 求积分上限函数的最值.

例 5-51 求函数 $F(x) = \int_0^x \frac{t}{2+2t+t^2}dt$ 在 $[0,2]$ 上的最大值和最小值.

解 根据已知得 $F'(x) = \frac{x}{2+2x+x^2} > 0$,所以 $F(x)$ 在 $[0,2]$ 上单调增加,故

最小值为 $$F(0) = \int_0^0 \frac{t}{2+2t+t^2}dt = 0$$

最大值为 $$F(2) = \int_0^2 \frac{t}{2+2t+t^2}dt = \int_0^2 \frac{(t+1)-1}{(t+1)^2+1}d(t+1)$$

$$= \frac{1}{2}\ln 5 - \arctan 3 + \frac{\pi}{4}$$

4. 定积分的计算

(1) 利用定积分的几何意义求定积分的值.

例 5-52 求 $\int_0^2 \sqrt{4x-x^2}dx$.

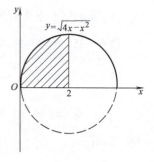

图 5-24

解 该积分在几何上代表的是圆 $(x-2)^2+y^2 \leq 4$ 面积的 $\frac{1}{4}$, 如图 5-24 所示,故

$$\int_0^2 \sqrt{4x-x^2}dx = \pi$$

(2) 利用奇、偶函数在对称区间上积分的特性简化定积分的计算.

例 5-53 求 $\int_{-1}^1 \frac{2x^2+x\cos x}{1+\sqrt{1-x^2}}dx$.

解 $\int_{-1}^1 \frac{2x^2+x\cos x}{1+\sqrt{1-x^2}}dx = \int_{-1}^1 \frac{2x^2}{1+\sqrt{1-x^2}}dx + \int_{-1}^1 \frac{x\cos x}{1+\sqrt{1-x^2}}dx$

$$= 4\int_0^1 \frac{x^2}{1+\sqrt{1-x^2}}dx$$

(前一项是偶函数,后一项是奇函数)

$$= 4\int_0^1 (1-\sqrt{1-x^2})dx = 4-\pi$$

(利用定积分的几何意义)

技巧提示:上例的被积函数既不是奇函数,也不是偶函数,但通过合理的拆项可以达到

简化运算的目的.

(3) 利用几个常用的定积分公式可简化某些定积分的计算.

例 5-54 求 $\int_0^{\frac{\pi}{2}} \dfrac{\mathrm{d}x}{1+\tan^3 x}$.

解 由式 (5-7) 知, $\int_0^{\frac{\pi}{2}} f(\tan x)\mathrm{d}x = \int_0^{\frac{\pi}{2}} f(\cot x)\mathrm{d}x$, 所以

$$\int_0^{\frac{\pi}{2}} \frac{\mathrm{d}x}{1+\tan^3 x} = \int_0^{\frac{\pi}{2}} \frac{\mathrm{d}x}{1+\cot^3 x} = \int_0^{\frac{\pi}{2}} \frac{\tan^3 x\,\mathrm{d}x}{1+\tan^3 x}$$

从而可知

$$2\int_0^{\frac{\pi}{2}} \frac{\mathrm{d}x}{1+\tan^3 x} = \int_0^{\frac{\pi}{2}} \frac{\mathrm{d}x}{1+\tan^3 x} + \int_0^{\frac{\pi}{2}} \frac{\tan^3 x\,\mathrm{d}x}{1+\tan^3 x} = \int_0^{\frac{\pi}{2}} \mathrm{d}x = \frac{\pi}{2}$$

即

$$\int_0^{\frac{\pi}{2}} \frac{\mathrm{d}x}{1+\tan^3 x} = \frac{\pi}{4}$$

再给出两个常用的定积分公式

$$\boxed{\int_0^{\pi} xf(\sin x)\mathrm{d}x = \frac{\pi}{2}\int_0^{\pi} f(\sin x)\mathrm{d}x} \tag{5-25}$$

$$\boxed{\int_0^{\pi} f(\sin x)\mathrm{d}x = 2\int_0^{\frac{\pi}{2}} f(\sin x)\mathrm{d}x} \tag{5-26}$$

(4) 换元法求定积分.

1) 某些题可通过换元得到与所求积分一样的项, 然后用解方程的方法求出定积分.

例 5-55 求 $\int_0^{\pi} \dfrac{x\sin x}{1+\cos^2 x}\mathrm{d}x$.

解 令 $x=\pi-t$, 则

$$\int_0^{\pi} \frac{x\sin x}{1+\cos^2 x}\mathrm{d}x = \int_{\pi}^{0} \frac{(\pi-t)\sin t}{1+\cos^2 t}(-\mathrm{d}t) = \int_0^{\pi} \frac{\pi\sin t\,\mathrm{d}t}{1+\cos^2 t} - \int_0^{\pi} \frac{t\sin t}{1+\cos^2 t}\mathrm{d}t$$

$$= \int_0^{\pi} \frac{\pi\sin x\,\mathrm{d}x}{1+\cos^2 x} - \int_0^{\pi} \frac{x\sin x}{1+\cos^2 x}\mathrm{d}x$$

整理得

$$2\int_0^{\pi} \frac{x\sin x}{1+\cos^2 x}\mathrm{d}x = \pi\int_0^{\pi} \frac{\sin x}{1+\cos^2 x}\mathrm{d}x = \frac{\pi^2}{2}$$

即

$$\int_0^{\pi} \frac{x\sin x}{1+\cos^2 x}\mathrm{d}x = \frac{\pi^2}{4}$$

需要说明的是: 上例被积函数的不定积分不能用初等函数来表示, 但却能求出其定积分的值. 对定积分公式较熟的读者, 也可使用公式 (5-25) 直接求解.

技巧提示: 这种类型题在换元时一般本着不破坏上、下限 (上、下限颠倒没有关系) 的原则.

例 5-56 求 $\int_{-1}^{1} \dfrac{x^2}{1+\mathrm{e}^{-x}}\mathrm{d}x$.

解 令 $x=-t$, 则

$$\int_{-1}^{1} \frac{x^2}{1+\mathrm{e}^{-x}}\mathrm{d}x = -\int_{1}^{-1} \frac{t^2}{1+\mathrm{e}^{t}}\mathrm{d}t = \int_{-1}^{1} \frac{\mathrm{e}^{-t}t^2}{\mathrm{e}^{-t}+1}\mathrm{d}t$$

$$= \int_{-1}^{1} \frac{[(1+e^{-t})-1]t^2}{1+e^{-t}} dt$$

$$= \int_{-1}^{1} t^2 dt - \int_{-1}^{1} \frac{t^2}{1+e^{-t}} dt$$

$$= \int_{-1}^{1} t^2 dt - \int_{-1}^{1} \frac{x^2}{1+e^{-x}} dx$$

所以 $$2\int_{-1}^{1} \frac{x^2}{1+e^{-x}} dx = \int_{-1}^{1} t^2 dt = \frac{2}{3}$$

即 $$\int_{-1}^{1} \frac{x^2}{1+e^{-x}} dx = \frac{1}{3}$$

2) 某些题可通过换元得到与所求积分有关的项, 然后通过变换简化计算.

例 5-57 求 $\int_0^{+\infty} \frac{1}{1+x^3} dx$.

解 $$\int_0^{+\infty} \frac{1}{1+x^3} dx = \int_{+\infty}^{0} \frac{1}{1+\frac{1}{u^3}} \left(-\frac{1}{u^2} du\right) \quad \left(\diamondsuit x = \frac{1}{u}\right)$$

$$= \int_0^{+\infty} \frac{u}{1+u^3} du = \int_0^{+\infty} \frac{x}{1+x^3} dx$$

故 $$2\int_0^{+\infty} \frac{1}{1+x^3} dx = \int_0^{+\infty} \frac{1}{1+x^3} dx + \int_0^{+\infty} \frac{x}{1+x^3} dx$$

$$= \int_0^{+\infty} \frac{1}{1-x+x^2} dx = \int_0^{+\infty} \frac{d\left(x-\frac{1}{2}\right)}{\left(x-\frac{1}{2}\right)^2 + \frac{3}{4}}$$

$$= \frac{2\sqrt{3}}{3} \arctan\left(\frac{2x-1}{\sqrt{3}}\right)\Big|_0^{+\infty} = \frac{4\sqrt{3}}{9}\pi$$

即 $$\int_0^{+\infty} \frac{1}{1+x^3} dx = \frac{2\sqrt{3}}{9}\pi$$

3) 若已知函数与被积函数有换元的关系, 这时一般对被积函数进行换元, 让其与已知函数一致.

例 5-58 设 $f(x) = \begin{cases} 1+x^2 & x<0 \\ e^{-x} & x \geq 0 \end{cases}$, 求 $\int_1^3 f(x-2) dx$.

解 令 $t = x-2$, 则

$$\int_1^3 f(x-2) dx = \int_{-1}^{1} f(t) dt = \int_{-1}^{0} (1+t^2) dt + \int_0^1 e^{-t} dt$$

$$= t\Big|_{-1}^{0} + \frac{1}{3} t^3 \Big|_{-1}^{0} - e^{-t}\Big|_0^1 = \frac{7}{3} - e^{-1}$$

例 5-59 设 $f(2x-1) = \frac{\ln x}{\sqrt{x}}$, 求 $\int_1^7 f(x) dx$.

解 令 $x = 2t-1$, 则

$$\int_1^7 f(x) dx = 2\int_1^4 f(2t-1) dt = 2\int_1^4 \frac{\ln t}{\sqrt{t}} dt$$

$$= 4\int_1^4 \ln t \mathrm{d}(\sqrt{t}) = 4\left(\sqrt{t}\ln t \Big|_1^4 - \int_1^4 \sqrt{t}\mathrm{d}(\ln t)\right)$$
$$= 4(2\ln 4 - 2)$$

（5）分部积分法求定积分.

例 5-60 设 $f(x) = \int_1^x \dfrac{1}{\sqrt{1+t^3}}\mathrm{d}t$，求 $\int_0^1 xf(x)\mathrm{d}x$.

解
$$\int_0^1 xf(x)\mathrm{d}x = \dfrac{1}{2}\int_0^1 f(x)\mathrm{d}(x^2)$$
$$= \dfrac{1}{2}x^2 f(x)\Big|_0^1 - \dfrac{1}{2}\int_0^1 x^2 f'(x)\mathrm{d}x$$
$$= -\dfrac{1}{2}\int_0^1 x^2 \dfrac{1}{\sqrt{1+x^3}}\mathrm{d}x = -\dfrac{1}{6}\int_0^1 \dfrac{1}{\sqrt{1+x^3}}\mathrm{d}(1+x^3)$$
$$= -\dfrac{1}{3}\sqrt{1+x^3}\Big|_0^1 = -\dfrac{1}{3}(\sqrt{2}-1)$$

技巧提示：被积函数中含有积分上限函数的定积分计算问题，一般采用定积分的分部积分法求解．

5. 一题多解

例 5-61 求 $\int_0^{\frac{\pi}{2}} \dfrac{\sin x}{\sin x + \cos x}\mathrm{d}x$.

解法 1 根据式(5-6)，有 $\int_0^{\frac{\pi}{2}} \dfrac{\sin x}{\sin x + \cos x}\mathrm{d}x = \int_0^{\frac{\pi}{2}} \dfrac{\cos x}{\sin x + \cos x}\mathrm{d}x$

故
$$2\int_0^{\frac{\pi}{2}} \dfrac{\sin x}{\sin x + \cos x}\mathrm{d}x = \int_0^{\frac{\pi}{2}} \dfrac{\sin x}{\sin x + \cos x}\mathrm{d}x + \int_0^{\frac{\pi}{2}} \dfrac{\cos x}{\sin x + \cos x}\mathrm{d}x$$
$$= \int_0^{\frac{\pi}{2}} \mathrm{d}x = \dfrac{\pi}{2}$$

即
$$\int_0^{\frac{\pi}{2}} \dfrac{\sin x}{\sin x + \cos x}\mathrm{d}x = \dfrac{\pi}{4}$$

解法 2
$$\int_0^{\frac{\pi}{2}} \dfrac{\sin x}{\sin x + \cos x}\mathrm{d}x = \dfrac{1}{2}\int_0^{\frac{\pi}{2}} \dfrac{(\sin x + \cos x)-(\cos x - \sin x)}{\sin x + \cos x}\mathrm{d}x$$
$$= \dfrac{1}{2}\int_0^{\frac{\pi}{2}} \mathrm{d}x - \dfrac{1}{2}\int_0^{\frac{\pi}{2}} \dfrac{\mathrm{d}(\sin x + \cos x)}{\sin x + \cos x}$$
$$= \dfrac{\pi}{4} - \dfrac{1}{2}\ln(\sin x + \cos x)\Big|_0^{\frac{\pi}{2}} = \dfrac{\pi}{4}$$

解法 3
$$\int_0^{\frac{\pi}{2}} \dfrac{\sin x}{\sin x + \cos x}\mathrm{d}x = \int_0^{\frac{\pi}{2}} \dfrac{\sin x(\sin x - \cos x)}{\sin^2 x - \cos^2 x}\mathrm{d}x$$
$$= -\dfrac{1}{2}\int_0^{\frac{\pi}{2}} \dfrac{(1-\cos 2x) - \sin 2x}{\cos 2x}\mathrm{d}x$$
$$= \dfrac{1}{2}\int_0^{\frac{\pi}{2}} (1 + \tan 2x - \sec 2x)\mathrm{d}x = \dfrac{\pi}{4}$$

解法 4
$$\int_0^{\frac{\pi}{2}} \dfrac{\sin x}{\sin x + \cos x}\mathrm{d}x = \int_0^{\frac{\pi}{2}} \dfrac{\sin x}{\sqrt{2}\sin\left(x + \dfrac{\pi}{4}\right)}\mathrm{d}x$$

$$= \int_{\frac{\pi}{4}}^{\frac{3\pi}{4}} \frac{\sin\left(t - \frac{\pi}{4}\right)}{\sqrt{2}\sin t} dt \quad \left(\diamondsuit\ t = x + \frac{\pi}{4}\right)$$

$$= \int_{\frac{\pi}{4}}^{\frac{3\pi}{4}} \frac{\frac{\sqrt{2}}{2}(\sin t - \cos t)}{\sqrt{2}\sin t} dt$$

$$= \frac{1}{2} \int_{\frac{\pi}{4}}^{\frac{3\pi}{4}} (1 - \cot t) dt = \frac{\pi}{4}$$

解法 5 $\int_0^{\frac{\pi}{2}} \frac{\sin x}{\sin x + \cos x} dx = \int_0^{\frac{\pi}{2}} \frac{\tan x\, dx}{1 + \tan x}$

$$= \int_0^{+\infty} \frac{t}{1+t} \frac{1}{1+t^2} dt \quad (\diamondsuit\ t = \tan x)$$

$$= \frac{1}{2} \int_0^{+\infty} \left(\frac{1}{1+t^2} + \frac{t}{1+t^2} - \frac{1}{1+t}\right) dt$$

$$= \frac{1}{2}\left(\arctan t + \ln \frac{\sqrt{1+t^2}}{1+t}\right)\bigg|_0^{+\infty} = \frac{\pi}{4}$$

6. 递推公式求解

例 5-62 求 $I_n = \int_0^{\frac{\pi}{2}} \sin^n x\, dx$（$n$ 为正整数）.

解 $I_n = \int_0^{\frac{\pi}{2}} \sin^n x\, dx = \int_0^{\frac{\pi}{2}} \sin^{n-1} x\, d(-\cos x)$

$$= (-\sin^{n-1} x \cos x)\bigg|_0^{\frac{\pi}{2}} + \int_0^{\frac{\pi}{2}} \cos x\, d(\sin^{n-1} x)$$

$$= \int_0^{\frac{\pi}{2}} (n-1)\cos^2 x \sin^{n-2} x\, dx$$

$$= (n-1)\int_0^{\frac{\pi}{2}} (1 - \sin^2 x)\sin^{n-2} x\, dx$$

$$= (n-1)\int_0^{\frac{\pi}{2}} \sin^{n-2} x\, dx - (n-1)\int_0^{\frac{\pi}{2}} \sin^n x\, dx$$

即 $\qquad I_n = (n-1)I_{n-2} - (n-1)I_n$

整理得 $\qquad I_n = \frac{n-1}{n} I_{n-2}$

由此得 $I_{n-2} = \frac{n-3}{n-2} I_{n-4}$，于是 $I_n = \frac{n-1}{n} \frac{n-3}{n-2} I_{n-4}$.

这样依次进行下去，每用一次递推公式 $I_n = \frac{n-1}{n} I_{n-2}$，$n$ 减少 2，继续下去最后减至 $I_0 = \frac{\pi}{2}$（n 为偶数）或 $I_1 = 1$（n 为奇数），最后得到

(1) 当 n 为奇数时，

$$\boxed{I_n = \frac{n-1}{n} \times \frac{n-3}{n-2} \times \cdots \times \frac{4}{5} \times \frac{2}{3} \times 1} \qquad (5-27)$$

(2) 当 n 为偶数时，

$$I_n = \frac{n-1}{n} \times \frac{n-3}{n-2} \times \cdots \times \frac{3}{4} \times \frac{1}{2} \times \frac{\pi}{2} \tag{5-28}$$

由公式 5-6 可知 $I_n = \int_0^{\frac{\pi}{2}} \sin^n x \, dx = \int_0^{\frac{\pi}{2}} \cos^n x \, dx$，因此在计算 $\int_0^{\frac{\pi}{2}} \cos^n x \, dx$ 时，也用上述递推公式.

例 5-63 求 $\int_0^{\frac{\pi}{2}} \sin^7 x \, dx$.

解 由公式(5-27)可知

$$\int_0^{\frac{\pi}{2}} \sin^7 x \, dx = \frac{6}{7} \times \frac{4}{5} \times \frac{2}{3} \times 1 = \frac{16}{35}$$

例 5-64 求 $\int_{-\frac{\pi}{2}}^{\frac{\pi}{2}} (\cos^4 x + x^3) \, dx$.

解 因为积分区间 $\left[-\frac{\pi}{2}, \frac{\pi}{2}\right]$ 为对称区间，且 $\cos^4 x$ 为偶函数，x^3 为奇函数，所以

$$\int_{-\frac{\pi}{2}}^{\frac{\pi}{2}} (\cos^4 x + x^3) \, dx = \int_{-\frac{\pi}{2}}^{\frac{\pi}{2}} \cos^4 x \, dx + \int_{-\frac{\pi}{2}}^{\frac{\pi}{2}} x^3 \, dx$$

$$= 2 \int_0^{\frac{\pi}{2}} \cos^4 x \, dx = 2 \times \frac{3}{4} \times \frac{1}{2} \times \frac{\pi}{2} = \frac{3}{8} \pi$$

7. 广义积分

(1) 无界函数的广义积分

定义 3 设 $f(x)$ 在 $(a, b]$ 上连续，且 $\lim\limits_{x \to a^+} f(x) = \infty$，取 $\xi > 0$，则称极限 $\lim\limits_{\xi \to 0^+} \int_{a+\xi}^{b} f(x) \, dx$ 为 $f(x)$ 在 $(a, b]$ 上的**广义积分**，记作

$$\int_a^b f(x) \, dx = \lim_{\xi \to 0^+} \int_{a+\xi}^b f(x) \, dx \tag{5-29}$$

若该极限存在，则称广义积分 $\int_a^b f(x) \, dx$ 收敛；若极限不存在，则称 $\int_a^b f(x) \, dx$ 发散.

类似地，当 $x = b$ 为 $f(x)$ 的无穷间断点时，即 $\lim\limits_{x \to b^-} f(x) = \infty$，$f(x)$ 在 $[a, b)$ 上的广义积分定义为

$$\int_a^b f(x) \, dx = \lim_{\xi \to 0^+} \int_a^{b-\xi} f(x) \, dx \tag{5-30}$$

当无穷间断点 $x = c$ 位于区间 $[a, b]$ 内部时，则定义广义积分 $\int_a^b f(x) \, dx$ 为

$$\int_a^b f(x) \, dx = \int_a^c f(x) \, dx + \int_c^b f(x) \, dx = \lim_{\varepsilon \to 0^+} \int_a^{c-\varepsilon} f(x) \, dx + \lim_{\eta \to 0^+} \int_{c+\eta}^b f(x) \, dx \tag{5-31}$$

上式右端两个积分均为广义积分，当这两个广义积分都收敛时，才称 $\int_a^b f(x) \, dx$ 是收敛的；否则，称 $\int_a^b f(x) \, dx$ 是发散的. 上述无界函数的积分也称**瑕积分**.

例 5-65 求广义积分 $\int_0^a \dfrac{\mathrm{d}x}{\sqrt{a^2-x^2}}$ $(a>0)$.

解 因为 $x=a$ 为被积函数的无穷间断点,于是

$$\int_0^a \frac{\mathrm{d}x}{\sqrt{a^2-x^2}} = \lim_{\xi \to 0^+}\int_0^{a-\xi}\frac{\mathrm{d}x}{\sqrt{a^2-x^2}} = \lim_{\xi \to 0^+}\arcsin\frac{x}{a}\bigg|_0^{a-\xi}$$

$$= \lim_{\xi \to 0^+}\arcsin\frac{a-\xi}{a} = \frac{\pi}{2}$$

例 5-66 证明广义积分 $\int_0^1 \dfrac{1}{x^p}\mathrm{d}x$ 当 $p<1$ 时收敛,当 $p\geqslant 1$ 时发散.

证 当 $p=1$ 时,$\int_0^1\dfrac{1}{x^p}\mathrm{d}x = \int_0^1\dfrac{1}{x}\mathrm{d}x = \lim_{\varepsilon \to 0^+}\int_{0+\varepsilon}^1 \dfrac{1}{x}\mathrm{d}x = \lim_{\varepsilon \to 0^+}\ln x\bigg|_\varepsilon^1 = +\infty$

当 $p\neq 1$ 时,$\qquad \int_0^1\dfrac{1}{x^p}\mathrm{d}x = \left(\dfrac{1}{-p+1}x^{-p+1}\right)\bigg|_0^1 = \begin{cases}\dfrac{1}{1-p} & p<1 \\ +\infty & p>1\end{cases}$

从而广义积分 $\int_0^1 \dfrac{1}{x^p}\mathrm{d}x$ 当 $p<1$ 时收敛,当 $p\geqslant 1$ 时发散.

即 $\qquad\qquad\qquad \boxed{\int_0^1 \dfrac{1}{x^p}\mathrm{d}x = \begin{cases}\dfrac{1}{1-p} & p<1 \\ +\infty & p\geqslant 1\end{cases}} \qquad\qquad (5-32)$

(2)有的广义积分通过代换可以变为常义积分,有的常义积分通过代换也可以变为广义积分.

例 5-67 求 $\int_0^1 \dfrac{x^5}{\sqrt{1-x^2}}\mathrm{d}x$.

解 本题是瑕积分,$x=1$ 是瑕点. 令 $x=\sin u,\mathrm{d}x=\cos u\mathrm{d}u$. 当 $x=0$ 时,$u=0$;当 $x=1$ 时,$u=\dfrac{\pi}{2}$. 于是

$$\int_0^1\frac{x^5}{\sqrt{1-x^2}}\mathrm{d}x = \int_0^{\frac{\pi}{2}}\frac{\sin^5 u}{\cos u}\cos u\mathrm{d}u = \int_0^{\frac{\pi}{2}}\sin^5 u\mathrm{d}u$$

$$= \frac{4}{5}\times\frac{2}{3}\times 1 = \frac{8}{15}$$

可以看出 $\int_0^{\frac{\pi}{2}}\sin^5 u\mathrm{d}u$ 已是常义积分.

例 5-68 求 $\int_0^\pi \dfrac{\mathrm{d}x}{1+\sin^2 x}$.

解 由式(5-26)可知,

$$\int_0^\pi\frac{\mathrm{d}x}{1+\sin^2 x} = 2\int_0^{\frac{\pi}{2}}\frac{\mathrm{d}x}{1+\sin^2 x}$$

$$= 2\int_0^{\frac{\pi}{2}}\frac{\mathrm{d}x}{1+\tan^2 x\cos^2 x} = 2\int_0^{\frac{\pi}{2}}\frac{\mathrm{d}x}{\cos^2 x(\sec^2 x+\tan^2 x)}$$

$$= 2\int_0^{\frac{\pi}{2}}\frac{\mathrm{d}(\tan x)}{1+2\tan^2 x} = 2\int_0^{+\infty}\frac{\mathrm{d}t}{1+2t^2} \quad (\diamondsuit\ \tan x=t)$$

$$= \sqrt{2}\arctan(\sqrt{2}t)\Big|_0^{+\infty} = \frac{\pi}{\sqrt{2}}$$

可以看出 $\int_0^{+\infty} \frac{\mathrm{d}t}{1+2t^2}$ 已是广义积分.

易错提醒：上例若直接计算,将出现下面的错误：

$$\int_0^\pi \frac{\mathrm{d}x}{1+\sin^2 x} = \int_0^\pi \frac{\mathrm{d}(\tan x)}{1+2\tan^2 x} = \sqrt{2}\arctan(\sqrt{2}t)\Big|_0^0 = 0 \quad (\diamondsuit \tan x = t)$$

这是因为在$[0,\pi]$上,当$x=\frac{\pi}{2}$时,$\tan x = t$ 无意义,所以不能在$[0,\pi]$上直接换元.

（3）计算广义积分不能用函数的奇偶性化简.

例如,广义积分 $\int_{-\infty}^{+\infty} \frac{x\mathrm{d}x}{\sqrt{1+x^2}}$ 发散,但若用函数的奇偶性化简,则会有错误结论.

8. 定积分的几何应用

例 5 - 69 如图 5 - 25 所示,在曲线 $y=x^2$ ($x\geqslant 0$)上的点 $P(a,a^2)$ 处作切线,使之与曲线及 x 轴所围成的图形的面积为 $\frac{2}{3}$,求切点 P 的坐标及其过切点的切线方程.

解 曲线 $y=x^2$ 上过点 $P(a,a^2)$ 的切线方程为 $y-a^2=2a(x-a)$,即

$$x = \frac{1}{2a}(y+a^2)$$

则曲线 $y=x^2$ 与其过(a,a^2)的切线及 x 轴所围成图形的面积为

$$A = \int_0^{a^2}\left[\frac{1}{2a}(y+a^2) - \sqrt{y}\right]\mathrm{d}y = \frac{1}{2a}\left(\frac{1}{2}y^2 + a^2 y\right)\Big|_0^{a^2} - \frac{2}{3}y^{\frac{3}{2}}\Big|_0^{a^2}$$

$$= \frac{1}{12}a^3$$

由题设 $A=\frac{2}{3}$,可得 $a=2$.

故 P 点坐标为$(2,4)$,P 点的切线方程为 $y=4x-4$.

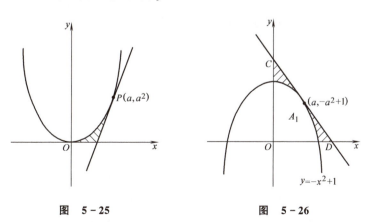

图 5 - 25 图 5 - 26

例 5 - 70 如图 5 - 26 所示,在第一象限内求曲线 $y=-x^2+1$ 上的点,使该点处的切线与所给曲线及两坐标轴所围成的图形面积为最小,并求最小面积.

解 设所求点为$(a, -a^2+1)$,由题设知$y'|_{x=a} = -2a$,过该点的切线方程为
$$y + a^2 - 1 = -2a(x-a)$$

令$x=0$,得切线在y轴上的截距为 $p = a^2 + 1$

令$y=0$,得切线在x轴上的截距为 $q = \dfrac{a^2+1}{2a}$

于是,所求面积为

$$A = A_{\triangle COD} - A_1 = \frac{1}{2}pq - \int_0^1 (-x^2+1)dx = \frac{1}{4}\left(a^3 + 2a + \frac{1}{a}\right) - \frac{2}{3}$$

令$A' = \dfrac{1}{4}\left(3a^2 + 2 - \dfrac{1}{a^2}\right) = \dfrac{1}{4}\left(3a - \dfrac{1}{a}\right)\left(a + \dfrac{1}{a}\right) = 0$,得$a = \dfrac{1}{\sqrt{3}}$.

又$A''|_{a=\frac{1}{\sqrt{3}}} = \dfrac{1}{4}\left(6a + \dfrac{2}{a^3}\right)\Big|_{a=\frac{1}{\sqrt{3}}} > 0$,可知点$\left(\dfrac{1}{\sqrt{3}}, \dfrac{2}{3}\right)$即为所求,

此时 $A\left(\dfrac{1}{\sqrt{3}}\right) = \dfrac{2}{9}(2\sqrt{3} - 3)$

9. 定积分的物理应用

例 5-71 已知弹簧每拉长0.02m需要9.8N的力,求把弹簧拉长0.1m所做的功.

解 如图 5-27 所示,取弹簧的平衡位置为坐标原点,拉伸方向为x轴正方向建立坐标系.因为弹簧在弹性限度内,拉伸(或压缩)弹簧所需的力F和弹簧的伸长量x成正比,若取K为比例系数,则

$$F = kx$$

又由已知$x=0.02$m,$F=9.8$N,代入上式得$k=4.9\times10^2$N/m.

因为功微元 $\qquad dW = F dx$

故 $\qquad dW = 4.9 \times 10^2 x dx$

所以 $\qquad W = \int_0^{0.1} dW = \int_0^{0.1} 4.9 \times 10^2 x dx = 4.9 \times 10^2 \times \dfrac{x^2}{2}\Big|_0^{0.1} J = 2.45 J$

例 5-72 一等腰梯形闸门,梯形的上下底分别为50m和30m,高为20m,如果闸门的顶部高出水面4m,求闸门一侧所受到的压力.

解 面积为S的薄片水平放置在距离表面深度为h,密度为ρ的液体中所受到的压力为$F = \rho g h S$. 如图 5-28 所示建立坐标系,梯形腰AB所在的直线方程

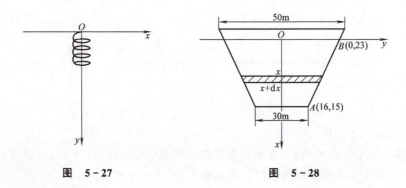

图 5-27　　　　　　图 5-28

$$y = -\frac{1}{2}x + 23$$

将梯形分成许多小横条，任一小横条高为 dx，宽为 $2y$，所在深度为 x，则小横条所受的压力，即压力微元 dP 为

$$dP = \rho g x dS = 2\rho g xy dx = 2\rho g x\left(-\frac{1}{2}x + 23\right)dx = \rho g(46x - x^2)$$

所以闸门所受的压力 F 为

$$F = \rho g \int_0^{16}(46x - x^2)dx = 4522.67\rho g \approx 4.43 \times 10^7 \text{N}$$

习 题 5-6

1. 计算下列极限：

(1) $\lim\limits_{n\to\infty}\left(\dfrac{1}{2n+1} + \dfrac{1}{2n+2} + \cdots + \dfrac{1}{2n+n}\right)$； (2) $\lim\limits_{n\to+\infty}\dfrac{1^a + 2^a + \cdots + n^a}{n^{a+1}}$ $(a>0)$.

2. 估计下列各积分的值：

(1) $\int_{\frac{\pi}{4}}^{\frac{5\pi}{4}}(1+\sin^2 x)dx$； (2) $\int_0^2 e^{x^2-x}dx$； (3) $\int_{\frac{1}{\sqrt{3}}}^{\sqrt{3}} x\arctan x dx$.

3. 不计算积分，比较下列各组积分值的大小：

(1) $\int_1^2 x^2 dx$ 与 $\int_1^2 x^3 dx$； (2) $\int_0^1 x dx$ 与 $\int_0^1 \ln(1+x)dx$.

4. 求极限 $\lim\limits_{x\to 0}\dfrac{\int_0^{x^2}(e^t - 1)dt}{\int_0^x t(1-\cos 2t)dt}$.

5. 设 $f(x)$ 可微，且 $f(0) = 0, f'(0) = 1, F(x) = \int_0^x tf(x^2 - t^2)dt$，试求 $\lim\limits_{x\to 0}\dfrac{F(x)}{x^4}$.

6. 计算下列定积分：

(1) $\int_0^{\frac{\pi}{4}}\ln(1+\tan x)dx$； (2) $\int_0^{\frac{\pi}{2}}\dfrac{1}{1+\cos^2 x}dx$；

(3) $\int_{\frac{1}{2}}^2\left(1+x-\dfrac{1}{x}\right)e^{x+\frac{1}{x}}dx$； (4) $\int_3^6 \sqrt{\dfrac{x}{9-x}}dx$.

7. 设 $f(x) = \begin{cases}\dfrac{1}{1+x} & x\geq 0 \\ \dfrac{1}{1+e^x} & x<0\end{cases}$，求 $\int_0^2 f(x-1)dx$.

8. 计算定积分 $\int_0^{\frac{\pi}{2}}\sqrt{1-\sin 2x}dx$.

9. 计算下列积分：

(1) $\int_{-2}^2(x+2)\sqrt{4-x^2}dx$； (2) $\int_{-1}^1(2x+|x|+1)^2 dx$.

10. 求下列广义积分：

(1) $\int_0^1 x\ln x dx$； (2) $\int_1^e \dfrac{1}{x\sqrt{1-(\ln x)^2}}dx$.

11. 设 $\lim\limits_{x\to\infty}\left(\dfrac{1+x}{x}\right)^{ax} = \int_{-\infty}^a te^t dt$，求常数 a 的值.

12. 求抛物线 $y^2=2px$ 及其在点 $\left(\dfrac{p}{2},p\right)$ 处的法线所围成的图形的面积.

13. 求曲线 $y=\ln x$ 在区间 $(2,6)$ 内的一条切线,使它与直线 $x=2,x=6$ 及曲线 $y=\ln x$ 所围图形的面积最小.

14. 过抛物线 $y=x^2$ 上一点 $P(a,a^2)$ 作切线,问 a 为何值时,所作切线与抛物线 $y=-x^2+4x-1$ 所围图形的面积最小?

15. 一个密度为 1,半径为 R 的球沉入水中,与水面相切,要从水中把球取出需做多少功.

16. 一个圆柱形的水池,高为 5m,底圆半径为 3m,池内盛满了水,试计算把池内的水全部吸出所做的功.

17. 边长为 a 和 b 的矩形薄板,与液面成 α 角斜沉于液体内,长边平行于液面而位于深 h 处,设 $a>b$,液体的比重为 γ,求薄片一面所受到的压力.

18. 设有一形状为矩形闸门直立于水中,已知水的密度为 1000kg/m^3,闸门高 3m,宽 2m,水面超过门顶 2m,计算这闸门一侧所受到的压力.

背景聚焦

微积分学的发展历程

微积分真正成为一门数学学科,是在十七世纪,然而在此之前,微积分一直一步一步地跟随人类历史的脚步缓慢发展着.根据微积分学的发展时间历程,可以分为早期萌芽时期,建立成型时期和成熟完善时期,以下简要论述微积分学的发展历程.

1. 早期萌芽时期

在西方国家,公元前七世纪,泰勒斯对图形的面积、体积与长度的研究就含有早期微积分的思想,尽管不是很明显.公元前三世纪,阿基米德利用穷竭法推算出抛物线弓形、螺线、圆的面积以及椭球体、抛物面体等复杂几何体的表面积和体积的公式.此外,他还计算出 π 的近似值.阿基米德对于微积分的发展起到了一定的引导作用.

在我国古代,刘徽发明了"割圆术",即把圆周用内接或外切正多边形穷竭求圆周长及面积的方法."割之弥细,所失弥少,割之又割,以至于不可割,则与圆合体而无所失矣."通过不断地增加正多边形的边数,使多边形不断接近圆的面积,成为我国数学史上的伟大创举.

另外,在南朝时期,杰出的祖氏父子更将圆周率计算到小数点后七位数.此外祖暅之提出了祖暅原理:"幂势既同,则积不容异",即形状不同的物体,只要它们等高处的横截面积相等,那么它们的体积也必然相等.祖暅之还利用牟合方盖(牟合方盖与其内切球的体积比为 $4:\pi$)计算出了球的体积,纠正了刘徽的《九章算术注》中错误的球体积公式.

2. 建立成型时期

十七世纪上半叶,几乎所有的科学大师都致力于解决速率、极值、切线、面积问题,特别是描述运动与变化的无限小算法,在短时间内取得了极大的发展.天文学家开普勒发现行星运动三大定律,并利用无穷小求和的思想,求得曲边形的面积及旋转体的体积.意大利数学家卡瓦列利利用不可分量方法证明了幂函数定积分的公式,还证明了古尔丁定理

(一个平面图形绕某一轴旋转所得立体图形体积等于该平面图形的重心所形成的圆的周长与平面图形面积的乘积),对于微积分的雏形的形成影响深远.解析几何创始人——法国数学家笛卡尔的代数方法对于微积分的发展起到了极大的推动.法国大数学家费马在求曲线的切线及函数的极值方面贡献巨大.

十七世纪下半叶,英国科学家牛顿开始关于微积分的研究,他受了沃利斯的《无穷算术》的启发,第一次把代数学扩展到分析学.1665年牛顿发明正流数术(微分),次年又发明反流数术.之后将流数术总结一起,并写出了《流数简论》,这标志着微积分的诞生.接着,牛顿研究变量流动生成法,认为变量是由点、线或面的连续运动产生的,因此,他把变量叫作流量,把变量的变化率叫作流数.同一时期,德国数学家莱布尼茨也独立创立了微积分学,他于1684年发表第一篇微分论文,定义了微分概念,采用了微分符号dx,dy. 1686年他又发表了积分论文,讨论了微分与积分,使用了积分符号$\int$,使微积分的表达更加简便.此外他还发现了莱布尼茨公式,将微分与积分运算联系在一起,他在微积分方面的贡献与牛顿旗鼓相当.

3. 成熟完善时期

微积分学在牛顿与莱布尼茨的时代逐渐建立成型,但是任何新的数学理论的建立,在起初都会引起一部分人的极力质疑,微积分学同样也是.由于早期微积分学建立的不严谨性,许多不安分子就找漏洞攻击微积分学,其中最著名的是英国主教贝克莱针对求导过程中的无穷小展开对微积分学的进攻,由此第二次数学危机便拉开了序幕.危机出现之后,许多数学家意识到了微积分学的理论严谨性,陆续的出现大批杰出的科学家.在危机前期,捷克数学家布尔查诺对于函数性质作了细致研究,首次给出了连续性和导数的恰当的定义,对序列和级数的收敛性提出了正确的概念,并且提出了著名的布尔查诺——柯西收敛原理.

之后大数学家柯西建立了接近现代形式的极限,把无穷小定义为趋近于0的变量,从而结束了百年的争论,并定义了函数的连续性、导数、连续函数的积分和级数的收敛性,柯西在微积分学(数学分析)的贡献是巨大的:柯西中值定理、柯西不等式、柯西收敛准则、柯西公式、柯西积分判别法等等,其一生发表的论文总数仅次于欧拉.

在危机后期,数学家维尔斯特拉斯提出了病态函数(处处连续但处处不可微的函数),后续又有人发现了处处不连续但处处可积的函数,使人们重新认识了连续与可微可积的关系,他在连续闭区间内提出了第一、第二定理,并引进了极限的$\varepsilon-\sigma$定义,基本上实现了分析的算术化,使分析从几何直观的极限中得到了"解放",从而驱散了17—18世纪笼罩在微积分外面的神秘云雾.

继而在此基础上,黎曼于1854年和达布于1875年对有界函数建立了严密的积分理论,19世纪后半叶,戴金德等人严格的实数理论.至此,整个微积分学的理论和方法完全建立在牢固的基础上,基本上形成了一个完整的体系,也为20世纪的现代分析铺平了道路.

摘编自百度文库

复习题 5

[A]

1. 填空题.

(1) 设 k 为常数,且 $\int_0^1 (2x+k)dx = 3$,则 $k=$ _____.

(2) 已知 $\Phi(x) = \int_1^x t dt$,则 $\Phi(2) =$ _____.

(3) $\int_0^1 \dfrac{x^2}{1+x^2} dx =$ _____.

(4) $\int_{-1}^1 \dfrac{x^2 \sin^3 x}{1+\cos^4 x} dx =$ _____.

(5) 求极限 $\lim\limits_{x\to 0} \dfrac{\int_0^x \sin^2 t dt}{x^3} =$ _____.

(6) 已知 $\int_a^b f(x)dx = 1$,则 $\int_a^b f(x)dx - \int_b^a f(x)dx =$ _____.

(7) 设 $f(x) = \begin{cases} 1 & x<0 \\ x & x\geqslant 0 \end{cases}$,则 $\int_{-1}^2 f(x)dx =$ _____.

(8) $\int_0^{2\pi} |\sin x| dx =$ _____.

(9) 若 $\int_0^{+\infty} \dfrac{k}{1+x^2} dx = \dfrac{1}{2}$,且 k 为常数,则 $k=$ _____.

(10) 函数 $y=3x^2$ 在区间 $[1,3]$ 上的平均值为 _____.

2. 选择题.

(1) $\dfrac{d}{dx} \int_a^b \arctan x dx = (\quad)$.

A. $\arctan x$; B. $\dfrac{1}{1+x^2}$; C. $\arctan b - \arctan a$; D. 0.

(2) 设 $\int f(x)dx = x^3 + C$,则 $\int_0^2 f(x)dx = (\quad)$.

A. 2; B. 4; C. 6; D. 8.

(3) 设 $f(x)$ 为连续函数,则 $\int_0^1 f'(2x)dx$ 等于 $(\quad)$.

A. $f(2) - f(0)$; B. $\dfrac{1}{2}[f(1) - f(0)]$; C. $\dfrac{1}{2}[f(2) - f(0)]$; D. $f(1) - f(0)$.

(4) $\int_1^e \dfrac{\ln x}{x} dx$ 等于 $(\quad)$.

A. $\dfrac{1}{2}$; B. $\dfrac{e^2}{2} - \dfrac{1}{2}$; C. $\dfrac{1}{2e^2} - \dfrac{1}{2}$; D. -1.

(5) 已知 $f(x) = \int_0^x (t-1)(t-2)dt$,$f'(0) = (\quad)$.

A. 0; B. 1; C. -2; D. 2.

(6) 下列广义积分中不收敛的是 $(\quad)$.

A. $\int_1^{+\infty} \dfrac{1}{\sqrt{x^3}} dx$; B. $\int_2^{+\infty} \dfrac{1}{x\ln^2 x} dx$; C. $\int_1^{+\infty} \dfrac{1}{\sqrt[3]{x^2}} dx$; D. $\int_1^{+\infty} \dfrac{\arctan x}{1+x^2} dx$.

3. 计算下列积分：

(1) $\int_{4}^{9} \sqrt{x}(1+\sqrt{x})\mathrm{d}x$；(2) $\int_{-1}^{0} \frac{3x^4+3x^2+1}{x^2+1}\mathrm{d}x$；

(3) $\int_{0}^{4} |1-x|\mathrm{d}x$；(4) $\int_{0}^{\ln 2} \sqrt{\mathrm{e}^x-1}\mathrm{d}x$；

(5) $\int_{-\infty}^{+\infty} \frac{1}{\mathrm{e}^x+\mathrm{e}^{-x}}\mathrm{d}x$；(6) $\int_{0}^{\mathrm{e}-1} \ln(x+1)\mathrm{d}x$.

4. 如图 5-29 所示，求叶形抛物线 $y^2=\frac{x}{9}(3-x)^2$ 在 $0 \leqslant x \leqslant 3$ 部分所围图形的面积.

5. 如图 5-30 所示，求抛物线 $y=3-x^2$ 与直线 $y=2x$ 所围图形的面积.

6. 如图 5-31 所示，求抛物线 $4x=(y-4)^2$ 与直线 $x=4$ 所围图形的面积.

7. 如图 5-32 所示，求由抛物线 $y=\frac{1}{10}x^2+1, y=\frac{1}{10}x^2$ 与直线 $y=10$ 所围图形绕 y 旋转而成的旋转体.

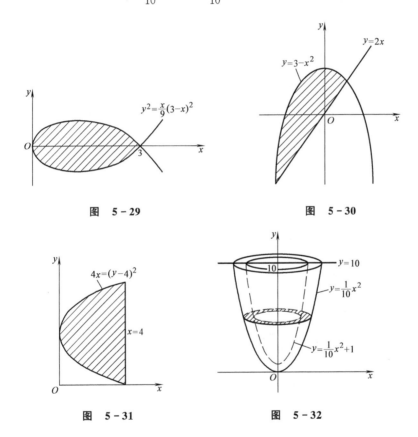

图 5-29　　　　　图 5-30

图 5-31　　　　　图 5-32

[B]

1. 填空题.

(1) $\int_{0}^{1} \frac{x^3}{1+x^2}\mathrm{d}x = $ _____.

(2) 设 $f(x)$ 为连续函数，则 $\int_{-a}^{a} x^2[f(x)-f(-x)]\mathrm{d}x = $ _____.

(3) 已知 $\int_{0}^{x} f(t^2)\mathrm{d}x = x^3$，则 $\int_{0}^{1} f(x)\mathrm{d}x = $ _____.

(4) $\dfrac{d}{dx}\displaystyle\int_0^{\sin^2 x}\dfrac{1}{1+t}dt=$ _____.

(5) 已知 $f(0)=2, f(2)=3, f'(2)=4$，则 $\displaystyle\int_0^2 xf''(x)dx=$ _____.

(6) $\displaystyle\int_{-3}^4 \min(2,x)dx=$ _____.

(7) 广义积分 $\displaystyle\int_1^2 \dfrac{x}{\sqrt{x-1}}dx=$ _____.

(8) $\displaystyle\int_0^{\frac{\pi^2}{4}}\cos\sqrt{x}\,dx=$ _____.

2. 选择题.

(1) 极限 $\displaystyle\lim_{n\to\infty}\left(\dfrac{n}{n^2+1^2}+\dfrac{n}{n^2+2^2}+\cdots+\dfrac{n}{n^2+n^2}\right)=($).

A. e; B. e^{-1}; C. $\dfrac{\pi}{2}$; D. $\dfrac{\pi}{4}$.

(2) 若 $\displaystyle\int_0^{x^2}f(t)dt=e^{x^2}$，则 $f(x)$ 等于( ).

A. e^x; B. e^{x^2}; C. $2xe^{x^2}$; D. xe^{x-1}.

(3) 设 $f(x)=\displaystyle\int_0^{1-\cos x}\sin t^2 dt, g(x)=\dfrac{x^5}{5}-\dfrac{x^6}{6}$，则当 $x\to 0$ 时, $f(x)$ 是比 $g(x)$ ( ).

A. 低阶的无穷小； B. 高阶的无穷小； C. 等价的无穷小； D. 同阶但不等价的无穷小.

(4) 下列各积分中, 不属于广义积分的是( ).

A. $\displaystyle\int_0^{+\infty}\ln(1+x)dx$； B. $\displaystyle\int_2^4\dfrac{dx}{x^2-1}$； C. $\displaystyle\int_{-1}^1\dfrac{dx}{x^2}$； D. $\displaystyle\int_{-3}^0\dfrac{dx}{1+x}$.

(5) 设 $f(x)=\displaystyle\int_x^0 te^{-t}dt$，则 $f(x)$ 在 $[1,2]$ 上的最大值为( ).

A. $\dfrac{1}{2e}-\dfrac{1}{2}$； B. $\dfrac{1}{2e^4}-\dfrac{1}{2}$； C. $\dfrac{2}{e}-1$； D. $\dfrac{1}{e^4}-1$.

(6) $\displaystyle\int_0^a f(x)dx=($).

A. $\displaystyle\int_0^{\frac{a}{2}}[f(x)+f(x-a)]dx$； B. $\displaystyle\int_0^{\frac{a}{2}}[f(x)+f(a-x)]dx$；

C. $\displaystyle\int_0^{\frac{a}{2}}[f(x)-f(a-x)]dx$； D. $\displaystyle\int_0^{\frac{a}{2}}[f(x)-f(x-a)]dx$.

3. 计算下列各题：

(1) $\displaystyle\int_{\frac{1}{e}}^e |\ln x|\,dx$；　(2) $\displaystyle\int_0^2 x\sqrt{2x-x^2}\,dx$；

(3) $\displaystyle\int_0^1 \dfrac{x^3}{\sqrt{4-x^2}}dx$；　(4) $\displaystyle\int_1^{+\infty}\dfrac{1}{e^{1+x}+e^{3-x}}dx$.

4. 设 $H(x)=\displaystyle\int_{\cos x}^{\sin x}\dfrac{\ln t}{t}dt$, 求 $H'(x)$.

5. 求 $\displaystyle\lim_{x\to 0}\dfrac{\displaystyle\int_{\cos x}^1 e^{-t^2}dt}{x^2}$.

6. 求 $f(x)=\displaystyle\int_0^x \dfrac{t+1}{t^2-2t+5}dt$ 在 $[0,1]$ 上的最大值和最小值.

7. 设 $f(x)$ 在 $(-\delta,\delta)$ 内连续, 在 $x=0$ 可导, 且 $f(0)=0$ $(\delta>0)$, 求 $\displaystyle\lim_{x\to 0}\dfrac{\displaystyle\int_0^2 f(x^2 t)dt}{x^2}$.

8. 已知 $\int_0^{+\infty} \dfrac{\sin x}{x} dx = \dfrac{\pi}{2}$,求 $\int_0^{+\infty} \dfrac{\sin^2 x}{x^2} dx$.

9. 已知 $\lim\limits_{x \to \infty} \left(\dfrac{x-a}{x+a}\right)^x = \int_a^{+\infty} 4x^2 e^{-2x} dx$,求常数 a 的值.

10. 设函数 $f(x) = \begin{cases} \sqrt{x+1} & |x| \leqslant 1 \\ \dfrac{1}{1+x^2} & 1 < |x| \leqslant \sqrt{3} \end{cases}$,计算 $\int_{-\sqrt{3}}^{\sqrt{3}} f(x) dx$.

11. 如图 5-33 所示,在高 10m,底半径为 4m 的倒圆锥形容器存放着水,水面离容器上口 2m,问需要做多少功才能将容器中的水全部从顶部抽出?

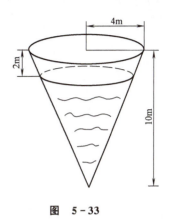

图 5-33

课 外 学 习 5

1. 在线学习

侯氏定理背后的 84 岁老先生:数学爱我,我爱数学(网页链接见对应配套电子课件).

2. 阅读与写作

阅读本章"背景聚焦:微积分学的发展历程".

第6章 常微分方程

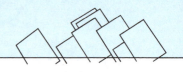

在科学技术和经济管理中,有许多实际问题往往需要通过未知函数的导数(或微分)所满足的等式来求该未知函数,这种等式就是微分方程.本章将介绍微分方程的基本概念,讨论几种简单的微分方程的解法及其应用.

6.1 微分方程的概念

引例1 已知曲线上任意一点切线的斜率等于该点横坐标的2倍,且曲线过点(2,4),求该曲线的方程.

设所求曲线的方程为 $y=y(x)$,根据已知条件可知
$$y'=2x$$
两边积分
$$\int y' \mathrm{d}x = \int 2x \mathrm{d}x + C$$
得
$$y = x^2 + C$$
其中 C 为任意常数,再将曲线过点(2,4)的条件代入,得
$$4 = 2^2 + C, C = 0$$
则 $y = x^2$ 即为所求的曲线的方程.

引例2 列车在平直线路上以 20m/s 的速度行驶,制动时加速度为 -0.4m/s^2.问从开始制动到静止,列车行驶的路程.

解 设列车开始制动的时刻 $t=0$,制动后行驶的路程为 $s(t)$.由题意和导数的意义,可知 $s(t)$ 应满足关系式
$$\frac{\mathrm{d}^2 s}{\mathrm{d}t^2} = -0.4,$$

两边积分得到,$v = \dfrac{\mathrm{d}s}{\mathrm{d}t} = -0.4t + C_1,$ \hfill (1)

再积分一次,得到 $s = -0.2t^2 + C_1 t + C_2$ \hfill (2)

这里 C_1, C_2 都是任意常数.

此外,$s(t)$ 还应满足条件:$s(0)=0, \dfrac{\mathrm{d}s}{\mathrm{d}t} = 20$,代入上面(1)(2)中,得到 $C_1 = 20, C_2 = 0$

因此,$v = \dfrac{\mathrm{d}s}{\mathrm{d}t} = -0.4t + 20, s = -0.2t^2 + 20t$

设 $v = 0$,得到列车从开始制动到静止需要的时间为 50s,代入 $s = -0.2t^2 + 20t$ 中,得到
$$s = -0.2 \times 50^2 + 20 \times 50 = 500\text{m}$$

引例中的 $y'=2x, \dfrac{d^2s}{dt^2}=-0.4$ 就是微分方程.

定义 1 含有未知函数的导数或微分的方程叫作**微分方程**.

未知函数为一元函数的微分方程叫作**常微分方程**；未知函数为多元函数的微分方程叫作**偏微分方程**. 本章我们只讨论常微分方程.

微分方程中出现的未知函数导数的最高阶数叫作微分方程的阶. 例如 $y'=2x$ 是一阶微分方程，$y''-2y=0$ 是二阶微分方程.

定义 2 使微分方程成为恒等式的函数叫作**微分方程的解**.

解有两种形式，含任意常数的个数等于微分方程的阶数的解叫作微分方程的**通解**，给通解中任意常数以确定值的解叫作微分方程的**特解**. 例如引例 1 中 $y=x^2+C$ 为方程的通解，$y=x^2$ 为方程的特解.

为了得到满足要求的特解，必须根据要求对微分方程附加一定的条件，这些条件叫作**初始条件**. 例如引例中给出的条件：曲线过点 $(2,4)$，即曲线满足 $y|_{x=2}=4$ 就是初始条件.

例 6-1 验证函数 $y=5x^2$ 是一阶微分方程 $xy'=2y$ 的特解.

解
$$y=5x^2, \quad y'=10x$$

把 y 及 y' 代入微分方程，得
$$xy'=x\times 10x=2\times 5x^2=2y$$

所以函数 $y=5x^2$ 是一阶微分方程 $xy'=2y$ 的特解.

例 6-2 验证函数 $y=Ce^{x^2}$ 是一阶微分方程 $y'=2xy$ 的通解.

解
$$y=Ce^{x^2}, \quad y'=Ce^{x^2}\times 2x$$

把 y 及 y' 代入微分方程，得
$$y'=Ce^{x^2}\times 2x=2xCe^{x^2}=2xy$$

所以函数 $y=Ce^{x^2}$ 是一阶微分方程 $y'=2xy$ 的解，又因为该解中含有一个任意常数，所以该解为通解.

> 一门科学，只有当它成功地运用数学时，才能达到真正完善的地步.
>
> ——马克思

习 题 6-1

1. 指出下列各微分方程的阶数：
   (1) $(y'')^3-x=0$； (2) $xy'-y=x$；
   (3) $xyy'''+y''+1=0$； (4) $y^{(5)}+y^{(4)}+y'''=0$.

2. 下列各题中的函数是否为所给微分方程的解？
   (1) $y=e^x, xy'-y\ln y=0$；
   (2) $y=xe^{2x}, y''-4y'+4y=0$；
   (3) $y=x^3+x^2, y''=6x+2$；
   (4) $y=2\sin x+\cos x, y''+y=0$.

6.2 一阶微分方程

本节介绍几种典型的一阶微分方程的求解方法.

6.2.1 $y'=f(x)$ 型的方程

此类题可通过两端积分求得含一个任意常数的通解.

例 6-3 求微分方程 $y'=\sin x+2x-1$ 的通解.

解 对所给的方程两端积分,得

$$y=\int(\sin x+2x-1)\mathrm{d}x=-\cos x+x^2-x+C$$

6.2.2 可分离变量的微分方程

形如 $\dfrac{\mathrm{d}y}{\mathrm{d}x}=f(x)g(y)$ 的微分方程叫作**可分离变量的微分方程**.

求解可分离变量的微分方程的方法为:

(1) 将方程分离变量,得

$$\frac{\mathrm{d}y}{g(y)}=f(x)\mathrm{d}x$$

(2) 等式两端求积分,得通解

$$\int\frac{\mathrm{d}y}{g(y)}=\int f(x)\mathrm{d}x+C$$

例 6-4 求微分方程 $y'=y$ 的通解.

解 把方程 $\dfrac{\mathrm{d}y}{\mathrm{d}x}=y$ 分离变量,得

$$\frac{\mathrm{d}y}{y}=\mathrm{d}x$$

等式两端求积分得

$$\int\frac{\mathrm{d}y}{y}=\int\mathrm{d}x$$

所以
$$\ln|y|=x+C_1$$
$$y=\pm\mathrm{e}^{x+C_1}=\pm\mathrm{e}^{C_1}\mathrm{e}^x$$

因为 $\pm\mathrm{e}^{C_1}$ 仍是任意常数,因此设 $C=\pm\mathrm{e}^{C_1}$,得方程的通解为

$$y=C\mathrm{e}^x$$

以后为了简便起见,可把 $\ln|y|$ 写成 $\ln y$,只要记住最后得到的任意常数 C 是可正可负的就行了.

例 6-5 求微分方程 $\sqrt{1-x^2}\,y'=\sqrt{1-y^2}$ 的通解.

解 原方程可写为 $\dfrac{\mathrm{d}y}{\mathrm{d}x}=\dfrac{\sqrt{1-y^2}}{\sqrt{1-x^2}}$,

分离变量得,$\dfrac{1}{\sqrt{1-y^2}}\mathrm{d}y=\dfrac{1}{\sqrt{1-x^2}}\mathrm{d}x$

等式两端求积分,得 $\int \dfrac{1}{\sqrt{1-y^2}}dy = \int \dfrac{1}{\sqrt{1-x^2}}dx$,

故方程通解为 $\arcsin y = \arcsin x + C$.

例 6-6 求微分方程 $y\ln x dx + x\ln y dy = 0$ 的通解.

解 把方程分离变量为

$$\dfrac{\ln y}{y}dy = -\dfrac{\ln x}{x}dx$$

等式两端求积分得

$$\int \dfrac{\ln y}{y}dy = -\int \dfrac{\ln x}{x}dx$$

所以

$$\int \ln y d(\ln y) = -\int \ln x d(\ln x)$$

$$\dfrac{1}{2}(\ln y)^2 = -\dfrac{1}{2}(\ln x)^2 + C_1$$

化简,得方程的通解 $(\ln y)^2 + (\ln x)^2 = C$ (其中 $C = 2C_1$)

例 6-7 求微分方程 $\cos x \sin y dy = \cos y \sin x dx$ 满足 $y\big|_{x=0} = \dfrac{\pi}{4}$ 的特解.

解 把方程分离变量为

$$\dfrac{\sin y}{\cos y}dy = \dfrac{\sin x}{\cos x}dx$$

等式两端求积分得

$$-\ln\cos y = -\ln\cos x - \ln C$$

$$\ln\cos y = \ln\cos x + \ln C = \ln(C\cos x)$$

$$\cos y = C\cos x$$

将 $y\big|_{x=0} = \dfrac{\pi}{4}$ 代入方程得 $C = \dfrac{\sqrt{2}}{2}$,所以微分方程的特解为

$$\cos y = \dfrac{\sqrt{2}}{2}\cos x$$

◐ **背景聚焦** ◑

Volterra 模型

在第一次世界大战以后,人们发现亚德里亚海北部捕获的肉食类鱼(以下简称大鱼)的比例有所上升,而作为肉食鱼的食饵(以下简称小鱼)的比例有所下降.这是为什么?

人们把这个问题提到数学家丹孔那(D'Ancona)面前.有一个"明显"的答案是:大战期间,不少渔民应征入伍,打鱼的人少了,小鱼就迅速繁殖,这样大鱼就有了充分的食料因此也迅速生长,这样大战以后,渔民们退伍重操旧业时,就可以捕获更多的大鱼.相反地,大鱼吃掉了过多的小鱼,所以小鱼在捕获量中所占比例就会减少,由此再往下推理,大鱼就缺少食物,因此也会减少.大鱼的减少,又会给小鱼以更多的生存繁殖的机会,因此数量又会增加.于是,大鱼又会获得更多食物,又会迅速繁殖起来,这样又出现另一次大鱼增加、小鱼减少的周期.这本是生存竞争的一个例子.当年达尔文的生存竞争理论就有不少类似

的例子. 可是丹孔那并未满足于这种定性的推理, 而是把它作为一个数学问题向另一位著名的意大利数学家伏尔特拉(V. Volterra)请教. 伏尔特拉对此很感兴趣, 经过研究, 他给出了一个数学模型.

设 $x(t)$ 表示 t 时刻小鱼的数量, 于是在由时刻 t 到时刻 $t+\Delta t$ 中它的变化由以下关系决定：

$$x(t+\Delta t)-x(t)=(小鱼自然增长数)-(被大鱼食去数)$$

大鱼的数量用 $y(t)$ 表示. 小鱼自然增长数是由出生率和死亡率决定的, 因此既正比于时间长度 Δt, 又正比于当时已有小鱼数量 $x(t)$, 所以

$$小鱼自然增长数 = ax\Delta t \quad (a \text{ 是比例系数})$$

而被大鱼食去数不但正比于时间长度 Δt 以及当时已有小鱼数量 $x(t)$ (小鱼越多, 被吃的也越多), 还应正比于大鱼的数量 $y(t)$, 所以

$$被大鱼食去数 = bxy\Delta t \quad (b \text{ 是比例系数})$$

于是
$$x(t+\Delta t)-x(t)=ax\Delta t-bxy\Delta t$$

$$\frac{x(t+\Delta t)-x(t)}{\Delta t}=ax-bxy=x(a-by)$$

令 $\Delta t \to 0$, 即得
$$\frac{\mathrm{d}x}{\mathrm{d}t}=x(a-by) \tag{1}$$

类似地有

$$大鱼自然增长数 = cxy\Delta t \quad (c \text{ 是比例系数})$$
$$大鱼自然死亡数 = dy\Delta t \quad (d \text{ 是比例系数})$$
$$\frac{y(t+\Delta t)-y(t)}{\Delta t}=cxy-dy=y(cx-d)$$

令 $\Delta t \to 0$, 即得
$$\frac{\mathrm{d}y}{\mathrm{d}t}=y(cx-d) \tag{2}$$

用式(2)除以式(1)得

$$\frac{\mathrm{d}y}{\mathrm{d}x}=\frac{y(cx-d)}{x(a-by)}$$

分离变量积分后得通解 $\quad -by-cx+a\ln y+d\ln x=\ln C$

整理得
$$\frac{y^a}{\mathrm{e}^{by}}\frac{x^d}{\mathrm{e}^{cx}}=C \tag{3}$$

若初始条件为 $\begin{cases} x(0)=x_0 \\ y(0)=y_0 \end{cases}$, 那么把其代入式(3)就可确定 C 的数值, 从而得到一个特解, 它是平面上的一条封闭曲线, 只要初始条件 x_0, y_0 不为零, 这条曲线就永远不通过零点. 这是一个周期解, 即在一定时间之后, 情况会回到初始状态, 因而周而复始, 维持着生态平衡.

这种生存竞争的数学理论意义极为巨大, 有了这种模型, 就可以对问题进行定量计算 (计算结果与实际情况吻合), 完全避免了只作一般描述性推理的不明确性. 同时, 用这种模型还可说明许多类似的生态问题.

6.2.3 齐次方程

形如 $y'=f\left(\dfrac{y}{x}\right)$ 的一阶微分方程,称为**齐次微分方程**.

此类题可作变量替换 $y=ux$,把原方程化为关于 x 和 u 的可分离变量的微分方程,具体如下:

令 $u(x)=\dfrac{y}{x}$,则 $y=ux$,

两端求导得
$$y'=u'x+x'u=u'x+u$$

所以原方程变为
$$u'x+u=f(u)$$

$$\dfrac{\mathrm{d}u}{\mathrm{d}x}x=f(u)-u$$

这是可分离变量的方程,分离变量得
$$\dfrac{\mathrm{d}u}{f(u)-u}=\dfrac{\mathrm{d}x}{x}$$

两端积分后,再把 u 换为 $\dfrac{y}{x}$ 就可得到原方程的通解.

例 6-8 求微分方程 $xy'-x\sec\dfrac{y}{x}-y=0$ 的通解.

解 把方程变为 $y'=\sec\dfrac{y}{x}+\dfrac{y}{x}$. 令 $u=\dfrac{y}{x}$,则 $y=ux$,$y'=u'x+u$,故
$$u'x+u=\sec u+u,\quad u'x=\sec u$$

分离变量为
$$\cos u\,\mathrm{d}u=\dfrac{\mathrm{d}x}{x}$$

等式两端积分得
$$\int\cos u\,\mathrm{d}u=\int\dfrac{\mathrm{d}x}{x}$$
$$\sin u=\ln x+\ln C=\ln(Cx)$$

把 $u=\dfrac{y}{x}$ 代入得方程的通解为 $\sin\dfrac{y}{x}=\ln(Cx)$ 或 $y=x\arcsin(\ln(Cx))$.

例 6-9 求微分方程 $xy'=y(\ln y-\ln x)$ 的通解.

解 把方程变为 $y'=\dfrac{y}{x}\ln\left(\dfrac{y}{x}\right)$. 令 $u=\dfrac{y}{x}$,则 $y=ux$,$y'=u'x+u$,故
$$u'x+u=u\ln u,\quad u'x=u(\ln u-1)$$

分离变量为
$$\dfrac{\mathrm{d}u}{u(\ln u-1)}=\dfrac{\mathrm{d}x}{x}$$

等式两端积分得
$$\int\dfrac{\mathrm{d}(\ln u-1)}{\ln u-1}=\int\dfrac{\mathrm{d}x}{x}$$
$$\ln(\ln u-1)=\ln x+\ln C=\ln Cx$$
$$\ln u-1=Cx$$

把 $u=\dfrac{y}{x}$ 代入得方程的通解为 $\ln\dfrac{y}{x}=1+Cx$,或 $y=x\mathrm{e}^{1+Cx}$.

例 6-10 求微分方程 $(x^3+y^3)\mathrm{d}x-3xy^2\mathrm{d}y=0$ 的通解.

解 原方程可写为 $\dfrac{\mathrm{d}y}{\mathrm{d}x} = \dfrac{y}{3x} + \dfrac{x^2}{3y^2}$，令 $u = \dfrac{y}{x}$，则 $y = ux$，$\dfrac{\mathrm{d}y}{\mathrm{d}x} = u + x\dfrac{\mathrm{d}u}{\mathrm{d}x}$，

代入原方程，得 $u + x\dfrac{\mathrm{d}u}{\mathrm{d}x} = \dfrac{u}{3} + \dfrac{1}{3u^2}$，

分离变量并积分得 $\displaystyle\int \dfrac{3u^2}{1-2u^3}\mathrm{d}u = \int \dfrac{1}{x}\mathrm{d}x$，

即 $-\dfrac{1}{2}\ln(1-2u^3) = \ln x + C_1$，亦即 $2u^3 = 1 - \dfrac{C}{x^2}$，其中 $C = \mathrm{e}^{-2C_1}$，

将 $u = \dfrac{y}{x}$ 代入上式，得原方程的通解为 $x^3 - 2y^3 = Cx$．

6.2.4　一阶线性微分方程

形如
$$y' + P(x)y = Q(x)$$
的微分方程，称为**一阶线性微分方程**，$Q(x)$ 称为自由项．

当 $Q(x) \equiv 0$ 时，方程为 $y' + P(x)y = 0$，这时方程称为**一阶齐次线性微分方程**．

当 $Q(x) \neq 0$ 时，方程 $y' + P(x)y = Q(x)$ 称为**一阶非齐次线性微分方程**．

一阶线性微分方程的求解方法是常数变易法．常数变易法分两步求解：

(1) 求一阶齐次线性微分方程的通解

因为方程 $y' + P(x)y = 0$ 是可分离变量的微分方程，分离变量得
$$\dfrac{\mathrm{d}y}{y} = -P(x)\mathrm{d}x$$

两端积分得
$$\ln y = -\int P(x)\mathrm{d}x + \ln C$$

所以
$$y = \mathrm{e}^{-\int P(x)\mathrm{d}x + \ln C} = C\mathrm{e}^{-\int P(x)\mathrm{d}x}$$

为一阶齐次线性微分方程的通解，其中 $P(x)$ 的积分 $\displaystyle\int P(x)\mathrm{d}x$ 只取一个原函数．

(2) 求一阶非齐次线性微分方程的通解

因齐次线性微分方程是非齐次线性微分方程的特殊情况，所以可以设想把齐次方程的通解中的常数 C 换成函数 $C(x)$，即 $y = C(x)\mathrm{e}^{-\int P(x)\mathrm{d}x}$ 作为非齐次方程的通解．

下面就假定 $y = C(x)\mathrm{e}^{-\int P(x)\mathrm{d}x}$ 是非齐次方程的通解，$C(x)$ 是待定函数．

把假定解代入方程得

$$(C(x)\mathrm{e}^{-\int P(x)\mathrm{d}x})' + P(x)C(x)\mathrm{e}^{-\int P(x)\mathrm{d}x} = Q(x)$$

$$C'(x)\mathrm{e}^{-\int P(x)\mathrm{d}x} + C(x)(\mathrm{e}^{-\int P(x)\mathrm{d}x})' + P(x)C(x)\mathrm{e}^{-\int P(x)\mathrm{d}x} = Q(x)$$

$$C'(x)\mathrm{e}^{-\int P(x)\mathrm{d}x} - P(x)C(x)\mathrm{e}^{-\int P(x)\mathrm{d}x} + P(x)C(x)\mathrm{e}^{-\int P(x)\mathrm{d}x} = Q(x)$$

$$C'(x)\mathrm{e}^{-\int P(x)\mathrm{d}x} = Q(x)$$

$$C'(x) = Q(x)\mathrm{e}^{\int P(x)\mathrm{d}x}$$

积分得
$$C(x) = \int Q(x)\mathrm{e}^{\int P(x)\mathrm{d}x}\mathrm{d}x + C$$

把 $C(x)$ 代入假定解中,即得一阶非齐次线性微分方程的通解

$$y = C(x)e^{-\int P(x)dx} = e^{-\int P(x)dx}\left(\int Q(x)e^{\int P(x)dx}dx + C\right) \tag{6-1}$$

式中,$P(x)$ 的积分 $\int P(x)dx$ 只取一个原函数.

今后解一阶非齐次线性微分方程时,可以把上式作为公式直接使用. 当然也可以按常数变易法的步骤来求解.

例 6 - 11 求微分方程 $y' + y = e^{-x}$ 的通解.

解法 1 先求 $y' + y = 0$ 的通解.

分离变量得
$$\frac{dy}{y} = -dx$$

两端积分得
$$\ln y = -x + C_1$$
$$y = e^{-x+C_1} = e^{C_1}e^{-x} = Ce^{-x}$$

再设 $y = C(x)e^{-x}$ 为原方程的通解,代入原方程得
$$(C(x)e^{-x})' + C(x)e^{-x} = e^{-x}$$
$$C'(x)e^{-x} - C(x)e^{-x} + C(x)e^{-x} = e^{-x}$$

即
$$C'(x) = 1$$

积分得
$$C(x) = x + C$$

故得所求方程的通解为
$$y = e^{-x}(x + C)$$

解法 2 直接利用公式 $y = e^{-\int P(x)dx}\left(\int Q(x)e^{\int P(x)dx}dx + C\right)$ 求解.

因为 $P(x) = 1, Q(x) = e^{-x}$,所以通解为
$$y = e^{-\int dx}\left(\int e^{-x}e^{\int dx}dx + C\right) = e^{-x}\left(\int e^{-x}e^{x}dx + C\right)$$
$$= e^{-x}(x + C)$$

例 6 - 12 求微分方程 $y' + \frac{1}{x}y = \frac{\sin x}{x}$ 的通解.

解 因为 $P(x) = \frac{1}{x}, Q(x) = \frac{\sin x}{x}$,所以通解为
$$y = e^{-\int \frac{1}{x}dx}\left(\int \frac{\sin x}{x}e^{\int \frac{1}{x}dx}dx + C\right) = e^{-\ln x}\left(\int \frac{\sin x}{x}e^{\ln x}dx + C\right)$$
$$= \frac{1}{x}\left(\int \sin x\, dx + C\right) = \frac{1}{x}(-\cos x + C)$$

例 6 - 13 求微分方程 $y' - 4xy = x^2 e^{2x^2}$ 的通解.

解 因为 $P(x) = -4x, Q(x) = x^2 e^{2x^2}$,所以通解为
$$y = e^{\int 4xdx}\left(\int x^2 e^{2x^2} e^{-\int 4xdx}dx + C\right) = e^{2x^2}\left(\int x^2 e^{2x^2} e^{-2x^2}dx + C\right)$$
$$= e^{2x^2}\left(\int x^2 dx + C\right) = e^{2x^2}\left(\frac{x^3}{3} + C\right)$$

例 6 - 14 求微分方程 $y' - y\tan x = \sec x$ 满足条件 $y\big|_{x=0} = 0$ 的特解.

解 因为 $P(x) = -\tan x, Q(x) = \sec x$,所以通解为

$$y = e^{\int \tan x dx}\left(\int \sec x e^{-\int \tan x dx} dx + C\right) = e^{-\ln\cos x}\left(\int \sec x e^{\ln\cos x} dx + C\right)$$

$$= \frac{1}{\cos x}\left(\int \sec x \cos x dx + C\right) = \frac{1}{\cos x}(x + C)$$

把条件 $y\big|_{x=0} = 0$ 代入得 $C=0$,所以得方程的特解为

$$y = \frac{x}{\cos x}$$

例 6-15 求一曲线的方程,此曲线通过原点,并且它在点 (x,y) 处的切线斜率等于 $2x-y$.

解 根据已知可得 $y' = 2x - y$,即

$$y' + y = 2x$$

此方程为一阶非齐次线性方程,因为 $P(x)=1$,$Q(x)=2x$,所以通解为

$$y = e^{-\int dx}\left(\int 2x e^{\int dx} dx + C\right) = e^{-x}\left(2\int x e^x dx + C\right)$$

$$= e^{-x}\left(2\int x d(e^x) + C\right) = e^{-x}\left(2x e^x - 2\int e^x dx + C\right)$$

$$= e^{-x}(2x e^x - 2e^x + C) = 2x - 2 + C e^{-x}$$

因曲线通过原点,所以 $y\big|_{x=0} = 0$,把此条件代入得 $C=2$,

所以所求曲线为

$$y = 2x - 2 + 2e^{-x}$$

> 我们不能人云亦云,这不是科学精神,科学精神最重要的就是创新.
>
> ——钱学森

6.2.5 一阶微分方程应用举例

通过微分方程建立模型对于许多实际问题的解决是一种极有效的数学手段.对于现实世界的变化,人们关注的往往是其变化速度、加速度以及所处位置随时间的发展规律,其规律一般可以用微分方程或方程组表示.建立微分方程常用的方法主要包括:从一些已知的基本定律或基本公式出发建立微分方程模型;利用导数的定义建立微分方程模型等等.

应用微分方程解决具体问题的一般步骤如下:

(1) 分析问题,建立微分方程,并确定初始条件.

(2) 求出该微分方程的通解.

(3) 根据初始条件确定所求的特解.

例 6-16 已知质量为 1 千克的物体下落时所受阻力与下落速度成正比,且开始下落时速度为零,求物体下落速度与时间的函数关系.

分析 这里就要用到力学中的牛顿第二运动定律:$F=ma$,其中加速度 a 就是位移对时间的二阶导数,也是速度对时间的一阶导数.从这些知识出发我们可以建立相应的微分方程模型.

解 设物体下落速度为 $v(t)$,空气阻力系数为 k,那么物体所受阻力为 kv,所受外力为
$$F=mg-kv=g-kv$$
根据牛顿第二运动定律
$$F=ma=a=\frac{\mathrm{d}v}{\mathrm{d}t}$$
所以
$$\frac{\mathrm{d}v}{\mathrm{d}t}=g-kv$$
分离变量得
$$\frac{\mathrm{d}v}{g-kv}=\mathrm{d}t$$
两端积分得
$$-\frac{1}{k}\ln(g-kv)=t+C_1$$
即
$$g-kv=\mathrm{e}^{-kt-kC_1}=C\mathrm{e}^{-kt}$$
将初始条件 $v|_{t=0}=0$ 代入,得 $C=g$

所以物体下落速度与时间的函数关系为
$$v=\frac{g}{k}(1-\mathrm{e}^{-kt})$$

例 6-17 设某物体放置于空气中,设室温恒定为 $\alpha=24℃$。在时刻 $t=0$ 时测得物体温度为 $T_0=150℃$,10 分钟后测得温度为 $T_1=100℃$,求物体的温度 T 和时间 t 的关系,并求 20 分钟后物体的温度。

解 根据牛顿冷却定律:在一定的温度范围内,物体的冷却速度与物体和空气的温差成正比,设比例系数为 $k(k>0)$,又由导数的物理意义,物体温度的变化速度为 $\frac{\mathrm{d}T}{\mathrm{d}t}$,所以
$$\frac{\mathrm{d}T}{\mathrm{d}t}=-k(T-\alpha)$$
分离变量,求得
$$T=C\mathrm{e}^{-kt}+\alpha$$
代入初值 $t=0,T=T_0=150;t=10,T=T_1=100$

得
$$C=126,k\approx 0.05$$
所以
$$T\approx 126\mathrm{e}^{-0.05t}+24$$
这是物体的温度 T 随时间 t 的变化关系式。

当 $t=20$ 时,$T=70$

即 20 分钟后物体的温度为70℃。

例 6-18 传染病模型

建立传染病的数学模型,有助于分析其变化规律,有效控制传染病的蔓延。

假设:

(1)传染病传播期间本地区总人数不变,为常数 n。

(2) 开始时染病人数为 x_0；t 时刻健康人数为 $x(t)$，染病人数为 $y(t)$；

(3) 单位时间内一个病人能传染的人数与当时的健康人数成正比，比例常数为 k，称 k 为传染系数. 根据假设，有

$$\begin{cases} x(t)+y(t)=n \\ \dfrac{\mathrm{d}x}{\mathrm{d}t}=kx(t)y(t) \\ x(0)=x_0 \end{cases}$$

这个模型称为 **SI 模型**，即易感染者和感染者模型. 由变量分离法可以得到方程的解.

对于无免疫性的传染病如痢疾、伤风等，病人治愈后会再次被感染. 设单位时间治愈率为 μ，则 SI 模型应修正为

$$\begin{cases} x(t)+y(t)=n \\ \dfrac{\mathrm{d}x}{\mathrm{d}t}=kx(t)y(t)-\mu x(t) \\ x(0)=x_0 \end{cases}$$

这个模型称为 **SIS 模型**，显然 $\dfrac{1}{\mu}$ 为这个传染病的平均传染期，$\dfrac{k}{\mu}$ 为整个传染期内每个病人有效接触的平均人数.

对于有很强免疫性的传染病，病人治愈后不会再次被感染. 设在 t 时刻的愈后免疫人数为 $r(t)$，称为移出者，设治愈率为常数 l，则 SI 模型应修正为

$$\begin{cases} x(t)+y(t)+r(t)=n \\ \dfrac{\mathrm{d}x}{\mathrm{d}t}=kx(t)y(t)-\dfrac{\mathrm{d}r}{\mathrm{d}t} \\ \dfrac{\mathrm{d}r}{\mathrm{d}t}=lx(t) \\ x(0)=x_0 \end{cases}$$

这个模型称为 **SIR 模型**. 上述三类传染病模型对于疾病的控制都发挥了重要作用.

例 6-19 （人口模型）

英国人口统计学家马尔萨斯在担任牧师期间，查看了教堂 100 多年人口出生统计资料，发现人口出生率是一个常数，并于 1789 年在《人口原理》一书中提出了闻名于世的马尔萨斯人口模型，他的基本假设是：在人口自然增长过程中，净相对增长（出生率与死亡率之差）是常数，即单位时间内人口的增长量与人口成正比，比例系数设为 r，在此假设下，推导并求解人口随时间变化的数学模型.

解 设时刻 t 的人口为 $N(t)$，把 $N(t)$ 当作连续、可微函数处理（因人口总数很大，可将离散变量连续化处理），据马尔萨斯的假设，在 t 到 $t+\Delta t$ 时间段内，人口的增长量为

$$N(t+\Delta t)-N(t)=rN(t)\Delta t,$$

并设 $t=t_0$ 时刻的人口为 N_0，于是

$$\begin{cases} \dfrac{\mathrm{d}N}{\mathrm{d}t}=rN, \\ N(t_0)=N_0. \end{cases}$$

这就是马尔萨斯人口模型,用分离变量法易求出其解为

$$N(t)=N_0\mathrm{e}^{r(t-t_0)},$$

模型检验:据估计 1961 年地球上的人口总数为 3.06×10^9,而在以后 7 年中,人口总数以每年 2% 的速度增长,这样 $t_0=1961$, $N_0=3.06\times 10^9$, $r=0.02$,于是

$$N(t)=3.06\times 10^9 \mathrm{e}^{0.02(t-1961)}.$$

这个公式非常准确地反映了在 1700—1961 年间世界人口总数. 因为,这期间地球上的人口大约每 35 年翻一番,而上式断定 34.6 年增加一倍(请读者证明这一点).

马尔萨斯模型表明人口以指数规律随时间无限增长. 但很明显,由于资源的限制,人口不可能无限制地增长下去. 如按此模型计算,到 2670 年,地球上将有 36000 亿人口. 如果地球表面全是陆地(事实上,地球表面还有 80% 被水覆盖),我们也只得互相踩着肩膀站成两层了,这是非常荒谬的. 随着人口的增加,自然资源环境条件等因素对人口增长的限制作用越来越显著,如果当人口较少时,人口的自然增长率可以看作常数的话,那么当人口增加到一定数量以后,这个增长率就要随人口的增加而减小. 因此,应对马尔萨斯模型中关于净增长率为常数的假设进行修改.

1838 年,韦尔侯斯特(Verhulst)引入常数 N_m,用来表示自然环境条件所能容许的最大人口数(一般说来,一个国家工业化程度越高,它的生活空间就越大,食物就越多,从而 N_m 就越大),并假设将增长率等于 $r\left(1-\dfrac{N(t)}{N_m}\right)$,即净增长率随着 $N(t)$ 的增加而减小,当 $N(t)\to N_m$ 时,净增长率趋于零,按此假定建立人口预测模型.

由韦尔侯斯特假定,马尔萨斯模型应改为

$$\begin{cases} \dfrac{\mathrm{d}N}{\mathrm{d}t}=r\left(1-\dfrac{N}{N_0}\right)N, \\ N(t_0)=N_0, \end{cases}$$

上式就是逻辑模型,该方程可分离变量,其解为,

$$N(t)=\dfrac{N_m}{1+\left(\dfrac{N_m}{N_0}-1\right)\mathrm{e}^{-r(t-t_0)}}.$$

下面,我们对模型作简要分析.

(1) 当 $t\to\infty$, $N(t)\to N_m$,即无论人口的初值如何,人口总数趋向于极限值 N_m;

(2) 当 $0<N<N_m$ 时,$\dfrac{\mathrm{d}N}{\mathrm{d}t}=r\left(1-\dfrac{N}{N_m}\right)N>0$,这说明 $N(t)$ 是时间 t 的单调递增函数;

(3) 由于 $\dfrac{\mathrm{d}^2 N}{\mathrm{d}t^2}=r^2\left(1-\dfrac{N}{N_m}\right)\left(1-\dfrac{2N}{N_m}\right)N$,所以当 $N<\dfrac{N_m}{2}$ 时,$\dfrac{\mathrm{d}^2 N}{\mathrm{d}t^2}>0$,$\dfrac{\mathrm{d}N}{\mathrm{d}t}$ 单增;当 $N>\dfrac{N_m}{2}$ 时,$\dfrac{\mathrm{d}^2 N}{\mathrm{d}t^2}<0$,$\dfrac{\mathrm{d}N}{\mathrm{d}t}$ 单减,即人口增长率 $\dfrac{\mathrm{d}N}{\mathrm{d}t}$ 由增变减,在 $\dfrac{N_m}{2}$ 处最大,也就是说在人口总数达到极限值一半以前是加速增长期,过这一点后,生长的速率逐渐变小,并且迟早会达到零,这是减

速增长期；

(4) 上面关于人口模型的讨论，原则上也可以用于在自然环境下单一物种生存着的其他生物，如森林中的树木、池塘中的鱼等，逻辑模型有着广泛的应用．

习　题　6-2

1. 求下列微分方程的通解：

(1) $y' - \dfrac{2}{x^2} y = 0$；　　　(2) $y' = \dfrac{x}{y + \sin y}$；　　　(3) $x \ln x y' - y = 0$；

(4) $y' = e^{x-y}$；　　　(5) $x^2 y' - y = 1$；　　　(6) $y(1-2x)dx + (x^2 - x)dy = 0$.

2. 求下列微分方程满足初始条件的特解：

(1) $y(1+x^2)dy - x(1+y^2)dx = 0, y|_{x=0} = 1$；

(2) $y' \sin x = y \ln y, y|_{x=\frac{\pi}{2}} = e$；　　　(3) $2xy dx - dy = 0, y|_{x=0} = 2$.

3. 求下列微分方程的通解：

(1) $x^2 y' = xy + x^2 + y^2$；　　(2) $y' = e^{\frac{x}{x}} + \dfrac{y}{x}$；　　(3) $(xy' - y)\sin \dfrac{y}{x} = x$；

(4) $xy' = y + \dfrac{y}{\ln y - \ln x}$.

4. 一曲线通过点 $(3, 10)$，其在任意点处的切线斜率等于该点横坐标的平方，求此曲线方程．

5. 求下列微分方程的通解：

(1) $y' + 2y = e^x$；　　　(2) $y' - 5y = 2e^{5x}$；　　　(3) $y' + 2xy = xe^{-x^2}$；

(4) $y' + \dfrac{y}{x} = \dfrac{1}{x(1+x^2)}$；　　(5) $y' + 2y = x$；　　(6) $y' + y \sin x = e^{\cos x}$；

(7) $y' - y \tan x = x$；　　(8) $xy' - y = x^3 \ln x$；　　(9) $xy' + y = \dfrac{x}{\sqrt{1-x^2}}$；

(10) $xy' + y = \ln x$.

6. 求下列微分方程满足初始条件的特解：

(1) $y' - \dfrac{1}{x} y = x \sin x, y|_{x=\frac{\pi}{2}} = 1$；　　(2) $y' + \dfrac{2}{x} y = -x, y|_{x=2} = 0$；

(3) $y' + 3y = 8, y|_{x=0} = 2$；　　(4) $y' + y = xe^{-x}, y|_{x=0} = 2$.

7. 温度未知的物体放置在温度恒定为 30℉ $\left(1℉ = \dfrac{5}{9} K\right)$ 的房间中．若 10 min 后，物体的温度是 0℉；20 min 后物体的温度是 15℉，求初始温度．

8. 已知某厂的纯利润 L 对广告费 x 的变化率 $\dfrac{dL}{dx}$ 与常数 A 和纯利润 L 之差成正比．当 $x = 0$ 时，$L = L_0$，试求纯利润 L 与广告费 x 之间的函数关系．

9. 设一机器在任意时刻以常数比率贬值．若机器全新时价值 10000 元，5 年末价值 6000 元，求其在出厂 20 年末的价值．

● 背景聚焦 ●

二维码背后的数学原理是什么？

随着数字时代的到来，二维码无处不在，看网页要扫二维码，加好友要扫二维码，在菜市场买菜也需要扫二维码支付．二维码给我们的生活带来了极大便利，但二维码也存在安全隐患，稍不留意，就会泄漏个人信息，更严重的还会造成财产损失．那么，二维码的原理究竟是什么?又该如何防范二维码带来的风险呢?

在了解二维码以前,我们先来说说它的前身——条形码.条形码是将每种商品进行编号,用粗细不同的黑条组成独一无二的商品指纹,例如在商品包装上经常看到粗细不均的黑白条,里面就藏着商品编号信息,如价格、商品名称等.但是条形码只能在同一个方向上进行编码,因此也被称为一维码,一维码各种组合的数量有限,信息容量小,并且只能用实体的扫描枪进行物理扫描,所以在条形码的基础上产生了二维码.

其实二维码并不神秘,它就是把信息翻译成一个个黑白小方块,然后再填进一个大方块里.如何将信息和黑白方块相对应呢?这就要提到一个具有划时代意义的发明——二进制.通过二进制,把每一个文字、数字、符号"翻译"成一串由"0"和"1"组成的字符串.用白色方格代表"0",黑色方格代表"1".然后按特定规律,把这些白色与黑色方格进行排列,就得到了二维码.二维码实质上就是把信息(数据)转成二进制码,再把二进制码填充到二维码这个大方块中.那么三个"蹲"在角落里的黑方块是做什么用的呢?它们是用来定位的,让你不管是横着扫还是竖着扫,都能够准确无误地获取到二维码里记录的信息.相较于条形码只能在水平方向存储信息,二维码则是在两个维度上记录信息,加大了信息的存储量.

现在,二维码承载着越来越多的个人信息,在我们生活中也扮演着越来越丰富的角色,同时,二维码也已经成为不法分子实施网络诈骗、传播不良信息的新工具.如何防范二维码可能带来的安全隐患呢?

首先,不要扫描来路不明的二维码.二维码作为不透明的信息承载工具,有可能携带木马病毒或者暗链接,在扫码的同时,这些病毒可能已经获取了信息或者盗取了个人财产.其次,在购物支付时注意保护支付条码,防止被不法分子盗刷.最后,要牢固树立防范意识,提高对二维码的认识,正确使用二维码,让二维码给我们的生活带来更多便捷.

6.3 二阶微分方程

6.3.1 可降阶的二阶微分方程

1. $y''=f(x)$ 型的方程

此类方程的求解方法为:通过接连积分两次求得含两个任意常数的通解.

例 6-20 求微分方程 $y''=e^{2x}$ 的通解.

解 对所给的方程接连积分两次,得

$$y' = \int e^{2x} dx = \frac{1}{2}e^{2x} + C_1$$

$$y = \int \left(\frac{1}{2}e^{2x} + C_1\right) dx = \frac{1}{4}e^{2x} + C_1 x + C_2$$

2. $y''=f(x,y')$ 型的不显含 y 的方程

此类方程的求解方法为:令 $y'=p(x)$,则 $y''=p'(x)$,这样方程变为关于 p 和 x 的一阶

微分方程,进而用一阶微分方程的求解方法来求解.

例 6 - 21 求微分方程 $y''=\sqrt{1-y'^2}$ 的通解.

解 令 $y'=p(x)$,则 $y''=p'(x)$,代入方程得

$$p'=\sqrt{1-p^2} \text{ 或 } \frac{\mathrm{d}p}{\mathrm{d}x}=\sqrt{1-p^2}$$

分离变量得
$$\frac{\mathrm{d}p}{\sqrt{1-p^2}}=\mathrm{d}x$$

两端积分得
$$\arcsin p=x+C_1$$

所以
$$y'=p=\sin(x+C_1)$$

两端再积分得通解
$$y=-\cos(x+C_1)+C_2$$

例 6 - 22 求微分方程 $(1+x)y''+y'=2x+1$ 的通解.

解 令 $y'=p(x)$,则 $y''=p'(x)$,代入方程得

$$(1+x)p'+p=2x+1$$

整理得
$$p'+\frac{1}{1+x}p=\frac{2x+1}{1+x}$$

这是一阶线性微分方程,由求解公式得

$$p=\mathrm{e}^{-\int\frac{1}{1+x}\mathrm{d}x}\left(\int\frac{2x+1}{1+x}\mathrm{e}^{\int\frac{1}{1+x}\mathrm{d}x}\mathrm{d}x+C_1\right)$$

$$=\frac{1}{1+x}\left(\int(2x+1)\mathrm{d}x+C_1\right)$$

$$=\frac{1}{1+x}[(x^2+x)+C_1]=x+\frac{C_1}{1+x}$$

所以
$$y'=x+\frac{C_1}{1+x}$$

两端积分得方程的通解
$$y=\frac{1}{2}x^2+C_1\ln(1+x)+C_2$$

3. $y''=f(y,y')$ 型的不显含 x 的方程

此类方程的求解方法为:令 $y'=p(y)$,则 $y''=p'(y)y'=p'(y)p(y)$,这样方程变为关于 p 和 y 的一阶微分方程,进而用一阶微分方程的求解方法来求解.

例 6 - 23 求微分方程 $2yy''=1+y'^2$ 的通解.

解 令 $y'=p(y)$,则 $y''=p'(y)y'=p'(y)p(y)$,代入方程得

$$2yp'p=1+p^2 \text{ 或 } 2y\frac{\mathrm{d}p}{\mathrm{d}y}p=1+p^2$$

分离变量得
$$\frac{2p}{1+p^2}\mathrm{d}p=\frac{\mathrm{d}y}{y}$$

两端积分得
$$\ln(1+p^2)=\ln y+\ln C_1=\ln(C_1y)$$

$$1+p^2=C_1y$$

所以
$$y'=p=\pm\sqrt{C_1y-1}$$

再分离变量得
$$\pm\frac{\mathrm{d}y}{\sqrt{C_1y-1}}=\mathrm{d}x$$
两端再积分得通解
$$\pm\frac{2}{C_1}\sqrt{C_1y-1}=x+C_2 \quad \text{或} \quad \frac{4}{C_1^2}(C_1y-1)=(x+C_2)^2$$

6.3.2　二阶常系数线性微分方程解的性质

形如
$$y''+py'+qy=f(x) \tag{1}$$
称为二阶常系数线性微分方程,与其对应的二阶常系数齐次线性微分方程为
$$y''+py'+qy=0 \tag{2}$$
其中 p,q 为实常数.

若函数 y_1 和 y_2 之比为常数,则称 y_1 和 y_2 是线性相关的;若函数 y_1 和 y_2 之比不为常数,则称 y_1 和 y_2 是线性无关的.

定理 1　若函数 y_1 和 y_2 是方程(2)的两个线性无关的解,则
$$y=C_1y_1+C_2y_2$$
是方程(2)的通解,其中 C_1,C_2 是任意常数.

定理 2　若函数 y^* 是方程(1)的一个特解,函数 $\bar{y}$ 是方程(2)的通解,则
$$y=\bar{y}+y^*$$
是方程(1)的通解.

定理 3　若函数 y_1 和 y_2 分别是方程
$$y''+py'+qy=f_1(x)$$
$$y''+py'+qy=f_2(x)$$
的解,则 $y=y_1+y_2$ 是方程
$$y''+py'+qy=f_1(x)+f_2(x)$$
的解.

6.3.3　二阶常系数齐次线性微分方程

由定理 1 可知,求二阶常系数齐次线性微分方程的通解,只需求出它的两个线性无关的特解即可.

如何找到齐次线性微分方程的两个线性无关的解呢?观察方程
$$y''+py'+qy=0$$
由于 p,q 是常数,所以方程中的 y,y',y'' 应具有相同的形式,而 $y=\mathrm{e}^{rx}$ 是具有这一特性的函数.故设 $y=\mathrm{e}^{rx}$ 是方程的解(r 为待定常数)并代入方程得
$$(\mathrm{e}^{rx})''+p(\mathrm{e}^{rx})'+q\mathrm{e}^{rx}=0$$
$$(r^2+pr+q)\mathrm{e}^{rx}=0$$
由此可知,当
$$r^2+pr+q=0$$
时,$y=\mathrm{e}^{rx}$ 就是方程的解,解微分方程的问题则转化为解代数方程的问题.

方程 $r^2+pr+q=0$ 称为原方程的**特征方程**,其根称为**特征根**.现在来讨论特征根及微

分方程的解. 由于特征方程是二次方程, 所以特征根 r_1, r_2 有三种不同情况:

1. 特征根为两个不等的实数: $r_1 \neq r_2$

此时微分方程得到两个线性无关的解: $y_1 = e^{r_1 x}$, $y_2 = e^{r_2 x}$, 因此微分方程的通解为

$$\boxed{y = C_1 e^{r_1 x} + C_2 e^{r_2 x}} \qquad (6-2)$$

2. 特征根为两个相等的实数: $r = r_1 = r_2$

此时只能得到微分方程的一个解 $y_1 = e^{rx}$, 但通过直接验证可知 $y_2 = x e^{rx}$ 是齐次方程的另一个解, 且 y_1 和 y_2 线性无关, 从而微分方程的通解为

$$\boxed{y = C_1 e^{rx} + C_2 x e^{rx} = (C_1 + C_2 x) e^{rx}} \qquad (6-3)$$

3. 特征根为两个复数: $r_{1,2} = \alpha \pm i\beta \ (\beta \neq 0)$

此时微分方程得到两个线性无关的解: $y_1 = e^{(\alpha+i\beta)x}$, $y_2 = e^{(\alpha-i\beta)x}$, 因此微分方程的通解为

$$y = A e^{(\alpha+i\beta)x} + B e^{(\alpha-i\beta)x} = e^{\alpha x}(A e^{i\beta x} + B e^{-i\beta x})$$
$$= e^{\alpha x}((A+B)\cos\beta x + (A-B)i\sin\beta x)$$

令 $C_1 = A+B$, $C_2 = (A-B)i$, 于是微分方程实数形式的通解为

$$\boxed{y = e^{\alpha x}(C_1 \cos\beta x + C_2 \sin\beta x)} \qquad (6-4)$$

根据上述讨论, 求二阶常系数齐次线性微分方程的通解的步骤为:

(1) 写出微分方程的特征方程;
(2) 求出特征根;
(3) 根据特征根的情况写出所给微分方程的通解.

例 6-24 求微分方程 $y'' - 3y' + 2y = 0$ 的通解.

解 所给微分方程的特征方程为

$$r^2 - 3r + 2 = 0$$

其根为 $r_1 = 1, r_2 = 2$, 故所求通解为

$$y = C_1 e^x + C_2 e^{2x}$$

例 6-25 求微分方程 $4y'' + 4y' + y = 0$, 满足条件 $y|_{x=0} = 2$, $y'|_{x=0} = 0$ 的特解.

解 所给微分方程的特征方程为

$$4r^2 + 4r + 1 = 0$$

其根为 $r_1 = r_2 = -\dfrac{1}{2}$, 故所求通解为

$$y = (C_1 + C_2 x) e^{-\frac{1}{2}x}$$

将条件 $y|_{x=0} = 2$ 代入通解, 得 $C_1 = 2$.
对通解两端求导得

$$y' = C_2 e^{-\frac{1}{2}x} - \frac{1}{2}(C_1 + C_2 x) e^{-\frac{1}{2}x}$$

将条件 $y'|_{x=0} = 0$ 及 $C_1 = 2$ 代入上式得 $C_2 = 1$, 于是所求特解为

$$y = (2+x) e^{-\frac{1}{2}x}$$

例 6-26 求微分方程 $y'' - 2y' + 5y = 0$ 的通解.

解 所给微分方程的特征方程为
$$r^2-2r+5=0$$
所以
$$r_{1,2}=\frac{2\pm\sqrt{4-20}}{2}=1\pm 2\mathrm{i}$$
故所求通解为
$$y=\mathrm{e}^x(C_1\cos 2x+C_2\sin 2x)$$

6.3.4 二阶常系数非齐次线性微分方程

由定理 2 可知,求二阶非齐次线性微分方程的通解,可先求出其对应的齐次线性微分方程的通解,再设法求出非齐次线性微分方程的一个特解,二者之和就是二阶非齐次线性微分方程的通解.所以求二阶非齐次线性微分方程的通解可按如下步骤进行:

(1) 求出对应的齐次方程的通解 $\bar{y}$;
(2) 求出非齐次方程的一个特解 y^*;
(3) 所求方程的通解为 $y=\bar{y}+y^*$.

前面已讲解了如何求解二阶齐次线性微分方程的通解,那么剩下的问题就是设法求出非齐次线性微分方程的一个特解.关于如何求非齐次方程的特解 y^*,在此不作一般讨论,只介绍一种常见的类型,用待定系数法求特解.

这种类型的方程为
$$y''+py'+qy=P(x)\mathrm{e}^{\alpha x}$$
其中 $P(x)$ 是多项式,α 是常数,则方程具有形如
$$y^*=x^k Q(x)\mathrm{e}^{\alpha x}$$
的特解,其中 $Q(x)$ 是与 $P(x)$ 同次的待定多项式,而 k 的值可通过如下方法加以确定:

(1) 若 α 与两个特征根都不相等,取 $k=0$;
(2) 若 α 与一个特征根相等,取 $k=1$;
(3) 若 α 与两个特征根都相等,取 $k=2$.

例如:
$$y''-2y'+y=x\mathrm{e}^x$$
其对应的齐次方程的特征方程为
$$r^2-2r+1=0$$
特征根为 $r_1=r_2=1$.

由于 $\alpha=1$ 与 r_1,r_2 都相等,故取 $k=2$.又由于 $P(x)=x$ 是一次多项式,故取 $Q(x)=ax+b$.因此,设原方程的一个特解为
$$y^*=x^k Q(x)\mathrm{e}^{\alpha x}=x^2(ax+b)\mathrm{e}^x$$

例 6-27 求微分方程 $y''-2y'-3y=x^2+2x+1$ 的通解.

解 其对应的齐次方程的特征方程为
$$r^2-2r-3=0$$
特征根为 $r_1=-1,r_2=3$,所以其对应的齐次方程的通解为
$$\bar{y}=C_1\mathrm{e}^{-x}+C_2\mathrm{e}^{3x}$$

所求方程为方程 $y''-2y'-3y=(x^2+2x+1)e^{\alpha x}$ 当 $\alpha=0$ 时的情形,由于 $\alpha=0$ 与 r_1,r_2 都不相等,故取 $k=0$. 因此,设原方程的特解为
$$y^*=x^k Q(x)e^{\alpha x}=Q(x)=ax^2+bx+c$$
把 y^* 代入原方程得
$$(ax^2+bx+c)''-2(ax^2+bx+c)'-3(ax^2+bx+c)=x^2+2x+1$$
整理得
$$-3ax^2-(4a+3b)x+(2a-2b-3c)=x^2+2x+1$$
比较上式两端 x 同次幂的系数得
$$\begin{cases} -3a=1 \\ -4a-3b=2 \\ 2a-2b-3c=1 \end{cases}$$
从而求出 $a=-\dfrac{1}{3},b=-\dfrac{2}{9},c=-\dfrac{11}{27}$,于是
$$y^*=-\frac{1}{3}x^2-\frac{2}{9}x-\frac{11}{27}$$
所求方程的通解为
$$y=\bar{y}+y^*=C_1 e^{-x}+C_2 e^{3x}-\frac{1}{3}x^2-\frac{2}{9}x-\frac{11}{27}.$$

例 6-28 求微分方程 $y''-2y'-3y=e^{3x}$ 的一个特解.

解 由例 6-27 可知,特征根为 $r_1=-1,r_2=3$. 由于 $\alpha=3$ 与一个特征根相等,故取 $k=1$. 因此,设特解为
$$y^*=x^k Q(x)e^{\alpha x}=xa e^{3x}=ax e^{3x}$$
把 y^* 代入原方程得
$$(axe^{3x})''-2(axe^{3x})'-3(axe^{3x})=e^{3x}$$
从而求出 $a=\dfrac{1}{4}$,于是
$$y^*=\frac{1}{4}xe^{3x}$$

例 6-29 求微分方程 $y''-2y'-3y=x^2+2x+1+e^{3x}$ 的通解.

解 由定理 3 可知,方程 $y''-2y'-3y=x^2+2x+1+e^{3x}$ 的特解等于方程 $y''-2y'-3y=x^2+2x+1$ 的特解与方程 $y''-2y'-3y=e^{3x}$ 的特解之和,故由例 6-27、例 6-28 可知,所求方程的通解为
$$y=C_1 e^{-x}+C_2 e^{3x}-\frac{1}{3}x^2-\frac{2}{9}x-\frac{11}{27}+\frac{1}{4}xe^{3x}.$$

例 6-30 一垂直挂着的弹簧下端系一质量为 m 的重物,弹簧被拉伸后处于平衡状态,现用力将重物向下拉,松开手后,弹簧就会上、下振动,若不计空气阻力,求重物的位置随时间变化的函数关系.

解 如图 6-1 所示,设平衡位置为坐标原点 O,重物在时刻 t 离开平衡位置的位移为 x,

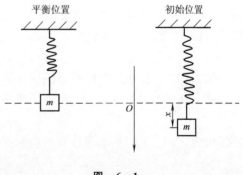

图 6-1

重物所受弹簧的恢复力为 F. 由力学定律知,F 与 x 成正比

$$F=-kx \quad (\text{其中 } k>0 \text{ 为比例系数})$$

由牛顿第二运动定律得

$$F=ma=m\frac{\mathrm{d}^2 x}{\mathrm{d}t^2}$$

所以

$$m\frac{\mathrm{d}^2 x}{\mathrm{d}t^2}=-kx$$

设 $b^2=\dfrac{k}{m}$ ($b>0$),则方程化为

$$\frac{\mathrm{d}^2 x}{\mathrm{d}t^2}+b^2 x=0$$

此方程的特征方程为

$$r^2+b^2=0$$

其根为 $r_{1,2}=\pm ib$,故重物的位置随时间变化的函数关系,即方程通解为

$$x=C_1\cos bt+C_2\sin bt$$

> 讲到学习方法,我想用六个字来概括"严格、严肃、严密."这种科学的学习方法,除了向别人学习之外,更重要的是靠自己有意识的刻苦锻炼.
>
> ——苏步青

习 题 6-3

1. 求下列微分方程的通解:

(1) $y''=\cos x+\sin x$;

(2) $y''=\ln x$;

(3) $(1+e^{-x})y''+y'=0$;

(4) $y''-y'=x$;

(5) $xy''+y'=x$;

(6) $xy''-y'=x^2 e^x$;

(7) $y''-\dfrac{2y}{1+y^2}y'^2=0$.

2. 求下列微分方程的通解:

(1) $y''-16y=0$;

(2) $y''+2y'+2y=0$;

(3) $y''-y'-30y=0$;

(4) $y''+y'+\dfrac{1}{4}y=0$;

(5) $y''-7y'+10y=0$;

(6) $y''-y'-6y=0$;

(7) $y''-6y'+9y=0$;

(8) $y''+y'=0$.

3. 求下列微分方程满足初始条件的特解:

(1) $y''-4y'+3y=0$, $y|_{x=0}=6$, $y'|_{x=0}=10$;

(2) $y''-3y'-4y=0$, $y|_{x=0}=0$, $y'|_{x=0}=-5$;

(3) $y''+4y'+29y=0$, $y|_{x=0}=0$, $y'|_{x=0}=15$.

4. 求下列微分方程的通解:

(1) $y''-4y'+4y=(x+3)e^{2x}$;

(2) $y''+y'=x$;

(3) $y''-2y'+y=x^2$;

(4) $y''-y'-2y=e^x$;

(5) $y''-5y'+6y=e^x+e^{2x}$;

(6) $y''-2y'+y=e^x+x$.

数学文摘

微分几何之父——陈省身

2004年12月3日,国际数学大师、中科院外籍院士陈省身,在天津病逝,享年93岁.陈省身,1911年生于浙江嘉兴,少年时就喜爱数学,觉得数学既有趣又较容易,并且喜欢独立思考,自主发展,常常"自己主动去看书,不是老师指定什么参考书才去看".陈省身1927年进入南开大学数学系,该系的姜立夫教授对陈省身影响很大.在南开大学学习期间,他还为姜立夫当助教.1930年毕业于南开大学,1931年考入清华大学研究院,成为我国国内最早的数学研究生之一.在孙光远博士指导下,发表了第一篇研究论文,内容是关于射影微分几何的.1932年4月应邀来华讲学的汉堡大学教授布拉希克对陈省身影响也不小,使他确定了以微分几何为以后的研究方向.1934年,他毕业于清华大学研究院,同年,得到汉堡大学的奖学金,赴布拉希克所在的汉堡大学数学系留学.在布拉希克研究室他完成了博士论文并于1936年获得博士学位.从汉堡大学毕业之后,他来到巴黎.1936年至1937年间在法国几何学大师E·嘉当那里从事研究.E·嘉当每两个星期约陈省身去他家里谈一次,每次一小时."听君一席话,胜读十年书."大师面对面的指导,使陈省身学到了老师的数学语言及思维方式,终身受益.陈省身数十年后回忆这段紧张而愉快的时光时说,"年轻人做学问应该去找这方面最好的人".

陈省身先后担任我国西南联大教授,美国普林斯顿高等研究所研究员,芝加哥大学、伯克利加州大学终身教授等,是美国国家数学研究所、南开大学数学研究所的创始所长.陈省身的数学工作范围极广,包括微分几何、拓扑学、微分方程、代数、几何、李群和几何学等多方面.他是创立现代微分几何学的大师.早在40年代,他结合微分几何与拓扑学的方法,完成了黎曼流形的高斯-博内一般形式和埃尔米特流形的示性类理论.他首次应用纤维丛概念于微分几何的研究,引进了后来通称的陈氏示性类,为大范围微分几何提供了不可缺少的工具.他引进的一些概念、方法和工具,已远远超过微分几何与拓扑学的范围,成为整个现代数学中的重要组成部分.陈省身还是一位杰出的教育家,他培养了大批优秀的博士生.他本人也获得了许多荣誉和奖励.中国数学会在1986年设立陈省身数学奖.他是有史以来惟一获得数学界最高荣誉"沃尔夫奖"的华人,被称为"当代最伟大的数学家".陈省身是20世纪重要的微分几何学家,被国际数学界尊为"微分几何之父".

摘编自百度文库

6.4 提示与提高

1. 熟悉各种导数组合式

求解某些微分方程的时候,有时用"凑导数"的方法求解更为快捷,当然,"凑"的前提是必须熟悉各种导数组合式.在此我们只作简单介绍,给出几种最常用的导数组合式(式中的变量x,y可互换).

(1) $xy'+y=(xy)'$

(2) $\dfrac{xy'-y}{x^2}=\left(\dfrac{y}{x}\right)'$

(3) $x^n y' + nx^{n-1} y = (x^n y)'$ （4) $\ln x\, y' + \frac{1}{x} y = (y\ln x)'$

例 6-31 求微分方程 $xy' + y = \cos x$ 的通解.

解 因为方程左边恰好等于 $(xy)'$，故
$$(xy)' = \cos x$$
两边积分得
$$xy = \int \cos x \, dx = \sin x + C$$
通解为
$$y = \frac{1}{x}(\sin x + C)$$

例 6-32 求微分方程 $xy' - y = x^3$ 的通解.

解 方程两边同除以 x^2 得
$$\frac{xy' - y}{x^2} = x$$
即
$$\left(\frac{y}{x}\right)' = x$$
两边积分得
$$\frac{y}{x} = \int x \, dx = \frac{1}{2}x^2 + C$$
通解为
$$y = x\left(\frac{1}{2}x^2 + C\right)$$

例 6-33 求微分方程 $x^3 y' + 3x^2 y = \frac{1}{1+x^2}$ 的通解.

解 因为方程左边恰好等于 $(x^3 y)'$，故
$$(x^3 y)' = \frac{1}{1+x^2}$$
两边积分得
$$x^3 y = \int \frac{1}{1+x^2} dx = \arctan x + C$$
通解为
$$y = \frac{1}{x^3}(\arctan x + C)$$

方程左边若换成 $(x^3 - 1)y' + 3x^2 y$，仍可"凑导数"为 $((x^3 - 1)y)'$，可见若想更多地使用"凑导数"的方法，在上述简单介绍的基础上须多加揣摩.

例 6-34 求微分方程 $\left(x - \frac{1}{1+y^2}\right)dy + y\,dx = 0$ 的通解.

解 方程变形为 $x\,dy + y\,dx = \frac{1}{1+y^2} dy$，则
$$d(xy) = d(\arctan y)$$
积分得方程的通解
$$xy = \arctan y + C$$
此题用的并不是"凑导数"的方法，而是"凑微分"的方法，其实质是一样的.

2. 一阶线性微分方程"凑"的解法

先把一阶线性微分方程 $y' + P(x)y = Q(x)$ 变型为
$$e^{\int P(x)dx} y' + e^{\int P(x)dx} P(x) y = e^{\int P(x)dx} Q(x)$$
得

$$\left(e^{\int P(x)dx}y\right)' = e^{\int P(x)dx}Q(x)$$

再两边积分、整理,即得方程的通解. 其中 $P(x)$ 的积分 $\int P(x)dx$ 只取一个原函数.

例 6-35 求微分方程 $y'+2y=e^{3x}$ 的通解.

解 因为 $P(x)=2$,故 $e^{\int P(x)dx} = e^{2x}$.

方程的两端同乘以 e^{2x} 得
$$e^{2x}y' + 2e^{2x}y = e^{2x}e^{3x} = e^{5x}$$

故
$$(e^{2x}y)' = e^{5x}$$

两边积分得
$$e^{2x}y = \int e^{5x}dx = \frac{1}{5}e^{5x} + C$$

通解为
$$y = \frac{1}{5}e^{3x} + Ce^{-2x}$$

例 6-36 求微分方程 $y' - y\tan x = 2\sin x$ 的通解.

解 因为 $P(x) = -\tan x$,故 $e^{\int P(x)dx} = e^{\ln\cos x} = \cos x$.

方程的两端同乘以 $\cos x$ 得
$$y'\cos x - y\sin x = 2\sin x\cos x = \sin 2x$$

故
$$(y\cos x)' = \sin 2x$$

两边积分得
$$y\cos x = \int \sin 2x\, dx = -\frac{1}{2}\cos 2x + C_1 = -\cos^2 x + C$$

通解为
$$y = -\cos x + \frac{C}{\cos x}$$

3. 非基本类型的微分方程的求解

本章讲解了微分方程的几种基本类型,它们的解法相对固定,求解微分方程时,判断其类型很重要,若出现不属于几种基本类型的情况时,应按以下两种思考方法重新判别:

1) 把 x 当作未知函数,把 y 当作自变量,再判别;

2) 用适当的变量代换看能不能把方程化为可解方程.

例 6-37 求微分方程 $y' = \dfrac{1}{y^2 - x}$ 的通解.

解 所给方程显然不属于已学过的几种基本类型,把方程变形为
$$x' = y^2 - x \quad \text{即} \quad x' + x = y^2$$

这是关于 x 的一阶线性微分方程,由求解公式得方程的通解
$$\begin{aligned}
x &= e^{-\int dy}\left(\int y^2 e^{\int dy}\, dy + C\right) = e^{-y}\left(\int y^2 e^y\, dy + C\right) \\
&= e^{-y}\left(\int y^2 d(e^y) + C\right) = e^{-y}\left(y^2 e^y - 2\int y e^y\, dy + C\right) \\
&= e^{-y}\left(y^2 e^y - 2\int y\, d(e^y) + C\right) \\
&= e^{-y}(y^2 e^y - 2y e^y + 2e^y + C) \\
&= y^2 - 2y + 2 + Ce^{-y}
\end{aligned}$$

即
$$y^2 - 2y + 2 + Ce^{-y} - x = 0$$

例 6-38 求微分方程 $y'=\sqrt{1-(x+y)^2}-1$ 的通解.

解 令 $u=x+y$,则 $y'=u'-1$.

所以
$$u'-1=\sqrt{1-u^2}-1$$

分离变量得
$$\frac{\mathrm{d}u}{\sqrt{1-u^2}}=\mathrm{d}x$$

两端积分得 $\quad\arcsin u=x+C \quad 即 \quad u=\sin(x+C)$

从而方程的通解为 $\quad x+y=\sin(x+C)$

例 6-39 求微分方程 $x^2y'=\tan(xy)-xy$ 的通解.

解 令 $u=xy$,则 $y=\dfrac{u}{x}$,$y'=\dfrac{u'x-u}{x^2}$.

则原方程变为
$$x^2\frac{u'x-u}{x^2}=\tan u-u$$

$$\frac{\mathrm{d}u}{\mathrm{d}x}x=\tan u$$

分离变量得
$$\cot u\,\mathrm{d}u=\frac{\mathrm{d}x}{x}$$

两端积分得 $\quad\ln\sin u=\ln x+\ln C=\ln(Cx) \quad 即 \quad \sin u=Cx$

从而方程的通解为 $\quad\sin(xy)=Cx$

4. 伯努利方程

形如 $y'+P(x)y=Q(x)y^n$ ($n\neq 0,1$)的方程称为伯努利方程,用 y^n 除以方程的两端得
$$y^{-n}y'+P(x)y^{1-n}=Q(x)$$

整理得
$$\frac{1}{1-n}(y^{1-n})'+P(x)y^{1-n}=Q(x)$$

令 $z=y^{1-n}$,则方程化为关于 z 和 x 的线性微分方程
$$z'+(1-n)P(x)z=(1-n)Q(x)$$

例 6-40 求微分方程 $y'+\dfrac{4x}{1+x^2}y=6\sqrt{y}$ 的通解.

解 把方程化为
$$\frac{1}{\sqrt{y}}y'+\frac{4x}{1+x^2}\sqrt{y}=6$$

$$2(\sqrt{y})'+\frac{4x}{1+x^2}\sqrt{y}=6$$

令 $z=\sqrt{y}$,则方程化为关于 z 和 x 的线性微分方程
$$z'+\frac{2x}{1+x^2}z=3$$

因为 $P(x)=\dfrac{2x}{1+x^2}$,故 $\mathrm{e}^{\int P(x)\mathrm{d}x}=\mathrm{e}^{\ln(1+x^2)}=1+x^2$.

方程的两端同乘以 $1+x^2$ 得
$$(1+x^2)z'+2xz=3(1+x^2)$$

$$((1+x^2)z)' = 3(1+x^2)$$

方程两端积分得
$$(1+x^2)z = 3x + x^3 + C$$

所以 $(1+x^2)\sqrt{y} = 3x + x^3 + C$ 就是所求方程的通解.

5. 型如 $f'(y)y' + P(x)f(y) = Q(x)$ 的微分方程

方程可化为
$$(f(y))' + P(x)f(y) = Q(x)$$

设 $f(y) = z$,则方程化为关于 z 和 x 的线性微分方程
$$z' + P(x)z = Q(x)$$

例 6-41 求微分方程 $\dfrac{1}{y}y' + \ln y = e^{-x}$ 的通解.

解 方程可化为 $(\ln y)' + \ln y = e^{-x}$,令 $z = \ln y$,则有
$$z' + z = e^{-x}$$

这是把 z 作为变量的一阶线性微分方程,由求解公式得
$$\begin{aligned} z &= e^{-\int P(x)dx}\left(\int Q(x)e^{\int P(x)dx}dx + C\right) \\ &= e^{-\int dx}\left(\int e^{-x}e^{\int dx}dx + C\right) \\ &= e^{-x}(x + C) \end{aligned}$$

所以 $\ln y = e^{-x}(x+C)$ 就是所求方程的通解.

例 6-42 求微分方程 $y'\cos y + \dfrac{1}{x}\sin y = 1$ 的通解.

解 方程可化为 $(\sin y)' + \dfrac{1}{x}\sin y = 1$,令 $z = \sin y$ 则有
$$z' + \frac{1}{x}z = 1 \quad 即 \quad xz' + z = x$$
$$(xz)' = x$$

等式两端积分得
$$xz = \frac{1}{2}x^2 + C \quad 即 \quad z = \frac{1}{2}x + \frac{C}{x}$$

从而方程的通解为
$$\sin y = \frac{1}{2}x + \frac{C}{x}$$

6. 一题多解

例 6-43 求微分方程 $y' = \dfrac{y}{y-x}$ 的通解.

解法 1 令 $u = y - x$,则 $y = u + x$, $y' = u' + 1$.

原方程可化为
$$u' + 1 = \frac{u+x}{u} \quad 即 \quad u' = \frac{x}{u}$$

分离变量为
$$u\,du = x\,dx$$

等式两端积分得
$$\frac{1}{2}u^2 = \frac{1}{2}x^2 + C_1$$

把 $u = y - x$ 代入得方程的通解为 $2xy - y^2 + C = 0$

解法 2 方程可化为

$$x' = \frac{y-x}{y} \quad \text{即} \quad yx' + x = y$$

则
$$(xy)' = y \quad (\text{此时}(xy)'\text{表示对}y\text{求导})$$

方程两边对 y 积分得
$$xy = \frac{1}{2}y^2 + C_1$$

整理得方程的通解为
$$2xy - y^2 - C = 0$$

解法 3 方程可化为
$$x' = \frac{y-x}{y} \quad \text{即} \quad x' + \frac{1}{y}x = 1$$

这是关于 x 的一阶线性微分方程，由求解公式得
$$x = e^{-\ln y}\left(\int e^{\ln y} dy + C_1\right) = \frac{1}{y}\left(\int y dy + C_1\right)$$
$$= \frac{1}{y}\left(\frac{1}{2}y^2 + C_1\right)$$

整理得方程的通解为
$$2xy - y^2 - C = 0$$

解法 4 方程可化为
$$x' = \frac{y-x}{y} \quad \text{即} \quad x' + \frac{1}{y}x = 1$$

这是关于 x 的一阶线性微分方程，用常数变易法求解，先求 $x' + \frac{1}{y}x = 0$ 的通解.

分离变量得
$$\frac{dx}{x} = -\frac{dy}{y}$$

两端积分得
$$\ln x = -\ln y + \ln C = \ln \frac{C}{y}$$

$$x = \frac{C}{y}$$

再设 $x = \frac{C(y)}{y}$ 为原方程的通解，代入原方程得
$$\left(\frac{C(y)}{y}\right)' + \frac{1}{y}\frac{C(y)}{y} = 1$$
$$C'(y) = y$$

积分得
$$C(y) = \frac{1}{2}y^2 + C$$

故所求方程的通解为
$$x = \frac{C(y)}{y} = \frac{1}{2}y + \frac{C}{y} \quad \text{即} \quad 2xy - y^2 - C = 0$$

解法 5 方程变形为 $y' = \dfrac{\frac{y}{x}}{\frac{y}{x} - 1}$，这是齐次微分方程. 令 $u = \dfrac{y}{x}$，则
$$y = ux$$
$$y' = u'x + u$$

$$u'x + u = \frac{u}{u-1}$$

$$u'x = \frac{2u - u^2}{u-1}$$

分离变量为
$$\frac{u-1}{2u-u^2} du = \frac{dx}{x}$$

等式两端求积分得
$$-\frac{1}{2} \int \frac{d(2u-u^2)}{2u-u^2} = \int \frac{dx}{x}$$

$$-\frac{1}{2} \ln(2u-u^2) = \ln x + \ln C_1 = \ln(C_1 x)$$

$$\frac{1}{\sqrt{2u-u^2}} = C_1 x$$

把 $u = \frac{y}{x}$ 代入得方程的通解为 $2xy - y^2 + C = 0$

易错提醒：解法 3 中的项 $e^{-\ln y}$ 等于 $\frac{1}{y}$，不要误等于 $-y$.

例 6-44 求微分方程 $(x^2 + y^2)dx + 2xy dy = 0$ 的通解.

解法 1 方程变形为
$$y^2 dx + 2xy dy = -x^2 dx$$

用"凑微分"的方法得
$$y^2 dx + x d(y^2) = -\frac{1}{3} d(x^3)$$

$$d(xy^2) = -\frac{1}{3} d(x^3)$$

积分得方程的通解为
$$xy^2 = -\frac{1}{3} x^3 + C$$

解法 2 方程变形为
$$y' = -\frac{x^2+y^2}{2xy} = -\frac{x}{2y} - \frac{y}{2x} \quad \text{即} \quad y' + \frac{1}{2x} y = -\frac{x}{2} y^{-1}$$

这是伯努利方程，把方程化为
$$yy' + \frac{1}{2x} y^2 = -\frac{x}{2}$$

$$\frac{1}{2}(y^2)' + \frac{1}{2x} y^2 = -\frac{x}{2}$$

令 $z = y^2$，则方程化为关于 z 和 x 的线性微分方程
$$z' + \frac{1}{x} z = -x$$

整理得 $xz' + z = -x^2$ 即 $(xz)' = -x^2$

两边积分得 $xz = -\int x^2 dx = -\frac{1}{3} x^3 + C$

所以 $xy^2 = -\frac{1}{3} x^3 + C$ 就是所求方程的通解.

解法 3 方程变形为
$$y' = -\frac{x^2+y^2}{2xy} = -\frac{x}{2y} - \frac{y}{2x}$$

这是齐次方程,令 $u = \dfrac{y}{x}$,则
$$y = ux$$
$$y' = u'x + u$$
$$u'x + u = -\frac{1}{2u} - \frac{1}{2}u$$
$$u'x = -\frac{1+3u^2}{2u}$$

分离变量为
$$\frac{2u}{1+3u^2}du = -\frac{dx}{x}$$

等式两端求积分得
$$\frac{1}{3}\int \frac{d(1+3u^2)}{1+3u^2} = -\int \frac{dx}{x}$$
$$\frac{1}{3}\ln(1+3u^2) = -\ln x - \ln C_1 = -\ln(C_1 x)$$
$$\sqrt[3]{1+3u^2} = \frac{1}{C_1 x}$$

把 $u = \dfrac{y}{x}$ 代入得方程的通解为 $xy^2 = -\dfrac{1}{3}x^3 + C$

例 6-45 求微分方程 $y'' - y' = 1$ 的通解.

解法 1 令 $y' = p(x)$,则 $y'' = p'(x)$,代入方程得
$$p' - p = 1 \quad \text{即} \quad p' = 1 + p$$

分离变量为
$$\frac{dp}{1+p} = dx$$

两端积分得
$$\ln(1+p) = x + \ln C_1$$

所以
$$y' = p = C_1 e^x - 1$$

两端再积分得通解
$$y = C_1 e^x - x + C_2$$

解法 2 按二阶非齐次线性微分方程求通解的步骤来求.

其对应的齐次方程的特征方程为 $r^2 - r = 0$,特征根为 $r_1 = 0, r_2 = 1$,所以其对应的齐次方程的通解为
$$\bar{y} = C_1 e^x + C_2$$

设原方程的特解为
$$y^* = ax$$

把 y^* 代入原方程得
$$(ax)'' - (ax)' = 1$$

求出 $a = -1$,于是
$$y^* = -x$$

因此所求方程的通解为
$$y = \bar{y} + y^* = C_1 e^x - x + C_2$$

7. 有些包含积分上限函数的方程求解函数的问题可化成微分方程求解

例 6-46 设 $\int_0^x \dfrac{f(t)}{t}\mathrm{d}t = \ln x - f(x)$,且 $f(1)=2$,求 $f(x)$.

解 等式两端求导得
$$\dfrac{f(x)}{x} = \dfrac{1}{x} - f'(x)$$

整理得
$$xf'(x) + f(x) = 1$$

所以
$$(xf(x))' = 1$$

积分得
$$xf(x) = x + C \quad \text{即} \quad f(x) = 1 + \dfrac{C}{x}$$

代入初始条件 $f(1)=2$,解得
$$C = 1$$

因此
$$f(x) = 1 + \dfrac{1}{x}$$

8. n 阶常系数齐次线性微分方程举例

例 6-47 求微分方程 $y''' - 6y'' + 11y' - 6y = 0$ 的通解.

解 所给微分方程的特征方程为 $r^3 - 6r^2 + 11r - 6 = 0$,它可分解为
$$(r-1)(r-2)(r-3) = 0$$

其根为 $r_1 = 1, r_2 = 2, r_3 = 3$,故所求通解为
$$y = C_1 \mathrm{e}^x + C_2 \mathrm{e}^{2x} + C_3 \mathrm{e}^{3x}$$

例 6-48 求微分方程 $y^{(4)} - 9y'' + 20y = 0$ 的通解.

解 所给微分方程的特征方程为 $r^4 - 9r^2 + 20 = 0$,它可分解为
$$(r+2)(r-2)(r+\sqrt{5})(r-\sqrt{5}) = 0$$

其根为 $r_1 = -2, r_2 = 2, r_3 = -\sqrt{5}, r_4 = \sqrt{5}$,故所求通解为
$$y = C_1 \mathrm{e}^{-2x} + C_2 \mathrm{e}^{2x} + C_3 \mathrm{e}^{-\sqrt{5}x} + C_4 \mathrm{e}^{\sqrt{5}x}$$

9. 二阶常系数非齐次线性方程的常数变易法

本章前面求二阶非齐次线性微分方程的通解时,采用了待定系数法求其特解,而待定系数法有其局限性,常数变易法求解可用于所有的线性微分方程,它比待定系数法应用范围更广. 下面给出求二阶常系数非齐次线性微分方程的常数变易法.

设方程 $y'' + py' + qy = z(x)$ 对应的齐次方程的通解为 $y = C_1 y_1 + C_2 y_2$,把 y 变易为 $y = C_1(x) y_1 + C_2(x) y_2$ 代入方程可得
$$C_1'(x) y_1 + C_2'(x) y_2 = 0$$
$$C_1'(x) y_1' + C_2'(x) y_2' = z(x)$$

由上述方程可解出 $C_1(x), C_2(x)$,代回 y 中即可得到方程的通解.

例 6-49 求微分方程 $y'' - 2y' - 3y = \mathrm{e}^{3x}$ 的通解.

解 方程对应的齐次方程的通解为
$$y = C_1 \mathrm{e}^{-x} + C_2 \mathrm{e}^{3x}$$

把上式变易为 $y = C_1(x) \mathrm{e}^{-x} + C_2(x) \mathrm{e}^{3x}$,得

$$C_1'(x)\mathrm{e}^{-x}+C_2'(x)\mathrm{e}^{3x}=0 \tag{1}$$

$$C_1'(x)(\mathrm{e}^{-x})'+C_2'(x)(\mathrm{e}^{3x})'=\mathrm{e}^{3x} \tag{2}$$

由式(2)得

$$-C_1'(x)\mathrm{e}^{-x}+3C_2'(x)\mathrm{e}^{3x}=\mathrm{e}^{3x} \tag{3}$$

由式(1)、式(3)得

$$C_1'(x)=-\frac{1}{4}\mathrm{e}^{4x},\quad C_2'(x)=\frac{1}{4}$$

积分得

$$C_1(x)=-\frac{1}{16}\mathrm{e}^{4x}+C_1,\quad C_2(x)=\frac{1}{4}x+C_2$$

所以方程的通解

$$\begin{aligned}
y&=C_1(x)\mathrm{e}^{-x}+C_2(x)\mathrm{e}^{3x}\\
&=C_1\mathrm{e}^{-x}+C_2\mathrm{e}^{3x}-\frac{1}{16}\mathrm{e}^{3x}+\frac{1}{4}x\mathrm{e}^{3x}\\
&=C_1\mathrm{e}^{-x}+C_3\mathrm{e}^{3x}+\frac{1}{4}x\mathrm{e}^{3x}
\end{aligned}$$

背景聚焦

自动控制系统中的微分方程

自动控制理论在方法上是把具体的系统抽象为数学模型,并以此模型为研究对象应用控制理论提供的方法去分析系统的性能,研究性能改进的途径.

任何一个复杂控制系统,总可以看成是由一些典型环节组合而成.反映这些环节的输出量、输入量和内部各变量关系的常常是微分方程.

下表列出了一些典型环节的微分方程及其应用示例:

典型环节	微分方程	应用示例
比例环节	$C(t)=kr(t)$	杠杆机构、齿轮减速器、电子放大器、电位器
积分环节	$C(t)=\dfrac{1}{T}\displaystyle\int_0^t r(t)\mathrm{d}t$	齿轮齿条系统、水箱系统、电动机、电容电路
微分环节	$C(t)=T\dfrac{\mathrm{d}r(t)}{\mathrm{d}t}$	积分环节的逆过程,例如不经电阻对电容的充电过程;电流与电压的关系
惯性环节	$T\dfrac{\mathrm{d}r(t)}{\mathrm{d}t}+C(t)=r(t)$	电阻、电感电路;电阻、电容电路;惯性调节器;弹簧—阻尼系统
振荡环节	$T^2\dfrac{\mathrm{d}^2C(t)}{\mathrm{d}t^2}+2\xi T\dfrac{\mathrm{d}C(t)}{\mathrm{d}t}+C(t)=r(t)$ $(0<\xi<1)$	电阻、电感、电容电路;直流电动机

注:表中,$r(t)$—输入量;$C(t)$—输出量;k—比例系数;T—时间常数;ξ—阻尼系数.

10. 二阶线性微分方程 $y''+py'+qy=P(x)\mathrm{e}^{\alpha x}$ 中,α 为虚数时的特解求法

若二阶线性微分方程 $y''+py'+qy=P(x)\mathrm{e}^{\alpha x}$ 中的 α 是虚数,其特解的求法与 α 是实数的求法一致.

例 6-50 求微分方程 $y''+y=3\mathrm{e}^{\mathrm{i}x}$ 的一特解.

解 方程对应的齐次方程的特征方程为
$$r^2+1=0$$
特征根为
$$r_{1,2}=\pm\mathrm{i}$$
由于 $\alpha=\mathrm{i}$ 与一个特征根相等,故取 $k=1$. 因此,设特解为
$$y^*=x^kQ(x)\mathrm{e}^{\alpha x}=xa\mathrm{e}^{\mathrm{i}x}=ax\mathrm{e}^{\mathrm{i}x}$$
把 y^* 代入原方程得
$$(ax\mathrm{e}^{\mathrm{i}x})''+ax\mathrm{e}^{\mathrm{i}x}=3\mathrm{e}^{\mathrm{i}x}$$
整理得
$$2\mathrm{i}a\mathrm{e}^{\mathrm{i}x}-ax\mathrm{e}^{\mathrm{i}x}+ax\mathrm{e}^{\mathrm{i}x}=3\mathrm{e}^{\mathrm{i}x}$$
于是
$$2\mathrm{i}a=3,\quad a=\frac{3}{2\mathrm{i}}=\frac{3\mathrm{i}}{2\mathrm{i}^2}=-\frac{3}{2}\mathrm{i}$$
故
$$y^*=-\frac{3}{2}\mathrm{i}x\mathrm{e}^{\mathrm{i}x}=-\frac{3}{2}\mathrm{i}x(\cos x+\mathrm{i}\sin x)=\frac{3}{2}x\sin x-\mathrm{i}\times\frac{3}{2}x\cos x$$

通过此例,可以进一步求方程 $y''+y=3\sin x$ 的一特解. 为此给出以下定理.

定理 4 若 $y(x)=y_1(x)+\mathrm{i}y_2(x)$ 是方程
$$y''+a_1(x)y'+a_2(x)y=f_1(x)+\mathrm{i}f_2(x)$$
的解,则 $y_1(x)$ 和 $y_2(x)$ 分别是方程
$$y''+a_1(x)y'+a_2(x)y=f_1(x) \quad \text{和} \quad y''+a_1(x)y'+a_2(x)y=f_2(x)$$
的解.

例 6-51 求微分方程 $y''+y=3\sin x$ 的一特解.

解 由定理 4 可知,方程
$$y''+y=3\mathrm{e}^{\mathrm{i}x}=3(\cos x+\mathrm{i}\sin x) \tag{1}$$
和方程
$$y''+y=3\sin x \tag{2}$$
的特解的关系是:方程(1)特解的虚部就是方程(2)的特解.

故由上例结果可知,所求特解为
$$y^*=-\frac{3}{2}x\cos x$$

类似地,可以说明方程 $y''+y=3\cos x$ 的特解为
$$y^*=\frac{3}{2}x\sin x$$

例 6-52 求微分方程 $y''+y=3\sin x$,满足条件 $y|_{x=0}=0, y'|_{x=0}=1$ 的特解.

解 利用例 6-50、例 6-51 的结果,得方程的通解为
$$y=\bar{y}+y^*=C_1\cos x+C_2\sin x-\frac{3}{2}x\cos x$$

把条件 $y|_{x=0}=0$ 代入得 $C_1=0$，所以

$$y=C_2\sin x-\frac{3}{2}x\cos x$$

对上式两端求导得

$$y'=C_2\cos x-\frac{3}{2}\cos x+\frac{3}{2}x\sin x$$

将条件 $y'|_{x=0}=1$ 代入上式得 $C_2=\frac{5}{2}$，于是所求特解为

$$y=\frac{5}{2}\sin x-\frac{3}{2}x\cos x$$

易错提醒: 从上述两例可以看出，二阶常系数非齐次线性微分方程某一特解的求法与其满足初始条件的特解的求法并不是一回事．

习 题 6-4

1. 求下列微分方程的通解：

   (1) $\sec^2 x\tan y\,dx+\sec^2 y\tan x\,dy=0$；   (2) $xe^y y'=1+e^y$；

   (3) $xy'-y=\dfrac{y}{\ln x}$．

2. 求下列微分方程的通解：

   (1) $xy'=y+\sqrt{x^2-y^2}\arcsin\dfrac{y}{x}$；   (2) $(y+xy^2)dx+(x-x^2 y)dy=0$．

3. 求下列微分方程的通解：

   (1) $(x^5-2)y'+5x^4 y-x^2=0$；   (2) $xy'+y(1-x)=e^{2x}$；

   (3) $y'+y=2e^{-x}+2x+1$；   (4) $y'x\ln x+y=2\ln x$．

4. 求下列微分方程满足初始条件的特解：

   (1) $y'-\dfrac{1}{x}y=\ln x, y|_{x=1}=1$；   (2) $y'+\dfrac{2-3x^2}{x^3}y=1, y|_{x=1}=0$．

5. 求下列微分方程的通解：

   (1) $3y'+y=y^4 x$；   (2) $y'+xy=e^{-x^2}\dfrac{1}{y}$；

   (3) $y'+y=y^2 e^x$；   (4) $y'-y=\dfrac{x^2}{y}$．

6. 求下列微分方程的通解：

   (1) $e^y y'+\dfrac{1}{x}e^y=1$；   (2) $\sec^2 y\cdot y'+\tan x\cdot\tan y=\tan x$．

7. 可微函数 $f(x)$ 满足 $x\int_0^x f(t)dt=(x+1)\int_0^x tf(t)dt$，求 $f(x)$．

8. 求微分方程 $y''=y'+y'^3$ 的通解．

9. 求下列微分方程的通解：

   (1) $y''+9y'=\cos x+2$；   (2) $y''-y=2\cos x$；

   (3) $y''+4y'+8y=\sin x$．

10. 求下列微分方程满足初始条件的特解：

    (1) $y''-3y'+2y=5, y|_{x=0}=1, y'|_{x=0}=2$；

    (2) $y''-4y'+4y=e^{-2x}, y|_{x=0}=1, y'|_{x=0}=1$．

数学文摘

数学建模——数学方法解决实际问题

数学是研究现实世界数量关系和空间形式的科学,在它产生和发展的历史长河中,一直是和各种各样的应用问题紧密相关的.数学的特点不仅在于概念的抽象性、逻辑的严密性、结论的明确性和体系的完整性,而且在于它应用的广泛性.

自从 20 世纪以来,随着科学技术的迅速发展和计算机的日益普及,人们对各种问题的要求越来越精确,使得数学的应用越来越广泛和深入,特别是在 21 世纪这个知识经济时代,数学科学的地位会发生巨大的变化,它正在从国家经济和科技的后备走到了前沿.随着计算机技术的迅速发展,数学的应用不仅在工程技术、自然科学等领域发挥着越来越重要的作用,而且以空前的广度和深度向经济、管理、金融、生物、医学、环境、地质、人口、交通等新的领域渗透,所谓数学技术已经成为当代高新技术的重要组成部分.

数学模型是一种模拟,是用数学符号、数学式子、程序、图形等对实际课题本质属性的抽象而又简洁的刻画,它或能解释某些客观现象,或能预测未来的发展规律,或能为控制某一现象的发展提供某种意义下的最优策略或较好策略.数学模型一般并非现实问题的直接翻版,它的建立常常既需要人们对现实问题深入细致的观察和分析,又需要人们灵活巧妙地利用各种数学知识.这种应用知识从实际课题中抽象、提炼出数学模型的过程就称为数学建模.

中科院院士李大潜告诉我们,数学作为一门重要的基础学科和一种精确的科学语言,是以一种极为抽象的形式出现的.这种极为抽象的形式有时会掩盖数学丰富的内涵,并可能对数学的实际应用形成障碍.要用数学方法解决一个实际问题,不论这个问题是来自工程、经济、金融或是社会领域,都必须设法在实际问题与数学之间架设一个桥梁,首先要将这个实际问题化为一个相应的数学问题,然后对这个问题进行分析和计算,最后将所求得的解答回归实际,看能不能有效地回答原先的实际问题.这个全过程,特别是其中的第一步,就称为数学建模,即为所考察的实际问题建立数学模型.

"显而易见,数学建模是数学走向应用的必经之路,在应用数学学科中占有特殊重要的地位."李院士还列举了历史上一些沿用至今的著名数学建模.他说,公元前 3 世纪欧几里得建立的欧氏几何学,就是对现实世界的空间形式所提出的一个数学模型.这个模型十分有效,后来虽然有各种重要的发展,但仍一直使用至今.开普勒根据第谷的大量天文观测数据所总结出来的行星运动三大规律,后经牛顿利用与距离平方成反比的万有引力公式、从牛顿力学的原理出发给出了严格的证明,更是一个数学建模取得辉煌成就的例子.

从古到今,在分析当代数学建模的特征以及开展数学建模竞赛的意义时,李院士认为,今天,应用数学正处于迅速地从传统的应用数学进入现代应用数学的阶段.一个突出的标志是数学的应用范围空前扩展,从传统的力学、物理等领域拓展到化学、生物、经济、金融、信息、材料、环境、能源等各个学科及种种高科技甚至社会领域.数学建模不仅进一步凸现了它的重要性,而且已成为现代应用数学的一个重要组成部分.开展数学建模竞赛活动,在大学开设数学建模、数学实验等课程,努力将数学建模思想融入数学类主干课程,顺应了这个历史潮流,值得大力提倡.

李大潜院士在分析数学建模竞赛之所以受到大学生追捧的原因时说,数学建模及其竞赛活动打破了原有数学课程自成体系、自我封闭的局面,为数学和外部世界的联系在教学过程中打开了一条通道,提供了一种有效的方式.同学们通过参加数学建模的实践,亲自参加了将数学应用于实际的尝试,亲自参加了发现和创造的过程,取得了在课堂里和书本上所无法获得的宝贵经验和亲身感受,这必能启迪他们的数学心灵,促使他们更好地应用数学、品味数学、理解数学和热爱数学,在知识、能力及素质三方面迅速的成长.可以毫不夸张地说,数学建模的教育及数学建模竞赛活动是这些年来规模最大也最成功的一项数学教学改革实践,是对素质教育的重要贡献.

改编自《科技日报》

复习题 6

[A]

1. 填空题.

(1) 方程 $x(y')^2 - 2yy' + x = 0$ 的阶数为 _____.

(2) $e^y y' = 1$ 的通解为 _____.

(3) 微分方程 $xy' + y = x$ 的通解为 _____.

(4) 微分方程 $y'' = \sin x$ 的通解为 _____.

(5) 微分方程 $y'' - 2y' + y = 0$ 的通解为 _____.

(6) 微分方程 $y'' - 5y' + 4y = 0$ 的特征方程为 _____.

2. 选择题.

(1) 微分方程 $(y''')^2 + (y')^4 - x = 0$ 的阶数为( ).

A. 1;   B. 2;   C. 3;   D. 4.

(2) 微分方程 $y'' + 2y' + 5y = 0$ 的通解为( ).

A. $e^x(C_1 \cos 2x + C_2 \sin 2x)$;   B. $e^{-x}(C_1 \cos 2x + C_2 \sin 2x)$;

C. $e^{2x}(C_1 \cos x + C_2 \sin x)$;   D. $e^{-2x}(C_1 \cos x + C_2 \sin x)$.

(3) 函数 $y = 2e^{4x}$ 是 $y'' - 6y' + 8y = 0$ 的( ).

A. 通解;   B. 特解;

C. 不是解;   D. 是解,但既非通解也非特解.

(4) 微分方程 $y' = y$ 的通解为( ).

A. e^x;   B. $e^x + C$;   C. Ce^x;   D. e^{Cx}.

(5) 微分方程 $y' + \dfrac{1}{x}y = x$ 的通解 $y = ($).

A. $x\left(\dfrac{1}{3}x^3 + C\right)$;   B. $\dfrac{1}{x}(x + C)$;   C. $x(x + C)$;   D. $\dfrac{1}{x}\left(\dfrac{1}{3}x^3 + C\right)$.

3. 求下列微分方程的通解:

(1) $(1 + y^2)dx - x(1 + x)y dy = 0$;   (2) $(x - y)dy = (x + y)dx$;

(3) $xy' - y = x\ln x$;   (4) $y'' = x\cos x$;

(5) $\cos x \sin y dx + \sin x \cos y dy = 0$;   (6) $y' + y\cos x = e^{-\sin x}$.

4. 一曲线通过点 $(2,3)$，它在两坐标轴间的任意切线段均被切点所平分，求此曲线方程．

[B]

1. 填空题．

(1) 微分方程 $(y''')^3-y'+xy^3+3=0$ 的阶数是 ＿＿＿＿＿．

(2) 一阶线性微分方程 $y'-2xy=6x$，满足 $y(0)=2$ 特解为 ＿＿＿＿＿．

(3) 若 $f(x)$ 满足方程 $f(x)+2\int_0^x f(x)\mathrm{d}x=x^2$，则 $f(x)=$ ＿＿＿＿＿．

(4) 微分方程 $\cos y \cdot y'+\cos x \cdot \sin y=\mathrm{e}^{-\sin x}$ 的通解为 ＿＿＿＿＿．

(5) 微分方程 $y'-3xy=xy^2$ 的通解为 ＿＿＿＿＿．

(6) 设 $y=y(x)$ 满足方程 $y''=x$，且与抛物线 $y=x^2$ 在点 $(1,1)$ 处相切，则 $y=y(x)=$ ＿＿＿＿＿．

2. 选择题．

(1) 微分方程 $y''-9y=0$ 的通解为（　　）．

A. $y=C_1+C_2\mathrm{e}^{9x}$；　　B. $y=C_1+C_2\mathrm{e}^{-9x}$；　　C. $y=C_1\mathrm{e}^{3x}+C_2\mathrm{e}^{-3x}$；　　D. $y=C_1\cos 3x+C_2\sin 3x$．

(2) 微分方程 $(1-x^2)y-xy'=0$ 的通解 $y=$（　　）．

A. $C\sqrt{1-x^2}$；　　B. $\dfrac{C}{\sqrt{1-x^2}}$；　　C. $Cx\mathrm{e}^{-\frac{1}{2}x^2}$；　　D. $\dfrac{1}{x}-\dfrac{1}{2}x^2+C$．

(3) 微分方程 $y'=\dfrac{x^2y}{x^3+y^3}$ 是（　　）．

A. 齐次方程；　　B. 可分离变量的方程；

C. 一阶线性微分方程；　　D. 伯努利方程．

(4) 齐次方程 $y'=\dfrac{x}{y}+\dfrac{y}{x}$ 满足初始条件 $y|_{x=1}=2$ 的特解为（　　）．

A. $y^2=x^2(2\ln x+4)$；　　B. $y^2=x^2(\ln x+4)$；　　C. $y^2=(2\ln x+2)$；　　D. $y^2=x^2(\ln x+2)$．

(5) 若 $y=y(x)$ 是方程 $x^2y'+2xy=1$ 的满足条件 $y|_{x=1}=0$ 的解，则 $\int_1^2 y(x)\mathrm{d}x=$（　　）．

A. $\ln 2+\dfrac{1}{2}$；　　B. $-\ln 2-\dfrac{1}{2}$；　　C. $-\ln 2+\dfrac{1}{2}$；　　D. $\ln 2-\dfrac{1}{2}$．

3. 求微分方程 $y''-\dfrac{2x}{1+x^2}y'=0$ 满足条件 $y|_{x=0}=1,y'|_{x=0}=3$ 的解．

4. 求微分方程 $xy'+y=xy^3$ 的通解．

5. 设 $\int_0^x f(t)\mathrm{d}t=f(x)-3x$，求 $f(x)$．

6. 用多种解法求下列微分方程的通解：

(1) $y'=\dfrac{1}{x-y}$；

(2) $y'=\mathrm{e}^{x+y}$；

(3) $y'-y\sin x-\sin x=0$；

(4) $y''+y'=\mathrm{e}^x$．

课 外 学 习 6

1. 在线学习

网上课堂：走进数学建模（网页链接见对应配套电子课件）．

2. 阅读与写作

阅读本章"数学文摘：数学建模——数学方法解决实际问题"．

第7章 向量代数与空间解析几何

平面解析几何是在平面坐标系的基础上,用代数的方法研究平面图形.类似地,空间解析几何是在空间坐标系的基础上,用代数的方法研究空间图形.

7.1 空间直角坐标系

1. 空间直角坐标系的建立

自空间某点 O 引三条互相垂直的数轴 Ox,Oy,Oz,各轴的正向符合右手规则(右手四指从 Ox 轴正向,转 $90°$ 到 Oy 轴正向,握紧后拇指的指向为 Oz 轴正向),建立的空间直角坐标系如图 7-1 所示.点 O 称为原点,Ox 轴称为横轴,Oy 轴称为纵轴,Oz 轴称为竖轴.由两条坐标轴确定的平面称为坐标面,坐标面有三个:Oxy 面、Oyz 面、Oxz 面.三个坐标面将空间分为八个部分,每一部分称为一个卦限.八个卦限的顺序如图 7-2 所示.

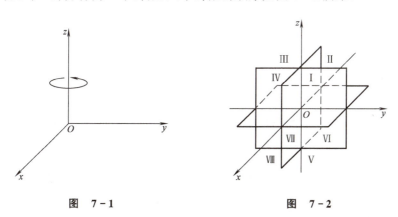

图 7-1　　　　　图 7-2

建立空间直角坐标系后,空间内的点就可以用坐标来表示,设 M 为空间任意点,过 M 作垂直于三个坐标轴的平面,分别交坐标轴于 A,B,C 三点,如图 7-3 所示,它们在数轴上的坐标分别为 x,y,z,则称 (x,y,z) 为点 M 的直角坐标.

特殊地,原点的坐标为 $O(0,0,0)$;坐标轴 x 轴上点的坐标 $A(x,0,0)$,y 轴上点的坐标 $B(0,y,0)$,z 轴上点的坐标 $C(0,0,z)$;坐标面 Oxy 面上点 $P(x,y,0)$,Oyz 面上点 $Q(0,y,z)$,Oxz 面上点 $R(x,0,z)$.

点在各卦限时,坐标的符号如表 7-1 所示.

表 7-1

卦限	Ⅰ	Ⅱ	Ⅲ	Ⅳ	Ⅴ	Ⅵ	Ⅶ	Ⅷ
x	+	−	−	+	+	−	−	+
y	+	+	−	−	+	+	−	−
z	+	+	+	+	−	−	−	−

例 7-1 指出点 $A(1,-1,-3), B(1,2,-5), C(-1,2,1)$ 所在的卦限.

解 点 $A(1,-1,-3)$ 位于第Ⅷ卦限;点 $B(1,2,-5)$ 位于第Ⅴ卦限,点 $C(-1,2,1)$ 位于第Ⅱ卦限.

例 7-2 在空间直角坐标系中画出点 $A(1,-2,2)$.

解 先在 Oxy 面上画出横坐标为 1,纵坐标为 -2 的点 P,即 $P(1,-2,0)$,由 P 点垂直向上引垂线,其上截取 2 个单位,所得点即为 $A(1,-2,2)$,如图 7-4 所示.

2. 空间两点间的距离

若 $M_1(x_1,y_1,z_1), M_2(x_2,y_2,z_2)$ 为空间两点,则由图 7-5 可以看出这两点的距离公式为

$$|M_1M_2| = \sqrt{(x_2-x_1)^2+(y_2-y_1)^2+(z_2-z_1)^2} \tag{7-1}$$

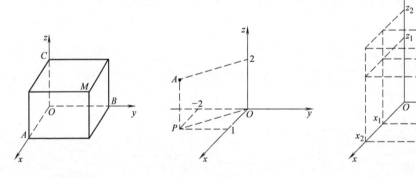

图 7-3　　　　　图 7-4　　　　　图 7-5

例 7-3 求两点 $A(2,1,0), B(3,3,4)$ 的距离 $|AB|$.

解 根据两点间距离公式,得

$$|AB| = \sqrt{(3-2)^2+(3-1)^2+(4-0)^2}$$
$$= \sqrt{1+4+16} = \sqrt{21}$$

例 7-4 在 x 轴上求与两点 $P_1(4,1,7)$ 和 $P_2(3,5,2)$ 等距离的点.

解 因为所求点在 x 轴上,故可设该点坐标为 $M(x,0,0)$.

依题意有 $|MP_1|=|MP_2|$

即 $\sqrt{(x-4)^2+(0-1)^2+(0-7)^2} = \sqrt{(x-3)^2+(0-5)^2+(0-2)^2}$

解得 $x=14$

故所求点为 $(14,0,0)$.

习 题 7-1

1. 在空间直角坐标系中,指出下列各点位置:$A(-1,2,-3)$;$B(0,1,0)$;$C(0,7,2)$.
2. 求点 $P(4,-2,-1)$ 关于各坐标面、坐标轴及原点的对称点的坐标.
3. 在 z 轴上求与两点 $A(-2,1,2)$ 和 $B(1,0,0)$ 等距离的点.
4. 求点 $M(-2,4,-\sqrt{5})$ 与原点及各坐标轴间的距离.
5. 判断以点 $A(2,3,4),B(3,4,2),C(4,2,3)$ 为顶点的三角形的形状.
6. 在 Oxy 坐标面上求一点 M,使它到点 $A(1,-1,5),B(3,4,4)$ 及 $C(4,6,1)$ 的距离相等.

7.2 向量

7.2.1 向量的概念

量有两种:只有大小的量叫数量或标量;既有大小又有方向的量叫向量或矢量.

定义 1 既有大小又有方向的量称为**向量**.几何上常用带有箭头的有向线段表示向量,如图 7-6 所示,记为 a,b,c 或 $\overrightarrow{AB}$.记为 $\overrightarrow{AB}$ 时,A 表示起点,B 表示终点.

向量的大小,称为向量的**模**,记作 $|a|$ 或 $|\overrightarrow{AB}|$.

零向量 模为 0 的向量称为零向量,记作 **0**.零向量的方向是任意的.

单位向量 模为 1 的向量称为单位向量.

负向量 与向量 a 的模相等,但方向相反的向量称为 a 的负向量,记作 $-a$.

向径 在空间直角坐标系中,以原点为起点,空间任一点为终点的向量称为向径,记作 $\overrightarrow{OM}$ 或 r.

向量相等 如果两个向量方向相同(无论起点在哪),大小相等,则称两个向量相等,记作 $a=b$.

需要说明的是:向量都是自由向量,可以任意平移,不必关心向量的起点在哪里.

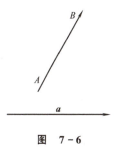

图 7-6

7.2.2 向量的几何运算

1. 向量的加法

平行四边形法则:如图 7-7 所示,将两个不平行的向量 a 和 b 平移,使它们的起点重合,则以向量 a 和 b 为邻边的平行四边形的对角线即为 $a+b$,这种方法称为向量加法的平行四边形法则.

三角形法则:如图 7-8 所示,将向量 a 和 b 首尾相接,以 a 的起点为起点,以 b 的终点为终点的向量即为 $a+b$,这种方法称为向量加法的三角形法则.

推广:利用三角形法则可求多个向量的和,如图 7-9 所示,具体做法是将它们平行移动,使其首尾相接,则以第一个向量的起点为起点,以最后一个向量的终点为终点的向量即为它们的和.

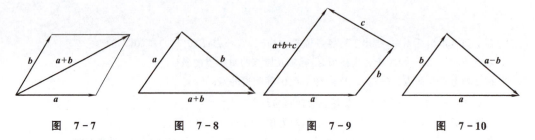

图 7-7　　　　图 7-8　　　　图 7-9　　　　图 7-10

向量加法满足的运算律：

交换律：$a+b=b+a$；

结合律：$a+b+c=(a+b)+c=a+(b+c)$.

2. 向量的减法

如图 7-10 所示，因为 $a-b=a+(-b)$，故以 a 及 $-b$ 为邻边作平行四边形，则对角线向量就是 $a-b$.

3. 数与向量的乘法

设 λ 为一实数，λ 与向量 a 的积 λa 仍为一向量，且 λa 的模是向量 a 的模的 λ 倍．当 $\lambda>0$（或 $\lambda<0$）时，λa 的方向与 a 方向相同（或相反）．当 $\lambda=0$ 时，λa 是零向量.

满足：$(\lambda+\mu)a=\lambda a+\mu a$；$\lambda(\mu a)=(\lambda\mu)a$，$\lambda(a+b)=\lambda a+\lambda b$

7.2.3　向量的坐标表示及运算

1. 向量的坐标表示

在空间直角坐标系中，称与 x 轴、y 轴、z 轴正方向相同的单位向量为**基本单位向量**，用 i,j,k 表示，如图 7-11 所示.

对于空间直角坐标系中任一向量 a，将其起点移到坐标原点 O，设其终点为 M，则 $a=\overrightarrow{OM}$. 过 M 点做三个平面分别垂直于三个坐标轴且与坐标轴交于点 A,B,C，则称 OA,OB,OC 分别为向量 $\overrightarrow{OM}$ 在三个坐标轴上的投影，如图 7-12 所示，分别记作 a_x,a_y,a_z，则

$$\overrightarrow{OA}=a_x i,\quad \overrightarrow{OB}=a_y j,\quad \overrightarrow{OC}=a_z k$$

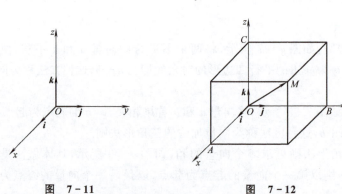

图 7-11　　　　　　　图 7-12

由图 7-12 可以看出
$$\overrightarrow{OM} = \overrightarrow{OA} + \overrightarrow{OB} + \overrightarrow{OC}$$
即
$$a = a_x i + a_y j + a_z k \tag{7-2}$$
式(7-2)称为向量 a 的坐标表达式. 为了方便,也记为
$$a = \{a_x, a_y, a_z\} \tag{7-3}$$

2. 用坐标表示向量的加、减及数乘的运算

设 $a = a_x i + a_y j + a_z k$, $b = b_x i + b_y j + b_z k$, λ 为任一数,则
$$a \pm b = (a_x \pm b_x)i + (a_y \pm b_y)j + (a_z \pm b_z)k \tag{7-4}$$
$$\lambda a = \lambda a_x i + \lambda a_y j + \lambda a_z k \tag{7-5}$$

如图 7-13 所示,对于空间内任意两点 $P_1(x_1, y_1, z_1)$, $P_2(x_2, y_2, z_2)$, 则向量 $\overrightarrow{P_1P_2} = \overrightarrow{OP_2} - \overrightarrow{OP_1}$, 即
$$\overrightarrow{P_1P_2} = (x_2 - x_1)i + (y_2 - y_1)j + (z_2 - z_1)k \tag{7-6}$$

3. 用坐标表示向量的模和方向

设向量 $a = a_x i + a_y j + a_z k$, 则向量 a 的模为
$$|a| = \sqrt{a_x^2 + a_y^2 + a_z^2} \tag{7-7}$$

称向量 a 与 x 轴、y 轴、z 轴正向的夹角 α, β, γ 为向量的**方向角**,并规定方向角的范围为 $0 \leq \alpha \leq \pi, 0 \leq \beta \leq \pi, 0 \leq \gamma \leq \pi$, 同时称 $\cos\alpha, \cos\beta, \cos\gamma$ 为向量 a 的方向余弦. 如图 7-14 所示,由图可得,

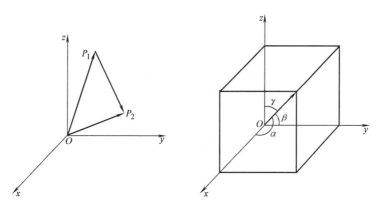

图 7-13   图 7-14

$$a_x = |a|\cos\alpha, a_y = |a|\cos\beta, a_z = |a|\cos\gamma$$

$$\cos\alpha = \frac{a_x}{|a|} = \frac{a_x}{\sqrt{a_x^2 + a_y^2 + a_z^2}}$$

$$\cos\beta = \frac{a_y}{|a|} = \frac{a_y}{\sqrt{a_y^2 + a_z^2 + a_x^2}}$$

$$\cos\gamma = \frac{a_z}{|a|} = \frac{a_z}{\sqrt{a_z^2 + a_y^2 + a_x^2}}$$

容易验证 $\cos^2\alpha + \cos^2\beta + \cos^2\gamma = 1$.

4. 单位向量的坐标表示

把与 a 同向且模为 1 的向量称为 a 的单位向量,记为 e_a.

因为, $a = |a|e_a$ 所以 $e_a = \dfrac{a}{|a|}$.

例 7-5 设向量 a 与向量 b 平行,证明:它们的坐标分别对应成比例.

证 设 $a = a_x i + a_y j + a_z k, b = b_x i + b_y j + b_z k$,因为 $a /\!/ b$,所以,存在常数 λ,使 $a = \lambda b$,即
$$\{a_x, a_y, a_z\} = \{\lambda b_x, \lambda b_y, \lambda b_z\}$$

从而有
$$a_x = \lambda b_x, \quad a_y = \lambda b_y, \quad a_z = \lambda b_z$$

所以
$$\boxed{\frac{a_x}{b_x} = \frac{a_y}{b_y} = \frac{a_z}{b_z} = \lambda} \tag{7-8}$$

例 7-6 已知 $a = \{1, -1, 0\}, b = \{1, 2, -1\}$,求 $2a - 3b$ 及 e_a.

解 因为 $2a = \{2, -2, 0\}, 3b = \{3, 6, -3\}$,所以
$$2a - 3b = \{2-3, -2-6, 0-(-3)\} = \{-1, -8, 3\}$$
$$|a| = \sqrt{1^2 + (-1)^2 + 0^2} = \sqrt{2}$$

从而
$$e_a = \frac{a}{|a|} = \left\{\frac{1}{\sqrt{2}}, -\frac{1}{\sqrt{2}}, 0\right\}$$

例 7-7 已知 $a = \{-1, 1, -\sqrt{2}\}$,求 a 的模、方向余弦和方向角.

解 由于 $a = \{-1, 1, -\sqrt{2}\}$,所以 $a_x = -1, a_y = 1, a_z = -\sqrt{2}$.
$$|a| = \sqrt{a_x^2 + a_y^2 + a_z^2} = \sqrt{(-1)^2 + 1^2 + (-\sqrt{2})^2} = 2$$
$$\cos\alpha = \frac{a_x}{|a|} = -\frac{1}{2}, \alpha = \frac{2}{3}\pi$$
$$\cos\beta = \frac{a_y}{|a|} = \frac{1}{2}, \beta = \frac{1}{3}\pi$$
$$\cos\gamma = \frac{a_z}{|a|} = -\frac{\sqrt{2}}{2}, \gamma = \frac{3}{4}\pi$$

例 7-8 设向量 $a = \{2, -1, 2\}$ 与 b 平行,且 b 为单位向量,求 b.

解 由于 $a /\!/ b, a = \{2, -1, 2\}$,故设 $b = \{2k, -k, 2k\}$. 由已知条件得
$$\sqrt{4k^2 + k^2 + 4k^2} = 1$$

解得
$$k = \pm\frac{1}{3}$$

则
$$b = \pm\frac{1}{3}\{2, -1, 2\}$$

> 数学是知识的工具,亦是其他知识工具的泉源.所有研究顺序和度量的科学均和数学有关.
>
> ——笛卡尔

7.2.4 向量的数量积

前面介绍了向量的有关概念、运算及坐标表示,下面将介绍向量乘向量的计算方法及其运算性质.

1. 数量积的概念

设一物体在常力 F 的作用下,从点 M_1 移动到点 M_2,若用 s 表示位移,F 与 s 的夹角为 θ(如图 7-15 所示),那么力 F 所做的功为

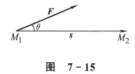

图 7-15

$$W = |F||s|\cos\theta$$

由这种向量的运算引出了向量的数量积的概念.

定义 2 向量 a 与向量 b 的模与它们夹角的余弦的乘积称为向量 a 与向量 b 的**数量积**(或**点积**),记作 $a \cdot b$,即

$$a \cdot b = |a||b|\cos\theta \tag{7-9}$$

其中 θ 为向量 a 与向量 b 的夹角.

2. 数量积的性质

交换律: $\qquad a \cdot b = b \cdot a$

数乘结合律: $\qquad (\lambda a) \cdot b = \lambda(a \cdot b) = a \cdot (\lambda b)$

分配律: $\qquad a \cdot (b+c) = a \cdot b + a \cdot c$

由定义可知:(1) $a \cdot a = |a|^2$;(2) $a \perp b \Leftrightarrow a \cdot b = 0$.

3. 数量积的坐标表示式

设向量 $a = \{a_x, a_y, a_z\}, b = \{b_x, b_y, b_z\}$,由数量积的性质可以推出(推导过程见本章 7.5 节提示与提高 5)数量积的坐标表示式为

$$a \cdot b = a_x b_x + a_y b_y + a_z b_z \tag{7-10}$$

又因为 $a \cdot b = |a||b|\cos\theta$,所以可得两向量的夹角的余弦公式为

$$\cos\theta = \frac{a \cdot b}{|a||b|} = \frac{a_x b_x + a_y b_y + a_z b_z}{\sqrt{a_x^2 + a_y^2 + a_z^2}\sqrt{b_x^2 + b_y^2 + b_z^2}} \tag{7-11}$$

因两向量垂直时 $a \cdot b = 0$,所以可得两向量垂直的充要条件是

$$a \perp b \Leftrightarrow a_x b_x + a_y b_y + a_z b_z = 0 \tag{7-12}$$

例 7-9 已知向量 $a = \{1, 0, -2\}, b = \{-3, \sqrt{10}, 1\}$,求 $a \cdot b$ 及 a 与 b 的夹角 θ.

解 因为 $a \cdot b = 1 \times (-3) + 0 \times \sqrt{10} - 2 \times 1 = -5$

又因为

$$|a| = \sqrt{1^2 + 0^2 + (-2)^2} = \sqrt{5}, \quad |b| = \sqrt{(-3)^2 + (\sqrt{10})^2 + 1^2} = 2\sqrt{5}$$

从而

$$\cos\theta = \frac{a \cdot b}{|a||b|} = \frac{-5}{\sqrt{5} \times 2\sqrt{5}} = -\frac{1}{2}$$

由于 $0 \leqslant \theta \leqslant \pi$,所以,$\theta = \frac{2}{3}\pi$.

例 7-10 证明:向量 $a = 2i - j + k$ 与向量 $b = 4i + 9j + k$ 互相垂直.

证 因为 $a \cdot b = 2 \times 4 + (-1) \times 9 + 1 \times 1 = 0$,所以 $a \perp b$.

7.2.5 向量的向量积

1. 向量积的概念

设 O 为杠杆 L 的支点,当力 F 作用于杠杆的 P 点处,力 F 与 $\overrightarrow{OP}$ 的夹角为 θ(如图 7-16 所示),力 F 对支点 O 的力矩 M 为一个向量,M 的大小为

$$|M| = |F||\overrightarrow{OP}|\sin\theta$$

M 的方向垂直于 $\overrightarrow{OP}$ 与 F 所构成的平面,与向量 $\overrightarrow{OP}$,F 符合右手规则.

由力矩的概念引出向量的向量积的概念.

定义 3 设 a, b 是两个向量,其**向量积**也是一个向量,记作 $a \times b$,它的模为

$$|a \times b| = |a||b|\sin\theta \quad (0 \leqslant \theta \leqslant \pi) \tag{7-13}$$

其中 θ 为向量 a 与向量 b 的夹角.

它的方向为:$a \times b$ 同时垂直于 a 与 b,且与 a, b 符合右手规则,如图 7-17 所示.向量的"向量积"是一个向量,而不是数.向量积的模是个数,它的几何意义是以 a, b 为邻边的平行四边形的面积(如图 7-18 所示).

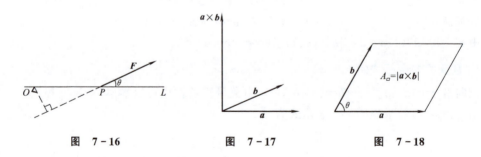

图 7-16　　　　图 7-17　　　　图 7-18

2. 向量积的性质

(1) $a \times a = 0$

(2) $a \times \mathbf{0} = \mathbf{0}$ (其中 $\mathbf{0}$ 为零向量)

(3) $a \times b = -b \times a$ (即向量的向量积不满足交换律)

(4) 向量的向量积满足分配律,但向量因子的次序不能交换. 即

$$(a + b) \times c = a \times c + b \times c$$

由定义可知

$$a // b \Leftrightarrow a \times b = \mathbf{0}$$

3. 向量积的坐标表示

设 $\boldsymbol{a}=\{a_x,a_y,a_z\}$,$\boldsymbol{b}=\{b_x,b_y,b_z\}$,由向量积的性质可推出(推导过程见本章 7.5 节提示与提高 5)向量积的坐标表示式为

$$\boxed{\boldsymbol{a}\times\boldsymbol{b}=(a_yb_z-a_zb_y)\boldsymbol{i}+(a_zb_x-a_xb_z)\boldsymbol{j}+(a_xb_y-a_yb_x)\boldsymbol{k}} \quad (7\text{-}14)$$

为便于记忆,可写为

$$\boldsymbol{a}\times\boldsymbol{b}=\begin{vmatrix}\boldsymbol{i}&\boldsymbol{j}&\boldsymbol{k}\\a_x&a_y&a_z\\b_x&b_y&b_z\end{vmatrix}=\begin{vmatrix}a_y&a_z\\b_y&b_z\end{vmatrix}\boldsymbol{i}-\begin{vmatrix}a_x&a_z\\b_x&b_z\end{vmatrix}\boldsymbol{j}+\begin{vmatrix}a_x&a_y\\b_x&b_y\end{vmatrix}\boldsymbol{k}$$

因两向量平行时 $\boldsymbol{a}\times\boldsymbol{b}=\boldsymbol{0}$,所以可得两向量平行的充要条件是

$$\boxed{\boldsymbol{a}\ /\!/\ \boldsymbol{b}\Leftrightarrow\frac{a_x}{b_x}=\frac{a_y}{b_y}=\frac{a_z}{b_z}} \quad (7\text{-}15)$$

例 7-11 求垂直于向量 $\boldsymbol{a}=\{2,2,1\}$,$\boldsymbol{b}=\{4,5,3\}$ 的单位向量.

解 由向量积的定义可知,向量 $\boldsymbol{a}\times\boldsymbol{b}$ 垂直于向量 $\boldsymbol{a}$,$\boldsymbol{b}$.

因为

$$\boldsymbol{a}\times\boldsymbol{b}=\begin{vmatrix}\boldsymbol{i}&\boldsymbol{j}&\boldsymbol{k}\\2&2&1\\4&5&3\end{vmatrix}=\begin{vmatrix}2&1\\5&3\end{vmatrix}\boldsymbol{i}-\begin{vmatrix}2&1\\4&3\end{vmatrix}\boldsymbol{j}+\begin{vmatrix}2&2\\4&5\end{vmatrix}\boldsymbol{k}=\boldsymbol{i}-2\boldsymbol{j}+2\boldsymbol{k}$$

$$|\boldsymbol{a}\times\boldsymbol{b}|=\sqrt{1^2+(-2)^2+2^2}=3$$

所以

$$\boldsymbol{e}_{\boldsymbol{a}\times\boldsymbol{b}}=\pm\frac{\boldsymbol{a}\times\boldsymbol{b}}{|\boldsymbol{a}\times\boldsymbol{b}|}=\pm\frac{1}{3}(\boldsymbol{i}-2\boldsymbol{j}+2\boldsymbol{k})$$

即垂直于向量 $\boldsymbol{a}$,$\boldsymbol{b}$ 的单位向量为 $\pm\frac{1}{3}(\boldsymbol{i}-2\boldsymbol{j}+2\boldsymbol{k})$.

例 7-12 求以 $A(1,2,-1)$,$B(-2,3,1)$,$C(1,1,-1)$ 为顶点的三角形的面积.

解 因为 $\overrightarrow{AB}=\{-3,1,2\}$,$\overrightarrow{AC}=\{0,-1,0\}$,

又

$$\overrightarrow{AB}\times\overrightarrow{AC}=\begin{vmatrix}\boldsymbol{i}&\boldsymbol{j}&\boldsymbol{k}\\-3&1&2\\0&-1&0\end{vmatrix}=2\boldsymbol{i}+3\boldsymbol{k}$$

所以

$$S_{\triangle ABC}=\frac{1}{2}|\overrightarrow{AB}\times\overrightarrow{AC}|=\frac{1}{2}\sqrt{2^2+3^2}=\frac{\sqrt{13}}{2}$$

例 7-13 设向量 $\boldsymbol{a}=6\boldsymbol{i}+3\boldsymbol{j}+2\boldsymbol{k}$,若向量 $\boldsymbol{b}$ 与 $\boldsymbol{a}$ 平行,且 $|\boldsymbol{b}|=14$,求 $\boldsymbol{b}$.

解 设 $\boldsymbol{b}=x\boldsymbol{i}+y\boldsymbol{j}+z\boldsymbol{k}$,因为 $\boldsymbol{a}\ /\!/\ \boldsymbol{b}$,所以 $\frac{x}{6}=\frac{y}{3}=\frac{z}{2}=\lambda$,

即 $x=6\lambda,y=3\lambda,z=2\lambda$

又因为 $|\boldsymbol{b}|=\sqrt{x^2+y^2+z^2}=14$

即 $\sqrt{(6\lambda)^2+(3\lambda)^2+(2\lambda)^2}=14$

解得 $\lambda=\pm 2$

所以 $x=\pm 12,y=\pm 6,x=\pm 4$

故所求向量为 $\boldsymbol{b}=\pm(12\boldsymbol{i}+6\boldsymbol{j}+4\boldsymbol{k})$

思考：已知 $a=(x_1,y_1,z_1)$，$b=(x_2,y_2,z_2)$，$c=(x_3,y_3,z_3)$，试问 $(a\times b)\cdot c$ 是否有意义，如果有意义，表示什么？

习 题 7-2

1. 已知向量 $a=\{-1,-2,-3\}$，向量 $b=\{-2,1,4\}$，求 $3a-2b$.

2. 已知向量 $a=3i-2j+k$ 终点坐标 $B(1,-1,0)$，求起点 A 的坐标.

3. 已知向量 $a=i-j+k$，$b=2i-3j+k$，$c=-i+k$，求 $3a-2b+2c$ 的模及方向余弦.

4. 给定两点 $A(-1,0,2\sqrt{2})$，$B(0,-1,\sqrt{2})$，求向量 $\overrightarrow{AB}$ 的方向余弦和方向角.

5. 已知向量 $a=2i-j+mk$，且 $|a|=3$，求向量 a.

6. 设向量 $a=2i-j+2k$，$b=2i-j-2k$，求 e_a 及 $|a-2b|$.

7. 向量 a 与三个坐标轴夹角分别为 α,β,γ，若已知 $\alpha=60°$，$\beta=120°$，求第三个角 γ.

8. 求向量 $a=i+\sqrt{2}j+k$ 与坐标轴间的夹角.

9. 已知向量 $\boldsymbol{\alpha}=\{a,5,-1\}$ 与向量 $\boldsymbol{\beta}=\{3,1,b\}$ 平行，求 a,b 的值.

10. 求平行于向量 $a=\{6,7,-6\}$ 的单位向量.

11. 已知 $a=\{2,-1,5\}$，$b=\{-1,2,-3\}$，$c=\{0,1,0\}$，计算：
(1) $a\cdot b$； (2) $b\cdot c$； (3) $a\cdot c$； (4) $a\cdot(b+c)$.

12. 已知向量 $a=\{2,-3,1\}$，向量 $b=\{1,-1,3\}$，向量 $c=\{1,2,0\}$，计算：
(1) $(a+b)\times(b+c)$； (2) $(a\times b)\cdot c$.

13. 求向量 $a=i+j-4k$ 和向量 $b=i-2j+2k$ 的夹角.

14. 设向量 $a=\{2,-1,-1\}$，$b=\{1,2,-1\}$，求垂直于向量 a 和 b 的单位向量.

15. 求 m 的值，使 $2i-3j+5k$ 与 $3i+mj-2k$ 互相垂直.

16. 已知向量 a 与 b 的夹角为 $\dfrac{\pi}{6}$，且 $|a|=6$，$|b|=5$，求 $|a\times b|$.

17. 已知 $|a|=10$，$|b|=2$，$a\cdot b=12$，求 $|a\times b|$.

18. 已知 $|a|=10$，$|b|=2$，且 $|a\times b|=12$，求 $a\cdot b$.

19. 求以向量 $a=\{1,-3,1\}$，$b=\{2,1,-3\}$ 为邻边的平行四边形的面积 S.

20. 求以 $A(2,3,-1)$，$B(4,0,-2)$，$C(5,-1,3)$ 为顶点的三角形的面积.

背景聚焦

笛卡尔与空间直角坐标系

勒内·笛卡尔，1596 年 3 月 31 日生于法国，1650 年 2 月 11 日逝于瑞典斯德哥尔摩，数学家、哲学家、物理学家．他对现代数学的发展做出了重要的贡献．

有一天，笛卡尔生病卧床，病情很重，尽管如此他还反复思考一个问题：几何图形是直观的，而代数方程是比较抽象的，能不能把几何图形与代数方程结合起来，也就是说能不能用几何图形来表示方程呢？要想达到此目的，关键是如何把组成几何图形的点和满足方程的每一组"数"挂上钩，他苦苦思索，拼命琢磨，通过什么样的方法，才能把"点"和"数"联系起来．突然，他看见屋顶角上的一只蜘蛛，拉着丝垂了下来，一会儿工夫，蜘蛛又顺着丝爬上去，在上边左右拉丝．蜘蛛的"表演"使笛卡尔的思路豁然开朗．他想，可以把蜘蛛看作一个点，它在屋子里可以上、下、左、右运动，能不能把蜘蛛的每个位置用一组数确定下来呢？他又想，屋子里相邻的两面墙与地面交出了三条线，如果把地面上的墙角作为起点，把交出来的三条线作为三根数轴,那么空间中任意一点的位置就可以用这三根数轴上有顺序的三个数来表示.反过来,任意给一组三个有顺序的数也可以在空间中找出一点与之对应.同样道理,用一组数(x,y)可以表示平面上的一个点,平面上的一个点也可以用一组两个有顺序的数来表示,这就是坐标系的雏形.

1637 年,笛卡尔正式发表《几何学》,创立了平面直角坐标系,在代数和几何上架起了一座桥梁,改变了自古希腊以来代数和几何分离的趋向,把相互对立的"数"与"形"统一了起来,使几何曲线与代数方程相结合.笛卡尔的天才创见,更为微积分的创立奠定了基础,从而开拓了变量数学的广阔领域.最为可贵的是,笛卡尔用运动的观点,把曲线看成点的运动轨迹,不仅建立了点与实数的对应关系,而且把"形"(包括点、线、面)和"数"两个对立的对象统一起来,建立了曲线和方程的对应关系.这种对应关系的建立,不仅标志着函数概念的萌芽,而且表明变数进入了数学,使数学在思想方法上发生了伟大的转折——由常量数学进入变量数学的时期.辩证法进入了数学,有了变数,微分和积分也就立刻成为必要的了.笛卡尔的这些成就,为后来牛顿、莱布尼兹发现微积分,为一大批数学家的新发现开辟了道路.同时,他也推导出了笛卡尔定理等几何学公式.

摘自百度百科

> 干下去还有 50% 成功的希望,不干便是 100% 的失败.
>
> ——科学家王菊珍

7.3 平面

空间曲面的最简单的形式是平面,本节研究平面方程及平面的有关问题.

过空间一点 $M_0(x_0, y_0, z_0)$ 可以做无数多个平面,但是过空间一点 $M_0(x_0, y_0, z_0)$ 且垂直于一个已知向量 $\boldsymbol{n}$ 只能确定一个平面.下面研究平面方程的几种形式.

1. 平面的点法式方程

我们称垂直于一个平面的所有非零向量为这个平面的**法向量**.平面的法向量并不唯一,如图 7-19 所示,过空间一点 $M_0(x_0, y_0, z_0)$,做垂直于一已知向量 $\boldsymbol{n} = \{A, B, C\}$ 的平面,在平面上任取一点 $M(x, y, z)$,则 $\overrightarrow{M_0M} = \{x-x_0, y-y_0, z-z_0\}$,因平面的法向量垂直于平面上任意一向量,故 $\overrightarrow{MM_0} \cdot \boldsymbol{n} = 0$,即

$$A(x-x_0) + B(y-y_0) + C(z-z_0) = 0 \qquad (7-16)$$

式(7-16)称为**平面的点法式方程**.其中,$\{A, B, C\}$ 为平面的法向量.

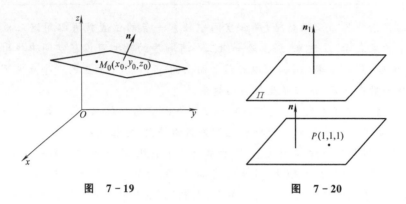

图 7-19   图 7-20

例 7-14 设点 $A(1,2,-3), O(0,0,0), \boldsymbol{n}=(2,-1,4)$，求

(1) 过点 A 且以 $\boldsymbol{n}$ 为法向量的平面方程；

(2) 过点 O 且以 $\boldsymbol{n}$ 为法向量的平面方程.

解 (1) 过点 A 且以 $\boldsymbol{n}$ 为法向量的平面方程为
$$2(x-1)-(y-2)+4(z+3)=0$$
即
$$2x-y+4z+12=0$$

(2) 同样，过点 O 且以 $\boldsymbol{n}$ 为法向量的平面方程为
$$2(x-0)-(y-0)+4(z+0)=0$$
即
$$2x-y+4z=0$$

例 7-15 求过点 $P(1,1,1)$ 且与平面 $\Pi: 3x-y+2z=0$ 平行的平面方程.

解 平面 Π 的法向量为 $\boldsymbol{n}_1=\{3,-1,2\}$，因为所求平面与平面 Π 平行，故所求平面的法向量 $\boldsymbol{n}=\boldsymbol{n}_1=\{3,-1,2\}$（如图 7-20 所示，此图只是示意图，并不与坐标系对应）. 又因为平面过点 $P(1,1,1)$，故所求平面的点法式方程为
$$3(x-1)-(y-1)+2(z-1)=0$$
整理得
$$3x-y+2z-4=0$$

例 7-16 求过点 $P(1,-1,1)$ 且与平面 Π_1：$x-y+z-1=0$ 及 $\Pi_2: 2x+y+z+1=0$ 都垂直的平面方程.

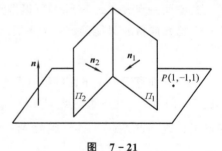

图 7-21

解 平面 Π_1 和 Π_2 的法向量为 $\boldsymbol{n}_1=\{1,-1,1\}$ 和 $\boldsymbol{n}_2=\{2,1,1\}$，设所求平面的法向量为 $\boldsymbol{n}$，因所求平面与平面 Π_1 及平面 Π_2 垂直（如图 7-21 所示，此图只是示意图，并不与坐标系对应），

所以 $\boldsymbol{n}=\boldsymbol{n}_1\times\boldsymbol{n}_2=\begin{vmatrix} \boldsymbol{i} & \boldsymbol{j} & \boldsymbol{k} \\ 1 & -1 & 1 \\ 2 & 1 & 1 \end{vmatrix}=-2\boldsymbol{i}+\boldsymbol{j}+3\boldsymbol{k}$

故所求平面的点法式方程为 $\quad -2(x-1)+(y+1)+3(z-1)=0$

整理得 $\quad\quad\quad\quad\quad\quad\quad\quad\quad 2x-y-3z=0$

2. 平面的一般式方程

将平面的点法式方程变为
$$Ax + By + Cz - (Ax_0 + By_0 + Cz_0) = 0$$
记 $-(Ax_0 + By_0 + Cz_0) = D$，就得到方程
$$\boxed{Ax + By + Cz + D = 0} \tag{7-17}$$
称该方程为**平面的一般式方程**，其中 $\{A, B, C\}$ 依然为法向量.

如果方程中的 A, B, C, D 中出现零值，则方程(7-17)就表示特殊位置平面.
几种特殊位置平面的方程如下.

(1) 通过原点.

通过原点的平面方程的一般形式为：$Ax + By + Cz = 0$.

(2) 平行于坐标轴.

平行于 x 轴的平面方程的一般形式为：$By + Cz + D = 0$.

平行于 y 轴的平面方程的一般形式为：$Ax + Cz + D = 0$.

平行于 z 轴的平面方程的一般形式为：$Ax + By + D = 0$.

(3) 通过坐标轴.

通过 x 轴的平面方程的一般形式为：$By + Cz = 0$.

通过 y 轴和 z 轴的平面方程的一般形式分别为：$Ax + Cz = 0$, $Ax + By = 0$.

(4) 垂直于坐标轴.

垂直于 x、y、z 轴的平面方程的一般形式分别为：$Ax + D = 0$, $By + D = 0$, $Cz + D = 0$.

例 7 - 17 平面过 x 轴和点 $P(1, 2, 3)$，求此平面方程.

解 因为所求平面过 x 轴，因此设平面方程为 $By + Cz = 0$，又因为点 $P(1, 2, 3)$ 在平面上，所以
$$2B + 3C = 0, \text{即 } C = -\frac{2}{3}B$$
故
$$By - \frac{2}{3}Bz = 0$$
即所求平面为 $3y - 2z = 0$ (如图 7 - 22 所示).

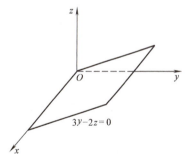

图 7 - 22

例 7 - 18 求过三点 $M_1(1, -1, -2)$, $M_2(-1, 2, 0)$, $M_3(1, 3, 1)$ 的平面方程.

解法 1 利用平面方程的点法式求解.

由于点 M_1, M_2, M_3 在所求平面上，故平面的法向量 $\boldsymbol{n}$ 与向量 $\overrightarrow{M_1M_2}$ 及 $\overrightarrow{M_1M_3}$ 都垂直，即
$$\boldsymbol{n} = \overrightarrow{M_1M_2} \times \overrightarrow{M_1M_3}$$
又
$$\overrightarrow{M_1M_2} = \{-2, 3, 2\}, \quad \overrightarrow{M_1M_3} = \{0, 4, 3\}$$
于是
$$\boldsymbol{n} = \overrightarrow{M_1M_2} \times \overrightarrow{M_1M_3} = \begin{vmatrix} \boldsymbol{i} & \boldsymbol{j} & \boldsymbol{k} \\ -2 & 3 & 2 \\ 0 & 4 & 3 \end{vmatrix} = \boldsymbol{i} + 6\boldsymbol{j} - 8\boldsymbol{k}$$
所以，所求平面的方程为 $(x-1) + 6(y+1) - 8(z+2) = 0$

整理得 $$x+6y-8z-11=0$$

解法 2 利用平面方程的一般式求解.

将点 M_1, M_2, M_3 分别代入平面方程的一般式 $Ax+By+Cz+D=0$ 中,得方程组
$$\begin{cases} A-B-2C+D=0 \\ -A+2B+D=0 \\ A+3B+C+D=0 \end{cases}$$

解得 $$A=-\frac{1}{11}D, B=-\frac{6}{11}D, C=\frac{8}{11}D$$

将 A,B,C 的值代入方程 $Ax+By+Cz+D=0$ 中,有
$$-\frac{1}{11}Dx-\frac{6}{11}Dy+\frac{8}{11}Dz+D=0$$

即 $$x+6y-8z-11=0$$

3. 平面方程的截距式

例 7-19 求过三点 $(a,0,0),(0,b,0),(0,0,c)$ 的平面方程(其中 a,b,c 均不为零).

解 设平面方程为 $Ax+By+Cz+D=0$,把已知的三点代入得
$$\begin{cases} Aa+D=0 \\ Bb+D=0 \\ Cc+D=0 \end{cases}$$

解得 $$A=-\frac{D}{a}, B=-\frac{D}{b}, C=-\frac{D}{c}$$

则平面方程为
$$-\frac{Dx}{a}-\frac{Dy}{b}-\frac{Dz}{c}+D=0, 即$$

$$\boxed{\frac{x}{a}+\frac{y}{b}+\frac{z}{c}=1} \tag{7-18}$$

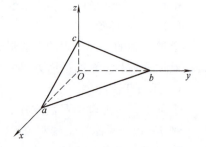

图 7-23

称该方程为**平面的截距式方程**(如图 7-23 所示),其中 a,b,c 分别为平面在 x,y,z 轴上的截距.

例 7-20 已知平面通过点 $(-1,0,-3)$,且在三个坐标轴上的截距之比为 $a:b:c=1:2:3$,求此平面的方程.

解 因为平面在三个坐标轴上的截距之比为 $a:b:c=1:2:3$,所以设 $a=k, b=2k, c=3k$,又因为平面通过点 $(-1,0,-3)$,所以由平面方程的截距式可得
$$\frac{-1}{k}+\frac{0}{2k}+\frac{-3}{3k}=1$$

解得 $$k=-2$$

所以 $$a=-2, b=-4, c=-6$$

从而,所求的平面的方程为
$$\frac{x}{-2}+\frac{y}{-4}+\frac{z}{-6}=1$$

4. 点到平面的距离

点 $P(x_1,y_1,z_1)$ 到平面 $Ax+By+Cz+D=0$ 的距离为

$$d=\frac{|Ax_1+By_1+Cz_1+D|}{\sqrt{A^2+B^2+C^2}} \qquad (7-19)$$

例 7-21 求与平面 $\Pi:x+2y+2z=0$ 平行且与点 $P(1,2,1)$ 的距离为 1 的平面方程.

解 因为所求平面与平面 Π 平行,故设所求平面为 $x+2y+2z+D=0$. 又因为所求平面与点 $P(1,2,1)$ 的距离为 1,即

$$1=\frac{|1\times 1+2\times 2+2\times 1+D|}{\sqrt{1^2+2^2+2^2}}$$

解得 $D=-4$ 或 $D=-10$

故所求平面为

$$x+2y+2z-4=0 \quad \text{或} \quad x+2y+2z-10=0$$

习 题 7-3

1. 求下列平面方程:
(1) 过三点 $A(2,-1,4),B(-1,3,-2),C(0,2,3)$ 的平面方程.
(2) 求过点 $A(1,4,5)$ 且法向量 $\boldsymbol{n}=\{7,1,4\}$ 的平面方程.
(3) 平面平行于 x 轴且经过两点 $(4,0,-2)$ 和 $(5,1,7)$.
(4) 平面经过点 $(1,0,-1)$ 且平行于向量 $\boldsymbol{a}=\{2,1,1\}$ 和 $\boldsymbol{b}=\{1,-1,0\}$.

2. 指出下列各平面方程的位置特征:
(1) $2x-y-3z=0$;(2) $2x-3=0$;(3) $2x-3y-6=0$;(4) $2x-y-3z-1=0$.

3. 求点 $(5,0,1)$ 到平面 $2x-\sqrt{5}y-4z-1=0$ 的距离.

4. 求两平行平面 $\Pi_1:x+2y-2z+2=0$ 和 $\Pi_2:x+2y-2z+8=0$ 间的距离.

7.4 空间直线

1. 空间直线方程的一般方程

空间直线可以看作两个不平行的平面的交线,所以,把两个平面方程联立起来

$$\begin{cases} A_1x+B_1y+C_1z+D_1=0 \\ A_2x+B_2y+C_2z+D_2=0 \end{cases} \qquad (7-20)$$

就表示一条空间直线,式 (7-20) 称为**空间直线的一般方程**.

由于通过一条直线的平面有无穷多个,只要在这些平面中任取两个联立起来便是直线的方程. 因此,空间直线的方程不是唯一的.

2. 空间直线的点向式方程

一个非零向量平行于已知直线,则称此向量为该直线的方向向量.

已知一定点 $M_0(x_0,y_0,z_0)$ 及向量 $\boldsymbol{s}=\{m,n,p\}$,求过点 M_0 且与 $\boldsymbol{s}$ 平行的直线方程.

设 $M(x,y,z)$ 是所求直线上的任意一点,则 $\overrightarrow{M_0M}\parallel \boldsymbol{s}$,如图 7-24 所示,故两向量的对应

坐标成比例,即

$$\boxed{\frac{x-x_0}{m}=\frac{y-y_0}{n}=\frac{z-z_0}{p}} \quad (7-21)$$

式(7-21)称为**空间直线的点向式方程**,也称标准式方程,或对称式方程.

需要说明的是:

(1)当 m,n,p 中有一个为零时,例如,当 $m=0$ 时,方程应理解为

$$\begin{cases}\dfrac{y-y_0}{n}=\dfrac{z-z_0}{p}\\x-x_0=0\end{cases}$$

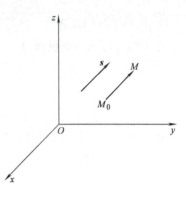

图 7-24

(2)当 m,n,p 中有两个为零时,例如,当 $m=0,n=0$ 时,方程应理解为

$$\begin{cases}x-x_0=0\\y-y_0=0\end{cases}$$

3. 空间直线的参数方程

设 $\dfrac{x-x_0}{m}=\dfrac{y-y_0}{n}=\dfrac{z-z_0}{p}=t$,则得到 $x-x_0=mt, y-y_0=nt, z-z_0=pt$,即

$$\begin{cases}x=x_0+mt\\y=y_0+nt\\z=z_0+pt\end{cases} \quad (7-22)$$

式(7-22)称为**空间直线的参数方程**,其中 t 为参数.

例 7-22 求过点 $M_0(2,3,4)$ 且与直线 $l:\dfrac{x-1}{1}=\dfrac{y-2}{2}=\dfrac{z-3}{3}$ 平行的直线方程.

解 所求直线与已知直线 l 平行,所以它们的方向向量相同.又直线 l 的方向向量为 $\{1,2,3\}$,因此,所求直线的点向式方程为

$$\frac{x-2}{1}=\frac{y-3}{2}=\frac{z-4}{3}$$

例 7-23 求过两点 $A(1,0,0), B(3,2,3)$ 的直线的点向式方程.

解 所求直线方向向量为

$$\vec{s}=\overrightarrow{AB}=\{3-1,2-0,3-0\}=\{2,2,3\}$$

故所求直线的方程为

$$\frac{x-1}{2}=\frac{y}{2}=\frac{z}{3}$$

例 7-24 求直线 $l:\begin{cases}-x+4y=0\\2y+z=1\end{cases}$ 的点向式方程.

解 在直线 l 上任找一点:令 $x=4$,代入直线 l 的方程,求得 $y=1, z=-1$,而直线 l 的方向向量为

$$s = \begin{vmatrix} \boldsymbol{i} & \boldsymbol{j} & \boldsymbol{k} \\ -1 & 4 & 0 \\ 0 & 2 & 1 \end{vmatrix} = 4\boldsymbol{i} + \boldsymbol{j} - 2\boldsymbol{k} = \{4,1,-2\}$$

故所求直线方程为

$$\frac{x-4}{4} = \frac{y-1}{1} = \frac{z+1}{-2}$$

习 题 7-4

1. 方程组 $\begin{cases} x^2 + y^2 = 1 \\ 2x + 3y + 3z = 6 \end{cases}$ 表示怎样的曲线.

2. 求过点 $M(5,-4,7)$ 且与直线 $l: \dfrac{x+1}{3} = \dfrac{y-5}{-2} = \dfrac{z}{1}$ 平行的直线方程.

3. 求点 $M(5,2,-1)$ 在平面 $2x - y + 3z + 23 = 0$ 上的投影.

7.5 提示与提高

1. 直线与平面的位置关系

直线与平面的位置关系可转化为直线的方向向量与平面的法向量之间的关系(见表 7-2).

表 7-2

	平 行	垂 直	夹 角
两直线 $\dfrac{x-x_1}{m_1} = \dfrac{y-y_1}{n_1} = \dfrac{z-z_1}{p_1}$ $\dfrac{x-x_2}{m_2} = \dfrac{y-y_2}{n_2} = \dfrac{z-z_2}{p_2}$	$\dfrac{m_1}{m_2} = \dfrac{n_1}{n_2} = \dfrac{p_1}{p_2}$	$m_1 m_2 + n_1 n_2 + p_1 p_2 = 0$	$\cos\theta = \dfrac{\|m_1 m_2 + n_1 n_2 + p_1 p_2\|}{\sqrt{m_1^2 + n_1^2 + p_1^2}\sqrt{m_2^2 + n_2^2 + p_2^2}}$
两平面 $A_1 x + B_1 y + C_1 z + D_1 = 0$ $A_2 x + B_2 y + C_2 z + D_2 = 0$	$\dfrac{A_1}{A_2} = \dfrac{B_1}{B_2} = \dfrac{C_1}{C_2}$	$A_1 A_2 + B_1 B_2 + C_1 C_2 = 0$	$\cos\theta = \dfrac{\|A_1 A_2 + B_1 B_2 + C_1 C_2\|}{\sqrt{A_1^2 + B_1^2 + C_1^2}\sqrt{A_2^2 + B_2^2 + C_2^2}}$
平面与直线 $Ax + By + Cz + D = 0$ $\dfrac{x-x_0}{m} = \dfrac{y-y_0}{n} = \dfrac{z-z_0}{p}$	$Am + Bn + Cp = 0$	$\dfrac{A}{m} = \dfrac{B}{n} = \dfrac{C}{p}$	$\sin\theta = \dfrac{\|mA + nB + pC\|}{\sqrt{A^2 + B^2 + C^2}\sqrt{m^2 + n^2 + p^2}}$

例 7-25 求直线 $\dfrac{x-1}{-1} = \dfrac{y+2}{\sqrt{2}} = \dfrac{z-3}{1}$ 与平面 $x + \sqrt{2}y + z = 1$ 的夹角 θ.

解 直线的方向向量 $s = \{-1, \sqrt{2}, 1\}$，平面的法向量 $n = \{1, \sqrt{2}, 1\}$，则

$$\sin\theta = \frac{|(-1) \times 1 + \sqrt{2} \times \sqrt{2} + 1 \times 1|}{\sqrt{(-1)^2 + (\sqrt{2})^2 + 1^2} \times \sqrt{(1)^2 + (\sqrt{2})^2 + 1^2}} = \frac{1}{2}$$

所以

$$\theta = \frac{\pi}{6}$$

例 7-26 一直线过点 $(1,1,0)$，并与直线 $l: \dfrac{x-1}{2} = \dfrac{y-2}{1} = \dfrac{z-5}{4}$ 垂直相交，求此直线的

方程.

解 设所求直线与已知直线 l 的交点为 (x_0, y_0, z_0)，则它的一个方向向量为
$$s = \{x_0 - 1, y_0 - 1, z_0\}$$
由于两条直线垂直，故
$$2(x_0 - 1) + (y_0 - 1) + 4z_0 = 0 \tag{1}$$
又因为直线 $l: \dfrac{x-1}{2} = \dfrac{y-2}{1} = \dfrac{z-5}{4}$ 的参数方程为
$$\begin{cases} x = 2t + 1 \\ y = t + 2 \\ z = 4t + 5 \end{cases}$$
点 (x_0, y_0, z_0) 在直线 l 上，所以有
$$\begin{cases} x_0 = 2t + 1 \\ y_0 = t + 2 \\ z_0 = 4t + 5 \end{cases} \tag{2}$$
将式(2)代入式(1)得
$$2(2t + 1 - 1) + (t + 2 - 1) + 4(4t + 5) = 0$$
解得
$$t = -1$$
于是
$$x_0 = -1, \quad y_0 = 1, \quad z_0 = 1$$
故
$$s = \{x_0 - 1, y_0 - 1, z_0\} = \{-2, 0, 1\}$$
因此所求直线为
$$l: \dfrac{x-1}{-2} = \dfrac{y-1}{0} = \dfrac{z}{1} \quad \text{即} \quad \begin{cases} \dfrac{x-1}{-2} = \dfrac{z}{1} \\ y - 1 = 0 \end{cases}$$

2. 平面束与平面束方程

通过一条直线的平面有无穷多个，称过一直线的平面族为平面束. 过两个平面 $A_1x + B_1y + C_1z + D_1 = 0$ 和 $A_2x + B_2y + C_2z + D_2 = 0$ 的交线的平面束方程为
$$(A_1x + B_1y + C_1z + D_1) + \lambda(A_2x + B_2y + C_2z + D_2) = 0$$

例 7-27 求直线 $l_1: \begin{cases} x + y + z + 1 = 0 \\ -x + y = 0 \end{cases}$ 与直线 $l_2: \dfrac{x-1}{3} = \dfrac{y}{2} = z + 1$ 的距离.

解 求两空间直线的距离，应先求过一条直线且与另一直线平行的平面，再用点到平面的距离公式求出. 因为过直线 l_1 的平面束方程为
$$x + y + z + 1 + \lambda(-x + y) = 0$$
即
$$(1-\lambda)x + (\lambda+1)y + z + 1 = 0 \tag{3}$$
要使方程(3)表示的平面与直线 l_2 平行，则
$$3(1-\lambda) + 2(\lambda+1) + 1 = 0$$
解得
$$\lambda = 6$$
所以平面为
$$-5x + 7y + z + 1 = 0$$
由于点 $(1, 0, -1)$ 在直线 l_2 上，所以

$$d=\frac{|(-5)\times 1+7\times 0+1\times(-1)+1|}{\sqrt{(-5)^2+7^2+1^2}}=\frac{5}{\sqrt{75}}=\frac{1}{\sqrt{3}}$$

3. 一解多题

例 7-28 求过已知直线 $l:\begin{cases}x-z=1\\y-2z+1=0\end{cases}$ 且与平面 $\Pi:z=1$ 垂直的平面方程.

解法 1 利用平面方程的点向式. 如图 7-25 所示,直线 l 的方向向量为

$$s=\begin{vmatrix}i & j & k\\1 & 0 & -1\\0 & 1 & -2\end{vmatrix}=i+2j+k$$

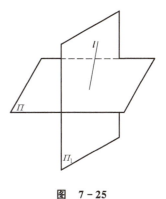

图 7-25

又平面 Π 的法向量 $n=\{0,0,1\}$,所以所求平面 Π_1 的法向量为

$$n_1=s\times n=\begin{vmatrix}i & j & k\\1 & 2 & 1\\0 & 0 & 1\end{vmatrix}=2i-j$$

再在直线 l 上任找一点:令 $x=0$,代入直线 l 的方程,求得 $y=-3,z=-1$,得点 $(0,-3,-1)$,此点必在所求平面 Π_1 上,故所求平面方程为

$$2(x-0)-(y+3)=0 \quad 即 \quad 2x-y-3=0$$

解法 2 所求平面方程为

$$(x-z-1)+\lambda(y-2z+1)=0 \tag{4}$$

即

$$x+\lambda y-(1+2\lambda)z-1+\lambda=0$$

又因为所求平面与平面 $\Pi:z=1$ 垂直,故

$$1\times 0+\lambda\times 0-(1+2\lambda)=0$$

解得

$$\lambda=-\frac{1}{2}$$

将此式代入式(4),得所求平面方程为

$$2x-y-3=0$$

4. 同一个方程在空间解析几何和平面解析几何中表示不同的几何图形

例如,方程 $2x-y+3=0$ 在平面解析几何中表示一条直线,而在空间解析几何中表示一个母线平行于 z 轴的柱面(平面).

5. 向量数量积和向量积坐标表达式的推导

设 $a=a_x i+a_y j+a_z k, b=b_x i+b_y j+b_z k$,

(1) 因为

$$i\cdot i=j\cdot j=k\cdot k=1$$
$$i\cdot j=j\cdot k=i\cdot k=0$$

所以 $a\cdot b=(a_x i+a_y j+a_z k)\cdot(b_x i+b_y j+b_z k)$

$$=a_x b_x i\cdot i+a_x b_y i\cdot j+a_x b_z i\cdot k+a_y b_x j\cdot i+a_y b_y j\cdot j+a_y b_z j\cdot k+$$

$$a_z b_x \mathbf{k} \cdot \mathbf{i} + a_z b_y \mathbf{k} \cdot \mathbf{j} + a_z b_z \mathbf{k} \cdot \mathbf{k}$$
$$= a_x b_x + a_y b_y + a_z b_z$$

(2)因为
$$\mathbf{i} \times \mathbf{i} = \mathbf{j} \times \mathbf{j} = \mathbf{k} \times \mathbf{k} = \mathbf{0}$$
$$\mathbf{i} \times \mathbf{j} = \mathbf{k}, \mathbf{j} \times \mathbf{k} = \mathbf{i}, \mathbf{k} \times \mathbf{i} = \mathbf{j}$$
$$\mathbf{j} \times \mathbf{i} = -\mathbf{k}, \mathbf{k} \times \mathbf{j} = -\mathbf{i}, \mathbf{i} \times \mathbf{k} = -\mathbf{j}$$

所以 $\mathbf{a} \times \mathbf{b} = (a_x \mathbf{i} + a_y \mathbf{j} + a_z \mathbf{k}) \times (b_x \mathbf{i} + b_y \mathbf{j} + b_z \mathbf{k})$
$$= a_x b_x \mathbf{i} \times \mathbf{i} + a_x b_y \mathbf{i} \times \mathbf{j} + a_x b_z \mathbf{i} \times \mathbf{k} + a_y b_x \mathbf{j} \times \mathbf{i} + a_y b_y \mathbf{j} \times \mathbf{j} + a_y b_z \mathbf{j} \times \mathbf{k} +$$
$$a_z b_x \mathbf{k} \times \mathbf{i} + a_z b_y \mathbf{k} \times \mathbf{j} + a_z b_z \mathbf{k} \times \mathbf{k}$$
$$= (a_y b_z - a_z b_y)\mathbf{i} + (a_z b_x - a_x b_z)\mathbf{j} + (a_x b_y - a_y b_x)\mathbf{k}$$

6. 几种常见的二次曲面

(1)球面方程.

下面建立以点 $M(x_0, y_0, z_0)$ 为球心,半径为 R 的球面(如图 7-26 所示)方程.

因为球面上的任意一动点到球心的距离都等于球的半径 R,因此,若设 $P(x,y,z)$ 为球面上的任意一动点,则 $|PM|=R$. 由两点间的距离公式可得

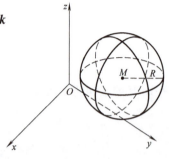

图 7-26

$$\sqrt{(x-x_0)^2 + (y-y_0)^2 + (z-z_0)^2} = R$$

即
$$(x-x_0)^2 + (y-y_0)^2 + (z-z_0)^2 = R^2 \qquad (7-23)$$

式(7-23)即为所求的球面方程的标准形式.

特别地,球心在原点,半径为 R 的球面方程为
$$x^2 + y^2 + z^2 = R^2$$

将球面方程的标准形式稍作整理,就可变成球面方程的一般形式,即
$$x^2 + y^2 + z^2 + Dx + Ey + Fz + G = 0 \qquad (7-24)$$

例 7-29 方程 $2x^2 + 2y^2 + 2z^2 + 2x - 2y - 1 = 0$ 表示怎样的曲面?

解 方程变为 $x^2 + y^2 + z^2 + x - y = \dfrac{1}{2}$

配方得
$$\left(x + \frac{1}{2}\right)^2 + \left(y - \frac{1}{2}\right)^2 + z^2 = 1$$

所以,原方程表示球心在 $\left(-\dfrac{1}{2}, \dfrac{1}{2}, 0\right)$,半径为 1 的球面.

(2)旋转曲面.

一条平面曲线 L 绕着平面上的一条固定直线旋转一周所形成的曲面叫作**旋转曲面**. 定直线叫作**旋转轴**,曲线 L 叫作旋转曲面的**母线**.

设有 Oyz 平面上的一条曲线 L,其方程为 $f(y,z)=0$,下面建立曲线绕 z 轴旋转一周所形成的曲面的方程.

设 $M(x,y,z)$ 为该曲面上的任意一个点,它可以看成是曲线 L 上的点 $M_1(0, y_1, z_1)$ 绕 z 轴旋转而成. 显然,$z=z_1$,点 M 到 z 轴的距离等于点 M_1 到 z 轴的距离(如图 7-27 所示),

即
$$\sqrt{x^2+y^2} = |y_1|$$
从而,点 M 与点 M_1 的坐标间有如下关系
$$y_1 = \pm\sqrt{x^2+y^2}, z_1 = z$$
又因为点 $M_1(0,y_1,z_1)$ 在曲线 L 上,必满足曲线的方程,所以
$$f(y_1, z_1) = 0$$
即
$$\boxed{f(\pm\sqrt{x^2+y^2}, z) = 0} \quad (7-25)$$
同理,曲线绕 y 轴旋转一周所形成的曲面的方程为
$$\boxed{f(y, \pm\sqrt{x^2+z^2}) = 0} \quad (7-26)$$

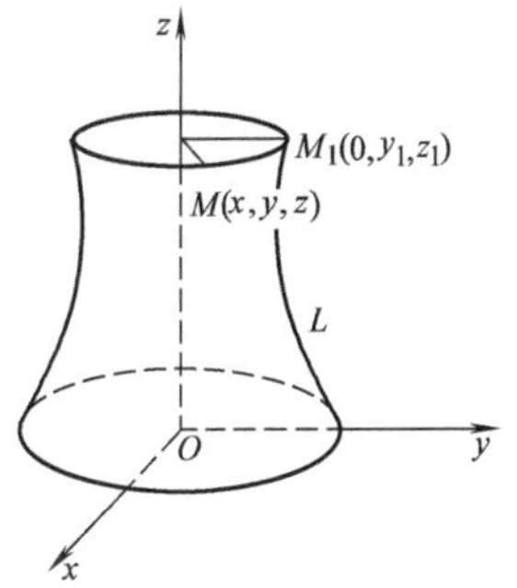

图 7-27

可以看出,平面曲线绕哪个坐标轴旋转,方程中对应于此轴的变量保持不变,而把另外一个变量变成 x,y,z 中其余两个变量的平方和再开方.

例 7-30 求直线 $z = kx$ (k 为常数)绕 z 轴旋转所生成的旋转曲面方程.

解 直线绕 z 轴旋转,方程中 z 不变,将 x 换成 $\pm\sqrt{x^2+y^2}$,故所求方程为
$$z = \pm k\sqrt{x^2+y^2}$$
此曲面称为圆锥面(如图 7-28 所示).

类似地,双曲线 $\dfrac{x^2}{a^2} - \dfrac{z^2}{b^2} = 1$ 分别绕 z 轴和绕 x 轴旋转而形成的曲面方程为 $\dfrac{x^2+y^2}{a^2} - \dfrac{z^2}{b^2} = 1$ 和 $\dfrac{x^2}{a^2} - \dfrac{y^2+z^2}{b^2} = 1$,这两种曲面都称为旋转双曲面,也可称为单叶双曲面和双叶双曲面(如图 7-29a、b 所示);抛物线 $z = y^2$ 绕 z 轴旋转而形成的曲面方程为 $z = x^2 + y^2$(如图 7-30 所示),这种曲面称为旋转抛物面.

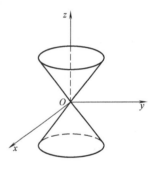

图 7-28

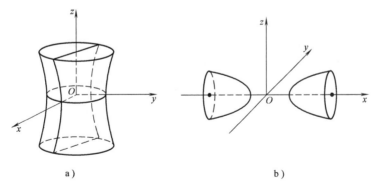

a)　　　　　　　　　b)

图 7-29

例 7-31 曲面 $3x^2 - 4y^2 - 4z^2 = 12$ 是由哪条曲线旋转而成的?

解 由于方程 $3x^2 - 4y^2 - 4z^2 = 12$ 中 y^2, z^2 项的系数相同,故曲面可写为
$$3x^2 - 4(\pm\sqrt{y^2+z^2})^2 = 12$$
所以,曲面是由 Oxy 面的双曲线 $3x^2 - 4y^2 = 12$(或 Oxz 面的双曲线 $3x^2 - 4z^2 = 12$)绕 x 轴

旋转而成的旋转双曲面.

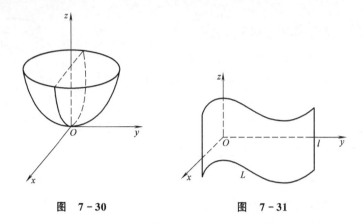

图 7-30　　　　　　　图 7-31

(3)柱面.

一直线 l 沿一已知平面曲线 L(l 和 L 不在同一平面上)平行移动所形成的曲面称为**柱面**(如图 7-31 所示).曲线 L 称为柱面的**准线**,动直线 l 称为柱面的**母线**.

下面只研究母线平行于坐标轴的柱面方程.

设柱面的准线是 Oxy 面上的曲线 $C:F(x,y)=0$,柱面的母线平行于 z 轴,在柱面上任取一点 $M(x,y,z)$,过点 M 作平行于 z 轴的直线,交曲线 C 于点 $M_1(x,y,0)$(如图 7-32 所示),故点 M_1 的坐标满足方程 $F(x,y)=0$.因为方程中不含变量 z,而点 M_1 和点 M 有相同的横坐标和纵坐标,所以点 M 的坐标也满足此方程,因此,方程 $F(x,y)=0$ 就是母线平行于 z 轴的柱面的方程.

可以看出,母线平行于 z 轴的柱面的方程中不含有变量 z.同理,仅含有 x,z 的方程 $F(x,z)=0$ 与仅含有 y,z 的方程 $F(y,z)=0$,分别表示母线平行于 y 轴和 x 轴的柱面.例如,$x^2+y^2=1$ 表示准线为 Oxy 面上的圆,母线平行于 z 轴的圆柱面,如图 7-33 所示;$4z=x^2$ 表示准线为 Oxz 面上的抛物线,母线平行于 y 轴的抛物柱面,如图 7-34 所示;$\dfrac{x^2}{a^2}-\dfrac{y^2}{b^2}=1$ 表示准线为 Oxy 面上的双曲线,母线平行于 z 轴的双曲柱面,如图 7-35 所示;$z=y^2$ 表示准线为 Oyz 面上的抛物线,母线平行于 x 轴的抛物柱面,如图 7-36 所示;$x+y=1$ 表示准线为 Oxy 面上的直线,母线平行于 z 轴的平面,如图 7-37 所示.

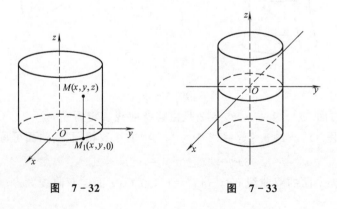

图 7-32　　　　　　　图 7-33

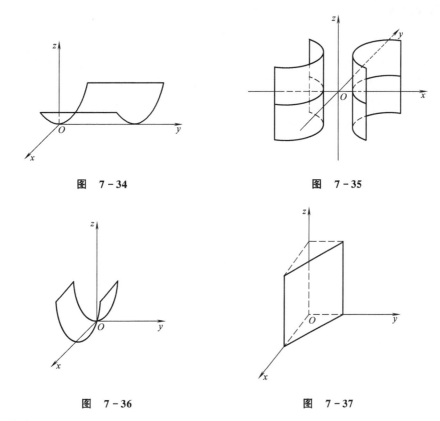

图 7-34　　　　　　　　　　图 7-35

图 7-36　　　　　　　　　　图 7-37

(4) 椭球面.

由方程 $\dfrac{x^2}{a^2}+\dfrac{y^2}{b^2}+\dfrac{z^2}{c^2}=1$ 所确定的曲面称为椭球面,如图 7-38 所示.

(5) 双曲抛物面(马鞍面).

由方程 $\dfrac{y^2}{p}-\dfrac{x^2}{q}=2z$ $(p,q>0)$ 所确定的曲面称为双曲抛物面,如图 7-39 所示.

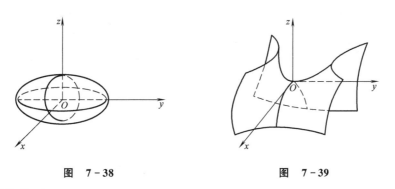

图 7-38　　　　　　　　　　图 7-39

(6) 椭圆抛物面.

由方程 $\dfrac{x^2}{2p}+\dfrac{y^2}{2q}=z$ $(p,q$ 同号$)$ 所确定的曲面称为椭圆抛物面,如图 7-40 所示.

当 $p=q$ 时,得 $x^2+y^2=2pz$,可以看成是由 Oxz 平面上的抛物线 $x^2=2pz$ 绕 z 轴旋转

而成的旋转抛物面.

7. 截痕法

一般说来，空间曲面的形状已难以用描点法得到．对此，我们用坐标面或平行于坐标面的平面截所讨论的曲面，所截的截痕都是平面曲线，把所截得的一系列曲线的形状综合起来加以分析，便可得出所讨论的曲面的形状，这种方法叫作截痕法．

下面用截痕法讨论椭圆抛物面.

(1) 用平行于 Oxz 面的平面 $y=k$ 截椭圆抛物面，其截痕

$$\begin{cases} \dfrac{x^2}{2p}+\dfrac{y^2}{2q}=z \\ y=k \end{cases}$$

为平面 $y=k$ 上的抛物线 $x^2=2pz+m$（其中 $m=-\dfrac{pk^2}{q}$），如图 7-40 所示.

(2) 用平行于 Oxy 面的平面 $z=k$ 截椭圆抛物面，其截痕

$$\begin{cases} \dfrac{x^2}{2p}+\dfrac{y^2}{2q}=z \\ z=k \end{cases}$$

为平面 $z=k$ 上的椭圆 $\dfrac{x^2}{2p}+\dfrac{y^2}{2q}=k$，如图 7-41 所示.

(3) 用平行于 Oyz 面的平面 $x=k$ 截椭圆抛物面，其截痕

$$\begin{cases} \dfrac{x^2}{2p}+\dfrac{y^2}{2q}=z \\ x=k \end{cases}$$

为平面 $x=k$ 上的抛物线 $y^2=2qz+m$（其中 $m=-\dfrac{qk^2}{p}$），如图 7-42 所示.

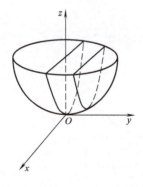

图 7-40

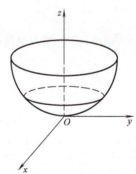

图 7-41

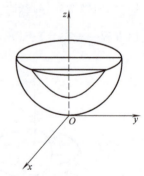

图 7-42

例 7-32 画出下列各曲面所围成立体的图形：

(1) $x^2+y^2+z^2=a^2$ 与 $x^2+y^2=ay$（$z>0$）；

(2) $z=\sqrt{R^2-x^2-y^2}$ 与 $z=\sqrt{x^2+y^2}$.

解 (1) 当 $z>0$ 时，$x^2+y^2+z^2=a^2$ 表示半球面；$x^2+y^2=ay$，即 $x^2+\left(y-\dfrac{a}{2}\right)^2=$

$\left(\dfrac{a}{2}\right)^2$ 表示母线平行于 z 轴的圆柱面,故两曲面所围成立体的图形如图 7-43 所示.

(2)$z=\sqrt{R^2-x^2-y^2}$ 表示半球面,$z=\sqrt{x^2+y^2}$ 表示圆锥面,故两曲面所围成立体的图形如图 7-44 所示.

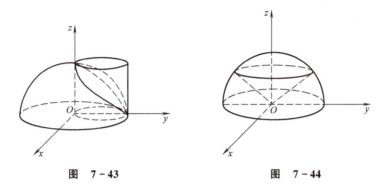

图 7-43   图 7-44

8. 空间曲线的方程

(1)空间曲线的一般方程.

空间曲线可以看作两个曲面的交线,如图 7-45 所示,所以,把两个曲面方程 $F_1(x,y,z)=0$ 和 $F_2(x,y,z)=0$ 联立起来

$$\begin{cases} F_1(x,y,z)=0 \\ F_2(x,y,z)=0 \end{cases} \tag{7-27}$$

就表示一条空间曲线,式(7-27)称为**空间曲线的一般方程**.

例如,方程 $\begin{cases} z=2x^2+y^2 \\ x+y+z=1 \end{cases}$ 表示的曲线是椭圆抛物面 $z=2x^2+y^2$ 被平面 $x+y+z=1$ 截出的椭圆,如图 7-46 所示.

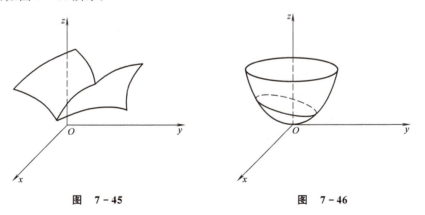

图 7-45   图 7-46

(2)空间曲线的参数方程.

把空间曲线上动点的坐标 x,y,z 都表示为另一个变量 t 的函数,即

$$\begin{cases} x = x(t) \\ y = y(t) \\ z = z(t) \end{cases} \tag{7-28}$$

式(7-28)称为**空间曲线的参数方程**.

例 7-33 化曲线的一般方程 $\begin{cases} x^2+(y-2)^2+z^2=2 \\ x=1 \end{cases}$ 为参数方程.

解 将 $x=1$ 代入方程 $x^2+(y-2)^2+z^2=2$ 中得
$$(y-2)^2 + z^2 = 1$$

令 $y=2+\cos t$,可以解得 $z=\sin t$,

从而所求曲线的参数方程为 $\begin{cases} x=1 \\ y=2+\cos t \\ z=\sin t \end{cases}$

数学文摘

建筑中的数学美

数学在生活中应用广泛,因而显得平常,建筑在日常生活中随处可见,也就不足为奇.但是如果建筑和数学结合起来,那成果肯定会让你叹为观止.在现实世界中,空间的对称性,广泛地存在于客观事物之中,既有轴对称、中心对称、平面对称等,又有周期、节奏和旋律的时间对称,还有与时空坐标无关的更为复杂的对称.数学的对称美,实质上是自然物的和谐性在量和量的关系上最直观的表现.古今中外,世界上为人们所熟知的伟大建筑中,无不体现着数学美.

古埃及时期的胡夫金字塔,高约 146 米,占地面积约为 5 万平方米,塔底周长 920 米,如果把塔底周长除以 2 倍的塔高那就接近于圆周率.建造者们从几何学选取元素,将一块块巨型石块一层一层叠置起来,全塔由 230 万块巨石堆砌,平均每块石头的重量在 2~30 吨之间,最重的甚至超过了 100 吨,不仅是现存最高的金字塔,也是四千多年前世界上最高的建筑,堪称奇迹.延伸胡夫大金字塔底面正方形的纵平分线至无穷则为地球的子午线;穿过胡夫大金字塔的子午线,正好把地球上的陆地和海洋分成均匀的两半,而且塔的重心正好坐落在各大陆引力的中心.把正方形的塔底的两条对角线延长,正好可以把尼罗河三角洲夹在里面.在胡夫大金字塔中,最神秘的还是塔中的墓室,它的长、宽、高之比恰好是 3∶4∶5,体现了勾股定理的数值.

随着新建筑材料的发现,建筑师们能够设计出实质为任何形状的建筑物.比如,双曲抛物体形式的建筑物(旧金山圣玛丽大教堂)、抛物线型的机棚、模仿游牧部落帐篷的立体组合结构、北京奥林匹克运动会的主场馆鸟巢、水立方等.

广州电视塔(小蛮腰)的外形是典型的单页双曲面.单页双曲面的每条母线都是直线,通俗来说,虽然看上去广州塔外边是光滑的曲线,中间细两头宽,但是事实上每一根柱子自下而上都是直的,所以广州塔是一堆笔直的柱子斜着搭起来的!

摘编自百度文库

习 题 7-5

1. 求平面 $\Pi_1: x+2y+z-3=0$ 与平面 $\Pi_2: 4x-4y+4z-1=0$ 的夹角.

2. 求直线 $\dfrac{x-2}{3}=\dfrac{y+3}{-1}=\dfrac{z-4}{2}$ 与平面 $3x-y+2z=4$ 的夹角.

3. 求过两点 $A(1,2,3), B(1,1,2)$ 且与直线 $\begin{cases} \dfrac{x-1}{1}=\dfrac{y+1}{2} \\ z=3 \end{cases}$ 平行的平面方程.

4. 求过点 $A(1,1,1)$,且与直线 $l_1: x=\dfrac{y-1}{2}=\dfrac{z-2}{-1}$ 垂直并与直线 $l_2: \dfrac{x+1}{-1}=y-1=\dfrac{z+1}{2}$ 相交的直线方程.

背景聚焦

数学之神——阿基米德

希腊数学家、力学家、静力学和流体静力学的奠基人阿基米德(Archimedes),约公元前 287 年出生于西西里岛的叙古拉,公元前 212 年卒于同地.

他早年在当时的文化中心亚历山大跟随欧几里得的学生学习,以后和亚历山大的学者保持紧密联系,因此算是亚历山大学派的成员.后人对阿基米德给予极高的评价,常把他和牛顿、欧拉、高斯并列为有史以来四个贡献最大的数学家.他的生平没有详细记载,但关于他的许多故事却广为流传.

据说他确立了力学的杠杆定律之后,曾发出豪言壮语:"给我一个立足点,我就可以移动这个地球!"叙拉古的玄厄洛王叫金匠造一顶纯金的皇冠,因怀疑里面掺有银子,便请阿基米德鉴定一下.当他进入浴盆洗澡时,水漫溢到盆外,于是悟得不同材料的物体,虽然重量相同,但因体积不同,排出的水也必不相等.根据这一道理,就可以判断皇冠是否掺假.阿基米德高兴得跳起来,赤身奔回家中,口中大呼:"尤里卡!尤里卡!"(希腊语意思是"我找到了")他将这一流体静力学的基本原理,即物体在液体中减轻的重量,等于排出液体的重量,总结在他的名著《论浮体》中,后来以"阿基米德原理"著称于世.

第二次布匿战争时期,罗马大军围攻叙拉古,阿基米德献出自己的一切聪明才智为祖国效劳.传说他用起重机抓起敌人的船只,摔得粉碎;发明奇妙的机器,射出大石、火球.还有一些书记载他用巨大的火镜反射日光去焚毁敌船,这大概是夸张的说法.总之,他曾竭尽心力,给敌人以沉重打击.最后叙拉古因粮食耗尽及奸细的出卖而陷落,阿基米德不幸死在罗马士兵之手.

流传下来的阿基米德的著作,主要有下列几种.《论球与圆柱》,这是他的得意杰作,包括许多重大的成就.他从几个定义和公理出发,推出关于球与圆柱的面积、体积等 50 多个命题.《平面图形的平衡及其重心》,从几个基本假设出发,用严格的几何方法论证力学的原理,求出若干平面图形的重心.《数沙者》,设计一种可以表示任何大数目的方法,纠正有的人认为沙子是不可数的,即使可数也无法用算术符号表示的错误看法.《论浮体》,讨论物体的浮力,研究了旋转抛物体在流体中的稳定性.阿基米德还提出过一个"群牛问题",含有八个未知数,最后归结为一个二次不定方程.其解的数字大得惊人,共有二十多万位!

阿基米德当时是否已解出来颇值得怀疑.除此以外,还有一篇非常重要的著作,是一封给埃拉托斯特尼的信,内容是探讨解决力学问题的方法.这是1906年丹麦语言学家J. L. 海贝格在土耳其伊斯坦布尔发现的一卷羊皮纸手稿,原先写有希腊文,后来被擦去,重新写上宗教的文字.幸好原先的字迹没有擦干净,经过仔细辨认,证实是阿基米德的著作.其中有在别处看到的内容,也包括过去一直认为是遗失了的内容,后来以《阿基米德方法》为名刊行于世.它主要讲根据力学原理去发现问题的方法.他把一块面积或体积看成是有重量的东西,分成许多非常小的长条或薄片,然后用已知面积或体积去平衡这些"元素",找到了重心和支点,所求的面积或体积就可以用杠杆定律计算出来.他把这种方法看作是严格证明前的一种试探性工作,得到结果以后,还要用归谬法去证明它.他用这种方法取得了大量辉煌的成果.阿基米德的方法已经具有近代积分论的思想,然而他没有说明这种"元素"是有限多还是无限多,也没有摆脱对几何的依赖,更没有使用极限方法.尽管如此,他的思想是具有划时代意义的,无愧为近代积分学的先驱.

没有一个古代的科学家,像阿基米德那样将熟练的计算技巧和严格证明融为一体,将抽象的理论和工程技术的具体应用紧密结合起来.

复习题 7

[A]

1. 填空题.

(1) 在空间直角坐标系中,点 $M(1,-3,2)$ 关于 x 轴的对称点为_____.

(2) 设 $a=\{1,1,-4\}$, $b=\{2,0,-2\}$, 则 $a \cdot b=$_____, $a \times b=$_____.

(3) 设 $a=\{1,2,-1\}$, 则 a 与 Ox 轴正方向夹角方向余弦 $\cos\alpha=$_____.

(4) 向量 $a=\{m,5,-1\}$ 与向量 $b=\{3,1,n\}$ 平行,则 $m=$_____, $n=$_____.

(5) 已知向量 $a=\{3,2,-2\}$ 与向量 $b=\left\{1,\dfrac{5}{2},m\right\}$ 垂直,则 $m=$_____.

(6) 平面 $z=x+1$ 与_____轴平行.

(7) 过点 $A(1,2,3)$ 且与平面 $x+2y+3z+4=0$ 垂直的直线的点向式方程为_____.

(8) 过点 $(4,-5,3)$ 且在三个坐标轴上截距相等的平面方程为_____.

(9) 以点 $(1,3,-2)$ 为球心,半径为 2 的球面方程为_____.

(10) 曲线 $4x^2-9y^2=36$ 绕 x 轴旋转所得旋转曲面的方程为_____.

(11) 曲面 $z=x^2+y^2$ 及平面 $z=1$ 围成的立体在 Oxy 面上的投影为_____.

2. 选择题.

(1) 过点 $P(1,-2,3)$ 向 Oyz 面作垂线,则垂足的坐标是( ).

A. $(0,-2,3)$; B. $(1,0,3)$; C. $(1,-2,0)$; D. $(1,0,0)$.

(2) 柱面 $x^2+z=0$ 的母线平行于( ).

A. y 轴; B. x 轴; C. z 轴; D. Oxz 面.

(3) 曲面 $x^2+y^2+z^2=2$ 与 $x^2+y^2=z$ 的交线在 Oxy 面上的投影为( ).

A. 抛物线; B. 双曲线; C. 圆; D. 椭圆.

(4) 平面 $\Pi_1:x+2y-z+1=0$ 与平面 $\Pi_2:2x+y+4z+3=0$ 的关系为( ).

A. 平行但不重合； B. 垂直； C. 重合； D. 斜交.

(5) 点 $(1,1,1)$ 到平面 $2x+y+2z+5=0$ 的距离 $d=(\quad)$.

A. $\dfrac{10}{3}$； B. $\dfrac{3}{10}$； C. 3； D. 10.

(6) 过点 $A(2,3,4)$ 且与直线 $\dfrac{x-1}{1}=\dfrac{y-2}{2}=\dfrac{z-3}{3}$ 垂直的平面方程为（　　）.

A. $x+2y+3z-20=0$；
B. $x+2y+3z-6=0$；
C. $3x+2y+z+20=0$；
D. $x-2y+3z+12=0$.

3. 设 $|a|=10, b=3i-j+\sqrt{15}k$，且 $a\parallel b$，求 a.

4. 求平面 $2x+y-2z=5$ 与平面 $3x-6y-2z=7$ 的夹角.

5. 求直线 $l_1: \dfrac{x-1}{1}=\dfrac{y}{-4}=\dfrac{z+3}{1}$ 和直线 $l_2: \dfrac{x}{2}=\dfrac{y+2}{-2}=\dfrac{z}{-1}$ 的夹角.

6. 指出下列方程在平面解析几何和空间解析几何中分别表示什么图形？
(1) $x^2-y^2=2$； (2) $y=2-z^2$.

[B]

1. 填空题.
(1) 设 $a=\{2,-3,1\}, b=\{3,2,1\}$，则两向量夹角的余弦为 _____ .
(2) 与 y 轴及 $a=\{3,2,5\}$ 都垂直的单位向量为 _____ .
(3) 方程 $y^2-2x^2=z$ 所表示的曲面名称为 _____ .
(4) 设点 $A(0,1,2)$ 和 $B(-1,2,3)$，线段 AB 垂直平分面的方程为 _____ .
(5) 曲面 $3x^2-2y^2+3z^2=1$ 是由 Oxy 面上的曲线 _____ 旋转而成的.
(6) 与两直线 $\begin{cases}x=1\\y=-1+t\\z=2+t\end{cases}$ 和 $\dfrac{x+1}{1}=\dfrac{y+2}{2}=\dfrac{z-1}{1}$ 都平行且过原点的平面方程为 _____ .

2. 选择题.
(1) 若 $a\cdot b=0$，则（　　）.

A. a,b 至少有一个零向量；
B. a,b 都不是零向量；
C. a,b 未必是零向量；
D. a,b 至少有一个非零向量.

(2) 曲面的一部分如图 7-47 所示，则下面方程中能代表此曲面的是（　　）.

A. $z=2-y^2$；
B. $z=y^2$；
C. $z=y^2-x^2$；
D. $z=-\sqrt{x^2+y^2}$.

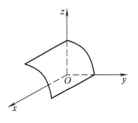

图 7-47

(3) 曲面 $z=2x^2+4y^2$ 称为（　　）.

A. 椭球面；
B. 圆锥面；
C. 旋转抛物面；
D. 椭圆抛物面.

(4) 直线 $\dfrac{x-1}{2}=\dfrac{y-2}{3}=\dfrac{z-3}{4}$ 与平面 $4x+6y+8z-7=0$（　　）.

A. 平行； B. 垂直； C. 既不平行也不垂直.

(5) 直线 $l_1: \dfrac{x+3}{5}=\dfrac{y+1}{2}=\dfrac{z-2}{4}$ 与直线 $l_2: \dfrac{x-8}{3}=\dfrac{y-1}{1}=\dfrac{z-6}{2}$（　　）.

A. 平行；
B. 垂直相交；
C. 相交但不垂直；
D. 异面.

3. $|a|=1,|b|=2$，且 $|a\times b|=2$，求 $a\cdot b$.

4. 求同时垂直于向量 $a=\{2,-3,1\}$ 和 $b=\{1,-2,3\}$ 且模等于 $\sqrt{75}$ 的向量 c.

5. 求过点 $M(3,1,2)$ 且通过直线 $\begin{cases} 2x-5y=23 \\ x-4=5z \end{cases}$ 的平面方程.

课 外 学 习 7

1. 在线学习

(1)十大建筑中的数学美(网页链接见对应配套电子课件).

(2)电影:笛卡尔.

2. 阅读与写作

阅读本章"背景聚焦:数学之神——阿基米德".

第8章 多元函数微积分

到目前为止,已研究了一元函数的微积分学.但是在自然科学和工程技术的问题中,经常会遇到不只依赖于一个,而是依赖于两个或更多个自变量的函数,即多元函数.本章主要研究二元函数的微积分学问题,即主要介绍二元函数的极限、连续等基本概念以及二元函数的微积分及其应用.学习时,注意其与一元函数相关概念的联系与区别.

8.1 多元函数的基本概念

8.1.1 多元函数

1. 多元函数定义

定义 1 设有三个变量 x,y 和 z,如果对于 x,y 在变化范围内的每一对数值,按照一定的法则,z 总有确定的值与之对应,则称 z 是 x,y 的**二元函数**,记作 $z=f(x,y)$.

类似地,三元函数记作 $u=f(x,y,z)$.二元和二元以上的函数统称为**多元函数**.

例如,圆柱体的体积 $V=\pi r^2 h$ 是二元函数;长方体的体积 $V=xyz$ 是三元函数.

2. 多元函数定义域

使函数有意义的自变量的全体,称为多元函数的定义域.

求二元函数的定义域与求一元函数的定义域类似,但二元函数的定义域一般为平面区域上的点集.

例 8-1 求 $z=\arcsin\dfrac{x}{2}+\arccos y$ 的定义域.

解 要使该函数有意义,应满足

$$\begin{cases} -1 \leqslant \dfrac{x}{2} \leqslant 1 \\ -1 \leqslant y \leqslant 1 \end{cases}$$

所以定义域为

$$\{(x,y) \mid -2 \leqslant x \leqslant 2, -1 \leqslant y \leqslant 1\}$$

它是矩形的内部(包括边界).

例 8-2 求 $z=\ln(y-x)+\dfrac{\sqrt{x}}{\sqrt{1-x^2-y^2}}$ 的定义域.

解 要使该函数有意义,应满足

$$\begin{cases} y-x>0 \\ x\geqslant 0 \\ 1-x^2-y^2>0 \end{cases}$$

所以定义域为

$$\{(x,y)\mid y>x, x\geqslant 0, x^2+y^2<1\}$$

它是圆 $x^2+y^2=1$（不包括边界）的内部、y 轴的右侧（包括 y 轴）、直线 $y=x$（不包括边界）的上侧的公共部分，如图 8-1 中阴影部分所示.

例 8-3 求 $z=\dfrac{1}{\sqrt{x+y}}+\dfrac{1}{\sqrt{x-y}}$ 的定义域.

解 要使该函数有意义，应满足

$$\begin{cases} x+y>0 \\ x-y>0 \end{cases}$$

所以定义域为

$$\{(x,y)\mid y>-x, y<x\}$$

它是直线 $x+y=0$（不包括边界）的上侧，$x-y=0$（不包括边界）的下侧的公共部分，如图 8-2 中阴影部分所示.

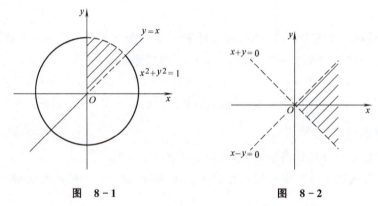

图 8-1　　　　　　　　　　图 8-2

包括全部边界的区域称为闭域，不包括边界的区域称为开域，部分包括边界的区域称为半开半闭区域. 称用封闭的边界围成的区域为有界区域，反之称为无界区域. 例如，例 8-1 中的函数定义域是有界区域，例 8-2 中的函数定义域是半开半闭的有界区域，例 8-3 中的函数定义域是无界区域.

3. 多元函数的函数值

求二元函数的函数值与一元函数函数值的求法类似.

例 8-4 设 $f(u,v)=u^v$，求 $f(2,1), f(xy, x+y)$.

解 $f(2,1)=2^1=2, f(xy, x+y)=(xy)^{x+y}$.

例 8-5 设 $f\left(x+y, \dfrac{y}{x}\right)=x^2-y^2$，求 $f(x,y)$.

解 令 $x+y=u, \dfrac{y}{x}=v$，推得 $x=\dfrac{u}{1+v}, y=\dfrac{uv}{1+v}$.

于是
$$f(u,v)=\left(\frac{u}{1+v}\right)^2-\left(\frac{uv}{1+v}\right)^2=\frac{u^2(1-v)}{1+v}$$

所以
$$f(x,y)=\frac{x^2(1-y)}{1+y}$$

4. 二元函数 $z=f(x,y)$ 的几何表示

二元函数 $z=f(x,y)$ 的几何意义一般为空间曲面,如图 8-3 所示.

例如:(1) $z=\sqrt{R^2-x^2-y^2}$ 表示以坐标原点为球心,半径为 R 的上半圆球面,如图 8-4 所示.

(2) $z=x^2+y^2$ 表示顶点在坐标原点,开口向上的旋转抛物面,如图 8-5 所示.

(3) $z=\sqrt{x^2+y^2}$ 表示顶点在坐标原点,开口向上的圆锥面,如图 8-6 所示.

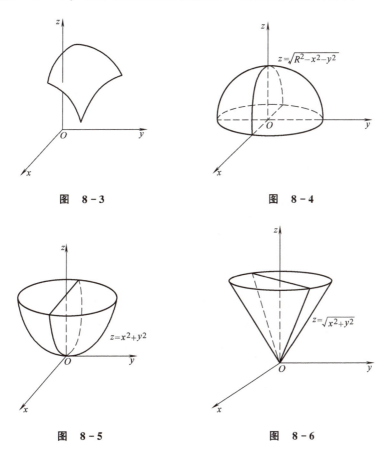

图 8-3   图 8-4

图 8-5   图 8-6

8.1.2 二元函数的极限与连续

1. 二元函数的极限

定义 2 设函数 $z=f(x,y)$ 在点 $P_0(x_0,y_0)$ 的某邻域有定义(P_0 可以除外),$P(x,y)$ 是异于 P_0 的任一点,如果当动点 $P(x,y)$ 以任何方式趋于 $P_0(x_0,y_0)$ 时,$f(x,y)$ 趋于一个确定的常数 A,则称当 (x,y) 趋于 (x_0,y_0) 时,函数 $f(x,y)$ 的极限为 A,记作 $\lim\limits_{(x,y)\to(x_0,y_0)}f(x,y)=A$

或 $\lim\limits_{\substack{x\to x_0\\y\to y_0}}f(x,y)=A$.

注意：在二元函数中，点 $P(x,y)$ 趋向 $P_0(x,y)$ 的方式有很多种，既可以沿直线趋于 P_0，也可以沿曲线趋于 P_0，但不管以哪种方式趋于 P_0，$f(x,y)$ 总是趋于一个固定的常数 A，才称当 P 趋向 P_0 时，$f(x,y)$ 存在极限 A。如果沿不同路径时，$f(x,y)$ 的趋向不同，则称 $f(x,y)$ 极限不存在。

求二元函数的极限仍要用到求一元函数极限的方法，如四则运算法则、函数有理化、重要极限等等。

例 8－6 求 $\lim\limits_{\substack{x\to 0\\y\to 1}}\dfrac{e^x+y}{x+y}$.

解 $\lim\limits_{\substack{x\to 0\\y\to 1}}\dfrac{e^x+y}{x+y}=\dfrac{e^0+1}{0+1}=2$

例 8－7 $\lim\limits_{\substack{x\to 0\\y\to 1}}\dfrac{\sqrt{x^2y+4}-2}{x^2y}$.

解 $\lim\limits_{\substack{x\to 0\\y\to 1}}\dfrac{\sqrt{x^2y+4}-2}{x^2y}=\lim\limits_{\substack{x\to 0\\y\to 1}}\dfrac{x^2y+4-4}{x^2y(\sqrt{x^2y+4}+2)}=\dfrac{1}{4}$

例 8－8 $\lim\limits_{\substack{x\to\infty\\y\to 2}}\left(1+\dfrac{y}{x}\right)^{xy}$.

解 $\lim\limits_{\substack{x\to\infty\\y\to 2}}\left(1+\dfrac{y}{x}\right)^{xy}=\lim\limits_{\substack{x\to\infty\\y\to 2}}\left[\left(1+\dfrac{y}{x}\right)^{\frac{x}{y}}\right]^{y^2}=e^4$

例 8－9 $\lim\limits_{\substack{x\to\infty\\y\to\infty}}\dfrac{\sin(x^2+y^2)}{x^2+y^2}$.

解 当 $x\to\infty, y\to\infty$ 时，$\dfrac{1}{x^2+y^2}$ 是无穷小量，$\sin(x^2+y^2)$ 是有界变量。根据无穷小的性质：有界函数与无穷小的乘积仍为无穷小，有

$$\lim\limits_{\substack{x\to\infty\\y\to\infty}}\dfrac{\sin(x^2+y^2)}{x^2+y^2}=0$$

例 8－10 说明极限 $\lim\limits_{\substack{x\to 0\\y\to 0}}\dfrac{xy}{x^2+y^2}$ 不存在。

解 因为当点 (x,y) 沿 $y=x$ 趋于 $(0,0)$ 时，$\lim\limits_{\substack{x\to 0\\y\to 0}}\dfrac{x^2}{2x^2}=\dfrac{1}{2}$；当点 (x,y) 沿 $y=-x$ 趋于 $(0,0)$ 时，$\lim\limits_{\substack{x\to 0\\y\to 0}}\dfrac{-x^2}{2x^2}=-\dfrac{1}{2}$，由于沿不同路径趋于 $(0,0)$ 时，函数的趋向不同，所以该极限不存在。

2. 连续的定义

定义 3 如果(1)函数 $z=f(x,y)$ 在点 $P_0(x_0,y_0)$ 及其某邻域有定义；(2) $\lim\limits_{\substack{x\to x_0\\y\to y_0}}f(x,y)$ 存

在;(3) $\lim\limits_{\substack{x \to x_0 \\ y \to y_0}} f(x,y) = f(x_0, y_0)$,则称函数 $f(x,y)$ 在点 $P_0(x_0, y_0)$ 处连续.

如果函数 $f(x,y)$ 在点 (x_0, y_0) 处不连续,则称点 (x_0, y_0) 为 $f(x,y)$ 的间断点. 二元函数的间断点可能是平面上的一个点,也可能是平面上的一条线. 如:$z = \dfrac{xy}{x^2 + y^2}$ 的间断点为原点 $(0,0)$;$z = \dfrac{x}{y - x^2}$ 的间断点为抛物线 $y = x^2$ 上的所有点.

可以证明:(1)多元初等函数在其定义域内是连续的.

(2)如果 $f(x,y)$ 在有界闭区域上连续,则在此区域上必取得最大值及最小值.

(3)在有界闭区域上连续的二元函数必能取得介于它的两个最值之间的任何值至少一次.

习 题 8-1

1. 求下列函数的定义域:

(1) $z = \arcsin \dfrac{y}{x^2}$;

(2) $z = \sqrt{4 - x^2 - y^2} + \dfrac{1}{\sqrt{x^2 + y^2 - 1}}$;

(3) $z = \ln(x^2 - y) + \arccos(x^2 + y^2)$;

(4) $z = \ln(y^2 - 2x + 1)$;

(5) $z = \dfrac{\sqrt{4x - y^2}}{\ln(1 - x^2 - y^2)}$;

(6) $z = \sqrt{x - \sqrt{y}}$.

2.(1) 设 $f(x, y) = \dfrac{2xy}{x^2 + y^2}$,求 $f\left(1, \dfrac{y}{x}\right)$;

(2) 设 $f\left(\dfrac{y}{x}\right) = \dfrac{\sqrt{x^2 + y^2}}{x}$ $(x > 0)$,求 $f(x)$.

3. 求下列极限:

(1) $\lim\limits_{\substack{x \to 0 \\ y \to 0}} \dfrac{e^x \cos y}{1 + x + y}$;

(2) $\lim\limits_{\substack{x \to \infty \\ y \to \infty}} \dfrac{1 + x^2 + y^2}{x^2 + y^2}$;

(3) $\lim\limits_{\substack{x \to 0 \\ y \to 0}} \dfrac{1 - \sqrt{xy + 1}}{xy}$;

(4) $\lim\limits_{\substack{x \to 0 \\ y \to 1}} \dfrac{\sin xy}{x}$;

(5) $\lim\limits_{\substack{x \to 2 \\ y \to \infty}} \left(1 + \dfrac{2x}{y}\right)^{x^2 y}$;

(6) $\lim\limits_{\substack{x \to 0 \\ y \to 3}} \dfrac{y \sin x}{x^2 y + 2x}$.

> 一个想法使用一次是一个技巧,经过多次使用就可成为一种方法.
> ——波利亚

8.2 多元函数的导数

8.2.1 偏导数

前面我们研究了一元函数的变化率,由于多元函数有多个自变量,所以要对不同的自变量分别求变化率,也就是求偏导数.

1. 偏导数定义

定义 4 设函数 $z=f(x,y)$ 在点 (x_0,y_0) 的某邻域有定义，如果 $\lim\limits_{\Delta x \to 0}\dfrac{f(x_0+\Delta x,y_0)-f(x_0,y_0)}{\Delta x}$ 存在，则称此极限为二元函数 $z=f(x,y)$ 在点 (x_0,y_0) 对变量 x 的偏导数，记作 $\left.\dfrac{\partial z}{\partial x}\right|_{(x_0,y_0)}$ 或 $f'_x(x_0,y_0)$；如果 $\lim\limits_{\Delta y\to 0}\dfrac{f(x_0,y_0+\Delta y)-f(x_0,y_0)}{\Delta y}$ 存在，则称此极限为二元函数 $z=f(x,y)$ 在点 (x_0,y_0) 点对变量 y 的偏导数，记作 $\left.\dfrac{\partial z}{\partial y}\right|_{(x_0,y_0)}$ 或 $f'_y(x_0,y_0)$。

如果函数 $z=f(x,y)$ 在某区域内每点都可导，那么偏导数就是 x,y 的函数，称为对某自变量的偏导函数，记为 $\dfrac{\partial z}{\partial x},\dfrac{\partial z}{\partial y}$ 或 f'_x,f'_y。

需要说明的是：(1) $\dfrac{\partial z}{\partial x},\dfrac{\partial z}{\partial y}$ 是个整体的符号，其中单独的 $\partial z,\partial x,\partial y$ 没有含义；(2) 和一元函数不同的是，即使二元函数在 (x_0,y_0) 的偏导数存在，也不一定在该点连续。

类似方法可定义三元函数的偏导数。

2. 偏导数的求法

多元函数对某一个自变量求偏导时，是将其他的自变量看作常数，将多元函数看作一个自变量的一元函数，进行求导。

例 8-11 设 $z=x^4+y^4-\dfrac{x}{y}$，求 $\dfrac{\partial z}{\partial x},\dfrac{\partial z}{\partial y}$。

解 $\dfrac{\partial z}{\partial x}=4x^3-\dfrac{1}{y}$ （对 x 求偏导时，将 y 看作常数）

$\dfrac{\partial z}{\partial y}=4y^3+\dfrac{x}{y^2}$ （对 y 求偏导时，将 x 看作常数）

例 8-12 设 $z=x^y$ $(x>0)$，求 $\dfrac{\partial z}{\partial x},\dfrac{\partial z}{\partial y}$。

解 $\dfrac{\partial z}{\partial x}=yx^{y-1}$ （把 y 看作常数，用幂函数求导公式）

$\dfrac{\partial z}{\partial y}=x^y\ln x$ （把 x 看作常数，用指数函数求导公式）

例 8-13 设 $z=x\sin(x^2+y^2)$，求 $\dfrac{\partial z}{\partial x},\dfrac{\partial z}{\partial y}$。

解 对 x 求偏导时需用到乘法的求导公式，对 y 求偏导则不需要。

$$\dfrac{\partial z}{\partial x}=\sin(x^2+y^2)+x\cos(x^2+y^2)\times 2x$$
$$=\sin(x^2+y^2)+2x^2\cos(x^2+y^2)$$
$$\dfrac{\partial z}{\partial y}=x\cos(x^2+y^2)\times 2y=2xy\cos(x^2+y^2)$$

例 8-14 设 $u=x^2+y^2+z^2$，证明：$\left(\dfrac{\partial u}{\partial x}\right)^2+\left(\dfrac{\partial u}{\partial y}\right)^2+\left(\dfrac{\partial u}{\partial z}\right)^2=4u$。

证 因为 $\dfrac{\partial u}{\partial x}=2x,\quad \dfrac{\partial u}{\partial y}=2y,\quad \dfrac{\partial u}{\partial z}=2z$

所以
$$\left(\frac{\partial u}{\partial x}\right)^2+\left(\frac{\partial u}{\partial y}\right)^2+\left(\frac{\partial u}{\partial z}\right)^2=4(x^2+y^2+z^2)=4u$$

求多元函数在某一点的导数值既可以与求一元函数的导数值方法相同,即先求导后代值,也可以先把不需要求导的变量的值代入,然后对需要求导的变量求导,再把该变量的值代入.

例 8 - 15 设 $f(x,y)=x^3y^2+(y-1)\ln(x^2+y^2)$,求 $f'_x(1,1)$.

解法 1 因为 $f'_x(x,y)=3x^2y^2+(y-1)\times\dfrac{1}{x^2+y^2}\times 2x$

所以 $f'_x(1,1)=3$

解法 2 对 x 求偏导时,可先把 y 的值代入,得
$$f(x,1)=x^3$$
所以 $f'_x(x,1)=3x^2$, $f'_x(1,1)=3$

可以看出,后一种解法比前一种解法简便.

8.2.2 高阶偏导数

二元函数的一阶偏导 $\dfrac{\partial z}{\partial x},\dfrac{\partial z}{\partial y}$ 一般还是 x,y 的函数,将它们再对 x 或 y 求偏导(如存在)称为二阶偏导数.二阶偏导数共有四个:

$\dfrac{\partial}{\partial x}\left(\dfrac{\partial z}{\partial x}\right)$,记作 $\dfrac{\partial^2 z}{\partial x^2}$,也可记作 z''_{xx}; $\dfrac{\partial}{\partial y}\left(\dfrac{\partial z}{\partial x}\right)$,记作 $\dfrac{\partial^2 z}{\partial x\partial y}$,也可记作 z''_{xy};

$\dfrac{\partial}{\partial x}\left(\dfrac{\partial z}{\partial y}\right)$,记作 $\dfrac{\partial^2 z}{\partial y\partial x}$,也可记作 z''_{yx}; $\dfrac{\partial}{\partial y}\left(\dfrac{\partial z}{\partial y}\right)$,记作 $\dfrac{\partial^2 z}{\partial y^2}$,也可记作 z''_{yy}.

其中 z''_{xy},z''_{yx} 称为二阶混合偏导.

同样可得三阶、四阶以及 n 阶偏导数.

例 8 - 16 设 $z=x^4+y^4-3x^2\mathrm{e}^y$,求 $\dfrac{\partial^2 z}{\partial x^2},\dfrac{\partial^2 z}{\partial y^2},\dfrac{\partial^2 z}{\partial x\partial y},\dfrac{\partial^2 z}{\partial y\partial x}$.

解 因为 $\dfrac{\partial z}{\partial x}=4x^3-6x\mathrm{e}^y$, $\dfrac{\partial z}{\partial y}=4y^3-3x^2\mathrm{e}^y$

所以 $\dfrac{\partial^2 z}{\partial x^2}=12x^2-6\mathrm{e}^y$, $\dfrac{\partial^2 z}{\partial y^2}=12y^2-3x^2\mathrm{e}^y$

$\dfrac{\partial^2 z}{\partial x\partial y}=-6x\mathrm{e}^y$, $\dfrac{\partial^2 z}{\partial y\partial x}=-6x\mathrm{e}^y$

从上面的例子可以得知,两个二阶混合偏导相等.一般地,如果 $z=f(x,y)$ 的二阶混合偏导连续,一定有 $\dfrac{\partial^2 z}{\partial x\partial y}=\dfrac{\partial^2 z}{\partial y\partial x}$,所以求二阶偏导数时,只需求三个二阶偏导数 $\dfrac{\partial^2 z}{\partial x^2},\dfrac{\partial^2 z}{\partial x\partial y}$,$\dfrac{\partial^2 z}{\partial y^2}$ 即可.

例 8 - 17 求 $z(x,y)=y^2\mathrm{e}^{xy}$ 的二阶偏导数.

解 $\dfrac{\partial z}{\partial x}=y^2\mathrm{e}^{xy}\times y=y^3\mathrm{e}^{xy}$

$$\frac{\partial^2 z}{\partial x^2} = y^3 e^{xy} \times y = y^4 e^{xy}$$

$$\frac{\partial^2 z}{\partial x \partial y} = 3y^2 e^{xy} + y^3 e^{xy} \times x = y^2 e^{xy}(3+xy)$$

$$\frac{\partial z}{\partial y} = 2y e^{xy} + y^2 e^{xy} \times x = e^{xy}(2y+xy^2)$$

$$\frac{\partial^2 z}{\partial y^2} = (2+2xy)e^{xy} + (2y+xy^2)e^{xy} \times x = e^{xy}(2+4xy+x^2 y^2)$$

如果二元函数的两个自变量具有可轮换性,即自变量互换但函数表达式不变时,则求偏导时可节省一半的计算量,即把函数对 x 求偏导结果中的 x 换为 y 即是函数对 y 的偏导.

例 8-18 设 $z = \arctan \dfrac{x+y}{1-xy}$,求二阶偏导数.

解
$$\frac{\partial z}{\partial x} = \frac{1}{1+\left(\dfrac{x+y}{1-xy}\right)^2} \cdot \frac{(1-xy)-(x+y)(-y)}{(1-xy)^2} = \frac{1+y^2}{1+x^2 y^2+x^2+y^2}$$

$$= \frac{1+y^2}{(1+x^2)(1+y^2)} = \frac{1}{1+x^2}$$

$$\frac{\partial^2 z}{\partial x \partial y} = 0$$

$$\frac{\partial^2 z}{\partial x^2} = -\frac{2x}{(1+x^2)^2}$$

由字母的可轮换性,得 $\qquad \dfrac{\partial z}{\partial y} = \dfrac{1}{1+y^2}, \quad \dfrac{\partial^2 z}{\partial y^2} = -\dfrac{2y}{(1+y^2)^2}$

8.2.3 多元复合函数的求导法则(链式法则)

我们学过一元函数的复合函数的求导法则,若 $y=f(u)$ 对 u 可导,$u=\varphi(x)$ 对 x 可导,则

$$\frac{dy}{dx} = \frac{dy}{du} \frac{du}{dx} = f_u u_x$$

多元复合函数的求导法与一元复合函数的求导法有相似之处.

定理 1 设 $u=u(x,y), v=v(x,y)$ 在 (x,y) 点的偏导数存在,$z=f(u,v)$ 在相应的 (u,v) 具有连续的偏导数,则复合函数 $z=f(u(x,y),v(x,y))$ 在 (x,y) 点的偏导数存在,且

$$\boxed{\frac{\partial z}{\partial x} = \frac{\partial z}{\partial u}\frac{\partial u}{\partial x} + \frac{\partial z}{\partial v}\frac{\partial v}{\partial x}, \quad \frac{\partial z}{\partial y} = \frac{\partial z}{\partial u}\frac{\partial u}{\partial y} + \frac{\partial z}{\partial v}\frac{\partial v}{\partial y}} \qquad (8-1)$$

这个公式常可利用图 8-7 所示的线路图帮助记忆:

表示从 z 到 x 的途径有两条,即从 z 经过 u 到 x 和从 z 经过 v 到 x;从 z 到 y 的途径也有两条,即从 z 经过 u 到 y 和从 z 经过 v 到 y. 上述公式称为"链式法则"."链式法则"可以是一元的,也可以是多元的(自变量及中间变量的个数可以变化).

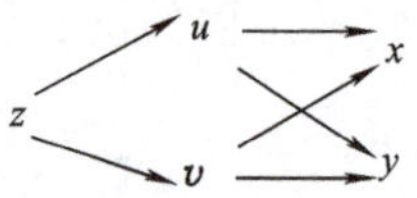

图 8-7

定理 2 设 $u=u(t), v=v(t)$ 对 t 可导,$z=f(u,v)$ 在相应的 (u,v) 点具有连续的偏导数,则复合函数 $z=f(u(t),v(t))$ 对 t 可导,且

$$\boxed{\frac{\mathrm{d}z}{\mathrm{d}t}=\frac{\partial z}{\partial u}\frac{\mathrm{d}u}{\mathrm{d}t}+\frac{\partial z}{\partial v}\frac{\mathrm{d}v}{\mathrm{d}t}} \tag{8-2}$$

这个公式常利用图 8-8 所示的线路图帮助记忆：

表示从 z 到 t 的途径有两条：即从 z 经过 u 到 t 和从 z 经过 v 到 t. 称这个公式为全导数公式.

类似方法可以给出三个中间变量（见本章 8.6 节提示与提高 2）或三个自变量的复合求导公式. 对多元复合函数求导时，一定要搞清函数的复合关系.

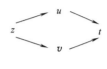

图 8-8

例 8-19 设 $z=x^2+y^3, x=\sin t, y=\mathrm{e}^t$，求全导数 $\dfrac{\mathrm{d}z}{\mathrm{d}t}$.

解 $\dfrac{\mathrm{d}z}{\mathrm{d}t}=\dfrac{\partial z}{\partial x}\dfrac{\mathrm{d}x}{\mathrm{d}t}+\dfrac{\partial z}{\partial y}\dfrac{\mathrm{d}y}{\mathrm{d}t}=2x\cos t+3y^2\mathrm{e}^t$

$=2\sin t\cos t+3\mathrm{e}^{2t}\mathrm{e}^t=\sin 2t+3\mathrm{e}^{3t}$

例 8-20 设 $z=\mathrm{e}^u\sin v, u=x+y, v=\ln(xy)$，求偏导数 $\dfrac{\partial z}{\partial x},\dfrac{\partial z}{\partial y}$.

解 $\dfrac{\partial z}{\partial x}=\dfrac{\partial z}{\partial u}\dfrac{\partial u}{\partial x}+\dfrac{\partial z}{\partial v}\dfrac{\partial v}{\partial x}=\mathrm{e}^u\sin v+\mathrm{e}^u\cos v\times\dfrac{y}{xy}$

$=\mathrm{e}^{x+y}\left[\sin\ln(xy)+\dfrac{1}{x}\cos\ln(xy)\right]$

$\dfrac{\partial z}{\partial y}=\dfrac{\partial z}{\partial u}\dfrac{\partial u}{\partial y}+\dfrac{\partial z}{\partial v}\dfrac{\partial v}{\partial y}=\mathrm{e}^u\sin v+\mathrm{e}^u\cos v\times\dfrac{x}{xy}$

$=\mathrm{e}^{x+y}\left[\sin\ln(xy)+\dfrac{1}{y}\cos\ln(xy)\right]$

例 8-21 设 $z=u^2\ln v, u=\dfrac{x}{y}, v=x-y$，求 $\dfrac{\partial z}{\partial x},\dfrac{\partial z}{\partial y}$.

解法 1 $\dfrac{\partial z}{\partial x}=\dfrac{\partial z}{\partial u}\dfrac{\partial u}{\partial x}+\dfrac{\partial z}{\partial v}\dfrac{\partial v}{\partial x}=2u\ln v\times\dfrac{1}{y}+\dfrac{u^2}{v}\times 1$

$=\dfrac{2x\ln(x-y)}{y^2}+\dfrac{x^2}{(x-y)y^2}$

$\dfrac{\partial z}{\partial y}=\dfrac{\partial z}{\partial u}\dfrac{\partial u}{\partial y}+\dfrac{\partial z}{\partial v}\dfrac{\partial v}{\partial y}=2u\ln v\times\left(-\dfrac{x}{y^2}\right)+\dfrac{u^2}{v}\times(-1)$

$=-\dfrac{2x^2\ln(x-y)}{y^3}-\dfrac{x^2}{(x-y)y^2}$

解法 2 把 u,v 代入 z，则 $z=\dfrac{x^2}{y^2}\ln(x-y)$.

$\dfrac{\partial z}{\partial x}=\dfrac{1}{y^2}\left[2x\ln(x-y)+\dfrac{x^2}{(x-y)}\right]$

$\dfrac{\partial z}{\partial y}=x^2\left[-\dfrac{2\ln(x-y)}{y^3}-\dfrac{1}{(x-y)y^2}\right]$

由上例可以看出：对某些多元复合函数求偏导时（可不用链式法则），去掉中间变量后直接求偏导即可. 但若多元复合函数中含幂指函数或抽象函数时，一般使用链式法则求偏导比较方便.

例 8-22 设 $z=f(x^2+y^2,xy)$,求 $\dfrac{\partial z}{\partial x},\dfrac{\partial z}{\partial y}$.

解 设 $u=x^2+y^2,v=xy$,则 $z=f(u,v)$。这里用 f'_u,f'_v 表示对中间变量的导数,故

$$\frac{\partial z}{\partial x}=\frac{\partial z}{\partial u}\frac{\partial u}{\partial x}+\frac{\partial z}{\partial v}\frac{\partial v}{\partial x}=2xf'_u+yf'_v$$

$$\frac{\partial z}{\partial y}=\frac{\partial z}{\partial u}\frac{\partial u}{\partial y}+\frac{\partial z}{\partial v}\frac{\partial v}{\partial y}=2yf'_u+xf'_v$$

使用链式法则时,要比较灵活,应根据自变量和中间变量的变化而变化.一般地,因变量到达自变量有几条路径,链式法则就有几项相加,而一条路径中有几个环节,那么这项就有几个偏导数相乘.

例 8-23 设 $z=\sin(xy+u)$,而且 $u=x^2\ln y$,求 $\dfrac{\partial z}{\partial x},\dfrac{\partial z}{\partial y}$.

解 设 $z=f(x,y,u)=\sin(xy+u),u=x^2\ln y$,如图 8-9 所示,由链式法则有

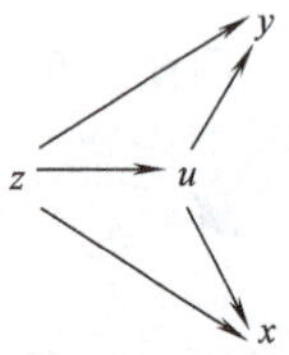

$$\frac{\partial z}{\partial x}=\frac{\partial f}{\partial x}+\frac{\partial f}{\partial u}\frac{\partial u}{\partial x}=y\cos(xy+u)+2x\ln y\cos(xy+u)$$

$$=\cos(xy+x^2\ln y)(y+2x\ln y)$$

$$\frac{\partial z}{\partial y}=\frac{\partial f}{\partial y}+\frac{\partial f}{\partial u}\frac{\partial u}{\partial y}=x\cos(xy+u)+\cos(xy+u)\times\frac{x^2}{y}$$

$$=\left(x+\frac{x^2}{y}\right)\cos(xy+x^2\ln y)$$

图 8-9

需要说明的是:上例中变量 x,y 既可看成中间变量又可看成自变量式,因此使用链式法则时等式右边的因变量符号 z 都要改写为函数符号 f,否则将出现错误.

例 8-24 设 $z=y+f(u),u=x^2-y^2$,其中 f 可导,证明 $y\dfrac{\partial z}{\partial x}+x\dfrac{\partial z}{\partial y}=x$.

证 设 $z=g(y,u)=y+f(u),u=x^2-y^2$,如图 8-10 所示,由链式法则有

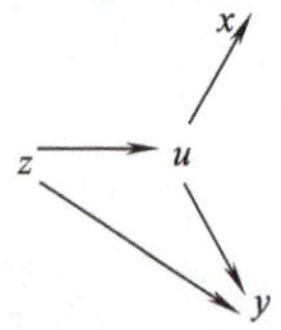

$$\frac{\partial z}{\partial x}=\frac{\partial g}{\partial u}\frac{\partial u}{\partial x}=f'_u\times 2x$$

$$\frac{\partial z}{\partial y}=\frac{\partial g}{\partial y}+\frac{\partial g}{\partial u}\cdot\frac{\partial u}{\partial y}=1+f'_u\times(-2y)$$

图 8-10

因此 $$y\frac{\partial z}{\partial x}+x\frac{\partial z}{\partial y}=2xyf'_u+(x-2xyf'_u)=x$$

8.2.4 隐函数的求导法则

如果由方程 $F(x,y)=0$ 确定了 $y=f(x)$,或者由方程 $F(x,y,z)=0$ 确定了 $z=f(x,y)$,就称方程确定了隐函数.当然,并不是每个方程都能确定隐函数,下面介绍隐函数存在定理.

定理 3(隐函数存在定理一) 设 $F(x,y)$ 在点 (x_0,y_0) 的某邻域具有连续偏导数,而且 $F(x_0,y_0)=0,F'_y(x_0,y_0)\neq 0$,则方程 $F(x,y)=0$ 在 (x_0,y_0) 附近确定唯一具有连续导数的函

数 $y=f(x)$,而且

$$\frac{\mathrm{d}y}{\mathrm{d}x}=-\frac{F'_x}{F'_y} \tag{8-3}$$

定理 4(隐函数存在定理二) 设 $F(x,y,z)$ 在点 (x_0,y_0,z_0) 的某邻域具有连续偏导数,而且 $F(x_0,y_0,z_0)=0, F'_z(x_0,y_0,z_0)\neq 0$,则方程 $F(x,y,z)=0$ 确定唯一具有连续偏导数的二元函数 $z=z(x,y)$,而且

$$\frac{\partial z}{\partial x}=-\frac{F'_x}{F'_z},\quad \frac{\partial z}{\partial y}=-\frac{F'_y}{F'_z} \tag{8-4}$$

根据定理,可以用公式对隐函数求导.

例 8-25 设 $\sin(x+y)-3\cos xy=4$ 确定了 $y=f(x)$,求 $\dfrac{\mathrm{d}y}{\mathrm{d}x}$.

解 设 $F(x,y)=\sin(x+y)-3\cos xy-4$,则

$$F'_x=\cos(x+y)+3y\sin xy$$
$$F'_y=\cos(x+y)+3x\sin xy$$

则

$$\frac{\mathrm{d}y}{\mathrm{d}x}=-\frac{F'_x}{F'_y}=\frac{\cos(x+y)+3y\sin xy}{\cos(x+y)+3x\sin xy}$$

例 8-26 设 $xy+e^y=e^x$ 确定了 $y=f(x)$,求 $\dfrac{\mathrm{d}y}{\mathrm{d}x}$.

解法 1 设 $F(x,y)=xy+e^y-e^x$,则

$$F'_x=y-e^x,\quad F'_y=x+e^y$$
$$\frac{\mathrm{d}y}{\mathrm{d}x}=-\frac{F'_x}{F'_y}=-\frac{y-e^x}{x+e^y}=\frac{e^x-y}{e^y+x}$$

解法 2 方程两边对 x 求导得

$$y+x\frac{\mathrm{d}y}{\mathrm{d}x}+e^y\frac{\mathrm{d}y}{\mathrm{d}x}=e^x$$

所以

$$\frac{\mathrm{d}y}{\mathrm{d}x}=\frac{e^x-y}{e^y+x}$$

与一元隐函数求导类似,多元隐函数求偏导时,既可利用公式(8-4),也可在方程两边对 $x(y)$ 求偏导,此时把 $x(y)$ 看成自变量,z 看成函数即可.

例 8-27 设 $x^2+y^2+z^2=a^2$ 确定了 $z=f(x,y)$,求 $\dfrac{\partial z}{\partial x},\dfrac{\partial z}{\partial y}$.

解法 1 设 $F(x,y,z)=x^2+y^2+z^2-a^2$,则

$$F'_x=2x,\quad F'_y=2y,\quad F'_z=2z$$

$$\frac{\partial z}{\partial x}=-\frac{F'_x}{F'_z}=-\frac{x}{z},\quad \frac{\partial z}{\partial y}=-\frac{F'_y}{F'_z}=-\frac{y}{z}$$

解法 2 方程两边对 x 求偏导得

$$2x+2zz'_x=0 \quad (z\text{ 看成函数},x\text{ 看成自变量},y\text{ 看成常数})$$

所以

$$z'_x=-\frac{2x}{2z}=-\frac{x}{z}$$

两边对 y 求导得 $\quad 2y+2zz_y'=0 \quad$ (z 看成函数，y 看成自变量，x 看成常数)

所以 $\qquad\qquad\qquad z_y'=-\dfrac{2y}{2z}=-\dfrac{y}{z}$

习　题　8-2

1. 求下列函数的偏导数：

(1) $z=xe^{x+y}$；

(2) $z=\tan(x+y)+\cos(xy)$；

(3) $z=e^{x^2+y^2}\sin\dfrac{y}{x}$；

(4) $z=\arctan\dfrac{y}{x}+\ln\sqrt{x^2+y^2}$；

(5) $z=\arcsin\dfrac{x}{\sqrt{x^2+y^2}}$；

(6) $u=\ln(x+y^2+z^3)$；

(7) $u=\left(\dfrac{x}{z}\right)^y$；

(8) $u=\arctan(x+y)^z$.

2. 求下列函数在给定点的偏导值：

(1) $z=\ln\left(x+\dfrac{y}{2x}\right)$，求 $\left.\dfrac{\partial z}{\partial y}\right|_{\substack{x=1\\y=0}}$；

(2) $f(x,y)=e^{-x}\sin(x+2y)$，求 $f_x'\left(0,\dfrac{\pi}{4}\right)$ 与 $f_y'\left(0,\dfrac{\pi}{4}\right)$；

(3) $f(x,y)=x^2+\ln(y^2+1)\arctan x^{y+1}$，求 $\left.\dfrac{\partial f(x,y)}{\partial x}\right|_{(x,0)}$.

3. 设 $z=\dfrac{y^2}{3x}+\arcsin(xy)$，证明：$x^2\dfrac{\partial z}{\partial x}-xy\dfrac{\partial z}{\partial y}+y^2=0$.

4. 求下列函数的二阶偏导数：

(1) $u=x^4+y^4-4x^2y^2$；

(2) $u=x^2e^y+y^3\sin x$；

(3) $u=x\times 2^{x+y}$；

(4) $u=\cos^2(x+2y)$.

5. 设 $z=\ln(e^x+e^y)$，证明：函数 z 满足 $z_{xx}''z_{yy}''-(z_{xy}'')^2=0$.

6. 求下列复合函数的偏导数：

(1) $z=u^3v^3$，$u=\sin t$，$v=\cos t$；

(2) $z=\dfrac{y}{x}$，$x=e^t$，$y=1-e^{2t}$；

(3) $z=e^{x-2y}$，$x=\ln t$，$y=t^3$；

(4) $z=\arcsin(xy)$，$y=e^x$.

7. 求下列复合函数的偏导数：

(1) 设 $z=u^2e^v$，其中 $u=x^2+y^2$，$v=xy$；

(2) 设 $z=u^3v^3$，其中 $u=x\cos y$，$v=x\sin y$；

(3) 设 $z=\dfrac{\cos u}{v}$，其中 $u=\dfrac{y}{x}$，$v=x^2-y^2$；

(4) 设 $z=u+\ln v$，其中 $u=\arctan(xy)$，$v=1+x^2y^2$.

8. (1) 设 $z=\arctan\dfrac{u}{v}$，其中 $u=x+y$，$v=x-y$，验证：$\dfrac{\partial z}{\partial x}+\dfrac{\partial z}{\partial y}=\dfrac{x-y}{x^2+y^2}$；

(2) 设 $z=xy+xF(u)$，$u=\dfrac{y}{x}$，验证：$x\dfrac{\partial z}{\partial x}+y\dfrac{\partial z}{\partial y}=z+xy$.

9. 设方程 $F(x,y)=0$ 确定了 $z=f(x)$，求 $\dfrac{dy}{dx}$.

(1) $3x^2+2xy+4y^3=0$；

(2) $xy-\ln y=0$.

10. 设方程 $F(x,y,z)=0$ 确定了 $z=f(x,y)$，求 $\dfrac{\partial z}{\partial x}$，$\dfrac{\partial z}{\partial y}$.

(1) $xy+yz+zx=1$;

(2) $\cos^2 x+\cos^2 y+\cos^2 z=1$;

(3) $x^2y^3+z^2+xyz=0$;

(4) $e^{x+y}+\sin(x+z)=0$.

11. 设 $2\sin(x+2y-3z)=x+2y-3z$ 确定了 $z=f(x,y)$，证明：$\dfrac{\partial z}{\partial x}+\dfrac{\partial z}{\partial y}=1$.

> 微分是一个伟大的概念，它不但是分析学而且也是人类认知活动中最具创意的概念．没有它，就没有速度或加速度或动量，也没有密度或电荷或任何其他密度．没有位势函数的梯度，从而没有物理学中的位势概念，没有波动方程，没有力学，没有物理，没有科技，什么都没有．
>
> ——博赫纳

数学文摘

华罗庚：要学会读书，学会自学

青年同学们从小学而中学而大学，读书都读了十多年了，而我现在还是首先提出"要学会读书"，这岂不奇怪？其实，并不奇怪．学会读书，并不简单．而我个人在这方面也还是处于不断摸索不断改进的过程之中．切不要以为"会背会默，滚瓜烂熟"，便是读懂书了．如果不逐步提高，不深入领会，那又与和尚念经有何差异呢！我认为，同学们在校学习期间，学会读书与学得必要的专业知识是同等重要的．学会读书不但保证我们在校学习好，而且保证我们将来能够永远不断地提高．我们的一生从事工作的时间总是比在校学习时间长些，而且长得多．一个青年即使他没有大学毕业或中学毕业，但如果他有了自学的习惯，他将来在工作上的成就就不会比大学毕业的人差．与此相反，如果一个青年即使读到了大学毕业，甚至出过洋，拜过名师，得过博士，如果他没有学会自己学习，自己钻研，则一定还是在老师所划定的圈子里团团转，知识领域不能扩大，更不要说科学研究上有所创造发明了．

应该怎样学会读书呢？我觉得，在学习书本上的每一个问题，每一章节的时候，首先应该不只看到书面上，而且还要看到书背后的东西．这就是说，对书本的某些原理、定律、公式，我们在学习的时候，不仅应该记住它的结论，懂得它的道理，而且还应该设想一下人家是怎样想出来的，经过多少曲折，攻破多少关键，才得出这个结论的．而且还不妨进一步设想一下，如果书本上还没有作出结论，我自己设身处地，应该怎样去得出这个结论？恩格斯曾经说过：我们所需要的，与其说是赤裸裸的结果，不如说是研究；如果离开引向这个结果的发展来把握结果，那就等于没有结果．我们只有了解结论是怎样得来的，才能真正懂得结论．只有不仅知其然，而且还知其所以然，才能够对问题有透彻的了解．而要做到这点，就要求我们对书本中的每一个问题，一天没有学懂，就要再研习一天，一章没懂，就不要轻易去学第二章．这样学虽然慢些，但却能收到实效．我在年轻时，看书就犯过急躁的毛病，手拿一本书几下就看完了．最初看来似乎有成绩，而一旦应用时，却是一锅夹生饭，不能运用自如了．好在我当时仅有很少的几本书，我接受了教训，又将原书不断深入地学习（注意，并不是"简单地重复"），才真正有所进益．

如果说前一步的工作可以叫作"支解"的工作,那么,第二步我们就需要做"综合"的工作.这就是说,在对书中每一个问题都经过细嚼慢咽,真正懂得之后,就需要进一步把全书各部分内容连串起来理解,加以融会贯通,从而弄清楚什么是书中的主要问题,以及各个问题之间的关联.这样我们就能抓住统率全书的基本线索,贯串全书的精神实质.我常常把这种读书过程,叫作"从厚到薄"的过程.大家也许都有过这样的感觉:一本书,当未读之前,你会感到,书是那么厚,在读的过程中,如果你对各章各节又作深入的探讨,在每页上加添注解,补充参考材料,那就会觉得更厚了.但是,当我们对书的内容真正有了透彻的了解,抓住了全书的要点,掌握了全书的精神实质以后,就会感到书本变薄了.愈是懂得透彻,就愈有薄的感觉.这是每个科学家都要经历的过程.这样,并不是学得的知识变少了,而是把知识消化了.青年同学读书要学会消化.我常见有些同学在考试前要求老师指出重点,这就反映了他们读书还没有抓住重点,还没有消化.靠老师指出重点不是好办法,主要的应当是自己抓重点.

我们在读一本书时,还要把它和我们过去学到的知识去作比较,想一想这一本书给我添了些什么新的东西.每当看一本新书时,对自己原来已懂的部分,就可以比较快地看过去;要紧的,是对重点的钻研;对自己来说是新的东西用的力量也应当更大些.在看完一本书后,并不是说要把整本书都装进脑子里去,而仅仅是添上几点前所不知的新方法新内容.这样做印象反而深刻,记忆反而牢固.并且,学得越多,懂得的东西越多,知识基础越厚,读书进度也就可以大大加快.

摘自华罗庚《要学会读书》

8.3 全微分

8.3.1 全微分的概念与计算

一元函数 $y=f(x)$ 在点 x 处的微分是:若 $y=f(x)$ 在 x 的增量 Δy 可表示为
$$\Delta y = f'(x)\Delta x + o(\Delta x)$$
其中 $o(\Delta x)$ 表示 Δx 的高阶无穷小,则 $dy=f'(x)\Delta x$ 为函数 $y=f(x)$ 在 x 处的微分.与之类似,二元函数全微分有如下定义.

定义 5 若二元函数 $z=f(x,y)$ 在点 (x,y) 的全增量 $\Delta z=f(x+\Delta x,y+\Delta y)-f(x,y)$ 可表示为
$$\Delta z = \frac{\partial z}{\partial x}\Delta x + \frac{\partial z}{\partial y}\Delta y + o(\rho)$$
其中 $\rho=\sqrt{(\Delta x)^2+(\Delta y)^2}$,则称 $\frac{\partial z}{\partial x}\Delta x+\frac{\partial z}{\partial y}\Delta y$ 为 $z=f(x,y)$ 在 (x,y) 处的**全微分**,记作
$$dz = \frac{\partial z}{\partial x}\Delta x + \frac{\partial z}{\partial y}\Delta y$$
这时也称函数 $z=f(x,y)$ 在点 (x,y) 可微.

习惯上将 $\Delta x,\Delta y$ 分别写为 dx,dy,即

$$dz = \frac{\partial z}{\partial x}dx + \frac{\partial z}{\partial y}dy \qquad (8-5)$$

若 $z=f(x,y)$ 在区域 D 内每一点均可微,则称其在 D 内可微。

全微分的概念可以推广到三元及三元以上的多元函数. 例如,若三元函数 $u=f(x,y,z)$ 在区域 D 内可微,则其全微分公式为

$$du = \frac{\partial u}{\partial x}dx + \frac{\partial u}{\partial y}dy + \frac{\partial u}{\partial z}dz \qquad (8-6)$$

定理 5(可微的必要条件) 若函数 $z=f(x,y)$ 在点 (x,y) 处可微,则其在点 (x,y) 处连续且两个偏导数存在。

定理 6(可微的充分条件) 若函数 $z=f(x,y)$ 的两个偏导数在点 (x,y) 处存在且连续,则 $z=f(x,y)$ 在该点可微。

例 8-28 求函数 $z=\frac{y}{x}$ 在点 $(2,1)$ 处,当 $\Delta x = 0.1, \Delta y = -0.2$ 时的全增量及全微分。

解 全增量
$$\Delta z = \frac{y+\Delta y}{x+\Delta x} - \frac{y}{x} = \frac{1-0.2}{2+0.1} - \frac{1}{2} = -0.119$$

因为
$$\frac{\partial z}{\partial x}\bigg|_{(2,1)} = -\frac{y}{x^2}\bigg|_{(2,1)} = -\frac{1}{4}, \quad \frac{\partial z}{\partial y}\bigg|_{(2,1)} = \frac{1}{x}\bigg|_{(2,1)} = \frac{1}{2}$$

所以全微分 $dz = \frac{\partial z}{\partial x}\Delta x + \frac{\partial z}{\partial y}\Delta y = -\frac{1}{4}\times 0.1 + \frac{1}{2}\times(-0.2) = -0.125$

例 8-29 设 $z = \arctan\frac{y}{x}$,求全微分 dz.

解 因为 $\dfrac{\partial z}{\partial x} = \dfrac{-\frac{y}{x^2}}{1+\left(\frac{y}{x}\right)^2} = \dfrac{-y}{x^2+y^2}, \quad \dfrac{\partial z}{\partial y} = \dfrac{\frac{1}{x}}{1+\left(\frac{y}{x}\right)^2} = \dfrac{x}{x^2+y^2}$

所以
$$dz = \frac{-y}{x^2+y^2}dx + \frac{x}{x^2+y^2}dy = \frac{1}{x^2+y^2}(xdy - ydx)$$

8.3.2 全微分的应用

由全微分的定义可知,当函数 $z=f(x,y)$ 在点 (x_0,y_0) 处全微分存在,且 $|\Delta x|$ 和 $|\Delta y|$ 都很小时有

$$\Delta z \approx dz = f'_x(x_0,y_0)\Delta x + f'_y(x_0,y_0)\Delta y \qquad (8-7)$$

于是 $f(x_0+\Delta x, y_0+\Delta y) - f(x_0,y_0) \approx f'_x(x_0,y_0)\Delta x + f'_y(x_0,y_0)\Delta y$
即
$$f(x_0+\Delta x, y_0+\Delta y) \approx f(x_0,y_0) + f'_x(x_0,y_0)\Delta x + f'_y(x_0,y_0)\Delta y \qquad (8-8)$$

式(8-7)可以用来求函数改变量的近似值,式(8-8)可以用来计算函数的近似值。

例 8-30 求 $(1.02)^{2.04}$ 的近似值。

解 设 $f(x,y) = x^y$,并取 $x_0 = 1, y_0 = 2, \Delta x = 0.02, \Delta y = 0.04$,则

$$f'_x(1,2) = yx^{y-1}\Big|_{(1,2)} = 2$$
$$f'_y(1,2) = x^y \ln x\Big|_{(1,2)} = 0$$

由公式(8-8)得
$$(1.02)^{2.04} \approx f(1,2) + f'_x(1,2)\Delta x + f'_y(1,2)\Delta y$$
$$= 1 + 2 \times 0.02 + 0 \times 0.04 = 1.04$$

例 8-31 求 4.02arctan0.97 的近似值.

解 设 $f(x,y) = x\arctan y$,并取 $x_0=4, y_0=1, \Delta x=0.02, \Delta y=-0.03$,则
$$f'_x(4,1) = \arctan y\Big|_{(4,1)} = \frac{\pi}{4}$$
$$f'_y(4,1) = \frac{x}{1+y^2}\Big|_{(4,1)} = 2$$

由公式(8-8)得
$$4.02\arctan 0.97 \approx f(4,1) + f'_x(4,1)\Delta x + f'_y(4,1)\Delta y$$
$$= 4\arctan 1 + \frac{\pi}{4} \times 0.02 + 2 \times (-0.03) = 3.097$$

例 8-32 设圆锥的底半径由 30cm 增加到 30.1cm,高由 60cm 减少到 59.5cm,试求体积变化的近似值.

解 设圆锥底半径为 $r$cm,高为 $h$cm,体积为 Vcm³,则由已知条件有
$$\Delta r = 0.1, \Delta h = -0.5$$

因为圆锥体积 $V = \frac{1}{3}\pi r^2 h$,则
$$\frac{\partial V}{\partial r}\Big|_{(30,60)} = \frac{2}{3}\pi rh\Big|_{(30,60)} = 1200\pi$$
$$\frac{\partial V}{\partial h}\Big|_{(30,60)} = \frac{1}{3}\pi r^2\Big|_{(30,60)} = 300\pi$$

由公式(8-7)得
$$\Delta V \approx V'_r(30,60)\Delta r + V'_h(30,60)\Delta h$$
$$= 1200\pi \times 0.1 + 300\pi \times (-0.5) = -30\pi \approx -94.2$$

所以体积减小了 94.2cm³.

习 题 8-3

1. 求下列函数的全微分：
   (1) $z = \sin(x^2+y^2)$；
   (2) $z = x\ln(xy)$；
   (3) $z = y^{\cos x}$；
   (4) $z = \arctan\dfrac{x-2y}{x+2y}$.

2. 求 $z = 2x^2 + 3y^2$ 当 $x=1, y=2, \Delta x=0.2, \Delta y=0.1$ 时的 Δz 及 dz.

3. 计算 $(10.1)^{2.03}$ 的近似值.

4. 计算 $\sqrt{\dfrac{0.99}{1.02}}$ 的近似值.

5. 设一圆柱体,它的底半径 r 由 2cm 增加到 2.05cm,其高 h 由 10cm 减到 9.8cm,试求其体积 V 的近似变化.

> 科学需要实验.但实验不能绝对精确.如有数学理论,则全靠推论,就完全正确了.这是科学不能离开数学的原因.许多科学的基本概念,注注需要数学观念来表示.所以数学家有饭吃了,但不能得诺贝尔奖,是自然的.
>
> ——陈省身

8.4 多元函数的极值和最值

8.4.1 二元函数的极值

与一元函数的极值类似,下面给出二元函数极值的概念.

定义 6 设 $z=f(x,y)$ 在点 (x_0,y_0) 的某邻域有定义,如果对于异于 (x_0,y_0) 的每个 (x,y),恒有 $f(x,y)<f(x_0,y_0)$,则称 $f(x_0,y_0)$ 为极大值,点 (x_0,y_0) 为极大值点;如果恒有 $f(x,y)>f(x_0,y_0)$,则称 $f(x_0,y_0)$ 为极小值,点 (x_0,y_0) 为极小值点.

观察下列函数在原点的情况,分别如图 8-11、图 8-12、图 8-13 所示.

(1) $z=4-x^2-y^2$; (2) $z=\sqrt{x^2+y^2}$; (3) $z=y^2-x^2$.

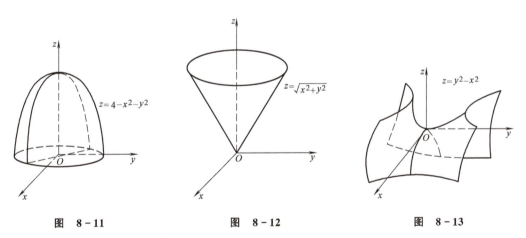

图 8-11　　　　　图 8-12　　　　　图 8-13

可以看出 $z=4-x^2-y^2$ 在原点取得极大值,$z=\sqrt{x^2+y^2}$ 在原点取得极小值,$z=y^2-x^2$ 在原点没取得极值.

定理 7(极值的必要条件)　如果 $z=f(x,y)$ 在点 (x_0,y_0) 取得极值,且两个偏导数都存在,则一定有 $f'_x(x_0,y_0)=0$,$f'_y(x_0,y_0)=0$.

满足 $f'_x(x_0,y_0)=0$,$f'_y(x_0,y_0)=0$ 的点 (x_0,y_0) 称为 $f(x,y)$ 的**驻点**.

一般地,二元函数的驻点及偏导数不存在的点称为**可疑极值点**.那么怎样判断在可疑极值点是否取到极值呢?

定理 8(极值的充分条件)　设 $z=f(x,y)$ 在 (x_0,y_0) 的某邻域内具有二阶连续偏导数,

且 $f'_x(x_0,y_0)=0, f'_y(x_0,y_0)=0$, 令 $f''_{xx}(x_0,y_0)=A, f''_{xy}(x_0,y_0)=B, f''_{yy}(x_0,y_0)=C$, 如果 (1) $B^2-AC<0, A>0$, 则 $f(x_0,y_0)$ 为极小值; (2) $B^2-AC<0, A<0$, 则 $f(x_0,y_0)$ 为极大值; (3) $B^2-AC>0$, 则 $f(x_0,y_0)$ 不是极值; (4) $B^2-AC=0$, 则不能确定 $f(x_0,y_0)$ 是否为极值.

综上所述,若函数 $z=f(x,y)$ 的二阶偏导数连续,则求该函数极值的步骤为:

(1) 求偏导数 $f'_x(x,y), f'_y(x,y)$, 解方程组 $f'_x(x,y)=0, f'_y(x,y)=0$, 得到全部驻点;

(2) 对于每个驻点,求二阶偏导数的值,定出 B^2-AC 的符号,确定极值的情况;

(3) 求极值.

例 8-33 求函数 $f(x,y)=xy+\dfrac{50}{x}+\dfrac{20}{y}$ $(x>0,y>0)$ 的极值.

解 由
$$\begin{cases} f'_x=y-\dfrac{50}{x^2}=0 \\ f'_y=x-\dfrac{20}{y^2}=0 \end{cases}$$

得驻点为 $(5,2)$.

由
$$A=f''_{xx}\Big|_{(5,2)}=\dfrac{100}{x^3}\Big|_{(5,2)}=\dfrac{4}{5}$$
$$B=f''_{xy}\Big|_{(5,2)}=1$$
$$C=f''_{yy}\Big|_{(5,2)}=\dfrac{40}{y^3}\Big|_{(5,2)}=5$$

得 $B^2-AC=1-\dfrac{4}{5}\times 5=-3<0, A=\dfrac{4}{5}>0$

所以 $f(5,2)=30$ 是极小值.

例 8-34 求函数 $f(x,y)=x^3-3xy+y^3+5$ 的极值.

解 由 $\begin{cases} f'_x=3x^2-3y=0 \\ f'_y=3y^2-3x=0 \end{cases}$, 得全部驻点为 $(0,0)(1,1)$.

因为 $f''_{xx}=6x, f''_{xy}=-3, f''_{yy}=6y$. 对于点 $(0,0), B^2-AC=9>0$, 所以, $f(0,0)$ 不是极值; 对于点 $(1,1), B^2-AC=-27<0, A=6>0$, 所以 $f(1,1)=4$ 是极小值.

> **价值的启示**:"横看成岭侧成峰,远近高低各不同. 不识庐山真面目,只缘身在此山中",描绘的是庐山随着观察者角度不同,呈现出不同的样貌. 多元函数的图形,就像庐山一样连绵起伏,极大值在山顶取得,极小值则是出现在山谷. 人生就像连绵不断的曲面,起起落落是必经之路. 我们要努力做到:跌入低谷不气馁,伫立高峰不张扬.

8.4.2 最大值和最小值

在实际中,经常遇到求多元函数的最大值、最小值问题. 类似于一元函数,在有界闭区域 D 上连续的二元函数 $z=f(x,y)$, 一定在该区域上存在着最大值和最小值. 仿照一元函数最值的求法,求二元函数最值的步骤如下:

(1) 求出函数在 D 上的全部驻点和 D 上偏导数不存在的点;

(2) 计算 D 上的全部驻点、偏导数不存在的点及边界点的函数值;

(3) 比较上述函数值,最大者即为 D 上的最大值,最小者即为 D 上的最小值.

在一般的实际应用问题中,如果能由问题本身的性质判定出 D 内一定有最大值或最小值,且函数在 D 内只有一个驻点,那么这个驻点就是问题中所求的最值点.

例 8-35 把 108 分成三个正数,使三个数的平方和最小,求这三个数.

解 设三个数为 $x, y, 108-x-y$ ($x>0, y>0$),平方和为 F,则

$$F = x^2 + y^2 + (108-x-y)^2$$

由

$$\begin{cases} F'_x = 2x - 2(108-x-y) = 0 \\ F'_y = 2y - 2(108-x-y) = 0 \end{cases}$$

解得

$$\begin{cases} x = 36 \\ y = 36 \end{cases}$$

因为 $F''_{xx}=4, F''_{xy}=2, F''_{yy}=4$,所以,在点 $(36,36)$ 处,$B^2-AC<0, A>0$,于是 F 取得极小值. 因为只有一个驻点,极小值一定是最小值,所以当三个数均为 36 时,三个数的平方和最小.

8.4.3 条件极值问题

在实际问题中,求极值时,自变量往往受到一些条件限制,这类问题称为条件极值问题. 反之,称为无条件极值问题. 当条件简单时,条件极值可化为无条件极值来处理. 当条件较复杂时,求函数的极值往往采用求条件极值的方法——拉格朗日乘数法.

求目标函数 $u=f(x,y,z)$ 在约束条件 $\varphi(x,y,z)=0$ 下的极值的方法是:引入拉格朗日常数 λ,构造拉格朗日函数 $L(x,y,z)=f(x,y,z)+\lambda\varphi(x,y,z)$,列出方程组

$$\begin{cases} L'_x = f'_x + \lambda\varphi'_x = 0 \\ L'_y = f'_y + \lambda\varphi'_y = 0 \\ L'_z = f'_z + \lambda\varphi'_z = 0 \\ \varphi(x,y,z) = 0 \end{cases} \tag{8-9}$$

解出 x, y, z,由此得到可疑极值点,这种方法称为拉格朗日乘数法.

如果目标函数是二元函数,则上面的方程组可以简化为

$$\begin{cases} L'_x = f'_x + \lambda\varphi'_x = 0 \\ L'_y = f'_y + \lambda\varphi'_y = 0 \\ \varphi(x,y) = 0 \end{cases} \tag{8-10}$$

至于在可疑极值点是否取得极值,是取得极大值还是极小值,一般要讨论 d^2L 的正负号. 对于应用问题,一般都可以由实际意义断定在驻点取得最大值还是最小值,可以不必讨论.

例 8-36 在直线 $x+y=\dfrac{\pi}{2}$ 位于第一象限的那一部分上求一点,使该点横坐标的余弦

与纵坐标的余弦的乘积最大,并求出最大值.

解 设该点的坐标为(x,y),横坐标的余弦与纵坐标的余弦的乘积为F,则

目标函数为 $$F = \cos x \cos y$$

约束条件为 $$x + y = \frac{\pi}{2} \ (x \geqslant 0, y \geqslant 0)$$

构造拉格朗日函数 $$L(x,y) = \cos x \cos y + \lambda \left(x + y - \frac{\pi}{2}\right)$$

令
$$\begin{cases} L'_x = -\sin x \cos y + \lambda = 0 & (1) \\ L'_y = -\cos x \sin y + \lambda = 0 & (2) \\ x + y = \dfrac{\pi}{2} & (3) \end{cases}$$

式(1)-式(2)得 $$\sin(x - y) = 0$$

所以 $$x = y$$

代入式(3)得 $$x = y = \frac{\pi}{4}$$

因该函数F在$0 < x < \dfrac{\pi}{2}, 0 < y < \dfrac{\pi}{2}$内一定存在最大值(在端点处$F$为0,为最小值),所以可断定$F\left(\dfrac{\pi}{4}, \dfrac{\pi}{4}\right) = \dfrac{1}{2}$为最大值.

例 8-37 在椭圆$x^2 + 4y^2 = 4$上求与直线$3x + 4y - 9 = 0$的距离最近的点和最远的点.

解 此题是求点(x,y)到直线$3x + 4y - 9 = 0$的距离$d = \dfrac{|3x + 4y - 9|}{5}$的最值,如图8-14所示,条件是点要在椭圆$x^2 + 4y^2 = 4$上.因使$d^2$取得最值的点和与使$d$取得最值的点相同,所以,为计算方便将$d^2$作为目标函数.

设(x,y)为椭圆上的任一点,目标函数为$d^2 = \dfrac{(3x + 4y - 9)^2}{25}$,约束条件为$x^2 + 4y^2 = 4$.

构造拉格朗日函数 $$L = \frac{1}{25}(3x + 4y - 9)^2 + \lambda(x^2 + 4y^2 - 4)$$

$$\begin{cases} L'_x = \dfrac{2 \times 3}{25}(3x + 4y - 9) + 2\lambda x = 0 & (1) \\ L'_y = \dfrac{2 \times 4}{25}(3x + 4y - 9) + 8\lambda y = 0 & (2) \\ x^2 + 4y^2 = 4 & (3) \end{cases}$$

由式(1)、式(2)移项、相除得 $$x = 3y$$

代入式(3)得 $$y^2 = \frac{4}{13}$$

解得 $$y = \pm \frac{2}{\sqrt{13}}, \quad x = \pm \frac{6}{\sqrt{13}}$$

由实际情况可以断定:点$\left(\dfrac{6}{\sqrt{13}}, \dfrac{2}{\sqrt{13}}\right)$与直线$3x + 4y - 9 = 0$的距离最近,点

$\left(-\dfrac{6}{\sqrt{13}}, -\dfrac{2}{\sqrt{13}}\right)$ 与直线 $3x+4y-9=0$ 的距离最远.

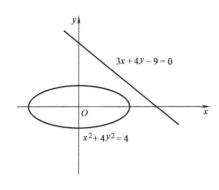

图 8-14

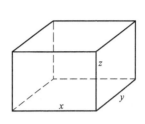

图 8-15

例 8-38 如图 8-15 所示,欲造一个无盖的长方体容器,已知底部造价为 3 元/m²,侧面造价均为 1 元/m²,现想用 36 元造一个体积最大的容器,求它的尺寸.

解 设容器的长、宽、高分别为 xm, ym, zm,容积为 Vm³,则

目标函数为 $\qquad V=xyz$

约束条件为 $\qquad 3xy+2yz+2zx=36$

构造拉格朗日函数 $\qquad L=xyz+\lambda(3xy+2yz+2zx-36)$

令
$$\begin{cases} L'_x = yz + \lambda(3y+2z) = 0 & (1)\\ L'_y = xz + \lambda(3x+2z) = 0 & (2)\\ L'_z = xy + \lambda(2y+2x) = 0 & (3)\\ 3xy+2yz+2yz = 36 & (4) \end{cases}$$

解得 $\qquad x=y=2,\ z=3$

因体积的最大值一定存在,所以当长、宽均为 2m,高为 3m 时,容器体积最大.

例 8-39 经过点 $(1,1,1)$ 的所有平面中,哪一个平面与坐标面在第一卦限所围的立体的体积最小,并求此最小体积.

解 如图 8-16 所示,设所求平面的截距为 a,b,c,所求体积为 V,则平面方程为

$$\dfrac{x}{a}+\dfrac{y}{b}+\dfrac{z}{c}=1$$

因为平面过点 $(1,1,1)$,所以 $\dfrac{1}{a}+\dfrac{1}{b}+\dfrac{1}{c}=1$,则

目标函数为 $\qquad V=\dfrac{1}{6}abc$

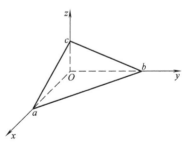

图 8-16

约束条件为 $\qquad \dfrac{1}{a}+\dfrac{1}{b}+\dfrac{1}{c}=1$

构造拉格朗日函数 $\qquad L=\dfrac{1}{6}abc+\lambda\left(\dfrac{1}{a}+\dfrac{1}{b}+\dfrac{1}{c}-1\right)$

令
$$\begin{cases} L'_a = \dfrac{1}{6}bc - \dfrac{\lambda}{a^2} = 0 \\ L'_b = \dfrac{1}{6}ac - \dfrac{\lambda}{b^2} = 0 \\ L'_c = \dfrac{1}{6}ab - \dfrac{\lambda}{c^2} = 0 \\ \dfrac{1}{a} + \dfrac{1}{b} + \dfrac{1}{c} - 1 = 0 \end{cases}$$

解得
$$a = b = c = 3$$

由问题的性质可知最小值必定存在,又因为驻点唯一,所以当平面为 $x+y+z=3$ 时,它与三个坐标面所围立体的体积 V 最小,这时

$$V = \dfrac{1}{6} \times 3^3 = \dfrac{9}{2}$$

由拉格朗日函数列出的方程组没有固定的解法,多数情况 λ 不必求出,只要通过前面的三个(或两个)方程去掉 λ,求出 x, y, z(或 x, y)的关系,然后代入最后一个方程中解出 x, y, z(或 x, y)即可,但也有的情况要先求出 λ. 所以要根据方程组的特点和题目的要求,采用灵活的方法.

另外,条件极值问题如果有两个条件,应设两个拉格朗日常数 λ, μ,构造拉格朗日函数 $L(x, y, z) = f(x, y, z) + \lambda\varphi(x, y, z) + \mu\psi(x, y, z)$,解法相似.

> 宇宙之大,粒子之微,火箭之速,化工之巧,地球之变,生物之谜,日用之繁,无处不用数学.
>
> ——华罗庚

习 题 8 – 4

1. 求下列函数的极值:

   (1) $z = x^2 + xy + y^2 + 3y + 3$; (2) $z = x^3 + y^3 - 3x^2 - 3y^2$;

   (3) $z = 4xy - x^4 - y^4$; (4) $z = e^{2x}(x + y^2 + 2y)$;

   (5) $z = xy + 2x - \ln x^2 y$; (6) $z = xy(1 - x - y)$.

2. 求 $u = xy$ 在条件 $x + y = 16$ 下的极大值.

3. 求 $u = \dfrac{1}{x} + \dfrac{1}{y}$ 在条件 $x + y = 2$ 下的极小值.

4. 求 $u = 9 - x^2 - y^2$ 在条件 $x + 3y = 10$ 下的极大值.

5. 求 $u = x^2 + y^2 + z^2$ 在条件 $x + y + z = 1$ 下的极小值.

6. 求斜边长为 $6\sqrt{2}$ 的一切直角三角形中周长为最大的直角三角形的边长.

7. 将周长为 30 的矩形绕它的一边旋转而构成一个圆柱体,问矩形的边长各为多少时,才能使圆柱体的体积最大?

8. 求抛物线 $y^2 = x$ 与直线 $y = x + 1$ 的最短距离.

9. 求曲线 $x^2 + xy + y^2 = 1$ 与原点的最短距离.

10. 一水平槽形状为圆柱,两端为半圆,容量为 8000m³,为使材料最少,长和半径应为多少?
11. 设容积为 54m³ 的开顶长方体蓄水池,当棱长为多少时,表面积最小.
12. 求对角线长度为 $5\sqrt{3}$ 的最大长方体的体积.
13. 在球面 $x^2+y^2+z^2=4$ 上求出与点 $(3,1,-1)$ 距离最近的点和距离最远的点.

背景聚焦

蜂窝猜想——蜜蜂是世界上工作效率最高的建筑者

对自然的深刻研究是数学发现最丰富的源泉.

——傅里叶

加拿大科学记者德富林在《环球邮报》上撰文称,经过 1600 年努力,数学家终于证明蜜蜂是世界上工作效率最高的建筑者.

公元 4 世纪古希腊数学家佩波斯提出,蜂窝的优美形状,是自然界最有效劳动的代表.他猜想,人们所见到的、截面呈六边形的蜂窝,是蜜蜂采用最少量的蜂蜡建造成的.他的这一猜想称为"蜂窝猜想",但这一猜想一直没有人能证明.

美国密歇根大学数学家黑尔宣称,他已破解这一猜想.

蜂窝是一座十分精密的建筑工程.蜜蜂建巢时,青壮年工蜂负责分泌片状新鲜蜂蜡,每片只有针头大小而另一些工蜂则负责将这些蜂蜡仔细摆放到一定的位置,以形成竖直六面柱体.每一面蜂蜡隔墙厚度及误差都非常小.六面隔墙宽度完全相同,墙之间的角度正好 120 度,形成一个完美的几何图形.人们一直疑问,蜜蜂为什么不让其巢室呈三角形、正方形或其他形状呢?隔墙为什么呈平面,而不是呈曲面呢?虽然蜂窝是一个三维体建筑,但每一个蜂巢都是六面柱体,而蜂蜡墙的总面积仅与蜂巢的截面有关.由此引出一个数学问题,即寻找面积最大、周长最小的平面图形.

1943 年,匈牙利数学家陶斯巧妙地证明,在所有首尾相连的正多边形中,正六边形的周长是最小的.但如果多边形的边是曲线时,会发生什么情况呢?陶斯认为,正六边形与其他任何形状的图形相比,它的周长最小,但他不能证明这一点.而黑尔在考虑了周边是曲线时,无论是曲线向外凸,还是向内凹,都证明了由许多正六边形组成的图形周长最小.他已将 19 页的证明过程放在互联网上,许多专家都已看到了这一证明,认为黑尔的证明是正确的.

蜂窝结构在工程设计中应用广泛,特别是在航天工业中对于减轻飞机重量、节约材料、减少应力集中、增加疲劳寿命、降低成本等都有重要意义.

自然的调和与规律,从宇宙星辰到微观的 DNA 构造,都可用数与形来表达,并且结晶在数学美之中.大自然无穷的宝藏,不但提供我们研究的题材,而且还启示方法.

8.5 二重积分

8.5.1 二重积分的概念与性质

二重积分是定积分的推广.定积分是一元函数"和式"的极限,而二重积分同样是二元函数"和式"的极限,在本质上是相同的.下面从实际问题出发,引出二重积分的定义.

1. 引例

引例 1 求曲顶柱体的体积

如图 8-17 所示,曲顶柱体是以二元函数 $z=f(x,y)$ $(z\geqslant 0)$ 为曲顶面,以其在 Oxy 面的投影区域 D 为底面,以通过 D 的边界且母线平行于 z 轴的柱面为侧面所围成的立体.

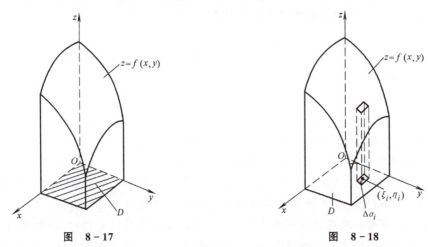

图 8-17　　　　　图 8-18

下面仿照求曲边梯形面积的方法来求曲顶柱体的体积.

将 D 任意分割成 n 个小闭区域 $\Delta\sigma_i$ $(i=1,2,3,\cdots,n)$,$\Delta\sigma_i$ 同时也表示第 i 个小闭区域的面积,相应地,曲顶柱体被分成 n 个小曲顶柱体.在 $\Delta\sigma_i$ 上任取 (ξ_i,η_i),对应的小曲顶柱体体积近似为平顶柱体体积 $f(\xi_i,\eta_i)\Delta\sigma_i$,如图 8-18 所示.把所有小柱体体积加起来得台阶柱体的体积 $\sum\limits_{i=1}^{n}f(\xi_i,\eta_i)\Delta\sigma_i$,再让分割无限变细:记 λ 为所有小区域的最大直径,令 $\lambda\to 0$,取极限 $V=\lim\limits_{\lambda\to 0}\sum\limits_{i=1}^{n}f(\xi_i,\eta_i)\Delta\sigma_i$,就是曲顶柱体的体积,如图 8-19 所示.

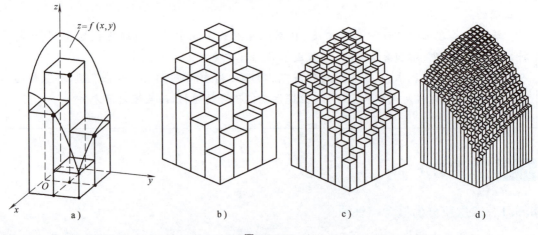

图 8-19

引例 2 求质量非均匀分布的平面薄片的质量.

如图 8-20 所示,设在 Oxy 面上有一平面薄片 D,它在点 (x,y) 的面密度为 $\rho(x,y)$,则整个薄片 D 的质量也可通过分割、近似、求和、取极限的方法得到

$$M = \lim_{\lambda \to 0} \sum_{i=1}^{n} \rho(\xi_i,\eta_i) \Delta \sigma_i$$

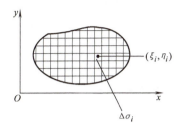

图 8-20

虽然上面两个例子的意义是不同的,但解决问题的数学方法是相同的,都是求和式的极限,元素都是小的面积,于是引出二重积分的定义.

2. 二重积分的定义

定义 7 设 $f(x,y)$ 在有界闭域 D 上有界,将 D 任意分成 n 份:$\Delta\sigma_1, \Delta\sigma_2, \cdots, \Delta\sigma_n$,它们的面积也用 $\Delta\sigma_i$ 表示,在第 i 份上任取 (ξ_i,η_i),记 λ 为所有小区域的最大直径,如果极限 $\lim\limits_{\lambda \to 0} \sum\limits_{i=1}^{n} f(\xi_i,\eta_i) \Delta\sigma_i$ 存在,则称该极限为 $f(x,y)$ 在 D 上的**二重积分**,记作

$$\iint\limits_{D} f(x,y) \mathrm{d}\sigma = \lim_{\lambda \to 0} \sum_{i=1}^{n} f(\xi_i,\eta_i) \Delta\sigma_i$$

其中 D 称为**积分区域**,$f(x,y)$ 称为**被积函数**,$\mathrm{d}\sigma$ 称为**面积元素**.

给出二重积分的定义后,引例 1 可用二重积分表示为 $V = \iint\limits_{D} f(x,y) \mathrm{d}\sigma$,引例 2 可以表示为 $M = \iint\limits_{D} \rho(x,y) \mathrm{d}\sigma$.

可以证明:如果函数 $f(x,y)$ 在闭区域 D 上连续,则 $f(x,y)$ 在 D 上的二重积分存在.

此外,如果函数 $f(x,y)$ 在闭区域 D 上有界,且除去有限条线和有限个点外都连续,则 $f(x,y)$ 在 D 上的二重积分也存在.

3. 二重积分的几何意义

当 $f(x,y) \geqslant 0$ 时,$\iint\limits_{D} f(x,y) \mathrm{d}\sigma$ 表示一个以 $z=f(x,y)$ 为曲顶的曲顶柱体的体积;当 $f(x,y) \leqslant 0$ 时,$\iint\limits_{D} f(x,y) \mathrm{d}\sigma$ 表示一个以 $z=f(x,y)$ 为曲顶的曲顶柱体体积的负值;当 $f(x,y)$ 连续,且在 D_1 上 $f(x,y) \geqslant 0$,在 D_2 上 $f(x,y) \leqslant 0$,$D_1 \cup D_2 = D$,则 $\iint\limits_{D} f(x,y) \mathrm{d}\sigma$ 表示曲面在 Oxy 面上方的曲顶柱体体积与在 Oxy 面下方曲顶柱体体积的差.

例 8-40 根据二重积分的几何意义,确定积分 $\iint\limits_{D} \sqrt{a^2-x^2-y^2} \mathrm{d}\sigma$ 的值,其中 D 为 $x^2+y^2 \leqslant a^2$.

解 如图 8-21 所示,因为 $z = \sqrt{a^2-x^2-y^2}$ 是上半圆球面,所以该积分的几何意义是半个圆球的体积,故

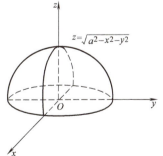

图 8-21

$$\iint\limits_D \sqrt{a^2-x^2-y^2}\,d\sigma = \frac{2}{3}\pi a^3 \quad \left(\text{圆球的体积为}\frac{4}{3}\pi a^3\right)$$

4. 二重积分的性质

性质 1 $\iint\limits_D kf(x,y)\,d\sigma = k\iint\limits_D f(x,y)\,d\sigma$

性质 2 $\iint\limits_D [f(x,y)\pm g(x,y)]\,d\sigma = \iint\limits_D f(x,y)\,d\sigma \pm \iint\limits_D g(x,y)\,d\sigma$

性质 3 若 D 被分成两部分 D_1,D_2，则 $\iint\limits_D f(x,y)\,d\sigma = \iint\limits_{D_1} f(x,y)\,d\sigma + \iint\limits_{D_2} f(x,y)\,d\sigma$.

性质 4 $\iint\limits_D 1\,d\sigma = S$（$S$ 为 D 的面积）

性质 5 在 D 上，若 $f(x,y)\leqslant g(x,y)$，则 $\iint\limits_D f(x,y)\,d\sigma \leqslant \iint\limits_D g(x,y)\,d\sigma$.

性质 6 $\left|\iint\limits_D f(x,y)\,d\sigma\right| \leqslant \iint\limits_D |f(x,y)|\,d\sigma$

性质 7 在 D 上，若 $m\leqslant f(x,y)\leqslant M$，则 $mS \leqslant \iint\limits_D f(x,y)\,d\sigma \leqslant MS$（$S$ 为 D 的面积）.

性质 8（积分中值定理） 若 $f(x,y)$ 在 D 上连续，则在 D 上一定存在一点 (ξ,η)，使

$$\iint\limits_D f(x,y)\,d\sigma = f(\xi,\eta)S \quad (S \text{ 为 } D \text{ 的面积})$$

例 8-41 比较二重积分 $\iint\limits_D \ln(x+y)\,d\sigma$ 与 $\iint\limits_D [\ln(x+y)]^2\,d\sigma$ 的大小，其中 D 是三角形闭区域，三顶点分别为 $(1,0)$，$(1,1)$，$(2,0)$，如图 8-22 所示.

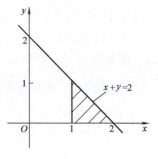

图 8-22

解 由于在给出的区域 D 内所有点均在直线 $x+y=2$ 的下方，于是

$$1\leqslant x+y\leqslant 2$$
$$0\leqslant \ln(x+y)\leqslant \ln 2 < 1$$
$$\ln(x+y)\geqslant [\ln(x+y)]^2$$

故

$$\iint\limits_D \ln(x+y)\,d\sigma \geqslant \iint\limits_D [\ln(x+y)]^2\,d\sigma$$

例 8-42 估计二重积分 $\iint\limits_D (x+3y+7)\,d\sigma$ 的值，其中 D 是由 $0\leqslant x\leqslant 1, 0\leqslant y\leqslant 2$ 围成的区域.

解 因为 $7\leqslant x+3y+7\leqslant 14$，$D$ 的面积为 2，所以

$$m\sigma \leqslant \iint\limits_D (x+3y+7)\,d\sigma \leqslant M\sigma$$

$$14 \leqslant \iint\limits_D (x+3y+7)\,d\sigma \leqslant 28$$

5. 对称区域上奇、偶函数的积分

一元函数在对称区间上,奇函数的积分为零,偶函数的积分为二倍关系,二重积分也有类似的性质.

对于 $\iint_D f(x,y) d\sigma$,设区域 D 关于变量 x(或 y)的范围是对称的,若被积函数关于 x(或 y)是奇函数,则二重积分为零;若被积函数关于 x(或 y)是偶函数,则二重积分为二倍关系.

例 8-43 设 D 是由 $x+y=1, x-y=1$ 及 $x=0$ 所围成的三角形,根据二重积分的对称性计算二重积分 $\iint_D y d\sigma$.

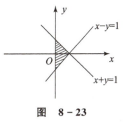

图 8-23

解 画出积分区域 D 的草图,如图 8-23 所示。可见 D 关于变量 y 对称,而被积函数 $f(x,y)=y$ 关于 y 是奇函数,因此 $\iint_D y d\sigma = 0$。

例 8-44 利用区域的对称性,将二重积分 $\iint_D (x^2 y^2 + x^3 y^2) d\sigma$ 化简,其中 $D: -1 \leqslant x \leqslant 1, -1 \leqslant y \leqslant 1$.

解 因为 D 关于 x, y 的范围均对称,被积函数中 $x^3 y^2$ 关于 x 是奇函数,所以

$$\iint_D x^3 y^2 d\sigma = 0$$

又因为被积函数中 $x^2 y^2$ 关于 x 和 y 均为偶函数,所以

$$\iint_D x^2 y^2 d\sigma = 4 \iint_{\substack{0 \leqslant x \leqslant 1 \\ 0 \leqslant y \leqslant 1}} x^2 y^2 d\sigma$$

所以

$$\iint_D (x^2 y^2 + x^3 y^2) d\sigma = 4 \iint_{\substack{0 \leqslant x \leqslant 1 \\ 0 \leqslant y \leqslant 1}} x^2 y^2 d\sigma$$

背景聚焦

欧拉——我们一切人的老师

欧拉(L. Euler,1707.4.15—1783.9.18)是瑞士数学家,生于瑞士的巴塞尔,卒于圣彼得堡.父亲保罗·欧拉是位牧师,喜欢数学,所以欧拉从小就受到这方面的熏陶.但父亲却执意让他攻读神学,以便将来接他的班.幸运的是,欧拉并没有走父亲为他安排的路.父亲曾在巴塞尔大学上过学,与当时著名数学家约翰·伯努利及雅各布·伯努利有几分情谊.由于这种关系,1720 年,由约翰保举,才 13 岁的欧拉成了巴塞尔大学的学生,17 岁的时候成为该大学有史以来最年轻的硕士,并成为约翰的助手.

欧拉有着惊人的记忆力.他能背诵前一百个质数的前十次幂,能背诵罗马诗人维吉尔的史诗 Aeneil,能背诵全部的数学公式.直至晚年,他还能复述年轻时的笔记的全部内容.他可以用心算来完成高等数学的计算.

欧拉本人虽不是教师,但他对教学的影响超过任何人.他编写的《无穷小分析引论》《微分法》和《积分法》产生了深远的影响.有的学者认为,自从 1784 年以后,初等微积分和

高等微积分教科书基本上都抄袭欧拉的书,或者抄袭那些抄袭欧拉的书.欧拉在这方面与其他数学家如高斯、牛顿等都不同,他们所写的书一是数量少,二是艰涩难明,别人很难读懂.而欧拉的文字轻松易懂,他从来不压缩字句,总是津津有味地把他那丰富的思想和广泛的兴趣写得有声有色.在普及教育和科研中,欧拉意识到符号的简化和规则化既有助于学生的学习,又有助于数学的发展,所以欧拉创立了许多新的符号,如用 sin、cos 等表示三角函数,用 e 表示自然对数的底,用 $f(x)$ 表示函数,用 $\sum$ 表示求和,用 i 表示虚数等.

欧拉 19 岁毕业时,在瑞士没有找到合适的工作.1727 年春,他离开了自己的祖国,来到俄国的圣彼得堡科学院,并顺利地获得了高等数学副教授的职位.1733 年,年仅 26 岁的欧拉成为数学教授及圣彼得堡科学院数学部的领导人.

在这期间,欧拉发表了大量优秀的数学论文,以及其他方面的论文、著作.古典力学的基础是牛顿奠定的,而欧拉则是其主要建筑师.1736 年欧拉出版了《力学,或解析地叙述运动的理论》,最早明确地提出质点或粒子的概念,最早研究质点沿任意一曲线运动时的速度,并在有关速度与加速度问题上应用矢量的概念.同时,他创立了分析力学、刚体力学,研究和发展了弹性理论、振动理论以及材料力学.

欧拉研究问题最鲜明的特点是:他把数学研究之手深入到自然与社会的深层.他不仅是位杰出的数学家,也是位理论联系实际的巨匠,是应用数学大师.他喜欢搞特定的具体问题,而不像其他很多数学家那样,热衷于搞一般理论.

正因为欧拉所研究的问题都是与当时的生产实际、社会需要和军事需要等紧密相连,所以欧拉的创造才能才得到充分发挥,取得惊人的成就.欧拉在搞科学研究的同时,还把数学应用到实际之中,为当时的俄国政府解决了很多科学难题,为社会作出了重要的贡献:如菲诺运河的改造方案,宫廷排水设施的设计审定,为学校编写教材,帮助政府测绘地图.另外,他还为科学院机关刊物写评论并长期主持委员会工作.他不但为科学院做大量工作,而且挤出时间在大学里讲课,作公开演讲,编写科普文章,为气象部门提供天文数据,协助建筑单位进行设计结构的力学分析.尽管欧拉十分热爱自己的第二故乡,但为了科学事业,他还是在 1741 年暂时离开了圣彼得堡科学院,到柏林科学院任职,任数学物理所所长.

在柏林工作期间,他将数学成功地应用于其他科学技术领域,写出了几百篇论文,而他一生中许多重大的成果也都是这期间得到的.例如,有巨大影响的《无穷小分析引论》《微分学原理》,即是这期间出版的.此外,他研究了天文学,并与达朗贝尔、拉格朗日一起成为天体力学的创立者,发表了《行星和彗星的运动理论》《月球运动理论》《日食的计算》等著作.在欧拉时代还不分什么纯粹数学和应用数学,对他来说,整个物理世界正是他数学方法的用武之地.他研究了流体的运动性质,建立了理想流体运动的基本微分方程,发表了《流体运动原理》和《流体运动的一般原理》等论文,成为流体力学的创始人.他不但把数学应用于自然科学,而且还把某一学科所得到的成果应用于另一学科.比如,他把自己所建立的理想流体运动的基本方程用于人体血液的流动,从而在生物学上添上了他的贡献;又以流体力学、潮汐理论为基础,丰富和发展了船舶设计制造及航海理论,出版了《航海科学》一书,并以一篇《论船舶的左右及前后摇晃》的论文,荣获巴黎科学院奖金.不仅如此,他还为普鲁士王国解决了大量社会实际问题.

1766年,年已花甲的欧拉应邀回到圣彼得堡.然而,由于俄罗斯气候严寒以及工作的劳累,欧拉的眼睛失明了,从此欧拉陷入伸手不见五指的黑暗之中.但欧拉是坚强的,他用口授、别人记录的方法坚持写作.他先集中精力撰写了《微积分原理》一书,在这部三卷本巨著中,欧拉系统地阐述了微积分发明以来的所有积分学的成就,其中充满了欧拉精辟的见解.1768年,《积分学原理》第一卷在圣彼得堡出版;1770年第三卷出版.正当欧拉在黑暗中搏斗时,厄运又一次向他袭来.1771年,圣彼得堡一场大火殃及欧拉的住宅,把欧拉包围在大火中,是一位仆人冒着生命危险把欧拉从大火中背了出来.

欧拉虽然幸免于难,可他的藏书及大量的研究成果都化为灰烬.资料被焚,又双目失明,在这种情况下,他完全凭着坚强的意志和惊人的记忆力,复原所作过的研究.欧拉的记忆力也确实罕见,他能够完整地背诵出几十年前的笔记内容,数学公式更能倒背如流.他用这种方法又发表了论文400多篇以及多部专著,几乎占他全部著作的半数以上.1774年他把自己多年来研究变分问题所取得的成果集中发表在《寻求具有某种极大或极小性质的曲线的技巧》一书中,从而创立了一个新的分支——变分法.另外,欧拉还解决了牛顿没有解决的月球运动问题,首创月球绕地球运动的精确理论.为了更好地进行天文观测,他曾研究了光学、天文望远镜和显微镜,研究了光通过各种介质的现象和有关的分色效应,提出了复杂的物镜原理,并发表过有关光学仪器的专著,对望远镜和显微镜的设计计算理论做出过开创性的贡献.在1771年他又发表了总结性著作《屈光学》.

欧拉从19岁开始写作,直到逝世,留下了浩如烟海的论文、著作.就科研成果方面来说,欧拉是数学史上或者说是自然科学史上首屈一指的.

作为这样一位科学巨人,生活中的他却性情温和、开朗,喜欢交际.欧拉结过两次婚,有13个孩子.他热爱家庭的生活,常常和孩子们一起做科学游戏、讲故事.

欧拉旺盛的精力和钻研精神一直坚持到生命的最后一刻.1783年9月18日下午,欧拉一边和小孙女逗着玩,一边思考着计算天王星的轨迹,突然,他从椅子上滑下来,嘴里轻声说:"我死了."一位科学巨匠就这样停止了生命.

历史上,能跟欧拉相比的人的确不多,也有的历史学家把欧拉和阿基米德、牛顿、高斯列为有史以来贡献最大的四位数学家,依据是他们都有一个共同点,就是在创建纯粹理论的同时,还应用这些数学工具去解决大量天文、物理和力学等方面的实际问题.他们不断地从实践中吸取丰富的营养,但又不满足于具体问题的解决,而是把宇宙看作是一个有机的整体,力图揭示它的奥秘和内在规律.

由于欧拉出色的工作,后世的著名数学家都极度推崇他.大数学家拉普拉斯说过:"读读欧拉,这是我们一切人的老师."被誉为数学王子的高斯也曾说过:"对于欧拉工作的研究,将仍旧是对于数学的不同范围的最好的学校,并且没有别的可以替代它."

编摘自 http://www.c-math.org/big5/history/celeb/004.htm

8.5.2 二重积分的直角坐标计算法

在直角坐标系中,常用平行于坐标轴的直线网来分割 D,那么,除了包含边界点的小闭区域外,其余小闭区域都是矩形闭区域.设矩形小闭区域的边长为 Δx 和 Δy,则其面积为 $\Delta \sigma = \Delta x \Delta y$,如图 8-24 所示,从而面积元素为 $d\sigma = dx dy$,于是二重积分可记作

$$\iint_D f(x,y) d\sigma = \iint_D f(x,y) dx dy$$

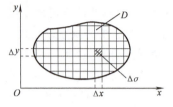

图 8-24

计算二重积分的基本思想是将二重积分转化为二次积分.根据曲面 $z=f(x,y)$ 在 Oxy 面上投影区域 D 的特点,把问题分成以下几种类型:

(1) 如图 8-25 所示,若积分闭区域 D 是由不等式 $a \leqslant x \leqslant b, y_1(x) \leqslant y \leqslant y_2(x)$ 来表示的,则称 D 为 **x 型域**.

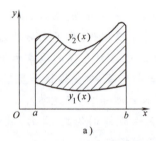
a)

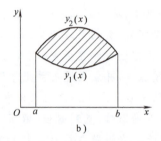
b)

图 8-25

由二重积分的几何意义,二重积分 $\iint_D f(x,y) d\sigma$ 表示以 D 为底,以曲面 $z=f(x,y)$ 为顶的曲顶柱体的体积,如图 8-26 所示.下面先计算这个曲顶柱体的体积.

在 x 轴上任意固定点 x $(a<x<b)$,过该点用垂直于 x 轴的平面去截曲顶柱体,所得截面是以区间 $[y_1(x), y_2(x)]$ 为底,以曲线 $z=f(x,y)$(当 x 取固定值时,$z=f(x,y)$ 就代表曲线)为曲边的曲边梯形,如图 8-26 中阴影部分所示,其面积为

$$A(x) = \int_{y_1(x)}^{y_2(x)} f(x,y) dy$$

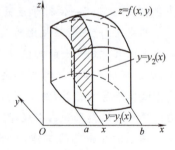

图 8-26

由计算平行截面面积为已知的立体体积的方法,得到曲顶柱体的体积为

$$V = \int_a^b A(x) dx = \int_a^b \left[\int_{y_1(x)}^{y_2(x)} f(x,y) dy \right] dx$$

由于这个体积值就是所求二重积分的值,故二重积分可化为二次积分,即

$$\iint_D f(x,y) d\sigma = \int_a^b \left[\int_{y_1(x)}^{y_2(x)} f(x,y) dy \right] dx = \int_a^b dx \int_{y_1(x)}^{y_2(x)} f(x,y) dy \qquad (8-11)$$

(2) 如图 8-27 所示,若积分闭区域 D 是由不等式 $c \leqslant y \leqslant d, x_1(y) \leqslant x \leqslant x_2(y)$ 来表示的,则称 D 为 **y 型域**.

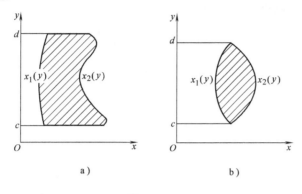

图 8-27

仿照上述方法,用垂直于 y 轴的平面去截曲顶柱体,如图 8-28 所示,类似可得

$$\iint\limits_D f(x,y)\mathrm{d}\sigma = \int_c^d \left[\int_{x_1(y)}^{x_2(y)} f(x,y)\mathrm{d}x \right] \mathrm{d}y = \int_c^d \mathrm{d}y \int_{x_1(y)}^{x_2(y)} f(x,y)\mathrm{d}x \qquad (8-12)$$

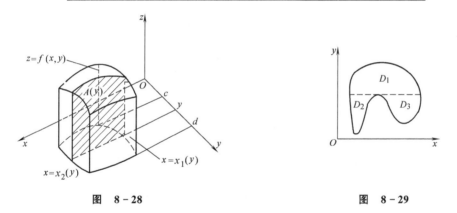

图 8-28　　　　　　　　　　图 8-29

(3) 若积分闭区域 D 既不是 x 型域,也不是 y 型域,那么可将 D 分割,使其被分割的各部分为 x 型域或 y 型域,如图 8-29 所示.

利用直角坐标计算二重积分的一般步骤:

(1) 先画出积分区域的草图,求出边界相交曲线的交点;

(2) 根据积分区域的特点确定为 x 型域或 y 型域,利用公式将二重积分化成二次积分;

(3) x 型域先算对 y 的积分,视 x 为常数,然后再将第一次积分的运算结果对 x 积分. y 型域与之相反.

例 8-45 计算 $\iint\limits_D \dfrac{x^3}{1+y^2}\mathrm{d}x\mathrm{d}y$,其中 D 是由 $0 \leqslant x \leqslant 2, 0 \leqslant y \leqslant 1$ 围成的矩形区域.

解法 1 画出 D 的草图,如图 8-30 所示,由于区域是矩形域,认为是 x 型域或 y 型域都可以. 视为 x 型域得

$$\iint\limits_D \frac{x^3}{1+y^2}\mathrm{d}\sigma = \int_0^2 \mathrm{d}x \int_0^1 \frac{x^3}{1+y^2}\mathrm{d}y = \int_0^2 x^3 [\arctan y]_0^1 \mathrm{d}x$$

$$= \int_0^2 x^3 \times \frac{\pi}{4} \mathrm{d}x = \frac{\pi}{4} \left[\frac{x^4}{4} \right]_0^2 = \pi$$

解法 2 视为 y 型域得

$$\iint_D \frac{x^3}{1+y^2} \mathrm{d}\sigma = \int_0^1 \mathrm{d}y \int_0^2 \frac{x^3}{1+y^2} \mathrm{d}x \text{(计算对 } x \text{ 的积分时，视 } y \text{ 为常数)}$$

$$= \int_0^1 \frac{1}{1+y^2} \times \left[\frac{1}{4} x^4 \right]_0^2 \mathrm{d}y = \int_0^1 \frac{1}{1+y^2} \times 4 \mathrm{d}y$$

$$= 4 [\arctan y]_0^1 = \pi$$

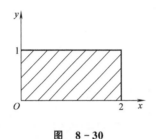

图 8-30

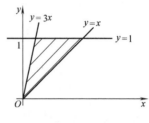

图 8-31

例 8-46 计算 $\iint_D y^3 \mathrm{d}\sigma$，其中 D 是由 $y=x, y=3x$ 及 $y=1$ 围成的闭区域.

解 画出 D 的草图，如图 8-31 所示，视为 y 型域，于是

$$\iint_D y^3 \mathrm{d}\sigma = \int_0^1 \mathrm{d}y \int_{\frac{y}{3}}^{y} y^3 \mathrm{d}x = \int_0^1 y^3 \left(y - \frac{y}{3} \right) \mathrm{d}y$$

$$= \int_0^1 \frac{2}{3} y^4 \mathrm{d}y = \frac{2}{15} \left[y^5 \right]_0^1 = \frac{2}{15}$$

例 8-47 计算 $\iint_D x^2 y \mathrm{d}\sigma$，其中 D 是由 $y=x^2$ 及 $y=2-x^2$ 围成的闭区域.

解 画出 D 的草图，如图 8-32 所示，视为 x 型域. 由于区域 D 关于变量 x 对称，而被积函数关于 x 是偶函数，于是

$$\iint_D x^2 y \mathrm{d}\sigma = 2 \int_0^1 \mathrm{d}x \int_{x^2}^{2-x^2} x^2 y \mathrm{d}y = 2 \int_0^1 x^2 \left[\frac{1}{2} y^2 \right]_{x^2}^{2-x^2} \mathrm{d}x$$

$$= 4 \int_0^1 (x^2 - x^4) \mathrm{d}x = 4 \times \left[\frac{1}{3} x^3 - \frac{1}{5} x^5 \right]_0^1$$

$$= \frac{8}{15}$$

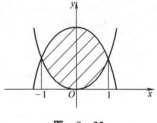

图 8-32

解题时，把积分区域视为 x 型域还是 y 型域要根据题的特点，以简便计算为原则来确定.

以下题为例，通过把积分区域视为 x 型域和视为 y 型域分两种解法求解，就可看出两种求解哪一种较为简便，其中有的解法需将积分区间分成几部分，分别计算后再求和.

例 8-48 计算 $\iint_D x \mathrm{d}\sigma$，其中 D 是由 $y=\frac{1}{x}, y=x, x=2$ 围成的闭区域.

解法 1 画出 D 的草图，如图 8-33a 所示，视为 x 型域，于是

$$\iint_D x\,d\sigma = \int_1^2 dx \int_{\frac{1}{x}}^{x} x\,dy = \int_1^2 x\left(x - \frac{1}{x}\right)dx$$

$$= \int_1^2 (x^2 - 1)dx = \left[\frac{x^3}{3} - x\right]_1^2 = \frac{4}{3}$$

解法 2 如图 8-33b 所示,若视为 y 型域,此时需将积分区间分成两部分计算,于是

$$\iint_D x\,d\sigma = \iint_{D_1} x\,d\sigma + \iint_{D_2} x\,d\sigma = \int_{\frac{1}{2}}^{1} dy \int_{\frac{1}{y}}^{2} x\,dx + \int_1^2 dy \int_y^2 x\,dx$$

$$= \frac{1}{2}\int_{\frac{1}{2}}^{1}\left(4 - \frac{1}{y^2}\right)dy + \frac{1}{2}\int_1^2 (4 - y^2)dy$$

$$= \frac{1}{2}\left[4y + \frac{1}{y}\right]_{\frac{1}{2}}^{1} + \frac{1}{2}\left[4y - \frac{y^3}{3}\right]_1^2 = \frac{4}{3}$$

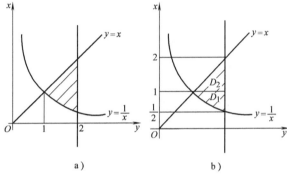

图 8-33

显然该题视为 x 型域比视为 y 型域更简便.

把积分区域视为 x 型域还是 y 型域,决定的办法可以用一个带有箭头的直线,沿坐标轴的方向穿越区域,看在该区域上是否具有一致性.向上的箭头决定的是 x 型域,向右的箭头决定的是 y 型域.

例 8-49 计算 $\iint_D \dfrac{x}{y^2+y+2}d\sigma$,其中 D 是由 $y^2 = x, y = x - 2$ 围成的闭区域.

解 画出 D 的草图,如图 8-34a 所示,用水平箭头穿过区域,箭头穿过的两条线为 $x = y^2$ 和 $x = y + 2$,所以视为 y 型域,于是

$$\iint_D \frac{x}{y^2+y+2}d\sigma = \int_{-1}^{2} dy \int_{y^2}^{y+2} \frac{x}{y^2+y+2}dx$$

$$= \int_{-1}^{2} \frac{1}{2}\left[\frac{x^2}{y^2+y+2}\right]_{y^2}^{y+2} dy = \frac{1}{2}\int_{-1}^{2} \frac{(y+2)^2 - y^4}{y^2+y+2}dy$$

$$= \frac{1}{2}\int_{-1}^{2}(y+2-y^2)dy = \frac{1}{2}\left[\frac{1}{2}y^2 + 2y - \frac{1}{3}y^3\right]_{-1}^{2} = \frac{9}{4}$$

上例积分区域若视为 x 型域,用向上的箭头穿越区域,就可看出其不具有一致性,如图 8-34b 所示,需把区域分成两部分计算,这种情况计算量较大,读者可自己验证.

计算二重积分时,恰当选择积分次序十分重要.它不仅涉及繁简的问题,而且涉及能否算出积分值的问题.

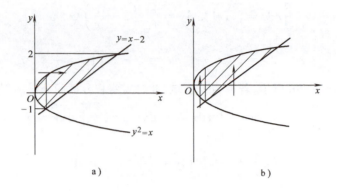

图 8-34

例 8-50 计算 $\iint\limits_{D}\dfrac{\sin y}{y}\mathrm{d}\sigma$,其中 D 由直线 $y=x, x=0, y=\dfrac{\pi}{2}, y=\pi$ 所围成.

解 如图 8-35 所示,若视为 x 型域,则会遇到"积不出来"的积分 $\int\dfrac{\sin y}{y}\mathrm{d}y$,所以应视为 y 型域.

$$\iint\limits_{D}\dfrac{\sin y}{y}\mathrm{d}\sigma=\int_{\frac{\pi}{2}}^{\pi}\mathrm{d}y\int_{0}^{y}\dfrac{\sin y}{y}\mathrm{d}x=\int_{\frac{\pi}{2}}^{\pi}\dfrac{\sin y}{y}(y-0)\mathrm{d}y$$
$$=-\cos y\Big|_{\frac{\pi}{2}}^{\pi}=1$$

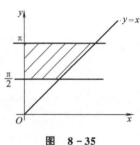

图 8-35

> 数无形时少直觉,形少数时难入微,数与形,本是相倚依,焉能分作两边飞.
> ——华罗庚

数学文摘

求面积的仪器

人类很早就懂得怎么量长度,裁缝桌上的皮尺可以量直线的长也可以量曲线的长.但是如果有一块不规则的区域,我们是不是有一把量面积的"尺",可以像裁缝量胸围、量腰围这样简单的操作就可以"读出"一个面积呢?

历史上第一台求面积的仪器"求积仪 Planimeter"是在 1814 年由一位巴伐利亚的工程师赫尔曼发明的.这台求积仪可能在操作上不很实际,到了 1854 年由瑞士数学家阿穆斯勒发明的求积仪由于简单又实用,从那时起一直沿用了一百多年以后才被计算机扫描取代.图 8-36 所示的这台求积仪是由两根约二十厘米长的杆子组成.第一根杆子称为极臂,臂的一端称为极座.操作的时候将极座先固定在纸上适当的位置.极臂的另一端是一个活动关节,连接到称为描迹臂的第二根杆子.描迹臂的顶端有一根针,针尖朝下.在靠关节的这端有一个轮面与臂垂直的转轮附在上面.

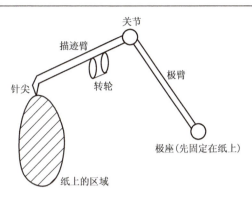

图 8-36

操作的时候,(用手)持着针沿纸上一块区域的边缘扫描一圈.随着针尖的扫描,轮子会前后转动.针尖扫描一圈后,轮子转出的刻度和描迹臂长度的乘积就是区域的面积.求积仪的原理利用了二重积分基本概念和方法.

8.5.3 二重积分的几何应用

根据二重积分的几何意义知,曲顶柱体的体积为:$V = \iint\limits_{D} f(x,y) \mathrm{d}\sigma$ $(f(x,y) \geqslant 0)$.

例 8-51 求柱体 $x^2+y^2=4$ 被平面 $z+y=3$ 及 $z=0$ 所截得的在第一卦限的立体的体积.

解 如图 8-37 所示,这是以 $z=3-y$ 为顶面,以 Oxy 面的区域 $x^2+y^2 \leqslant 4$,$x \geqslant 0, y \geqslant 0$ 为底面的柱体.所以

$$V = \iint\limits_{D}(3-y)\mathrm{d}\sigma$$
$$= \int_0^2 \mathrm{d}x \int_0^{\sqrt{4-x^2}}(3-y)\mathrm{d}y$$
$$= \int_0^2 \left(3y - \frac{y^2}{2}\right)\Big|_0^{\sqrt{4-x^2}} \mathrm{d}x$$
$$= \int_0^2 \left(3\sqrt{4-x^2} - \frac{4-x^2}{2}\right)\mathrm{d}x$$
$$= 3 \times \frac{4\pi}{4} - \frac{1}{2}\left(4x - \frac{x^3}{3}\right)\Big|_0^2 = 3\pi - \frac{8}{3}$$

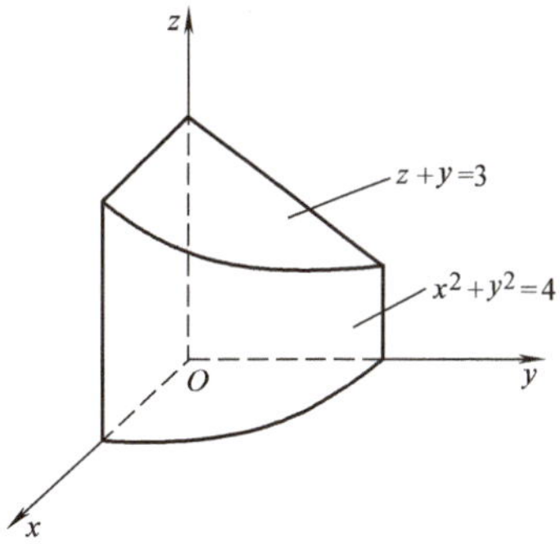

图 8-37

例 8-52 求由圆柱面 $x^2+y^2=R^2$ 与 $x^2+z^2=R^2$ 所围成的立体的体积.

解 如图 8-38 所示,利用对称性,整个立体的体积 V 是在第一卦限的立体体积的 8 倍.而在第一卦限的立体可以理解为以 $z=\sqrt{R^2-x^2}$ 为曲顶,以 Oxy 面的区域 $x^2+y^2 \leqslant R^2$,$x \geqslant 0, y \geqslant 0$ 为底面的柱体.所以

$$V = 8\iint_D \sqrt{R^2-x^2}\,d\sigma$$
$$= 8\int_0^R dx \int_0^{\sqrt{R^2-x^2}} \sqrt{R^2-x^2}\,dy$$
$$= 8\int_0^R \sqrt{R^2-x^2}\Big[y\Big]_0^{\sqrt{R^2-x^2}}dx$$
$$= 8\int_0^R (R^2-x^2)\,dx$$
$$= 8\left(R^2 x - \frac{x^3}{3}\right)\Big|_0^R$$
$$= \frac{16}{3}R^3$$

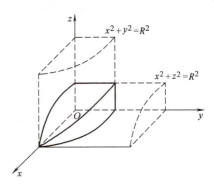

图 8-38

> 一个人的能力有限,不可能把脑袋分两个地方同时做事,学问真的要做得好的话,要朝思暮想.
>
> ——菲尔兹奖得主丘成桐

习 题 8-5

1. 根据二重积分的几何意义,求二重积分的值:

(1) $\iint\limits_{x^2+y^2\leqslant 4} 3\,d\sigma$; (2) $\iint\limits_{1\leqslant x^2+y^2\leqslant 9} 2\,d\sigma$.

2. 利用区域的对称性将下列二重积分化简:

(1) $\iint\limits_D (x-x^5 y^4)\,d\sigma$,其中 D 是半圆 $x^2+y^2\leqslant 4, y\geqslant 0$.

(2) $\iint\limits_D \cos x \sin y\,d\sigma$,其中 D 是以 $(-1,-1),(0,0),(-1,1)$ 为顶点的三角形区域.

(3) $\iint\limits_D (x^2+y^2)^2\,d\sigma$,其中 D 是矩形 $-1\leqslant x\leqslant 1, -2\leqslant y\leqslant 2$.

3. 计算下列二重积分:

(1) $\iint\limits_D (4-y^2)\,d\sigma, D:0\leqslant x\leqslant 3, 0\leqslant y\leqslant 2$;

(2) $\iint\limits_D y\cos xy\,d\sigma, D:0\leqslant x\leqslant \pi, 0\leqslant y\leqslant 1$;

(3) $\iint\limits_D \frac{1}{xy}\,d\sigma, D:1\leqslant x\leqslant 2, 1\leqslant y\leqslant 2$.

4. 把下列二重积分表示成二次积分,其中 D 为所给曲线围成的区域:

(1) $\iint\limits_D f(x,y)\,d\sigma, D: y=x, y=2x, x=1$;

(2) $\iint\limits_D f(x,y)\,d\sigma, D: y=x^3, y=8, x=0$;

(3) $\iint\limits_D f(x,y)\,d\sigma, D: y=\ln x, y=0, y=2, x=0$.

5. 计算下列二重积分,其中 D 为所给曲线围成的区域:

(1) $\iint\limits_{D}(2x+y)\mathrm{d}\sigma$, $D: y=x, y=2x, x=1$;

(2) $\iint\limits_{D}\cos(x+2y)\mathrm{d}\sigma$, $D: y=x, y=\pi, x=0$;

(3) $\iint\limits_{D}y\mathrm{d}\sigma$, $D: y=\sin x, y=0(0\leqslant x\leqslant \pi)$;

(4) $\iint\limits_{D}\mathrm{e}^{\frac{y}{x}}\mathrm{d}\sigma$, $D: y=x^3, y=0, x=1$;

(5) $\iint\limits_{D}\dfrac{x^3}{y^2}\mathrm{d}\sigma$, $D: xy=1, y=x, x=2$;

(6) $\iint\limits_{D}\dfrac{y}{x}\mathrm{d}\sigma$, $D: y=x, y=\dfrac{x}{2}, y=1, y=2$;

(7) $\iint\limits_{D}y\mathrm{e}^{xy}\mathrm{d}\sigma$, $D: y=1, y=10, xy=1, x=0$;

(8) $\iint\limits_{D}y\mathrm{d}\sigma$, $D: y^2=2x, y=x-4$;

(9) $\iint\limits_{D}xy^2\mathrm{d}\sigma$, $D: x=1-y^2, x=-\sqrt{1-y^2}$;

(10) $\iint\limits_{D}y\mathrm{d}\sigma$, $D: y=\ln x, y=0, y=1, x=0$;

(11) $\iint\limits_{D}x\sin y\mathrm{d}\sigma$, $D: x=\pi, y=0, y=x$;

(12) $\iint\limits_{D}\mathrm{e}^{x+y}\mathrm{d}\sigma$, $D: y=\ln x, y=0, x=2$.

6. 如图 8-39 所示,求由 $x=0, x=1, y=-1, y=1, z=0, z=y^2$ 所围的立体的体积.

7. 如图 8-40 所示,求由 $x=0, x=3, y=0, z=0, z=4-y^2$ 所围的立体的体积.

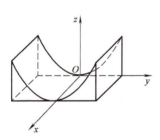

图 8-39

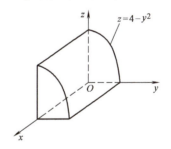

图 8-40

广阔宇宙的探索、微观粒子的研究、地球变化的考察、生命奥秘的揭示、人造卫星的研制与发射、超大规模集成电路的研制、信息高速公路的建设,如此等,使我们的物质和精神生活发生了根本的转变。这些科学技术的壮举,看起来千差万别,但它们有一个非常基本的共同基础:那就是数学.

——吴文俊

8.6 提示与提高

1. 二元函数的极限、连续、偏导数存在、可微及偏导数连续几个概念之间的关系

极限 ⇄ 连续 ⇄ 偏导数存在 ⇄ 可微 ⇄ 偏导数连续

易错提醒：与一元函数的"可导必连续"不同，多元函数在某点偏导数存在与其在该点是否连续没有关系（见下例）.

例 8-53 证明函数 $f(x,y)=\begin{cases}\dfrac{xy}{x^2+y^2} & x^2+y^2\neq 0\\ 0 & x^2+y^2=0\end{cases}$ 在点 $(0,0)$ 不连续，但在该点的两个偏导数都存在.

证 由上例可知，函数在 $(0,0)$ 点极限不存在，故在该点不连续. 又

$$f'_x(0,0)=\lim_{\Delta x\to 0}\frac{f(0+\Delta x,0)-f(0,0)}{\Delta x}=\lim_{\Delta x\to 0}\frac{0-0}{\Delta x}=\lim_{\Delta x\to 0}0=0$$

类似地有

$$f'_y(0,0)=0$$

故函数在该点的两个偏导数都存在.

2. 多元函数的偏导数

（1）求多元函数的偏导数，要灵活运用求导的公式和法则.

例 8-54 设 $z=x^2yf(x^2+y^2,xy)$，求 $\dfrac{\partial z}{\partial x},\dfrac{\partial z}{\partial y}$.

解法 1 设 $z=g(x,y,u,v)=x^2yf(u,v),u=x^2+y^2,v=xy$，如图 8-41 所示，由链式法则，有

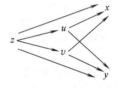

图 8-41

$$\frac{\partial z}{\partial x}=\frac{\partial g}{\partial x}+\frac{\partial g}{\partial u}\frac{\partial u}{\partial x}+\frac{\partial g}{\partial v}\frac{\partial v}{\partial x}$$
$$=2xyf+x^2yf'_u\times 2x+x^2yf'_v\times y$$
$$=2xyf+2x^3yf'_u+x^2y^2f'_v$$

$$\frac{\partial z}{\partial y}=\frac{\partial g}{\partial y}+\frac{\partial g}{\partial u}\frac{\partial u}{\partial y}+\frac{\partial g}{\partial v}\frac{\partial v}{\partial y}$$
$$=x^2f+x^2yf'_u\times 2y+x^2yf'_v\times x$$
$$=x^2f+2x^2y^2f'_u+x^3yf'_v$$

解法 2 本题也可先用乘法求导法则，再对 $f(x^2+y^2,xy)$ 用链式法则. 设 $u=x^2+y^2$，$v=xy$，则

$$z=x^2yf(u,v)$$

所以

$$\frac{\partial z}{\partial x}=y[(x^2)'f+x^2(f)'_x]$$
$$=y[2xf+x^2(f'_u 2x+f'_v y)]$$
$$=2xyf+2x^3yf'_u+x^2y^2f'_v$$

$$\frac{\partial z}{\partial y}=x^2[y'f+y(f)'_y]$$

$$= x^2[f + y(f'_u 2y + f'_v x)]$$
$$= x^2 f + 2x^2 y^2 f'_u + x^3 y f'_v$$

需要说明的是:1)对 $f(x^2+y^2, xy)$ 求导使用了链式法则
$$(f)'_x = f'_u 2x + f'_v y$$
$$(f)'_y = f'_u 2y + f'_v x$$

上例的两种解法区别不太大,但体现了使用公式的灵活性.

(2) 三个中间变量的链式法则.

设 $z=f(u,v,w)$ 在 (u,v,w) 处可导, $u=\phi(x,y), v=\psi(x,y), w=w(x,y)$ 在 (x,y) 可导. 则

$$\boxed{\frac{\partial z}{\partial x} = \frac{\partial z}{\partial u}\frac{\partial u}{\partial x} + \frac{\partial z}{\partial v}\frac{\partial v}{\partial x} + \frac{\partial z}{\partial w}\frac{\partial w}{\partial x}} \quad \boxed{\frac{\partial z}{\partial y} = \frac{\partial z}{\partial u}\frac{\partial u}{\partial y} + \frac{\partial z}{\partial v}\frac{\partial v}{\partial y} + \frac{\partial z}{\partial w}\frac{\partial w}{\partial y}} \quad (8-13)$$

(3) 含有抽象函数的多元复合函数的高阶偏导数.

例 8-55 设 $z=f(u,x,y), u=xe^y$,其中 f 有二阶连续偏导数,求 $\frac{\partial^2 z}{\partial x \partial y}$.

解
$$\frac{\partial z}{\partial x} = f'_u e^y + f'_x \times 1 = f'_u e^y + f'_x$$

$$\frac{\partial^2 z}{\partial x \partial y} = [(f'_u)'_y e^y + f'_u (e^y)'] + (f'_x)'_y$$
$$= [(f''_{uu} x e^y + f''_{uy} \times 1)e^y + f'_u e^y]$$
$$\quad + (f''_{xu} x e^y + f''_{xy} \times 1)$$
$$= f''_{uu} x e^{2y} + f''_{uy} e^y + f'_u e^y + f''_{xu} x e^y + f''_{xy}$$

易错提醒:上例在对 f'_u 及 f'_x 再求导时仍需使用链式法则.

(4) 多元隐函数的高阶偏导数举例.

例 8-56 设方程 $x^2+y^2-2xyz=0$ 确定了 $z=f(x,y)$,求 $\frac{\partial^2 z}{\partial x^2}$.

解 设 $F=x^2+y^2-2xyz$,则

$$\frac{\partial z}{\partial x} = -\frac{F'_x}{F'_z} = \frac{2x-2yz}{2xy} = \frac{x-yz}{xy}$$

其中 $z=f(x,y)$,两边再对 x 求导得

$$\frac{\partial^2 z}{\partial x^2} = \frac{xy\left(1-y\frac{\partial z}{\partial x}\right)-(x-yz)y}{(xy)^2} \text{(将一阶偏导数的结果代入)}$$

$$= \frac{xy\left(1-y\frac{x-yz}{xy}\right)-(x-yz)y}{(xy)^2} = \frac{2yz-x}{x^2 y}$$

需要说明的是:求隐函数的高阶偏导数没有公式,应采用对一阶偏导数两边再求导的方法求解.

3. 极坐标下二重积分的计算

有些二重积分,如果积分区域与曲边扇形或圆形有关,或被积函数含有 $\sqrt{x^2+y^2}$ 的式子

时,用极坐标计算更为方便.

要用极坐标计算二重积分,需要求出极坐标系下的面积元素 dσ,并将积分区域 D 和被积函数 $f(x,y)$ 化为极坐标的形式.

下面先讨论极坐标系下的面积元素 dσ. 用从极点发出的射线和一族以极点为圆心的同心圆,把 D 分割成许多子域,如图 8-42 所示,这些子域的面积 Δσ 近似于以 Δr 和 rΔθ 为边长的小矩形面积,即 $\Delta\sigma \approx r\Delta r\Delta\theta$,因而面积元素 $d\sigma \approx rdrd\theta$. 有了面积元素 dσ,再将直角坐标系与极坐标系间的互换公式

$$\begin{cases} x = r\cos\theta \\ y = r\sin\theta \end{cases} \text{或} \begin{cases} r = \sqrt{x^2 + y^2} \\ \tan\theta = \dfrac{y}{x} \end{cases}$$

代入区域 D 的边界曲线方程和被积函数,就可得到二重积分的极坐标表达式.

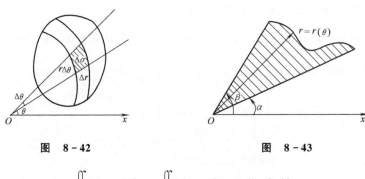

图 8-42　　　　　　　图 8-43

$$\iint_D f(x,y)d\sigma = \iint_D f(r\cos\theta, r\sin\theta)rdrd\theta$$

下面就区域 D 的三种情况,说明如何将极坐标下的二重积分化为二次积分.

(1) 如图 8-43 所示,当区域 D 是由两射线 θ=α,θ=β 及曲线 $r=r(\theta)$ 围成的曲边扇形时,则二重积分的表达式为

$$\iint_{D_{xy}} f(x,y)d\sigma = \int_\alpha^\beta d\theta \int_0^{r(\theta)} f(r\cos\theta, r\sin\theta)rdr \tag{8-14}$$

(2) 如图 8-44 所示,当极点 O 在区域 D 的边界之外,区域 D 是由两射线 θ=α,θ=β 及两曲线 $r=r_1(\theta), r=r_2(\theta)$ 围成时,则二重积分的表达式为

$$\iint_{D_{xy}} f(x,y)d\sigma = \int_\alpha^\beta d\theta \int_{r_1(\theta)}^{r_2(\theta)} f(r\cos\theta, r\sin\theta)rdr \tag{8-15}$$

(3) 如图 8-45 所示,当极点 O 在区域 D 内,区域由一条封闭曲线 $r=r(\theta)$ 围成时,则二重积分的表达式为

$$\iint_{D_{xy}} f(x,y)d\sigma = \int_0^{2\pi} d\theta \int_0^{r(\theta)} f(r\cos\theta, r\sin\theta)rdr \tag{8-16}$$

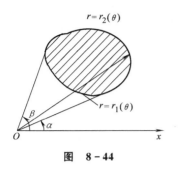
图 8-44

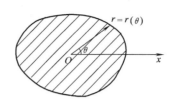
图 8-45

例 8-57 用极坐标法计算 $\iint_D \dfrac{1}{1-x^2-y^2}\mathrm{d}\sigma$，其中 $D:x^2+y^2\leqslant\dfrac{3}{4}$.

解 画出 D 的图形，如图 8-46 所示，圆的极角变化为 $0\leqslant\theta\leqslant 2\pi$，极径变化为 $0\leqslant r\leqslant \dfrac{\sqrt{3}}{2}$，所以

$$\iint_D \frac{1}{1-x^2-y^2}\mathrm{d}\sigma = \int_0^{2\pi}\mathrm{d}\theta\int_0^{\frac{\sqrt{3}}{2}}\frac{1}{1-r^2}r\mathrm{d}r$$

$$= \int_0^{2\pi}\mathrm{d}\theta\int_0^{\frac{\sqrt{3}}{2}}\frac{1}{2}\frac{1}{1-r^2}\mathrm{d}r^2$$

$$= 2\pi\times\left(-\frac{1}{2}\right)\ln(1-r^2)\bigg|_0^{\frac{\sqrt{3}}{2}} = 2\pi\ln 2$$

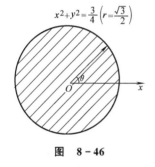
图 8-46

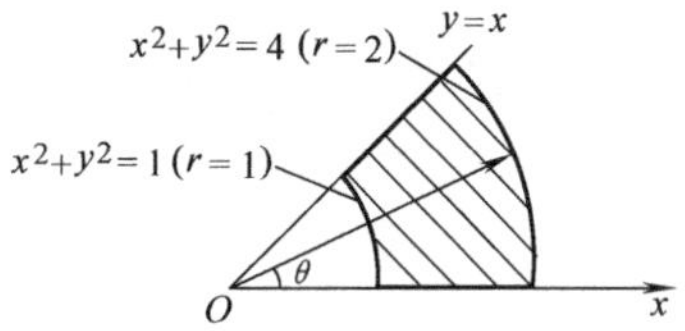

图 8-47

例 8-58 计算 $\iint_D \arctan\dfrac{y}{x}\mathrm{d}\sigma$，其中 D 由 $x^2+y^2=4$，$x^2+y^2=1$ 及直线 $y=0$，$y=x$ 所围成第一象限内的区域.

解 画出 D 的图形，如图 8-47 所示. 从图中可以看到，极角变化为 $0\leqslant\theta\leqslant\dfrac{\pi}{4}$，极径变化为 $1\leqslant r\leqslant 2$，所以

$$\iint_D \arctan\frac{y}{x}\mathrm{d}\sigma = \int_0^{\frac{\pi}{4}}\mathrm{d}\theta\int_1^2 \arctan(\tan\theta)r\mathrm{d}r$$

$$= \int_0^{\frac{\pi}{4}}\mathrm{d}\theta\int_1^2 \theta r\mathrm{d}r = \int_0^{\frac{\pi}{4}}\theta\frac{r^2}{2}\bigg|_1^2 \mathrm{d}\theta$$

$$= \frac{3}{2}\int_0^{\frac{\pi}{4}}\theta\mathrm{d}\theta = \frac{3}{2}\frac{\theta^2}{2}\bigg|_0^{\frac{\pi}{4}} = \frac{3}{64}\pi^2$$

例 8-59 计算 $\iint\limits_D \sqrt{4-x^2-y^2}\,\mathrm{d}\sigma$，其中 $D: x^2+y^2 \leqslant 2x$.

解 画出 D 的图形，如图 8-48 所示. 从图中可以看到，极角变化为 $-\dfrac{\pi}{2} \leqslant \theta \leqslant \dfrac{\pi}{2}$，将 $x^2+y^2=2x$ 化成极坐标式 $r=2\cos\theta$ 的形式，则极径变化 $0 \leqslant r \leqslant 2\cos\theta$，所以

$$\iint\limits_D \sqrt{4-x^2-y^2}\,\mathrm{d}\sigma = \int_{-\frac{\pi}{2}}^{\frac{\pi}{2}} \mathrm{d}\theta \int_0^{2\cos\theta} \sqrt{4-r^2}\, r\,\mathrm{d}r$$

$$= \int_{-\frac{\pi}{2}}^{\frac{\pi}{2}} \mathrm{d}\theta \int_0^{2\cos\theta} \frac{1}{2}\sqrt{4-r^2}\,\mathrm{d}r^2$$

$$= -\frac{1}{2}\int_{-\frac{\pi}{2}}^{\frac{\pi}{2}} \frac{2}{3}(4-r^2)^{\frac{3}{2}}\bigg|_0^{2\cos\theta}\mathrm{d}\theta$$

$$= -\frac{1}{3}\int_{-\frac{\pi}{2}}^{\frac{\pi}{2}} (8\sin^3\theta - 8)\,\mathrm{d}\theta$$

$$= \frac{8}{3}\pi$$

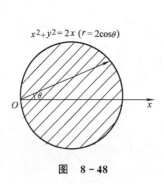

图 8-48

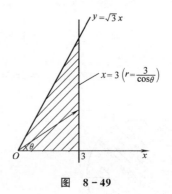

图 8-49

例 8-60 计算 $\iint\limits_D \dfrac{1}{\sqrt{x^2+y^2}}\,\mathrm{d}\sigma$，其中 D 是由 $y=\sqrt{3}x, y=0, x=3$ 围成的区域.

解 画出 D 的图形，如图 8-49 所示. 因为直线 $y=\sqrt{3}x$ 的倾斜角为 $\dfrac{\pi}{3}$，所以极角变化为 $0 \leqslant \theta \leqslant \dfrac{\pi}{3}$. 将 $x=3$ 化成极坐标式 $r=\dfrac{3}{\cos\theta}$，则极径变化为 $0 \leqslant \theta \leqslant \dfrac{3}{\cos\theta}$，所以

$$\iint\limits_D \frac{1}{\sqrt{x^2+y^2}}\,\mathrm{d}\sigma = \int_0^{\frac{\pi}{3}}\mathrm{d}\theta \int_0^{\frac{3}{\cos\theta}} \frac{1}{r}r\,\mathrm{d}r = \int_0^{\frac{\pi}{3}} \frac{3}{\cos\theta}\mathrm{d}\theta$$

$$= 3\ln|\sec\theta + \tan\theta|\bigg|_0^{\frac{\pi}{3}}$$

$$= 3\ln(2+\sqrt{3})$$

例 8-61 由抛物面 $z=4-x^2-y^2$ 与坐标面 $z=0$ 所围成的区域的体积.

解 如图 8-50 所示，这是柱体的变形，曲顶是 $z=4-x^2-y^2$，底面是 Oxy 面的区域 $x^2+y^2 \leqslant 4$. 所以

$$= \int_0^{2\pi} d\theta \int_0^2 (4-r^2) r dr$$
$$= 2\pi \times \left(2r^2 - \frac{r^4}{4}\right)\bigg|_0^2 = 8\pi$$

4. 二重积分的计算

(1) 利用重积分的几何意义求重积分的值.

例 8 - 62 求 $\iint\limits_{x^2+y^2\leqslant 1} (1-\sqrt{x^2+y^2}) d\sigma$.

解 该积分在几何上代表的是圆锥面 $z=1-\sqrt{x^2+y^2}$ 与 Oxy 面构成的圆锥体的体积, 如图 8 - 51 所示. 所以

$$\iint\limits_{x^2+y^2\leqslant 1} (1-\sqrt{x^2+y^2}) d\sigma = \frac{\pi}{3}$$

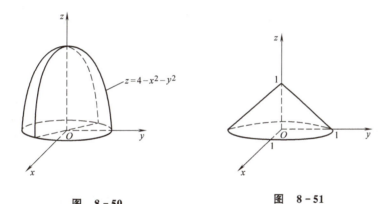

图 8 - 50　　　　　　　　图 8 - 51

(2) 利用重积分的性质计算.

1) 若被积函数是绝对值函数或最大(小)值函数, 应按重积分对积分区域的可加性(性质 3)进行运算.

例 8 - 63 计算 $\iint\limits_{D} |x^2+y^2-4| d\sigma$, 其中 $D: x^2+y^2 \leqslant 9$.

解 由于被积函数带有绝对值, 为去掉绝对值, 应将区域 D 分成两部分, 即 $D_1: x^2+y^2 < 4$, $D_2: 4 \leqslant x^2+y^2 \leqslant 9$, 如图 8 - 52 所示.

$$\iint\limits_{D} |x^2+y^2-4| d\sigma = \iint\limits_{D_1} -(x^2+y^2-4) d\sigma + \iint\limits_{D_2} (x^2+y^2-4) d\sigma$$
$$= \int_0^{2\pi} d\theta \int_0^2 -(r^2-4) r dr + \int_0^{2\pi} d\theta \int_2^3 (r^2-4) r dr$$
$$= -2\pi \left(\frac{r^4}{4} - 2r^2\right)\bigg|_0^2 + 2\pi \left(\frac{r^4}{4} - 2r^2\right)\bigg|_2^3 = \frac{41}{2}\pi$$

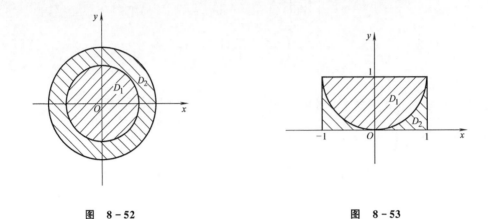

图 8-52   图 8-53

例 8-64 计算 $\iint\limits_{D}|y-x^2|\,dxdy$,其中 D 为 $-1\leqslant x\leqslant 1, 0\leqslant y\leqslant 1$ 所围矩形区域.

解 为去掉绝对值,用抛物线 $y=x^2$ 将区域 D 分成两部分 D_1 和 D_2,如图 8-53 所示.

$$\iint\limits_{D}|y-x^2|\,dxdy = \iint\limits_{D_1}(y-x^2)\,dxdy + \iint\limits_{D_2}(x^2-y)\,dxdy$$

$$= \int_{-1}^{1}dx\int_{x^2}^{1}(y-x^2)\,dy + \int_{-1}^{1}dx\int_{0}^{x^2}(x^2-y)\,dy$$

$$= \int_{-1}^{1}\left(\frac{y^2}{2}-x^2y\right)\Big|_{x^2}^{1}dx + \int_{-1}^{1}\left(x^2y-\frac{y^2}{2}\right)\Big|_{0}^{x^2}dx$$

$$= 2\int_{0}^{1}\left(\frac{1}{2}-x^2+x^4\right)dx = \frac{11}{15}$$

技巧提示:若被积函数含有绝对值符号,一般令绝对值之内的式子为零,从而找出积分区域的分界线.

2) 若积分区域是由两个(或多个)区域组合而成,一般按重积分对积分区域的可加性(性质 3)进行运算比较简单.

例 8-65 如图 8-54 所示,求 $\iint\limits_{D}\sqrt{x^2+y^2}\,d\sigma$,其中 D 是由 $x^2+y^2=4$ 及 $x^2+y^2=2x$ 所围成的区域.

解 $\iint\limits_{D}\sqrt{x^2+y^2}\,d\sigma = \iint\limits_{x^2+y^2\leqslant 4}\sqrt{x^2+y^2}\,d\sigma - \iint\limits_{D_1}\sqrt{x^2+y^2}\,d\sigma$

$$= \int_{0}^{2\pi}d\theta\int_{0}^{2}r\times r\,dr - \int_{-\frac{\pi}{2}}^{\frac{\pi}{2}}d\theta\int_{0}^{2\cos\theta}r\times r\,dr$$

$$= \frac{16\pi}{3} - \frac{1}{3}\int_{-\frac{\pi}{2}}^{\frac{\pi}{2}}(2\cos\theta)^3\,d\theta$$

$$= \frac{16\pi}{3} - \frac{16}{3}\times\frac{2}{3}\times 1 = \frac{16\pi}{3}-\frac{32}{9}$$

(3) 利用积分区域的对称性计算.

如果积分区域关于某个变量是对称的,可利用被积函数关于这个变量为奇函数或偶函数的特征简化重积分的计算.

例 8-66 求 $\iint\limits_{D}(y+x\sin y)\mathrm{d}x\mathrm{d}y$,其中 D 是由 $y=x, y=-1$ 及 $x=1$ 所围成的区域.

解 如图 8-55 所示,将本题中的积分域用 $y=-x$ 划分为两部分 D_1 和 D_2.

$$\iint\limits_{D}(y+x\sin y)\mathrm{d}x\mathrm{d}y = \iint\limits_{D_1}y\mathrm{d}x\mathrm{d}y + \iint\limits_{D_2}y\mathrm{d}x\mathrm{d}y + \iint\limits_{D_1}x\sin y\mathrm{d}x\mathrm{d}y + \iint\limits_{D_2}x\sin y\mathrm{d}x\mathrm{d}y$$

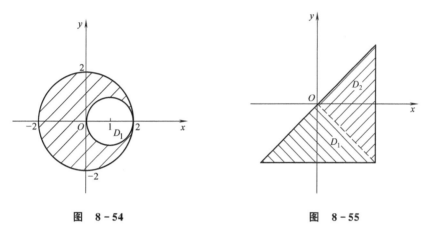

图 8-54　　　　　　图 8-55

可以看出,D_1 关于变量 x、D_2 关于变量 y 对称. 利用对称性可知

$$\iint\limits_{D_2}y\mathrm{d}x\mathrm{d}y = \iint\limits_{D_1}x\sin y\mathrm{d}x\mathrm{d}y = \iint\limits_{D_2}x\sin y\mathrm{d}x\mathrm{d}y = 0$$

所以
$$\iint\limits_{D}(y+x\sin y)\mathrm{d}x\mathrm{d}y = \iint\limits_{D_1}y\mathrm{d}x\mathrm{d}y = 2\int_{-1}^{0}y\mathrm{d}y\int_{0}^{-y}\mathrm{d}x$$
$$= -2\int_{-1}^{0}y^2\mathrm{d}y = -\frac{2}{3}$$

技巧提示:上例积分区域既不关于变量 x 也不关于变量 y 对称,但通过划分可以把积分区域分成几个关于变量 x 或变量 y 对称的区域.

(4) 利用积分区域上积分变量的对称性计算.

如果二重积分的积分域的边界曲线方程关于 x 和 y 是可轮换的,常利用被积函数的字母轮换性简化计算(即被积函数中的 x 和 y 对调积分值不变).

例 8-67 求 $\iint\limits_{D}(x^2+4y^2)\mathrm{d}x\mathrm{d}y$,其中 D 是由 $x^2+y^2\leqslant 1$ 所围成的区域.

解 因为积分区域关于 x 和 y 是可轮换的,故

$$\iint\limits_{D}x^2\mathrm{d}x\mathrm{d}y = \iint\limits_{D}y^2\mathrm{d}x\mathrm{d}y$$

因此
$$\iint\limits_{D}(x^2+4y^2)\mathrm{d}x\mathrm{d}y = 5\iint\limits_{D}x^2\mathrm{d}x\mathrm{d}y = \frac{5}{2}\iint\limits_{D}2x^2\mathrm{d}x\mathrm{d}y$$
$$= \frac{5}{2}\iint\limits_{D}(x^2+y^2)\mathrm{d}x\mathrm{d}y = \frac{5}{2}\int_{0}^{2\pi}\mathrm{d}\theta\int_{0}^{1}r^2\times r\mathrm{d}r$$

$$= \frac{5}{2} \times 2\pi \times \frac{1}{4} = \frac{5\pi}{4}$$

(5) 利用换元法计算.

例 8-68 求 $\iint\limits_{D}(x^2+y^2)\mathrm{d}x\mathrm{d}y$，其中 D 是由 $x^2+\dfrac{y^2}{4}\leqslant 1$ 所围成的区域.

解 设 $y=2u$，则 $\mathrm{d}x\mathrm{d}y = 2\mathrm{d}x\mathrm{d}u$，区域 $x^2+\dfrac{y^2}{4}\leqslant 1$ 变为 $x^2+u^2\leqslant 1$，所以

$$\iint\limits_{D}(x^2+y^2)\mathrm{d}x\mathrm{d}y = \iint\limits_{x^2+u^2\leqslant 1}(x^2+4u^2)\times 2\mathrm{d}x\mathrm{d}u$$

由上例结果得

$$\iint\limits_{D}(x^2+y^2)\mathrm{d}x\mathrm{d}y = 2\iint\limits_{x^2+u^2\leqslant 1}(x^2+4u^2)\mathrm{d}x\mathrm{d}u$$

$$= 2\times \frac{5\pi}{4} = \frac{5\pi}{2}$$

5. 交换累次积分的次序

若要改变已知二次积分的积分次序，需要根据二次积分的积分限，反向思维画出积分区域的图形，然后换序.

例 8-69 交换二次积分 $\int_0^1 \mathrm{d}x \int_0^x f(x,y)\mathrm{d}y + \int_1^2 \mathrm{d}x \int_0^{2-x} f(x,y)\mathrm{d}y$ 的次序.

解 在 $x=0$ 到 $x=1$ 的区间上，y 的范围是从 $y=0$ 到 $y=x$，于是画出部分区域 D_1；在 $x=1$ 到 $x=2$ 的区间上，y 的范围是从 $y=0$ 到 $y=2-x$，于是画出另一部分区域 D_2. 将两部分区域合在一起，如图 8-56 所示，用 y 型表达得

$$\int_0^1 \mathrm{d}x \int_0^x f(x,y)\mathrm{d}y + \int_1^2 \mathrm{d}x \int_0^{2-x} f(x,y)\mathrm{d}y = \int_0^1 \mathrm{d}y \int_y^{2-y} f(x,y)\mathrm{d}x$$

例 8-70 交换二次积分 $\int_{-1}^0 \mathrm{d}y \int_{-y}^1 f(x,y)\mathrm{d}x + \int_0^1 \mathrm{d}y \int_{\sqrt{y}}^1 f(x,y)\mathrm{d}x$ 的次序.

解 在 $y=-1$ 到 $y=0$ 的区间上，x 的范围是从 $x=-y$ 到 $x=1$，于是画出部分区域 D_1；在 $y=0$ 到 $y=1$ 的区间上，x 的范围是从 $x=\sqrt{y}$ 到 $x=1$，于是画出另一部分区域 D_2. 将两部分区域合在一起，如图 8-57 所示. 用 x 型表达得

$$\int_{-1}^0 \mathrm{d}y \int_{-y}^1 f(x,y)\mathrm{d}x + \int_0^1 \mathrm{d}y \int_{\sqrt{y}}^1 f(x,y)\mathrm{d}x = \int_0^1 \mathrm{d}x \int_{-x}^{x^2} f(x,y)\mathrm{d}y$$

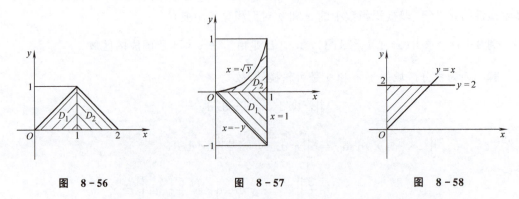

图 8-56　　　　　图 8-57　　　　　图 8-58

例 8-71 计算 $\int_0^2 dx \int_x^2 e^{-y^2} dy$.

解 在 $x=0$ 到 $x=2$ 的区间上，y 的范围是从 $y=x$ 到 $y=2$，于是画出积分区域，如图 8-58 所示. 注意到 $\int e^{-y^2} dy$ 不能用初等函数表示，所以考虑交换积分次序，将 x 型域变成 y 型域

$$\int_0^2 dx \int_x^2 e^{-y^2} dy = \int_0^2 dy \int_0^y e^{-y^2} dx = \int_0^2 \left[x e^{-y^2} \right]_0^y dy$$

$$= \int_0^2 y e^{-y^2} dy = \left[-\frac{1}{2} e^{-y^2} \right]_0^2 = -\frac{1}{2}(e^{-4} - 1)$$

需要说明的是：当某种次序的二次积分不能算时，可考虑交换积分次序.

6. 一题多解

例 8-72 设 $z = (1+xy)^x$, $\dfrac{\partial z}{\partial x}$.

解法 1 由于 z 是 x 的幂指函数，无法直接用求导公式，所以可先将 z 变形成

$$z = e^{\ln(1+xy)^x} = e^{x\ln(1+xy)}$$

于是

$$\frac{\partial z}{\partial x} = e^{x\ln(1+xy)} \left[\ln(1+xy) + \frac{xy}{1+xy} \right] = (1+xy)^x \left[\ln(1+xy) + \frac{xy}{1+xy} \right]$$

解法 2 令 $1+xy = u$, $x = v$，则 $z = u^v$. 由链式法则得

$$\frac{\partial z}{\partial x} = vu^{v-1} y + u^v \ln u = u^v \left(\frac{v}{u} y + \ln u \right)$$

$$= (1+xy)^x \left[\ln(1+xy) + \frac{xy}{1+xy} \right]$$

解法 3 取对数 $\ln z = x\ln(1+xy)$，用隐函数求导法，两边对 x 求导得

$$\frac{1}{z} \frac{\partial z}{\partial x} = \ln(1+xy) + x\frac{y}{1+xy}$$

所以

$$\frac{\partial z}{\partial x} = (1+xy)^x \left[\ln(1+xy) + \frac{xy}{1+xy} \right]$$

例 8-73 求 $\iint_D y dx dy$，其中 D 是由 $x^2 + y^2 \leqslant 2y$ 所围成的区域.

解法 1 利用坐标平移的积分方法计算重积分.

设 $y - 1 = u$，则 $dxdy = dxdu$，区域 $x^2 + (y-1)^2 \leqslant 1$ 变为 $x^2 + u^2 \leqslant 1$

所以

$$\iint_D y dx dy = \iint_{x^2+u^2 \leqslant 1} (u+1) dx du = \iint_{x^2+u^2 \leqslant 1} dx du = S_D = \pi$$

解法 2 利用形心计算重积分.

由于积分区域 D 为圆 $x^2 + (y-1)^2 \leqslant 1$，如图 8-59 所示，所以

$$\bar{y} = 1, S_D = \pi$$

故

$$\iint_D y dx dy = \bar{y} \iint_D dx dy = \bar{y} S_D = \pi$$

需要说明的是：形心公式(8-19)在本节的 7 中说明.

解法 3 利用极坐标计算重积分.

$$\iint\limits_{D} y\,dx\,dy = \int_0^\pi d\theta \int_0^{2\sin\theta} r\sin\theta \times r\,dr$$

$$= \frac{8}{3}\int_0^\pi \sin^4\theta\,d\theta = \frac{16}{3}\int_0^{\frac{\pi}{2}} \sin^4\theta\,d\theta$$

$$= \frac{16}{3} \times \frac{3}{4} \times \frac{1}{2} \times \frac{\pi}{2} = \pi$$

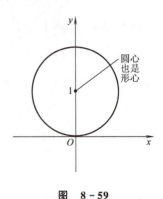

图 8-59

解法 4 利用直角坐标计算重积分(x 型算法).

$$\iint\limits_{D} y\,dx\,dy = \int_{-1}^{1} dx \int_{1-\sqrt{1-x^2}}^{1+\sqrt{1-x^2}} y\,dy = \frac{1}{2}\int_{-1}^{1} 4\sqrt{1-x^2}\,dx$$

$$= 2\int_{-1}^{1} \sqrt{1-x^2}\,dx = \pi$$

需要说明的是:此种解法利用了定积分的几何意义,即 $\int_{-1}^{1}\sqrt{1-x^2}\,dx$ 等于半个圆的面积.

解法 5 利用直角坐标计算重积分(y 型算法).

$$\iint\limits_{D} y\,dx\,dy = \int_0^2 y\,dy \int_{-\sqrt{1-(y-1)^2}}^{\sqrt{1-(y-1)^2}} dx = 2\int_0^2 y\sqrt{1-(y-1)^2}\,dy \quad (\diamondsuit\ y-1=u)$$

$$= 2\int_{-1}^{1}(u+1)\sqrt{1-u^2}\,du = 2\int_{-1}^{1}\sqrt{1-u^2}\,du = \pi$$

需要说明的是:此种解法也利用了定积分的几何意义.

7. 二重积分物理应用举例

(1) 质量不均匀分布的平面薄片的质量.

设有平面区域 D,其上点 $M(x,y)$ 的面密度为 $\rho(x,y)$,则质量为

$$m = \iint\limits_{D} \rho(x,y)\,dx\,dy \tag{8-17}$$

例 8-74 一薄板被 $x^2+4y^2=12$ 及 $x=4y^2$ 所围,面密度 $\rho(x,y)=5x$,求薄板的质量.

解 画出 D 的图形,如图 8-60 所示,视为 y 型域.由 $\begin{cases} x^2+4y^2=12 \\ x=4y^2 \end{cases}$,得两交点坐标为 $\left(3,-\frac{\sqrt{3}}{2}\right),\left(3,\frac{\sqrt{3}}{2}\right)$,因此

$$m = \iint\limits_{D} 5x\,dx\,dy = \int_{-\frac{\sqrt{3}}{2}}^{\frac{\sqrt{3}}{2}} dy \int_{4y^2}^{\sqrt{12-4y^2}} 5x\,dx$$

$$= \int_{-\frac{\sqrt{3}}{2}}^{\frac{\sqrt{3}}{2}} \frac{5}{2}x^2 \bigg|_{4y^2}^{\sqrt{12-4y^2}} dy$$

$$= \int_{-\frac{\sqrt{3}}{2}}^{\frac{\sqrt{3}}{2}} \frac{5}{2}(12-4y^2-16y^4)\,dy$$

$$= 10\left(6y - \frac{2}{3}y^3 - \frac{8}{5}y^5\right)\Big|_0^{\frac{\sqrt{3}}{2}} = 23\sqrt{3}$$

(2)平面薄片的重心.

设一平面薄片 D,其上点 (x,y) 处的面密度为 $\rho(x,y)$,则平面薄片的重心坐标公式为

$$\bar{x} = \frac{\iint\limits_D x\rho(x,y)\mathrm{d}x\mathrm{d}y}{\iint\limits_D \rho(x,y)\mathrm{d}x\mathrm{d}y}, \bar{y} = \frac{\iint\limits_D y\rho(x,y)\mathrm{d}x\mathrm{d}y}{\iint\limits_D \rho(x,y)\mathrm{d}x\mathrm{d}y} \tag{8-18}$$

若 $\rho(x,y)=1$,此时重心也是形心,即

$$\bar{x} = \frac{\iint\limits_D x\mathrm{d}x\mathrm{d}y}{\iint\limits_D \mathrm{d}x\mathrm{d}y}, \bar{y} = \frac{\iint\limits_D y\mathrm{d}x\mathrm{d}y}{\iint\limits_D \mathrm{d}x\mathrm{d}y} \tag{8-19}$$

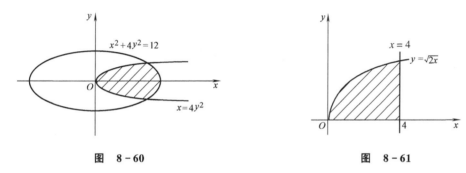

图 8-60　　　　　　　　　　图 8-61

例 8-75　如图 8-61 所示,设平面域 D 由 $y=\sqrt{2x}, x=4, y=0$ 围成,质量均匀分布 $(\rho=1)$,求该薄片的重心.

解
$$\iint\limits_D \mathrm{d}x\mathrm{d}y = \int_0^4 \mathrm{d}x\int_0^{\sqrt{2x}} \mathrm{d}y = \int_0^4 [y]_0^{\sqrt{2x}} \mathrm{d}x$$

$$= \int_0^4 \sqrt{2x}\mathrm{d}x = \sqrt{2}\times\frac{2}{3}\times x^{\frac{3}{2}}\Big|_0^4 = \frac{16}{3}\sqrt{2}$$

$$\iint\limits_D x\mathrm{d}x\mathrm{d}y = \int_0^4 \mathrm{d}x\int_0^{\sqrt{2x}} x\mathrm{d}y = \int_0^4 x[y]_0^{\sqrt{2x}}\mathrm{d}x$$

$$= \int_0^4 x\sqrt{2x}\mathrm{d}x = \sqrt{2}\times\frac{2}{5}\times[x^{\frac{5}{2}}]_0^4 = \frac{64}{5}\sqrt{2}$$

$$\iint\limits_D y\mathrm{d}x\mathrm{d}y = \int_0^4 \mathrm{d}x\int_0^{\sqrt{2x}} y\mathrm{d}y$$

$$= \int_0^4 \left[\frac{y^2}{2}\right]_0^{\sqrt{2x}}\mathrm{d}x = \int_0^4 x\mathrm{d}x = 8$$

所以　$\bar{x} = \dfrac{\iint\limits_D x\mathrm{d}x\mathrm{d}y}{\iint\limits_D \mathrm{d}x\mathrm{d}y} = \dfrac{\frac{64}{5}\sqrt{2}}{\frac{16}{3}\sqrt{2}} = \dfrac{12}{5}, \bar{y} = \dfrac{\iint\limits_D y\mathrm{d}x\mathrm{d}y}{\iint\limits_D \mathrm{d}x\mathrm{d}y} = \dfrac{8}{\frac{16}{3}\sqrt{2}} = \dfrac{3\sqrt{2}}{4}$

(3) 转动惯量.

一平面区域 D 对平面内 x 轴的转动惯量为

$$I_x = \iint\limits_D \rho y^2 \,dx\,dy \qquad (8-20)$$

对平面内 y 轴的转动惯量为

$$I_y = \iint\limits_D \rho x^2 \,dx\,dy \qquad (8-21)$$

对原点的转动惯量为

$$I_O = \iint\limits_D \rho (x^2 + y^2) \,dx\,dy \qquad (8-22)$$

其中 $\rho = \rho(x, y)$ 为面密度.

例 8-76 如图 8-62 所示,求由 $x=0, x=1, y=0, y=\mathrm{e}^x$ 围成的区域对 x 轴的转动惯量(假设 $\rho=1$).

解
$$I_x = \iint\limits_D y^2 \,dx\,dy = \int_0^1 dx \int_0^{\mathrm{e}^x} y^2 \,dy = \int_0^1 \left[\frac{y^3}{3}\right]_0^{\mathrm{e}^x} dx = \int_0^1 \frac{\mathrm{e}^{3x}}{3} dx$$
$$= \frac{1}{9}\left[\mathrm{e}^{3x}\right]_0^1 = \frac{1}{9}(\mathrm{e}^3 - 1)$$

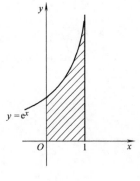

图 8-62

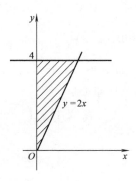

图 8-63

例 8-77 如图 8-63 所示,求由 y 轴,$y=2x$,$y=4$ 围成的区域对原点的转动惯量(假设 $\rho=1$).

解
$$I_O = \iint\limits_D (x^2 + y^2) \,dx\,dy$$
$$= \int_0^4 dy \int_0^{\frac{y}{2}} (x^2 + y^2) \,dx$$
$$= \int_0^4 \left[\frac{x^3}{3} + y^2 x\right]_0^{\frac{y}{2}} dy$$
$$= \int_0^4 \frac{13}{24} y^3 \,dy = \frac{104}{3}$$

背景聚焦

微积分符号史漫谈

一种好的记号可以使头脑摆脱不必要的负担和约束，使思想集中于新的问题；这就事实上增加了人脑的能力．

——A. H. Whirehead

1. 函数符号

约翰·伯努利 1694 年首次提出函数概念，并以字母 n 表示变量 z 的一个函数．1734 年，欧拉以 $f\left(\dfrac{x}{a+c}\right)$ 表示 $\dfrac{x}{a+c}$ 的函数，是数学史上首次以"f"表示函数．

1797 年，拉格朗日大力推动以 f,F,φ 及 ψ 表示函数，对后世影响深远．1820 年，赫谢尔以 $f(x)$ 表示 x 的函数．1893 年，皮亚诺开始采用符号 $y=f(x)$ 及 $x=f^{-1}(y)$，成为现今通用的符号．

2. 和式号

以"Σ"来表示和式号(Sign of summation)是欧拉于 1755 年首先使用的，这个符号源于希腊文 $\sigma o \gamma \mu a \rho \omega$（增加）的字头，"$\Sigma$"正是 σ 的大写．

3. 极限符号

第一个以"Lim"来简化极限(Limit)的人是 1786 年瑞士的吕利埃．

1841 年，维尔斯特拉斯以 lim 代替 Lim，并于 1854 年采用符号 $\lim\limits_{n=\infty} p_n = \infty$．在这一时期，维尔斯特拉斯和柯西的工作更合成为极限的著名的"$\varepsilon-\delta$ 定义"．1905 年，里斯引入了表示趋向的符号"→"，而哈代于 1908 年采用了 $\lim\limits_{n=\infty}(1/n)=0$，并指出可写作 $\lim\limits_{n=\infty},\lim\limits_{x=a}$．1898 年，普林斯海姆把下面的"＝"换作"→"，一直沿用至今．

4. 微分和导数符号

牛顿是最早以点号来表示导数的，他以 v,x,y 及 z 等表示变量，在其上加一点表示对时间之导数，如以 $\dot{x}$ 表示 x 对时间的导数．此用法最早见于牛顿 1665 年的手稿．

1675 年，莱布尼茨分别引入 $\mathrm{d}x$ 及 $\mathrm{d}y$ 以表示 x 和 y 的微分，并把导数记作 $\dfrac{\mathrm{d}x}{\mathrm{d}y}$，当时以 x 表示纵坐标，而以 y 表示横坐标．除了坐标轴符号的变化外，这一符号一直沿用至今．莱布尼茨还以 $\mathrm{dd}v$ 表示二阶微分．1694 年，约翰·伯努利以 $\mathrm{dddd}z$ 表示四阶微分，一度流行于 18 世纪．第一个以撇点表示导数的人是拉格朗日，1797 年他以 y' 表示 y 对 x 的一阶导数，y'' 及 y''' 分别表示二阶及三阶导数；1823 年，柯西同时以 y' 及 $\dfrac{\mathrm{d}y}{\mathrm{d}x}$ 表示 y 对 x 的一阶导数．这一用法也为人所接受，且沿用至今．

5. 积分符号

莱布尼茨于 1675 年以"omn. l"表示 l 的总和，而 omn 为"omnia"（意即所有、全部）之缩写．其后又改写为"$\int$"，以"$\int l$"表示所有 l 的总和(Sum)．$\int$ 为字母 s 的拉长，此符号沿用至今．

傅里叶是最先采用定积分符号的人. 1822 年,他在其名著《热的分析理论》中用了 $\frac{\pi}{2}\varphi(x) = \frac{1}{2}\int_0^\pi \varphi(x)\mathrm{d}x + \text{etc}$,同时 G. 普兰纳采用了符号 $\int_0^1 a^u \mathrm{d}u = \frac{a-1}{\text{Log}a}$,并很快为数学界所接受.

6. 偏微分和偏导数符号

牛顿、莱布尼茨、伯努利等人的著述中早已引入了偏导数概念,但并未有统一的表示符号. 欧拉于 1755 年以带括号的 $\left(\dfrac{\mathrm{d}p}{\mathrm{d}y}\right)$ 表示 p 对 y 的偏导数.

1770 年,蒙日分别以 $\dfrac{\delta v}{\mathrm{d}x}$ 及 $\dfrac{\delta v}{\mathrm{d}y}$ 表示对 x 及 y 的偏导数. 拉格朗日于 1786 年以"∂"表示偏导数,以"$\dfrac{\partial v}{\partial x}$"表示 v 对 x 的偏导数,不过这一符号没有立即得到通用. 直至 1841 年雅可比再次强调,并引入"d"表示全微分,"∂"表示偏微分,全微分表示为 $\mathrm{d}f = \dfrac{\partial f}{\partial x}\mathrm{d}x + \dfrac{\partial f}{\partial y}\mathrm{d}y$,从此这一符号得到普遍应用.

7. 向量符号

1806 年瑞士人阿尔冈以 $\overline{AB}$ 表示一个有向线段或向量.

1896 年,沃依洛特区分了"极向量"及"轴向量". 1912 年,兰格文以 $\vec{a}$ 表示极向量,其后于字母上加箭头以表示向量的方法逐渐流行,尤其在手写稿中. 一些作者为了方便印刷,以粗黑体小写字母 $\boldsymbol{a}, \boldsymbol{b}$ 等表示向量,这两种符号一直沿用至今.

1853 年,柯西把向径记作 $\overline{r}$,而它在坐标轴上的分量分别记作 $\overline{x}, \overline{y}$ 及 $\overline{z}$,且记 $\overline{r} = \overline{x} + \overline{y} + \overline{z}$. 1878 年,格拉斯曼以 $p = v_1 e_1 + v_2 e_2 + v_3 e_3$ 表示一个具有坐标 x, y 及 z 的点,其中 e_1, e_2 及 e_3 分别为三个坐标轴方向的单位长度. 哈密顿把向量记作 $\rho = ix + jy + kz$,其中 i, j, k 为两两垂直的单位向量. 这种记法后来与上述向量记法相结合:印刷时把 i, j, k 印成小写粗黑体字母,手写时于字母上加箭头,并把系数(坐标)写于前面,即 $\boldsymbol{\rho} = x\boldsymbol{i} + y\boldsymbol{j} + z\boldsymbol{k}$ 或 $\vec{\rho} = x\vec{i} + y\vec{j} + z\vec{k}$,这就是现在的用法.

习 题 8-6

1. 设方程 $F(x,y,z) = 0$ 确定了 $z = f(x,y)$,求 $\dfrac{\partial^2 z}{\partial x^2}$.

    (1) $x^2 + y^2 + z^2 = 4z$;   (2) $x + y - z = e^z$.

2. 设方程组 $\begin{cases} x^2 + y^2 + z^2 = 4 \\ x + y - z = 1 \end{cases}$ 确定了函数 $y = y(x), z = z(x)$,求 $\dfrac{\mathrm{d}y}{\mathrm{d}x}, \dfrac{\mathrm{d}z}{\mathrm{d}x}$.

3. 设 $u = x^2 y^3 z^4$,其中 $z = f(x,y)$ 由方程 $x^2 + y^2 + z^2 - 3xyz = 0$ 确定,求 $u'_x(1,1,1)$.

4. 求 $u = xyz$ 在条件 $x + y + z = 40$ 及 $x + y - z = 0$ 下的极大值.

5. 当 $x > 0, y > 0, z > 0$ 时,求函数 $u = \ln x + 2\ln y + 3\ln z$ 在球面 $x^2 + y^2 + z^2 = 6r^2$ 上的最大值,并证明对任意的正数 a, b, c,成立不等式:$ab^2 c^3 \leqslant 108\left(\dfrac{a+b+c}{6}\right)^6$.

6. 估计下列二重积分的值：

(1) $\iint\limits_{D} \sin(x+y)\mathrm{d}\sigma$，$D$ 为 $0 \leqslant x \leqslant \dfrac{\pi}{4}, \dfrac{\pi}{6} \leqslant y \leqslant \dfrac{\pi}{4}$ 围成的区域；

(2) $\iint\limits_{D} (x^2+4y^2+4)\mathrm{d}\sigma$，其中 $D: x^2+y^2 \leqslant 9$.

7. 比较下列二重积分的大小：

(1) $\iint\limits_{D} (x+y)^3 \mathrm{d}\sigma$ 与 $\iint\limits_{D} (x+y)^4 \mathrm{d}\sigma$，$D$ 为由三点 $(0,0),(1,0),(0,1)$ 围成的三角形区域；

(2) $\iint\limits_{D} \ln^2(x+y)\mathrm{d}\sigma$ 与 $\iint\limits_{D} \ln^3(x+y)\mathrm{d}\sigma$，其中 D 为 $A(1,0), B(1,1), C(2,0)$ 围成的三角形区域.

8. 改换下列二次积分的次序：

(1) $\int_0^1 \mathrm{d}x \int_{-\sqrt{1-x^2}}^{\sqrt{1-x^2}} f(x,y)\mathrm{d}y$；

(2) $\int_0^1 \mathrm{d}y \int_{e^y}^{e} f(x,y)\mathrm{d}x$；

(3) $\int_0^a \mathrm{d}x \int_x^{\sqrt{2ax-x^2}} f(x,y)\mathrm{d}y$；

(4) $\int_0^a \mathrm{d}x \int_{a-x}^{\sqrt{a^2-x^2}} f(x,y)\mathrm{d}y$；

(5) $\int_0^1 \mathrm{d}y \int_0^{2y} f(x,y)\mathrm{d}x + \int_1^3 \mathrm{d}y \int_0^{3-y} f(x,y)\mathrm{d}x$.

9. 选择合适的积分次序，计算下列积分：

(1) $\int_1^3 \mathrm{d}x \int_{x-1}^2 \sin y^2 \mathrm{d}y$；

(2) $\int_0^{\frac{\pi}{2}} \mathrm{d}x \int_x^{\frac{\pi}{2}} \dfrac{\cos y}{y} \mathrm{d}y$；

(3) $\int_0^1 \mathrm{d}y \int_{2y}^2 \cos(x^2)\mathrm{d}x$；

(4) $\int_0^1 \mathrm{d}x \int_{x^2}^1 \dfrac{xy}{\sqrt{1+y^3}} \mathrm{d}y$；

(5) $\int_0^2 \mathrm{d}x \int_x^2 y^2 \sin xy \,\mathrm{d}y$；

(6) $\int_0^8 \mathrm{d}x \int_{\sqrt[3]{x}}^2 \dfrac{1}{y^4+1} \mathrm{d}y$；

(7) $\int_0^2 \mathrm{d}x \int_0^{4-x^2} \dfrac{x\mathrm{e}^{2y}}{4-y} \mathrm{d}y$.

10. 用极坐标方法计算下列二重积分：

(1) $\iint\limits_{D} \dfrac{1}{\sqrt{x^2+y^2}} \mathrm{d}\sigma$，$D: x^2+y^2 \leqslant 4$；

(2) $\iint\limits_{D} \mathrm{e}^{x^2+y^2} \mathrm{d}\sigma$，$D: x^2+y^2 \leqslant 4, 0 \leqslant y \leqslant x$；

(3) $\iint\limits_{D} \dfrac{xy}{\sqrt{x^2+y^2}} \mathrm{d}\sigma$，$D: x^2+y^2 \leqslant a^2, 0 \leqslant y \leqslant \sqrt{3}x$；

(4) $\iint\limits_{D} x^2 \mathrm{d}\sigma$，$D: x^2+y^2 \leqslant 2x, y \geqslant 0$；

(5) $\iint\limits_{D} \sqrt{x^2+y^2} \mathrm{d}\sigma$，$D: x^2+y^2 \leqslant 2y$；

(6) $\iint\limits_{D} (4-x-y)\mathrm{d}\sigma$，$D: x^2+y^2 \leqslant 2y$；

(7) $\iint\limits_{D} \ln(x^2+y^2)\mathrm{d}\sigma$，$D: 1 \leqslant x^2+y^2 \leqslant 4$；

(8) $\iint\limits_{D} \sin\sqrt{x^2+y^2}\mathrm{d}\sigma$，$D: x = \sqrt{a^2-y^2}, y \geqslant 0$；

(9) $\iint_D \dfrac{x+y}{x^2+y^2}\mathrm{d}\sigma$, $D: x^2+y^2 \leqslant 1, x+y \geqslant 1$;

(10) $\iint_D xy\,\mathrm{d}x\mathrm{d}y$, $D: y \leqslant \sqrt{1-x^2}, y \geqslant \sqrt{x-x^2}, y \geqslant -x$.

11. 求 $\iint_D (x+y)\mathrm{d}\sigma$,其中 D 为由 $x^2+y^2 \leqslant x+y$ 围成的区域.

12. 求 $\iint_D |x(y-1)|\,\mathrm{d}x\mathrm{d}y$,其中 D 为由 $y=-x, y=x, y=2$ 围成的区域.

13. 计算 $\iint_D |\cos(x+y)|\,\mathrm{d}\sigma$,其中 D 为由 $0 \leqslant x \leqslant \dfrac{\pi}{2}, 0 \leqslant y \leqslant \dfrac{\pi}{2}$ 围成的区域.

14. 计算 $\iint_D \min(x,y)\mathrm{d}\sigma$,其中 D 为由直线 $x=0, x=3, y=0, y=1$ 围成的区域.

15. 如图 8-64 所示,求曲面 $z=1-x^2-y^2$ 与平面 $z=0$ 所围成的立体的体积.

16. 一平面薄板被 $x=0, y=0, x+y=1$ 所围,面密度为 $\rho(x,y)=x^2+y^2$,求该薄板的质量($\rho=1$).

17. 求由直线 $x=0, y=0, x+y=3$ 所围成的均匀平面薄片($\rho=1$)的重心.

18. 求由曲线 $y^2+x=0$ 和直线 $y=x+2$ 所围成的均匀平面薄片($\rho=1$)的重心.

19. 一平面薄板被 $x=y^2, x=2y-y^2$ 所围,面密度为 $\rho(x,y)=y+1$,求该薄板对于 x 轴的转动惯量.

20. 一薄板被 $x=y-y^2, x+y=0$ 所围,面密度为 $\rho(x,y)=x+y$,求该薄板对于 y 轴的转动惯量.

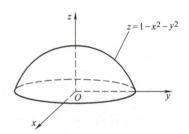

图 8-64

数学文摘

袁亚湘院士答记者问

国务院新闻办公室于 2020 年 11 月 17 日下午 3 时举行中外记者见面会,请 4 位科学家代表围绕"弘扬科学家精神 肩负新时代科技使命"与中外记者见面交流.中国工业与应用数学学会会士、顾问委员会委员袁亚湘院士作为 4 位科学家代表之一出席了本次见面会.以下是见面会现场关于袁亚湘院士答记者问部分实录.

袁亚湘:

主持人好,各位媒体朋友大家好,我叫袁亚湘,来自中国科学院数学与系统科学研究院,也就是华罗庚、陈景润、吴文俊、冯康老一辈非常著名的数学家生前所在的单位,我是研究最优化计算方法.大家知道,优化法在数学上就是一个函数求极小,在现实生活中,任何一个存在决策的问题都是优化问题.当年华罗庚在全国推广的优选法,叫 0.618 法,就是一个特殊的优化方法.任何存在决策的问题都可以归结到优化问题,特别是现在大数据、人工智能,很多问题都归结到参数的选取、如何做决策,包括无人机的轨迹设计等.所以,在新的时代,优化方法在很多领域都有很好的应用,谢谢大家.

记者:

我有个问题.科学成就离不开精神支撑,科学家精神是科技工作者在长期科学实践中积累的宝贵精神财富.在科学家座谈会上,习近平总书记提出要大力弘扬科学家精神,号召广大科技工作者要肩负起历史的科技创新的重任. 请各位科学家结合你们各自工作的领域, 谈谈对新时代科学家精神的理解, 你们是如何践行的, 以及有什么难忘的故事? 谢谢.

袁亚湘:

前面三位专家都讲得非常充分了, 我再结合我们自己的领域简单谈谈自己粗浅的认识. 老一辈的科学家爱国奉献, 淡泊名利, 刻苦攻关, 敢为天下先, 攀登科学高峰, 老一辈科学家这些优良的品质给我们留下很好的榜样. 在数学领域, 华罗庚、陈景润就是他们中的典型代表, 他们的事迹、他们的精神影响了我们一代又一代的青年科学家, 包括像我这样的人都是听着他们的故事长大的, 后来成为科技工作者, 也是受他们故事的影响. 所以, 科学家精神能够鼓舞年轻一代, 最重要的一点就是爱国. 大家经常说科学没有国界, 但是一定要记住后面那句话, 科学家是有国别的. 所以, 爱国奉献这一点是我们老一辈科学家也是我们这一代人要坚持的.

第二个是淡泊名利, 不去追求那些荣誉、地位, 真正为了信诚科学、淡泊名利, 去为了自己兴趣爱好, 为了国家的发展去做自己想做的事, 就不要功利性地做研究. 再一点是甘为人梯, 我最近刚刚从金坛回来, 华罗庚诞辰一百一十周年, 华罗庚, 从一个初中毕业文凭的人到清华, 从清华后来又从一个图书馆的管理员变成一个教员, 后来又从剑桥访问回来, 直接提升为教授等等, 这种就是华罗庚得益于有比他更老一辈的人甘当人梯, 当他的伯乐, 后来华罗庚先生自己又当伯乐, 把陈景润从厦门调到北京来. 我刚才有意让 80 后的教授在我前面讲, 也是弘扬科学家精神, 让年轻的同志先讲. 我讲的这个问题, 就是科学家培养年轻一代的科学家, 是我们的责任, 是我们的使命. 所以, 我们这一代更应该在当今社会弘扬这种甘为人梯、扶助后学的精神.

最后是要甘于寂寞, 特别是做基础研究的、做数学研究的, 要真正坐得住冷板凳, 不要为外界喧哗的世界所迷惑, 有定力, 真正埋头苦干, 做真正有价值的工作, 这是发扬科学家精神最好的做法. 谢谢大家.

记者:

我的问题提给袁老师. 加大基础研究已经成为一种共识, 您作为从事基础研究的科学家, 如何理解习近平总书记多次提及的好奇心, 以及科学家特别是基础研究出发点往往是科学家探究自然奥秘的好奇心? 谢谢.

袁亚湘:

非常感谢这位媒体的朋友, 谢谢你的问题, 这是非常好的问题. 我自己非常有幸地参加了 9 月 11 日习近平总书记的座谈会, 我亲耳聆听了习近平总书记的讲话. 的确, 对我一个做基础研究的科技工作者来说, 非常振奋, 也非常受鼓舞. 因为习近平总书记不少于三次提到了"好奇心"这个词. 大家知道, 作基础研究的驱动力, 要有好奇心, 还有功利心. 从表面上看来, 大家觉得可能功利心是驱动作研究很大的一个动力, 但实际上不然. 为什么? 因为你为了一些所谓的名誉、地位、金钱, 甚至一些奖项、"帽子", 好像感觉会不断驱使你前进. 但是我们真正做基础研究的, 实际上最强有力的动力不是功利心, 而是好奇心. 为什么呢? 因为好奇心是人的天性, 是人的本性, 人对未知世界都想知道. 就好像你今天问的这个问题,你就想知道袁老师对这个问题会有什么答案,否则你就不问了.所以,我们知道好奇心才是作基础研究真正的一个最原始的、最强有力的、也是最长久的.用数学语言说,这是一个无穷的动力.因为历史已经告诉我们,真正一些颠覆性的、革命性的科技发现,往往是从无到有,从零到一,这些往往是依赖于真正的纯基础研究,而不是应用研究.但是基础研究有个特点,往往在你做这个东西之前,你事先并不知道它的结果是什么,而且它的过程往往是漫长的,它的道路还是曲折的.所以,没有好奇心,就很难长期、持久地做这件事情.也就是说,我们做基础研究的,非常希望年轻科技工作者要热爱自己的研究,还要有持久的坚持力,然后调动他的好奇心,才能把它做下去.当然,现在大家都在谈论,现代科技的竞争,包括我们国家面临很多"卡脖子"的现象."卡脖子"很多都是表现在技术、工程层面,比如芯片会不会做,这个会不会弄,可能表面上是在技术和工程层面.但归根到底,很多"卡脖子"技术都还是基础研究.就像我们看到一个很漂亮的房子,但实际上盖房子的时候,没有地基是不可能有这个房子的.比如华为的5G领先世界,最关键的技术是基于它的极化编码,这是数学方法.我非常高兴地看到习近平总书记谈到好奇心,这对我们作基础研究是一个很大的鼓舞,实际上也是希望和勉励年轻一代科技工作者要真正用好奇心驱动自己的研究,热爱科研、埋头苦干.然后是"四个面向",做好自己的本职工作,为我们国家科技发展、社会经济发展,做出更大的贡献.这就是我的理解.谢谢.

复习题 8

[A]

1. 填空题.

(1) 函数 $z = \dfrac{\arcsin(x^2+y^2)}{\sqrt{y^2-2x}}$ 的定义域是 _____.

(2) 已知 $f(x, x-y) = x^2 - xy$,则函数 $f(x,y) =$ _____.

(3) $\lim\limits_{\substack{x \to 0 \\ y \to 0}} \dfrac{x+y}{\sqrt{1+x+y}-1} =$ _____.

(4) 设 $z = \arctan(xy)$,则 $\dfrac{\partial z}{\partial x} =$ _____.

(5) 设 $z = \ln(x^2+y^2)$,则 $\mathrm{d}z\big|_{(1,1)} =$ _____.

(6) 设 $\mathrm{d}z = y\cos x\,\mathrm{d}x + \sin x\,\mathrm{d}y$,则 $\dfrac{\partial z}{\partial x} =$ _____,$\dfrac{\partial z}{\partial y} =$ _____.

(7) 设方程 $2\mathrm{e}^z - z + xy = 4$ 确定了函数 $z = f(x,y)$,则 $\dfrac{\partial z}{\partial x}\big|_{(2,1,0)} =$ _____.

(8) 利用奇偶性计算 $\iint\limits_{x^2+y^2 \leqslant 2}(x^3 + \sin y + 1)\mathrm{d}x\mathrm{d}y =$ _____.

(9) $\iint\limits_{D} xy^2\,\mathrm{d}x\mathrm{d}y =$ _____,其中 $D: -1 \leqslant x \leqslant 1, 2 \leqslant y \leqslant 3$.

(10) $\iint\limits_{D} \dfrac{1}{\sqrt{x^2+y^2}}\mathrm{d}\sigma =$ _____,其中 $D: 1 \leqslant x^2+y^2 \leqslant 9$.

2. 选择题.

(1) $\lim\limits_{\substack{x\to 0\\ y\to 0}} \dfrac{\sin(x^2+y^2)}{x^2+y^2} = ($ $)$.

A. 0;　　　　　　B. 1;　　　　　　C. ∞;　　　　　　D. 不存在.

(2) 设 $z=xe^y+y\sin x, x=t, y=t^2$,则全导数 $\dfrac{\mathrm{d}z}{\mathrm{d}t}\Big|_{t=0}=($ $)$.

A. 0;　　　　　　B. 1;　　　　　　C. 2;　　　　　　D. -1.

(3) 设 $z=f(x^3-y^3)$,且 f 具有导数,则 $\dfrac{\partial z}{\partial x}+\dfrac{\partial z}{\partial y}=($ $)$.

A. $3x^2-3y^2$;　　　　　　　　B. $(3x^2-3y^2)f(x^3-y^3)$;

C. $(3x^2-3y^2)f'(x^3-y^3)$;　　　D. $(3x^2+3y^2)f'(x^3-y^3)$.

(4) 设 $z=f(x,y)$ 为二元可微函数,且 $\dfrac{\partial z}{\partial x}=y, \dfrac{\partial z}{\partial y}=x$,则 $\mathrm{d}z=($ $)$.

A. $y\mathrm{d}x-x\mathrm{d}y$;　B. $y\mathrm{d}x+x\mathrm{d}y$;　C. $x\mathrm{d}x+y\mathrm{d}y$;　D. $x\mathrm{d}x-y\mathrm{d}y$.

(5) 点 $(-1,1)$ 是函数 $z=x^2+xy+y^2+x-y$ 的 $($ $)$.

A. 极大值点;　B. 极小值点;　C. 非极值点;　D. 非驻点.

(6) 设积分域 D 为 $x^2+y^2\leqslant 1$,则 $\iint\limits_{D}\mathrm{d}\sigma=($ $)$.

A. π;　　　　　　B. 3π;　　　　　　C. 4π;　　　　　　D. 2π.

(7) 设 D 是由 $|x|\leqslant 2, |y|\leqslant 1$ 所围成的闭区域,则 $\iint\limits_{D}x^3y^2\mathrm{d}\sigma=($ $)$.

A. $\dfrac{19}{12}$;　　　　　B. $\dfrac{11}{12}$;　　　　　C. $\dfrac{1}{12}$;　　　　　D. 0.

(8) 设 D 是由 $y=x, y=x^3(x\geqslant 0)$ 所围成的闭区域,则 $\iint\limits_{D}x\mathrm{d}\sigma=($ $)$.

A. $-\dfrac{2}{15}$;　　　　B. $\dfrac{2}{15}$;　　　　C. $\dfrac{1}{12}$;　　　　D. $-\dfrac{1}{12}$.

(9) 设 f 是连续函数,区域 $D: x^2+y^2\leqslant 1$ 且 $y\geqslant 0$,则 $\iint\limits_{D}f(\sqrt{x^2+y^2})\mathrm{d}x\mathrm{d}y=($ $)$.

A. $\pi\int_0^1 rf(r)\mathrm{d}r$;　　　　　　B. $2\pi\int_0^1 rf(r)\mathrm{d}r$;

C. $2\pi\int_0^1 f(r)\mathrm{d}r$;　　　　　　D. $\pi\int_0^1 f(r)\mathrm{d}r$.

3. 设 $z=\dfrac{x\cos y}{e^x(1+2\sin y)}$,求 $\dfrac{\partial z}{\partial x}\Big|_{\substack{x=0\\ y=0}}$.

4. 设 $z=xe^{x+y}+y$,计算 $\dfrac{\partial^2 z}{\partial x^2}-2\dfrac{\partial^2 z}{\partial x\partial y}+\dfrac{\partial^2 z}{\partial y^2}$.

5. 设空间上任一点的温度为 $T=400xyz^2$,求球面 $x^2+y^2+z^2=1$ $(x>0, y>0, z>0)$ 上达到最高温度的点及最高温度.

6. 计算下列二重积分:

(1) $\iint\limits_{D}\dfrac{x}{y}\mathrm{d}\sigma$, D 为由 $y=2x, y=x, x=4, x=2$ 所围成的区域;

(2) $\iint\limits_{D}\cos\sqrt{x^2+y^2}\mathrm{d}\sigma$, D 为由 $x^2+y^2\leqslant \pi^2$ 围成的区域.

[B]

1. 填空题.

(1) $\lim\limits_{\substack{x\to 0\\ y\to 2}} \dfrac{x+y\sin x}{2xy+3\sin x} =$ _____.

(2) 设 $z=ye^{x^2 y}$, 则 $\dfrac{\partial z}{\partial x}=$ _____, $\dfrac{\partial^2 z}{\partial x \partial y}=$ _____.

(3) 设 $z=f(u,v), u=xy, v=\dfrac{x}{y}$, 则 $\mathrm{d}z=$ _____.

(4) 设 $u=\varphi(x^2+y^2)$, 则 $y\dfrac{\partial u}{\partial x}-x\dfrac{\partial u}{\partial y}=$ _____.

(5) 设 $z=\dfrac{y}{\sqrt{x^2+y^2}}$, 则 $\mathrm{d}z\big|_{(1,1)}=$ _____.

(6) 比较积分的大小: $\iint\limits_{D}(x+y)\mathrm{d}x\mathrm{d}y$ _____ $\iint\limits_{D}(x+y)^2\mathrm{d}x\mathrm{d}y$, 其中 $D: 1 \leqslant x+y \leqslant 2$ ($x\geqslant 0, y\geqslant 0$).

(7) 设 D 是由两坐标轴及直线 $x=1, y=1$ 围成的矩形区域, 则 $\iint\limits_{D} x e^{xy} \mathrm{d}\sigma =$ _____.

(8) $\iint\limits_{D}[(x+1)^2+2y^2]\mathrm{d}x\mathrm{d}y=$ _____, 其中 $D: x^2+y^2 \leqslant 1$.

(9) $\iint\limits_{D}\left(x^2+\dfrac{y^2}{2}\right)\mathrm{d}x\mathrm{d}y=$ _____, 其中 $D: x^2+y^2 \leqslant 4$.

(10) $\int_0^2 \mathrm{d}x \int_0^{\sqrt{2x-x^2}} \sqrt{x^2+y^2} \mathrm{d}y =$ _____.

2. 选择题.

(1) 二元函数 $f(x,y)$ 在 (x_0, y_0) 处的两个偏导数 $f'_x(x_0, y_0), f'_y(x_0, y_0)$ 存在, 是 $f(x,y)$ 在该点连续的 (　　).

A. 充分而非必要条件;　　B. 必要而非充分条件;
C. 充分且必要条件;　　D. 既非充分也非必要条件.

(2) 点 $(1,1)$ 是函数 $z=x^3-3xy+y^3+1$ 的 (　　).

A. 极小值点;　　B. 极大值点;　　C. 非极值点;　　D. 无法确定.

(3) 设 $z=f\left(x, \dfrac{x}{y}\right)$ 的二阶导数存在, 则 $\dfrac{\partial^2 z}{\partial x^2}=$ (　　).

A. $f''_{11}+\dfrac{1}{y^2}f''_{22}$;　　B. $f''_{11}+\dfrac{2}{y}f''_{12}+\dfrac{1}{y^2}f''_{22}$;

C. $f''_{11}+\dfrac{1}{y^2}f''_{22}+\dfrac{1}{y}f''_{21}$;　　D. $f''_{11}+\dfrac{1}{y}(f''_{12}+f''_{21})+\dfrac{1}{y^2}f''_{22}$.

(4) 设 $I=\iint\limits_{D}(x^2+4y^2+9)\mathrm{d}\sigma$, D 由圆 $x^2+y^2=4$ 围成, 则 I 的估值是 (　　).

A. $18\pi \leqslant I \leqslant 50\pi$;　　B. $9\pi \leqslant I \leqslant 100\pi$;
C. $36\pi \leqslant I \leqslant 50\pi$;　　D. $36\pi \leqslant I \leqslant 100\pi$.

(5) 设 $f(x,y)$ 是连续函数, 则 $\int_0^2 \mathrm{d}x \int_0^x f(x,y)\mathrm{d}y =$ (　　).

A. $\int_0^2 \mathrm{d}y \int_0^y f(x,y)\mathrm{d}x$;　　B. $\int_0^2 \mathrm{d}y \int_y^2 f(x,y)\mathrm{d}x$;

C. $\int_0^2 \mathrm{d}y \int_2^y f(x,y)\mathrm{d}x$;　　D. $\int_0^2 \mathrm{d}y \int_0^2 f(x,y)\mathrm{d}x$.

(6) 二次积分 $\int_0^1 \mathrm{d}y \int_0^{\sqrt{1-y^2}} f(x,y)\mathrm{d}x$ 化成为极坐标式为（   ）．

A. $\int_0^{\frac{\pi}{2}} \mathrm{d}\theta \int_0^1 f(x,y)\mathrm{d}r$；

B. $\int_0^{\frac{\pi}{2}} \mathrm{d}\theta \int_0^1 f(r\cos\theta, r\sin\theta)\mathrm{d}r$；

C. $\int_0^{\frac{\pi}{2}} \mathrm{d}\theta \int_0^1 f(r\cos\theta, r\sin\theta)r\mathrm{d}r$；

D. $\int_0^{\frac{\pi}{2}} \mathrm{d}\theta \int_0^1 f(r\cos\theta, r\sin\theta)r\mathrm{d}r$．

(7) 设 $D: 1 \leqslant x^2+y^2 \leqslant 9$，$D_0: 1 \leqslant x^2+y^2 \leqslant 9$ ($x \geqslant 0, y \geqslant 0$)，则下列等式正确的是（   ）．

A. $\iint_D (x^2+y^2)\mathrm{d}x\mathrm{d}y = 2\iint_{D_0} (x^2+y^2)\mathrm{d}x\mathrm{d}y$；

B. $\iint_D (x^2+y^2)\mathrm{d}x\mathrm{d}y = 4\iint_{D_0} x^2\mathrm{d}x\mathrm{d}y$；

C. $\iint_D (x^2+y^2)\mathrm{d}x\mathrm{d}y = 8\iint_{D_0} (x^2+y^2)\mathrm{d}x\mathrm{d}y$；

D. $\iint_D (x^2+y^2)\mathrm{d}x\mathrm{d}y = 8\iint_{D_0} x^2\mathrm{d}x\mathrm{d}y$．

(8) 设 D 是由三点 $(-1,1),(0,0),(1,1)$ 围成的三角形区域，则 $\iint_D (xy+\sin x\cos y)\mathrm{d}x\mathrm{d}y$ 的值等于（   ）．

A. $2\iint_D \sin x\cos y\mathrm{d}x\mathrm{d}y$；

B. $2\iint_D xy\mathrm{d}x\mathrm{d}y$；

C. $4\iint_D (xy+\sin x\cos y)\mathrm{d}x\mathrm{d}y$；

D. 0．

3. 设 $z^3 - x^2 yz = 4$ 确定了 $z = f(x,y)$，求全微分 $\mathrm{d}z$．

4. 周长为 $2l$ 的等腰三角形，绕其底边旋转成旋转体，问此等腰三角形的腰长等于多少时，使得旋转体的体积为最大？

5. 求原点到曲面 $(x-y)^2 - z^2 = 1$ 最短距离．

6. 求 $\iint_D \frac{1-x^2-y^2}{1+x^2+y^2}\mathrm{d}\sigma$，其中 D 是由 $x^2+y^2=1, x=0, y=0$ 所围成的区域在第 I 象限部分．

7. 设 $f(u)$ 是关于 u 的奇函数，D 是由 $x=1, y=-x^3, y=1$ 所围成的平面区域，求 $\iint_D [x^3 + f(xy)]\mathrm{d}x\mathrm{d}y$．

8. 交换积分 $\int_{-2}^{-1} \mathrm{d}y \int_0^{y+2} f(x,y)\mathrm{d}x + \int_{-1}^0 \mathrm{d}y \int_0^{y^2} f(x,y)\mathrm{d}x$ 的次序．

9. 用适当的方法计算 $\int_0^1 \mathrm{d}y \int_y^1 x^2 \mathrm{e}^{xy} \mathrm{d}x$．

10. 计算 $\iint_D |1-x^2-y^2| \mathrm{d}x\mathrm{d}y$，其中 D 为 $x^2+y^2 \leqslant 4$ 的上半圆．

11. 求由 $x=0, x=4, y=0, y=4, z=0$ 及抛物面 $z=x^2+y^2+1$ 所围立体的体积．

12. 一平面薄板被 $y=x, y=2-x$ 及 x 轴所围，面密度为 $\rho(x,y)=1+2x+y$，求该薄板的质量．

课 外 学 习 8

1. 在线学习

袁亚湘院士开讲啦（网页链接见对应配套电子课件）．

2. 阅读与写作

阅读本章"背景聚焦：欧拉——我们一切人的老师"．

附　录

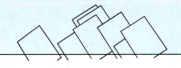

附录 A　常用数学公式

一、乘法与因式分解公式

(1) $(a\pm b)^2 = a^2 \pm 2ab + b^2$

(2) $(a\pm b)^3 = a^3 \pm 3a^2b + 3ab^2 \pm b^3$

(3) $a^2 - b^2 = (a-b)(a+b)$

(4) $a^3 \pm b^3 = (a\pm b)(a^2 \mp ab + b^2)$

(5) $a^n - b^n = (a-b)(a^{n-1} + a^{n-2}b + a^{n-3}b^2 + \cdots + ab^{n-2} + b^{n-1})$　（n 为正整数）

(6) $a^n + b^n = (a+b)(a^{n-1} - a^{n-2}b + a^{n-3}b^2 - \cdots - ab^{n-2} + b^{n-1})$　（n 为奇数）

二、三角不等式

(1) $|a+b| \leqslant |a| + |b|$　　　　　　(2) $|a-b| \leqslant |a| + |b|$

(3) $|a-b| \geqslant |a| - |b|$　　　　　　(4) $-|a| \leqslant a \leqslant |a|$

(5) $|a| \leqslant b \Longleftrightarrow -b \leqslant a \leqslant b$　（$b \geqslant 0$）

三、一元二次方程 $ax^2 + bx + c = 0$ 的解

(1) $x_1 = \dfrac{-b + \sqrt{b^2 - 4ac}}{2a}$，　$x_2 = \dfrac{-b - \sqrt{b^2 - 4ac}}{2a}$

(2) 根与系数的关系（韦达定理）：$x_1 + x_2 = -\dfrac{b}{a}$，$x_1 x_2 = \dfrac{c}{a}$

(3) 判别式：$b^2 - 4ac \begin{cases} >0 & \text{方程有相异的两个实根} \\ =0 & \text{方程有相等的两个实根} \\ <0 & \text{方程有共轭复数根} \end{cases}$

四、某些数列的前 n 项和

(1) $1 + 2 + 3 + \cdots + n = \dfrac{n(n+1)}{2}$

(2) $1 + 3 + 5 + \cdots + (2n-1) = n^2$

(3) $2 + 4 + 6 + \cdots + 2n = n(n+1)$

(4) $1^2 + 2^2 + 3^2 + \cdots + n^2 = \dfrac{n(n+1)(2n+1)}{6}$

(5) $1^2 + 3^2 + 5^2 + \cdots + (2n-1)^2 = \dfrac{n(4n^2-1)}{3}$

(6) $1^3+2^3+3^3+\cdots+n^3=\dfrac{n^2(n+1)^2}{4}$

(7) $1^3+3^3+5^3+\cdots+(2n-1)^3=n^2(2n^2-1)$

(8) $1\times2+2\times3+\cdots+n(n+1)=\dfrac{n(n+1)(n+2)}{3}$

(9) $a+(a+d)+(a+2d)+\cdots+[a+(n-1)d]=n\left(a+\dfrac{n-1}{2}d\right)$

(10) $a+aq+aq^2+\cdots+aq^{n-1}=\dfrac{a(1-q^n)}{1-q}$ $(q\neq1)$

五、二项式展开公式

$$(a+b)^n=a^n+na^{n-1}b+\dfrac{n(n-1)}{2!}a^{n-2}b^2+\dfrac{n(n-1)(n-2)}{3!}a^{n-3}b^3+\cdots+\dfrac{n(n-1)\cdots(n-k+1)}{k!}a^{n-k}b^k+\cdots+b^n$$

六、三角函数公式

1. 平方公式

(1) $\sin^2\alpha+\cos^2\alpha=1$

(2) $\sec^2\alpha=\tan^2\alpha+1$

(3) $\csc^2\alpha=\cot^2\alpha+1$

2. 两角和公式

(1) $\sin(\alpha\pm\beta)=\sin\alpha\cos\beta\pm\cos\alpha\sin\beta$

(2) $\cos(\alpha\pm\beta)=\cos\alpha\cos\beta\mp\sin\alpha\sin\beta$

(3) $\tan(\alpha\pm\beta)=\dfrac{\tan\alpha\pm\tan\beta}{1\mp\tan\alpha\tan\beta}$

(4) $\cot(\alpha\pm\beta)=\dfrac{\cot\alpha\cot\beta\mp1}{\cot\beta\pm\cot\alpha}$

3. 倍角公式

(1) $\sin2\alpha=2\sin\alpha\cos\alpha$

(2) $\cos2\alpha=\cos^2\alpha-\sin^2\alpha=2\cos^2\alpha-1=1-2\sin^2\alpha$

(3) $\tan2\alpha=\dfrac{2\tan\alpha}{1-\tan^2\alpha}$

(4) $\cot2\alpha=\dfrac{\cot^2\alpha-1}{2\cot\alpha}$

4. 半角公式

(1) $\sin\dfrac{\alpha}{2}=\pm\sqrt{\dfrac{1-\cos\alpha}{2}}$

(2) $\cos\dfrac{\alpha}{2}=\pm\sqrt{\dfrac{1+\cos\alpha}{2}}$

(3) $\tan\dfrac{\alpha}{2}=\pm\sqrt{\dfrac{1-\cos\alpha}{1+\cos\alpha}}=\dfrac{1-\cos\alpha}{\sin\alpha}=\dfrac{\sin\alpha}{1+\cos\alpha}$

(4) $\cot\dfrac{\alpha}{2}=\pm\sqrt{\dfrac{1+\cos\alpha}{1-\cos\alpha}}=\dfrac{\sin\alpha}{1-\cos\alpha}=\dfrac{1+\cos\alpha}{\sin\alpha}$

5. 积化和差与和差化积

(1) $2\sin\alpha\cos\beta=\sin(\alpha+\beta)+\sin(\alpha-\beta)$

(2) $2\cos\alpha\sin\beta=\sin(\alpha+\beta)-\sin(\alpha-\beta)$

(3) $2\cos\alpha\cos\beta=\cos(\alpha+\beta)+\cos(\alpha-\beta)$

(4) $-2\sin\alpha\sin\beta=\cos(\alpha+\beta)-\cos(\alpha-\beta)$

(5) $\sin\alpha + \sin\beta = 2\sin\dfrac{\alpha+\beta}{2}\cos\dfrac{\alpha-\beta}{2}$ 　　(6) $\sin\alpha - \sin\beta = 2\cos\dfrac{\alpha+\beta}{2}\sin\dfrac{\alpha-\beta}{2}$

(7) $\cos\alpha + \cos\beta = 2\cos\dfrac{\alpha+\beta}{2}\cos\dfrac{\alpha-\beta}{2}$ 　　(8) $\cos\alpha - \cos\beta = -2\sin\dfrac{\alpha+\beta}{2}\sin\dfrac{\alpha-\beta}{2}$

(9) $\tan\alpha \pm \tan\beta = \dfrac{\sin(\alpha\pm\beta)}{\cos\alpha\cos\beta}$ 　　(10) $\cot\alpha \pm \cot\beta = \pm\dfrac{\sin(\alpha+\beta)}{\sin\alpha\sin\beta}$

七、导数与微分

1. 求导与微分法则

(1) $(C)' = 0$, $dC = 0$

(2) $(Cv)' = Cv'$, $d(Cv) = Cdv$

(3) $(u \pm v)' = u' \pm v'$, $d(u \pm v) = du \pm dv$

(4) $(uv)' = u'v + uv'$, $d(uv) = vdu + udv$

(5) $\left(\dfrac{u}{v}\right)' = \dfrac{vu' - uv'}{v^2}$, $d\left(\dfrac{u}{v}\right) = \dfrac{vdu - udv}{v^2}$

2. 导数及微分公式

(1) $(x^n)' = nx^{n-1}$, $d(x^n) = nx^{n-1}dx$

特别地，$(\sqrt{x})' = \dfrac{1}{2\sqrt{x}}$, $d(\sqrt{x}) = \dfrac{dx}{2\sqrt{x}}$

(2) $(\ln x)' = \dfrac{1}{x}$, $d(\ln x) = \dfrac{dx}{x}$

$(\log_a x)' = \dfrac{1}{x\ln a}$, $d(\log_a x) = \dfrac{dx}{x\ln a}$ 　$(a > 0, a \neq 1)$

(3) $(e^x)' = e^x$, $d(e^x) = e^x dx$

$(a^x)' = a^x \ln a$, $d(a^x) = a^x \ln a\, dx$ 　$(a > 0, a \neq 1)$

(4) $(\sin x)' = \cos x$, $d(\sin x) = \cos x\, dx$

(5) $(\cos x)' = -\sin x$, $d(\cos x) = -\sin x\, dx$

(6) $(\tan x)' = \sec^2 x$, $d(\tan x) = \sec^2 x\, dx$

(7) $(\cot x)' = -\csc^2 x$, $d(\cot x) = -\csc^2 x\, dx$

(8) $(\sec x)' = \sec x \tan x$, $d(\sec x) = \sec x \tan x\, dx$

(9) $(\csc x)' = -\csc x \cot x$, $d(\csc x) = -\csc x \cot x\, dx$

(10) $(\arcsin x)' = \dfrac{1}{\sqrt{1-x^2}}$, $d(\arcsin x) = \dfrac{dx}{\sqrt{1-x^2}}$

(11) $(\arccos x)' = -\dfrac{1}{\sqrt{1-x^2}}$, $d(\arccos x) = -\dfrac{dx}{\sqrt{1-x^2}}$

(12) $(\arctan x)' = \dfrac{1}{1+x^2}$, $d(\arctan x) = \dfrac{dx}{1+x^2}$

(13) $(\text{arccot}\, x)' = -\dfrac{1}{1+x^2}$, $d(\text{arccot}\, x) = -\dfrac{dx}{1+x^2}$

八、不定积分表（基本积分）

(1) $\int dx = x + C$ 　　(2) $\int x^a dx = \dfrac{x^{a+1}}{a+1} + C$ 　$(a \neq -1)$

(3) $\int \dfrac{dx}{x} = \ln|x| + C$ 　　(4) $\int \dfrac{dx}{a^2 + x^2} = \dfrac{1}{a}\arctan\dfrac{x}{a} + C$

(5) $\int \dfrac{\mathrm{d}x}{x^2 - a^2} = \dfrac{1}{2a}\ln\left|\dfrac{x-a}{x+a}\right| + C$ (6) $\int \dfrac{\mathrm{d}x}{(x+a)(x+b)} = \dfrac{1}{b-a}\ln\left|\dfrac{x+a}{x+b}\right| + C$

(7) $\int \dfrac{\mathrm{d}x}{\sqrt{a^2 - x^2}} = \arcsin\dfrac{x}{a} + C$ (8) $\int \mathrm{e}^x \mathrm{d}x = \mathrm{e}^x + C$

(9) $\int a^x \mathrm{d}x = \dfrac{a^x}{\ln a} + C$ (10) $\int \sin x \mathrm{d}x = -\cos x + C$

(11) $\int \cos x \mathrm{d}x = |\sin x| + C$ (12) $\int \tan x \mathrm{d}x = -\ln|\cos x| + C$

(13) $\int \cot x \mathrm{d}x = \ln|\sin x| + C$ (14) $\int \sec^2 x \mathrm{d}x = \int \dfrac{\mathrm{d}x}{\cos^2 x} = \tan x + C$

(15) $\int \csc^2 x \mathrm{d}x = \int \dfrac{\mathrm{d}x}{\sin^2 x} = -\cot x + C$

(16) $\int \sec x \mathrm{d}x = \int \dfrac{\mathrm{d}x}{\cos x} = \ln|\sec x + \tan x| + C = \dfrac{1}{2}\ln\left|\dfrac{1+\sin x}{1-\sin x}\right| + C$

(17) $\int \csc x \mathrm{d}x = \int \dfrac{\mathrm{d}x}{\sin x} = \ln|\csc x - \cot x| + C = \ln\left|\tan\dfrac{x}{2}\right| + C$

(18) $\int \sec x \tan x \mathrm{d}x = \sec x + C$

(19) $\int \csc x \cot x \mathrm{d}x = -\csc x + C$

(20) $\int \dfrac{\mathrm{d}x}{x\sqrt{x^2 - a^2}} = \dfrac{1}{a}\operatorname{arcsec}\dfrac{x}{a} + C$

附录 B 数学文摘与背景聚焦索引

第 1 章　函数与极限
　　你知道历史上的某一天是星期几吗？ ··· 005
　　你知道在分形几何中的 Koch 雪花吗？ ·· 019
　　你无论如何也追不上一只乌龟!? ··· 025
　　我国古典数学理论的奠基人——刘徽 ··· 035
　　极限思想的哲学意义 ··· 045
第 2 章　导数与微分
　　炮弹的运动方向 ·· 063
　　变化率模型——收绳速度不变时船速变了吗？ ··· 065
　　钟表每天快了多少？ ··· 072
　　大国重器：沉着蓄力,方能一飞冲天；脚踏实地,方能一鸣惊人. ··············· 078
第 3 章　导数的应用
　　数学与哲学 ·· 087
　　导数显示计——汽车的车速表 ··· 094
　　光的折射 ··· 100
　　最伟大的科学巨匠——牛顿 ·· 110
第 4 章　不定积分
　　雪球融化问题 ·· 116
　　为什么不宜制造当量级太大的核弹头？ ·· 137
　　数学对其他学科和高科技的影响 ··· 144

第 5 章　定积分及其应用
谁发明了微积分? …………………………………………………………………… 159
定积分——存储和积累过程 ………………………………………………………… 174
微积分学的发展历程 ………………………………………………………………… 188

第 6 章　常微分方程
Volterra 模型 ………………………………………………………………………… 197
二维码背后的数学原理是什么? …………………………………………………… 206
微分几何之父——陈省身 …………………………………………………………… 214
自动控制系统中的微分方程 ………………………………………………………… 223
数学建模——数学方法解决实际问题 ……………………………………………… 226

第 7 章　向量代数与空间解析几何
笛卡尔与空间直角坐标系 …………………………………………………………… 238
建筑中的数学美 ……………………………………………………………………… 254
数学之神——阿基米德 ……………………………………………………………… 255

第 8 章　多元函数微积分
华罗庚:要学会读书,学会自学 ……………………………………………………… 271
蜂窝猜想——蜜蜂是世界上工作效率最高的建筑者 ……………………………… 281
欧拉——我们一切人的老师 ………………………………………………………… 285
求面积的仪器 ………………………………………………………………………… 292
微积分符号史漫谈 …………………………………………………………………… 309
袁亚湘院士答记者问 ………………………………………………………………… 312

附录 C　MATLAB 在微积分中的数学实验

实验目的

(1)熟悉 Matlab 软件在高等数学中的有关命令.

(2)掌握用 Matlab 软件求解高等数学问题的基本方法.

(3)通过本次实验,进一步理解课堂所学的高等数学内容,同时提高学生的实际动手能力和综合解决问题能力.

实验内容

1. 求函数的极限

基本命令:limit(f,n,inf)　　　　求数列极限.
　　　　　limit(f,x,x0)　　　　 求函数极限.

例 1　求数列极限 $\lim\limits_{n\to\infty}\dfrac{\sqrt{n^2+n}}{n+2}$.

编写 M 文件如下:
```
syms n
f = (n^2 + n)^(1/2)/(n + 2);
```

```
fn = limit(f,n,inf)
```
命令执行结果为：
```
fn = 1
```

例 2 求函数极限 $\lim\limits_{x\to 0}\dfrac{\tan x-\sin x}{x^3}$.

编写 M 文件如下：
```
syms x
f = (tan(x) - sin(x))/(x^3);
limit(f,x,0)
```
命令执行结果为：
```
ans = 1/2
```

2. 求函数的导数

基本命令：diff(y,n)　　　　　　求函数的 n 阶导数.
subs(diff(y),x,x_0)　　　　求函数的导数在定点的值.

例 3 求 $f(x)=e^x\cos 2x$ 的导数在 $x=0$ 的函数值及三阶导数.

编写 M 文件如下：
```
syms x
y = exp(x) * cos(2 * x);
diff(y,1,0)
diff(y,3)
```
结果请读者自证.

例 4 求幂指函数 $y=x^{\sin x}(x>0)$ 的导数.

编写 M 文件如下：
```
syms x
y = x^sin(x);
diff(y)
```
结果请读者自证.

例 5 设 $\begin{cases}x=a(t-\sin t)\\y=a(1-\cos t)\end{cases}$，求 $\dfrac{dy}{dx}$.

编写 M 文件如下：
```
syms t
dxdt = diff(a * (t - sin(t)));
dydt = diff(a * (1 - cos(t)));
dydx = dydt/dxdt
```
命令执行结果为：
```
dydx = - sin(t)/(cos(t) - 1)
```

3. 不定积分与定积分

基本命令：int(f(x),x)　　　　　求函数的不定积分.

例 6 求不定积分 $\int\cos x\sin^2 x\,dx$.

编写 M 文件如下：

```
syms x
int(cos(x)*(sin(x))^2,x)
```
命令执行结果为:
ans = sin(x)^3/3

例7 求定积分 $\int_{-\frac{\pi}{2}}^{\frac{\pi}{2}}(\frac{\sin x}{1+\cos x}+|x|)dx$.

编写 M 文件如下:
```
syms x
int(sin(x)/(1+cos(x))+abs(x),x,-pi/2,pi/2)
```
命令执行结果为:
ans = pi^2/4

例8 求定积分 $\int_0^{+\infty}\frac{1}{1+4x^2}dx$.

编写 M 文件如下:
```
syms x
int(1/(1+4*x^2),x,0,inf)
```
命令执行结果为:
ans = pi/4

附录 D 习题参考答案

第 1 章

习题 1-1

1. (1) $(-\infty,-3)\cup(-3,1)\cup(1,2)\cup(2,+\infty)$;
   (2) $[-1,+\infty)$;
   (3) $(-\infty,-1)\cup(1,+\infty)$;
   (4) $[-2,-1)\cup(-1,1)\cup(1,2]$;
   (5) $(1,e)\cup(e,+\infty)$;
   (6) $[-2,2]$;
   (7) $[2,+\infty)$;
   (8) $[-1,2]$;
   (9) $(3,4)\cup(6,7)$.

2. $(-1,2)$.

3. 图略,$f(5)=2,f(-2)=4$.

4. $f(x)=2x-4x^3$.

5. $f(x)=x^2-2$.

6. (1) $y=\frac{1}{\sqrt{x}}$; (2) $y=\frac{1-x}{1+x}$; (3) $y=\ln(x+\sqrt{x^2+1})$.

7. $f(x)=\begin{cases}x^2+1 & x>0\\0 & x=0\\-(x^2+1) & x<0\end{cases}$,图略.

8. (1) 奇; (2) 奇; (3) 奇; (4) 偶; (5) 奇.

9. (1) 4π; (2) $\frac{2}{3}\pi$; (3) π.

10. $\frac{x-1}{x}$.

11. (1) $y=w^3, w=1-x$；

(2) $y=w^2, w=\sin x$；

(3) $y=e^w, w=\sqrt{v}, v=2+x^2$；

(4) $y=\ln w, w=\arcsin v, v=\dfrac{1}{1+x}$；

(5) $y=\arcsin w, w=\sqrt{v}, v=\cos x$；

(6) $y=\ln w, w=\ln x$；

(7) $y=w^3, w=\tan v, v=e^t, t=3x$；

(8) $y=\arctan w, w=\sqrt{v}, v=\ln t, t=1+x^2$.

习题 1-2

1. (1) 不存在； (2) 不存在； (3) 不存在； (4) 存在.

2. (1) 1； (2) $-\dfrac{2}{3}$； (3) $-\dfrac{\sqrt{3}}{9}$； (4) $\dfrac{1}{2}$；

(5) $3x^2$； (6) $\dfrac{3}{2}$； (7) 4； (8) 1；

(9) $\dfrac{2\sqrt{2}}{3}$； (10) $\dfrac{\sqrt{2}}{2}$； (11) 3； (12) 0；

(13) 3； (14) $\dfrac{1}{5}$； (15) 1； (16) $-\dfrac{1}{2}$；

(17) $\dfrac{3}{2}$.

3. (1) $\dfrac{2}{3}$； (2) 1； (3) x； (4) 0；

(5) 8； (6) -6； (7) $\dfrac{1}{2}$； (8) e；

(9) e^6； (10) $e^{-\frac{5}{2}}$； (11) e^{-6}； (12) e^{-1}；

(13) 1； (14) e； (15) e^{-2}； (16) e^{-6}；

(17) e.

4. (1) 同阶无穷小； (2) 同阶无穷小；

(3) 高阶无穷小； (4) 同阶无穷小；

(5) 等价无穷小.

习题 1-3

1. $a=-1$.

2. (1) 补充 $f(0)=\dfrac{1}{2}$； (2) 补充 $f(0)=8$.

3. (1) $\dfrac{3\sqrt{2}}{4}$； (2) $\dfrac{\pi}{6}$； (3) 2； (4) $-\dfrac{\pi}{4}$；

(5) $-\sqrt{2}$； (6) 1； (7) e^{12}.

4. 略

习题 1-4

1. $a=1, b=1$.

2. $a=6, b=0$.

3. 三阶.

4. (1) e；　　　　　　(2) e．

5. 不存在．

6. (1) 4；　　　　　　(2) 0．

7. (1) $\dfrac{3}{2}$；　　(2) 2；　　(3) $\dfrac{1}{2}$；　　(4) 2；

　(5) 9；　　(6) $\dfrac{1}{3}$；　　(7) 1；　　(8) 2；

　(9) $\dfrac{1}{8}$；　　(10) 6；　　(11) -2；　　(12) -3；

　(13) $\dfrac{1}{405}$．

8. $a=1$．

9. (1) $x=0$，可去间断点；

　(2) $x=0$，可去间断点；

　(3) $x=2$，可去间断点；$x=-2$，无穷间断点；

　(4) $x=0$，跳跃间断点；

　(5) $x=0$，跳跃间断点；

　(6) $x=0$，无穷间断点；$x=1$，跳跃间断点；

　(7) $x=0$，跳跃间断点．

复习题 1[A]

1. (1) $\{x\mid -4<x<1\}$；　　(2) x；　　(3) $\dfrac{1}{4}$；

　(4) 1；　　(5) $\dfrac{4}{3}$；　　(6) 2；　　(7) 同阶；

　(8) $\dfrac{3}{2}$．

2. (1) A；　　(2) B；　　(3) C；　　(4) C；

　(5) C．

3. (1) $\dfrac{8}{3}$；　　(2) -2；　　(3) 3；　　(4) $\dfrac{1}{3}$；

　(5) $\dfrac{1}{3}$；　　(6) $\sqrt{2}$；　　(7) 9；　　(8) $\dfrac{2}{3}$；

　(9) $\dfrac{1}{2}$；　　(10) e^{-9}．

4. 略．

复习题 1[B]

1. (1) $x^2+6x+15$；　(2) 2；　　(3) 2；　　(4) -3；

　(5) e^{-2}；　　(6) e^4；　　(7) 4；　　(8) 1；

　(9) 一，可去．

2. (1) C；　　(2) C；　　(3) D；　　(4) D；

　(5) A；　　(6) C；　　(7) B．

3. (1) e；　　(2) 3；　　(3) $\dfrac{1}{2}$；　　(4) $(\ln 2-\ln 3)^2$；

　(5) $\dfrac{1}{2}$；　　(6) e^3；　　(7) 6；　　(8) $\dfrac{1}{2}$；

(9) $\dfrac{1}{2}$；　　　　　　(10) $\dfrac{1}{3}$.

4. $a=2, b=\dfrac{1}{4}$.

5. $f(x)=x^2-2x$.

第 2 章

习题 2-1

1. (1) $-f'(x_0)$；　　(2) $2f'(x_0)$；　　(3) $5f'(x_0)$.

2. $f'(x)=-\sin x$.

3. $4x+4\sqrt{2}y-4-\pi=0$.

习题 2-2

1. (1) $4x^3$；　　(2) $\dfrac{5}{7\sqrt[7]{x^2}}$；　　(3) $-\dfrac{2}{3x\sqrt[3]{x^2}}$；　　(4) $\dfrac{-2}{x^3}$；

(5) $\dfrac{22}{9}x\sqrt[9]{x^4}$.

2. (1) $y'=5x^4-\dfrac{3}{x^4}$；　　　　　(2) $y'=1-\dfrac{1}{x^2}$；

(3) $y'=\dfrac{28}{3}\sqrt[3]{x}+\dfrac{55}{6\sqrt[6]{x}}+\dfrac{4}{3\sqrt[3]{x^2}}$；

(4) $y'=5x^4+5^x\ln 5$；　　　　(5) $y'=\dfrac{x-1}{2x\sqrt{x}}$；

(6) $y'=-x\sin x$；　　　　(7) $y'=\tan x+x\sec^2 x-2\sec x\tan x$；

(8) $y'=\cos 2x$；　　　　(9) $y'=xe^x$；

(10) $y'=2x\ln x+5x$；　　　　(11) $y'=\dfrac{-2}{x(1+\ln x)^2}$；

(12) $y'=\dfrac{e^x}{(e^x+1)^2}$；　　　　(13) $y'=\dfrac{1-x^2}{(x^2+1)^2}$；

(14) $y'=\dfrac{1}{1+\cos x}$；　　　　(15) $y'=\dfrac{-\csc x}{1+\csc x}$ $\left(\text{或 } y'=\dfrac{-1}{1+\sin x}\right)$.

3. $-\dfrac{1}{18}$.　　　　　4. 0.

5. (1) $-\dfrac{15}{4}$；　　(2) $-4\dfrac{1}{8}$；　　(3) $\dfrac{31}{2}$.

6. 切线：$7x-y-4=0$，法线：$x+7y-22=0$.

7. 切线：$x-2y+\sqrt{3}-\dfrac{\pi}{3}=0$，法线：$x+\dfrac{1}{2}y-\dfrac{\sqrt{3}}{4}-\dfrac{\pi}{3}=0$.

8. $(\pm 1, \pm 1)$.　　　　9. 9 m/s.

习题 2-3

1. (1) $y'=20(2x+1)^9$；　　　　(2) $y'=\dfrac{2}{\sqrt{4x+3}}$；

(3) $y'=\dfrac{2x}{3\sqrt[3]{(1+x^2)^2}}$；　　　　(4) $y'=-\sin x e^{\cos x}$；

(5) $y'=e^{\sqrt{\sin 2x}}\dfrac{\cos 2x}{\sqrt{\sin 2x}}$；　　　　(6) $y'=\dfrac{1}{x^2}\sin\dfrac{1}{x}$；

(7) $y'=\dfrac{1}{2}\sin x$；　　　　　　(8) $y'=\dfrac{1}{x\ln x\ln(\ln x)}$；

(9) $y'=\dfrac{1}{x\sqrt{\ln(3x^2)}}$；　　(10) $y'=4\mathrm{e}^{2x}\tan(\mathrm{e}^{2x})\sec^2(\mathrm{e}^{2x})$；

(11) $y'=\dfrac{3}{x}\sec^3(\ln x)\tan(\ln x)$；

(12) $y'=-\sec x$；　　　　(13) $y'=\dfrac{1}{\sin x}$；

(14) $y'=\dfrac{1}{\sqrt{1-x^2}\arcsin\sqrt{1-x^2}}$　或　$y'=\dfrac{-1}{\sqrt{1-x^2}\arcsin\sqrt{1-x^2}}$；

(15) $y'=\dfrac{2x}{1+x^4}$.

2. $\dfrac{1}{8}$.

3. $\dfrac{\mathrm{d}y}{\mathrm{d}x}=\sin 2x$.

4. (1) $y'=-2\cos x\sin 3x$；　　(2) $y'=\dfrac{1}{(1+x^2)^{\frac{3}{2}}}$；　　(3) $y'=\sin^2(\ln x)+\sin(2\ln x)$；

(4) $y'=4\cos 4x\cos 5x-5\sin 4x\sin 5x$ （或 $y'=\dfrac{9}{2}\cos 9x-\dfrac{1}{2}\cos x$）；

(5) $y'=\dfrac{2(1+\cos^2 x)}{\sin 2x}$；　　(6) $y'=\dfrac{3}{8}\sin 2x\sin 4x$；　　(7) $y'=-\sin 4x$；

(8) $y'=\dfrac{2x^2}{1-x^4}$；　　(9) $y'=\dfrac{3+2x^2}{2\sqrt{1+x^2}}$；　　(10) $y'=\arctan x$.

5. (1) $y'=\dfrac{1+y}{2y-x}$；　　(2) $y'=\dfrac{y}{1-y}$；　　(3) $y'=-\dfrac{\mathrm{e}^y}{x\mathrm{e}^y+1}$；

(4) $y'=\dfrac{3x^2-\sin(x+y)}{\sin(x+y)-3y^2}$；　　(5) $y'=-\dfrac{(2x^2+1)y}{(y+1)x}$；　　(6) $y'=\dfrac{y+x}{x-y}$；

(7) $y'=\dfrac{(y-xy-x\ln y)y}{x(xy+x-y\ln x)}$；　　(8) $y'=\dfrac{\cos y-\cos(x+y)}{\cos(x+y)+x\sin y}$；　　(9) $y'=\dfrac{2y}{2y-1}$；

(10) $y'=-\dfrac{1+2xy\sin(x^2y)}{x^2\sin(x^2y)}$；　(11) $y'=\dfrac{2x}{2y-\mathrm{e}^y-y\mathrm{e}^y}$.

6. 切线：$2x+\sqrt{3}y-4=0$，法线：$2\sqrt{3}x-4y+3\sqrt{3}=0$.

7. (1) $y'=\dfrac{(2x-1)\sqrt[3]{x^3+1}}{(x+7)^5\sin x}\left(\dfrac{2}{2x-1}+\dfrac{x^2}{x^3+1}-\dfrac{5}{x+7}-\cot x\right)$；

(2) $y'=(\ln x)^x\left[\ln(\ln x)+\dfrac{1}{\ln x}\right]$；　(3) $y'=\left(\dfrac{x}{1+x}\right)^x\left[\ln\dfrac{x}{1+x}+\dfrac{1}{1+x}\right]$；

(4) $y'=\dfrac{(x\ln y-y)y}{(y\ln x-x)x}$.

8. (1) $\dfrac{\mathrm{d}y}{\mathrm{d}x}=\dfrac{4t}{1+2t}$；　　(2) $\dfrac{\mathrm{d}y}{\mathrm{d}x}=\dfrac{\cos t-t\sin t}{\sin t+t\cos t}$；　　(3) $\dfrac{\mathrm{d}y}{\mathrm{d}x}=2t$；

(4) $\dfrac{\mathrm{d}y}{\mathrm{d}x}=-\tan t$；　　(5) $\dfrac{\mathrm{d}y}{\mathrm{d}x}=-\sqrt{\dfrac{1}{t}-1}$；　　(6) $\dfrac{\mathrm{d}y}{\mathrm{d}x}=\dfrac{2t+t^2}{1+t}$；

(7) $\dfrac{\mathrm{d}y}{\mathrm{d}x}=\dfrac{1}{2}\sin t$；　　(8) $\dfrac{\mathrm{d}y}{\mathrm{d}x}=-\dfrac{1}{4}\csc\dfrac{t}{2}$.

9. 切线：$x-2y+2=0$，法线：$2x+y-11=0$.

10. (1) $y''=6x+6$；　　　　(2) $y''=2\sec^2 x\tan x$；

(3) $y''=-\sec^2 x$; (4) $y''=2+\dfrac{1}{x^2}$;

(5) $y''=6xe^{x^2}+4x^3e^{x^2}$;

(6) $y''=2\sec^2 x\tan x+2x\sec^4 x+4x\sec^2 x\tan^2 x$;

(7) $y''=-2\sin x-x\cos x$; (8) $y''=-2e^{-x}\cos x$;

(9) $y''=\dfrac{2-2x^2}{(1+x^2)^2}$; (10) $y''=\dfrac{1}{(1+x^2)\sqrt{1+x^2}}$;

(11) $y''=6x\ln x+5x$.

11. (1) $y^{(n)}=3^n e^{3x-2}$; (2) $y^{(n)}=(n+x)e^x$;

(3) $y^{(n)}=2\times(-1)^{n+1}n!\,(1+x)^{-(n+1)}$;

(4) $y^{(n)}=\begin{cases}(-1)^{n-2}(n-2)!\cdot\dfrac{1}{x^{n-1}} & n>1\\ \ln x+1 & n=1\end{cases}$.

习题 2-4

1. $\Delta y=0.0302, dy=0.03$.

2. $dy\Big|_{x=1,\Delta x=0.2}=0.05$.

3. (1) $dy=(\sin x+x\cos x)dx$; (2) $dy=\dfrac{1}{(1+x)^2}dx$;

(3) $dy=-2x\sin x^2\,dx$; (4) $dy=-\dfrac{x}{(1+x^2)\sqrt{1+x^2}}dx$.

4. (1) 5.002; (2) 0.8747; (3) 0.7869.

5. 3.14cm^2.

6. 3%.

7. 0.4%.

习题 2-5

1. $f'(0)=10!$.

2. $a=2, b=1$.

3. $f'(x)=\begin{cases}2x\sin\dfrac{1}{x}-\cos\dfrac{1}{x} & x\neq 0\\ 0 & x=0\end{cases}$.

4. 4.

5. $e^{\frac{f'(1)}{f(1)}}$.

6. $f'(x)=\dfrac{1}{1+\cos x}\left(\text{或}\dfrac{1}{2}\sec^2\dfrac{x}{2}\right)$.

7. $f'(1)=5e^3$.

8. $\dfrac{dy}{dx}=1$.

9. $f'(1)=\dfrac{1}{3}$.

10. 略.

11. $f''(x)=\dfrac{x}{\sqrt{1-x^2}}$.

12. $y^{(7)}=7!$.

13. (1) $y^{(n)} = -4^{n-1}\sin\left[4x+(n-1)\dfrac{\pi}{2}\right]$;

(2) $y^{(n)} = \dfrac{(-1)^n n!}{3}\left[\dfrac{1}{(x+1)^{n+1}} - \dfrac{1}{(x-2)^{n+1}}\right]$;

(3) $y^{(n)} = (-1)^{n-1}(n-1)!\left[\dfrac{1}{(x+1)^n} + \dfrac{1}{(x+2)^n}\right]$.

复习题 2[A]

1. (1) 1; (2) $x-2y+1=0$; (3) $2^x(\ln 2)^3$; (4) $-\dfrac{1}{4}$; (5) $\dfrac{1}{2t}$; (6) $-\dfrac{2}{x^3}dx$;

(7) $20!\,e^{30}$; (8) $\dfrac{1}{2}, \dfrac{17}{9}, \dfrac{31}{2}, -\dfrac{3}{4}, \dfrac{12}{5}$.

2. (1) C; (2) D; (3) D; (4) D; (5) C; (6) B.

3. $f'(1) = \dfrac{4}{3}$.

4. (1) $y'' = \dfrac{2}{(1+x^2)^2}$;   (2) $y'' = \dfrac{1}{\sqrt{1+x^2}}$.

5. $900\pi \text{cm}^3$.

复习题 2[B]

1. (1) $\sqrt{3}$; (2) -1; (3) $a=\dfrac{1}{2}$; (4) $-\dfrac{1}{4}$; (5) $\dfrac{df(x^2)}{dx} = \dfrac{4x^3}{\sqrt{1-x^4}}$; (6) $a=1, b=0$;

(7) $\dfrac{-6!}{(x-1)^7}$.

2. (1) B; (2) C; (3) A; (4) C; (5) D; (6) D.

3. $f'(0)=1$.   4. -1.

5. (1) $y^{(n)} = (-1)^n n!\left[\dfrac{1}{(x+1)^{n+1}} + \dfrac{1}{(x-1)^{n+1}}\right]$;

(2) $y^{(n)} = -2^{n-1}\sin\left(2x + \dfrac{(n-1)\pi}{2}\right)$;

(3) $y^{(n)} = \dfrac{3}{2}(-1)^n n!\left[\dfrac{1}{(x-1)^{n+1}} - \dfrac{1}{(x+1)^{n+1}}\right]$.

第 3 章

习题 3−1

1. 略.

2. (1) $\left(-\infty, \dfrac{1}{2}\right)$ 单增, $\left(\dfrac{1}{2}, +\infty\right)$ 单减; (2) $(-\infty,-1),(0,1)$ 单减,$(-1,0),(1,+\infty)$ 单增;

(3) $(-\infty,-2),(0,+\infty)$ 单增, $(-2,-1),(-1,0)$ 单减; (4) $\left(0, \dfrac{1}{2}\right)$ 单减, $\left(\dfrac{1}{2}, +\infty\right)$ 单增;

(5) $(2,3)$ 单增,$(3,4)$ 单减; (6) $\left(0, \dfrac{1}{e}\right)$ 单减, $\left(\dfrac{1}{e}, +\infty\right)$ 单增; (7) $(-\infty,-1),(-1,+\infty)$ 单减;

(8) $\left(-\infty, \dfrac{1}{2}\right)$ 单减, $\left(\dfrac{1}{2}, +\infty\right)$ 单增.

3. 略.

习题 3−2

1. (1) 极小值: $y(-1)=-1$,极大值: $y(1)=1$; (2) 极小值: $y(2)=-8$,极大值: $y(0)=0$;

(3) 极小值:$y(-1)=-\dfrac{1}{e}$; (4) 极大值:$y(1)=\dfrac{\pi}{4}-\dfrac{1}{2}\ln 2$;

(5) 极小值:$y(3)=0$,极大值:$y\left(\dfrac{13}{5}\right)=\dfrac{108}{3125}$; (6) 极小值:$y\left(\dfrac{1}{e^2}\right)=-\dfrac{2}{e}$;

(7) 极大值:$y(e)=\dfrac{1}{e}$; (8) 极小值:$y(1)=1-\ln 3$,极大值:$y(0)=0$.

2. (1) 最小值:$y(4)=-15$,最大值:$y(1)=12$; (2) 最小值:$y(5)=2$,最大值:$y(2)=5$;

(3) 最小值:$y(0)=0$,最大值:$y(1)=\dfrac{1}{e}$.

3. 两数都为 5.

4. $\dfrac{20\sqrt{3}}{3}$cm.

5. 长为 4cm,宽为 4cm.

6. 底边为 6m,高为 4m.

7. $\sqrt[3]{\dfrac{300}{\pi}}$cm.

8. $\dfrac{7-\sqrt{13}}{3}$.

9. 在河边距离甲 $\left(50-\dfrac{100}{\sqrt{6}}\right)$km 处.

10. 分成的两段长分别为 $x=\dfrac{800}{\pi+4}, y=\dfrac{200\pi}{\pi+4}$.

习题 3−3

1. (1) 凹区间为:$(1,+\infty)$,凸区间为:$(-\infty,1)$,拐点为$(1,-2)$;

(2) 凹区间为:$(-\infty,0)$,凸区间为:$(0,+\infty)$,拐点为$(0,0)$;

(3) 凹区间为:$\left(-\infty,1-\dfrac{\sqrt{2}}{2}\right),\left(1+\dfrac{\sqrt{2}}{2},+\infty\right)$,凸区间为:$\left(1-\dfrac{\sqrt{2}}{2},1+\dfrac{\sqrt{2}}{2}\right)$,拐点为$\left(1\pm\dfrac{\sqrt{2}}{2},e^{\frac{1}{2}}\right)$;

(4) 凹区间为:$(1,+\infty)$,凸区间为:$(-\infty,1)$,拐点为$(1,e^{-2})$;

(5) 凹区间为:$(-1,0),(1,+\infty)$,凸区间为:$(-\infty,-1),(0,1)$,拐点为$(-1,7),(0,0),(1,-7)$;

(6) 凹区间为:$(-\infty,-1),(1,+\infty)$,凸区间为:$(-1,1)$,拐点为$(\pm 1,-5)$;

(7) 凹区间为:$(0,+\infty)$;

(8) 凹区间为:$\left(\dfrac{1}{2},+\infty\right)$,凸区间为:$\left(0,\dfrac{1}{2}\right)$,拐点为$\left(\dfrac{1}{2},\dfrac{1}{2}-\ln 2\right)$.

2. $a=\dfrac{1}{2}, b=\dfrac{3}{2}$.

3. 略.

习题 3−4

(1) $\sec^2 a$; (2) 0; (3) $\ln a$; (4) 0; (5) $\dfrac{1}{2}$; (6) $\dfrac{1}{2}$; (7) $\dfrac{1}{6}$; (8) 2; (9) $-\dfrac{1}{3}$; (10) 3.

习题 3−5

1. 有 2 个实根,它们所在的区间为$(-1,0),(0,1)$.

2. 略.

3. 略.

4. (1) $-\dfrac{1}{2}$; (2) $-\dfrac{1}{2}$; (3) 0; (4) $\dfrac{2}{\pi}$; (5) 1; (6) $\dfrac{1}{e}$.

5. 略. 6. 略. 7. 略. 8. 略.

9. $\left(\dfrac{\sqrt{2}}{2}, \dfrac{\sqrt{2}}{2}\right)$. 10. 略.

复习题 3[A]

1. (1) $\dfrac{5}{2}$; (2) $(2, +\infty)$; (3) $0, -8$; (4) 等于零,大于零或小于零;

   (5) $(-2, +\infty)$; (6) $y = \dfrac{\pi}{4}$; (7) 1.

2. (1) D; (2) B; (3) B; (4) A; (5) C.

3. (1) $+\infty$; (2) 1. 4. 极大值 $y\left(\dfrac{3}{4}\right) = \dfrac{5}{4}$.

5. 距哨站 3km 处. 6. 略.

复习题 3[B]

1. (1) $(-1, 1)$; (2) 大, $\dfrac{27}{e^3}$; (3) $<$; (4) $y = \pm x$; (5) $0, 0$.

2. (1) D; (2) B; (3) B; (4) A; (5) C.

3. $\dfrac{1}{2}$. 4. 略. 5. 略. 6. 略.

7. $-\dfrac{12}{25}\sqrt[3]{10}$. 8. 8cm. 9. 略.

第 4 章

习题 4-1

1. (1) $6x\,dx$; (2) $\dfrac{1}{2}f(2x) + C$; (3) $2\sin x\cos x$; (4) $\cos x - \dfrac{2\sin x}{x} + C$.

2. (1) $\dfrac{3}{2}x^{\frac{2}{3}} + C$; (2) $x + \dfrac{4}{3}x^{\frac{3}{2}} + \dfrac{1}{2}x^2 + C$; (3) $\dfrac{4}{7}x^{\frac{7}{4}} + 4x^{-\frac{1}{4}} + C$;

   (4) $2x^2 - 4\sqrt{x} + C$; (5) $\dfrac{(2e)^x}{\ln 2 + 1} + C$; (6) $\dfrac{3^{x+4}}{\ln 3} + C$;

   (7) $2x - \dfrac{5 \times 2^x}{3^x(\ln 2 - \ln 3)} + C$; (8) $e^x - 2\sqrt{x} + C$; (9) $-\dfrac{1}{3^x \ln 3} - 2\sqrt{x} + C$;

   (10) $x - \arctan x + C$; (11) $\ln x + \arctan x + C$; (12) $\dfrac{1}{3}x^3 - x + 2\arctan x + C$;

   (13) $2\arctan x - x + C$; (14) $\arctan x - \dfrac{1}{x} - x + C$; (15) $\arctan x - \dfrac{1}{x} + C$;

   (16) $\arcsin x + C$; (17) $-\cos x + 3\arctan x - \dfrac{1}{2}\arcsin x + C$;

   (18) $-\cot x - 2x + C$; (19) $\sin x + \cos x + C$; (20) $\sin x + \cos x + C$.

习题 4-2

1. (1) $\dfrac{2}{3}(3x+1)^{\frac{3}{2}} + C$; (2) $\dfrac{1}{18}(2x+1)^9 + C$; (3) $-\dfrac{1}{5}\cos(5x+8) + C$;

   (4) $\dfrac{1}{60}(5x^2+11)^6 + C$;

   (5) $\dfrac{1}{12}(4+2x^4)^{\frac{3}{2}} + C$; (6) $-\dfrac{1}{3}(1-x^2)^{\frac{3}{2}} + C$; (7) $\sqrt{1+x^2} + C$;

   (8) $e^{x^2} + C$; (9) $-\dfrac{1}{2(x^2+1)^2} + C$; (10) $2e^{\sqrt{x}} + C$;

(11) $2\sin\sqrt{x}+C$; (12) $\dfrac{1}{4}\sin(2x^2-1)+C$; (13) $\ln\left|\dfrac{x}{x+1}\right|+C$;

(14) $\cos\dfrac{1}{x}+C$; (15) $\dfrac{1}{2}\ln|1+2\ln x|+C$; (16) $\arcsin(\ln x)+C$;

(17) $\ln|e^x-e^{-x}|+C$; (18) $\dfrac{1}{3}(\arctan x)^3+C$; (19) $3e^{\sqrt[3]{x+1}}+C$;

(20) $\dfrac{1}{12}\ln\left|\dfrac{3+e^{2x}}{3-e^{2x}}\right|+C$; (21) $\arctan(e^x)+C$; (22) $e^{e^x}+C$;

(23) $-\dfrac{1}{2(1+\sin x)^2}+C$; (24) $\dfrac{1}{2}\arcsin(x^2)+C$; (25) $\dfrac{1}{12}(x+3)^{12}-\dfrac{3}{11}(x+3)^{11}+C$;

(26) $-\dfrac{1}{110}(1-5x^2)^{11}+C$;

(27) $\dfrac{1}{3}\arcsin(x^3)+C$;

(28) $\dfrac{1}{3}\sin^3 x-\dfrac{2}{5}\sin^5 x+\dfrac{1}{7}\sin^7 x+C$;

(29) $\dfrac{2}{9}(1+x^3)^{\frac{3}{2}}+C$; (30) $\ln|\arctan x|+C$.

2. (1) $\sqrt{2x+3}-\ln(2+\sqrt{2x+3})^2+C$;

(2) $\dfrac{6}{7}x\sqrt[6]{x}-\dfrac{6}{5}\sqrt[6]{x^5}+2\sqrt{x}-6\sqrt[6]{x}+6\arctan\sqrt[6]{x}+C$; (3) $2\arctan\sqrt{x+1}+C$;

(4) $\dfrac{3}{2}\sqrt[3]{(1+x)^2}-3\sqrt[3]{x+1}+3\ln|\sqrt[3]{x+1}+1|+C$;

(5) $2\sqrt{x}-4\sqrt[4]{x}+4\ln(\sqrt[4]{x}+1)+C$; (6) $2\sqrt{x-2}+\sqrt{2}\arctan\sqrt{\dfrac{x-2}{2}}+C$;

(7) $\dfrac{1}{2}\arcsin\dfrac{2x}{3}+\dfrac{1}{4}\sqrt{9-4x^2}+C$; (8) $\sqrt{x^2-9}-3\arccos\dfrac{3}{x}+C$;

(9) $\dfrac{1}{2}\arccos\dfrac{2}{x}+C$; (10) $\arccos\dfrac{1}{x}+\dfrac{\sqrt{x^2-1}}{x}+C$;

(11) $\dfrac{(x^2-4)\sqrt{x^2-4}}{12x^3}+C$; (12) $\ln(\sqrt{1+x^2}-1)-\ln x+C$;

(13) $-\dfrac{\sqrt{1+x^2}}{x}+C$; (14) $\dfrac{x}{a^2\sqrt{a^2+x^2}}+C$;

(15) $\dfrac{\sqrt{x^2-4}}{4x}+C$; (16) $2\ln(\sqrt{1+e^x}-1)-x+C$;

(17) $-2\sqrt{\dfrac{1+x}{x}}-2\ln(\sqrt{1+x}-\sqrt{x})+C$.

习题 4-3

(1) $\dfrac{1}{3}x\sin 3x+\dfrac{1}{9}\cos 3x+C$; (2) $-xe^{-x}-e^{-x}+C$;

(3) $x^2e^x-2xe^x+2e^x+C$; (4) $x\ln x-x+C$;

(5) $\dfrac{1}{3}x^3\ln(1+x)-\dfrac{1}{9}x^3+\dfrac{1}{6}x^2-\dfrac{1}{3}x+\dfrac{1}{3}\ln(1+x)+C$;

(6) $x\ln(1+x^2)-2x+2\arctan x+C$; (7) $2\sqrt{x}\ln x-4\sqrt{x}+C$;

(8) $\dfrac{1}{2}(x^2-1)\ln\dfrac{1+x}{1-x}+x+C$;

(9) $x\tan x+\ln|\cos x|-\dfrac{x^2}{2}+C$;

(10) $\dfrac{1}{4}x^2+\dfrac{1}{4}x\sin 2x+\dfrac{1}{8}\cos 2x+C$;   (11) $-2\sqrt{x}\cos\sqrt{x}+2\sin\sqrt{x}+C$;

(12) $x\arctan x-\dfrac{1}{2}\ln(1+x^2)+C$;

(13) $\dfrac{1}{3}x^3\arctan x-\dfrac{1}{6}x^2+\dfrac{1}{6}\ln(x^2+1)+C$;

(14) $\dfrac{2}{13}e^{2x}\cos 3x+\dfrac{3}{13}e^{2x}\sin 3x+C$.

习题 4-4

(1) $2\ln|x-3|-\ln|x+1|+C$;   (2) $-\dfrac{1}{x}-\arctan x+C$;

(3) $-2\ln|x|+\dfrac{3}{2}\ln(1+x^2)-4\arctan x+C$;   (4) $\ln|x|-\dfrac{1}{2}\ln(x^2+4)+C$;

(5) $\ln|x^2-1|-2\ln|x|+C$;   (6) $\ln\left|\dfrac{x-1}{x+2}\right|+\dfrac{1}{(x-1)^2}+C$;

(7) $\ln\left|\dfrac{x}{x-1}\right|-\dfrac{1}{x-1}+C$;   (8) $x-\ln|x^2+2x+5|-\dfrac{3}{2}\arctan\dfrac{x+1}{2}+C$;

(9) $\dfrac{1}{2}\ln|x^2-1|+\dfrac{1}{x+1}+C$;

(10) $3\ln|x+1|-\dfrac{3}{2}\ln(x^2+9)+2\arctan\dfrac{x}{3}+C$;

(11) $\dfrac{1}{3}x^3+\dfrac{1}{2}x^2+x+8\ln|x|-4\ln|x+1|-3\ln|x-1|+C$.

习题 4-5

1. $2x^2\cos 2x-2x\sin 2x+2\sin^2 x+C$.

2. (1) $e^{\sqrt{2x-1}}+C$;   (2) $2\ln|x^2+3x-4|+C$;

   (3) $-\dfrac{1}{x\ln x}+C$;   (4) $\dfrac{1}{2}\ln|x^2+2\sin x|+C$;

   (5) $\ln\left|1+\dfrac{1}{2}\sin 2x\right|+C$;   (6) $\dfrac{1}{\sqrt{2}}\arctan\left(\dfrac{1}{\sqrt{2}}\tan\dfrac{x}{2}\right)+C$;

   (7) $\dfrac{1}{4}\tan^2\dfrac{x}{2}+\tan\dfrac{x}{2}+\dfrac{1}{2}\ln\left|\tan\dfrac{x}{2}\right|+C$;   (8) $\dfrac{1}{4}\left(\ln\dfrac{1+x}{1-x}\right)^2+C$;

   (9) $\dfrac{2}{3}\left[\ln(x+\sqrt{1+x^2})\right]^{\frac{3}{2}}+C$;   (10) $x\tan\dfrac{x}{2}+C$;

   (11) $\tan x\ln\cos x+\tan x-x+C$;   (12) $-e^{-x}\ln(1+e^x)+x-\ln(1+e^x)+C$;

   (13) $\dfrac{1}{4}x\sec^4 x-\dfrac{1}{4}\tan x-\dfrac{1}{12}\tan^3 x+C$;   (14) $\dfrac{1}{6}x^3+\dfrac{1}{2}x^2\sin x+x\cos x-\sin x+C$;

   (15) $-\dfrac{1}{x}\arctan x+\ln|x|-\dfrac{1}{2}\ln(1+x^2)+C$;   (16) $-\cos x\ln\tan x+\ln|\csc x-\cot x|+C$;

   (17) $e^{2x}\tan x+C$.

复习题 4[A]

1. (1) $\ln x+C$;   (2) $\dfrac{1}{\sqrt{1-x^2}}$;

   (3) $y=x^2+1$;   (4) $\sin x-\ln|x|+C$;

   (5) $-\dfrac{1}{x+1}+C$;   (6) $\ln(1+e^x)+C$;

(7) $\dfrac{1}{a}F(ax+b)+C$; (8) $\sqrt{\cos^2 x}+C$ (或$|\cos x|+C$);

(9) $\dfrac{1}{2}(1+x^2)^2+C$; (10) $\dfrac{x}{1+x^2}-\arctan x+C$.

2. (1) C；(2) B；(3) A；(4) B；(5) D；(6) D.

3. (1) $-\dfrac{1}{20}(5-2x)^{10}+C$; (2) $\dfrac{2}{3}(\sin x)^{\frac{3}{2}}-\dfrac{4}{7}(\sin x)^{\frac{7}{2}}+\dfrac{2}{11}(\sin x)^{\frac{11}{2}}+C$;

(3) $\dfrac{2}{3}(\ln x-2)\sqrt{1+\ln x}+C$; (4) $x-\dfrac{1}{2}\ln(1+e^{2x})+C$;

(5) $\dfrac{1}{5}\ln\left|\dfrac{x-3}{x+2}\right|+C$; (6) $x-4\sqrt{x+1}+\ln(\sqrt{x+1}+1)^4+C$;

(7) $-\dfrac{\sqrt{x^2+3}}{3x}+C$; (8) $-\dfrac{\ln x}{x}-\dfrac{1}{x}+C$;

(9) $x^2\sin x+2x\cos x-2\sin x+C$.

复习题 4[B]

1. (1) $\dfrac{1}{3}x^3+C_1 x+C_2$; (2) $(x+1)e^x$;

(3) $\dfrac{1}{2}F^2(x)+C$; (4) $-\dfrac{1}{2(\sin x-\cos x)^2}+C$;

(5) $2\arctan\sqrt{x}+C$; (6) $\dfrac{1}{5}(x-1)^5+\dfrac{1}{4}(x-1)^4+C$;

(7) $\dfrac{1}{2}x\sec^2 x-\dfrac{1}{2}\tan x+C$; (8) $x\sec^2 x-\tan x+C$.

2. (1) C；(2) A；(3) C；(4) B；(5) D；(6) C.

3. (1) $\dfrac{1}{2}(\ln\tan x)^2+C$; (2) $\dfrac{1}{\sqrt{2}}\arctan\left[\dfrac{x-\dfrac{1}{x}}{\sqrt{2}}\right]+C$;

(3) $-\dfrac{1}{5x^5}+\dfrac{1}{3x^3}-\dfrac{1}{x}-\arctan x+C$; (4) $2(x-2)\sqrt{1+e^x}-2\ln\left(\dfrac{\sqrt{1+e^x}-1}{\sqrt{1+e^x}+1}\right)+C$;

(5) $-x^2-\ln|1-x|+C$; (6) $\ln\left|\dfrac{1}{x}-\dfrac{\sqrt{1-x^2}}{x}\right|+C$;

(7) $x-(1+e^{-x})\ln(1+e^x)+C$.

第 5 章

习题 5−1

1. 略.

2. (1) $A=\displaystyle\int_{-1}^{1}(1-x^2)\mathrm{d}x$; (2) $A=\displaystyle\int_{\frac{\pi}{2}}^{\pi}\sin x\mathrm{d}x$; (3) $A=\displaystyle\int_{1}^{e}\ln x\mathrm{d}x$.

3. (1) 负； (2) 正.

4. (1) 4； (2) 4π.

习题 5−2

1. (1) $\ln(1+x^2)$; (2) $-e^{2x}\sin x$; (3) $-\sqrt{1+x^3}$; (4) $2x\sqrt{1+x^4}$; (5) $\dfrac{3x^2}{\sqrt{1+x^{12}}}-\dfrac{2x}{\sqrt{1+x^8}}$;

(6) $(\sin x-\cos x)-\cos(\pi\sin^2 x)$.

2. (1) $\dfrac{1}{3}$；(2) 2； (3) e.

3. (1) $e-1$; (2) 1; (3) $1+\dfrac{\pi}{4}$; (4) $\dfrac{\pi}{4}-\dfrac{1}{2}$; (5) $\dfrac{1}{2}$; (6) $\dfrac{1}{101}$;

(7) $4-2\sqrt{2}$; (8) 1; (9) $2+\ln(1+e^{-2})-\ln 2$; (10) $\dfrac{1}{2}\ln 2$; (11) 1;

(12) 4.

4. $\dfrac{58}{3}$.

习题 5-3

1. (1) 84; (2) 0; (3) 0; (4) 0; (5) $2(e-1)$.

2. (1) $\dfrac{\pi}{2}-1$; (2) $1-\dfrac{2}{e}$; (3) $\dfrac{3}{2}\sqrt{2}$; (4) $\dfrac{\pi^2}{72}+\dfrac{\sqrt{3}\pi}{6}-1$; (5) $\dfrac{\pi}{2}$;

(6) $4-2\arctan 2$; (7) $\pi-\dfrac{4}{3}$; (8) $\dfrac{4}{3}$; (9) $\dfrac{5\pi}{9}-\dfrac{\sqrt{3}}{3}$; (10) $\dfrac{\pi}{32}$;

(11) $4(2\ln 2-1)$; (12) $\dfrac{\pi}{2}$; (13) $\dfrac{a^2\pi}{12}$; (14) $-\dfrac{\pi}{12}$.

习题 5-4

(1) 发散; (2) 1; (3) 1; (4) $\dfrac{1}{3}$; (5) 1; (6) $\dfrac{\pi^2}{8}$; (7) 发散; (8) 发散;

(9) 发散; (10) 2; (11) π; (12) $\dfrac{\pi}{a}$; (13) $\ln\dfrac{3}{2}$; (14) $\ln 2$.

习题 5-5

1. (1) $\dfrac{9}{2}$; (2) $b-a$; (3) $2e^2+2$; (4) $4-\ln 3$; (5) $\dfrac{5}{12}$; (6) 2; (7) $10\dfrac{2}{3}$;

(8) $\dfrac{1}{6}$; (9) $\dfrac{3}{4}$; (10) $\dfrac{4}{3}$; (11) $\dfrac{9}{2}$; (12) $\dfrac{8}{3}$; (13) 1.

2. (1) $\dfrac{32}{5}\pi$; (2) $\dfrac{\pi}{3}$; (3) 8π; (4) $\dfrac{\pi}{2}(e^2-1)$; (5) $\dfrac{832}{15}\pi$; (6) 128π; (7) $\dfrac{3}{5}\pi$;

(8) $\dfrac{\pi}{6}$; (9) $\dfrac{2}{5}\pi$; (10) $\dfrac{\pi}{2}$; (11) $\dfrac{\pi}{12}$.

3. (1) $\dfrac{2}{\pi}$; (2) $1-\dfrac{3}{e^2}$.

习题 5-6

1. (1) $\ln\dfrac{3}{2}$; (2) $\dfrac{1}{\alpha+1}$.

2. (1) $\pi\leqslant\int_{\frac{\pi}{4}}^{\frac{5\pi}{4}}(1+\sin^2 x)dx\leqslant 2\pi$; (2) $\dfrac{2}{\sqrt{e}}\leqslant\int_0^2 e^{x^2-x}dx\leqslant 2e^2$;

(3) $\dfrac{\pi}{9}\leqslant\int_{\frac{1}{\sqrt{3}}}^{\sqrt{3}}x\arctan x\,dx\leqslant\dfrac{2}{3}\pi$.

3. (1) $\int_1^2 x^2 dx<\int_1^2 x^3 dx$; (2) $\int_0^1 x\,dx>\int_0^1 \ln(1+x)dx$.

4. 1. 5. $\dfrac{1}{4}$.

6. (1) $\dfrac{\pi}{8}\ln 2$; (2) $\dfrac{\pi}{2\sqrt{2}}$; (3) $\dfrac{3}{2}e^{\frac{5}{2}}$; (4) $9\arcsin\dfrac{1}{3}$.

7. $\int_0^2 f(x-1)dx=\ln(e+1)$. 8. $2(\sqrt{2}-1)$.

9. (1) 4π; (2) $\dfrac{22}{3}$. 10. (1) $-\dfrac{1}{4}$; (2) $\dfrac{\pi}{2}$. 11. $a=2$. 12. $\dfrac{16}{3}p^2$.

13. $y=\dfrac{x}{4}-1+\ln 4$. 14. $a=1$. 15. $\dfrac{4}{3}g\pi R^4$. 16. 3.46×10^6 J.

17. $\gamma gab\left(h+\dfrac{1}{2}b\sin\alpha\right)$. 18. 2.06×10^5 N.

复习题 5[A]

1. (1) 2; (2) $\dfrac{3}{2}$; (3) $1-\dfrac{\pi}{4}$; (4) 0; (5) $\dfrac{1}{3}$; (6) 2; (7) 3; (8) 4; (9) $\dfrac{1}{\pi}$; (10) 13.

2. (1) D; (2) D; (3) C; (4) A; (5) D; (6) C.

3. (1) $45\dfrac{1}{6}$; (2) $1+\dfrac{\pi}{4}$; (3) 5; (4) $2-\dfrac{\pi}{2}$; (5) $\dfrac{\pi}{2}$; (6) 1.

4. $\dfrac{8}{5}\sqrt{3}$. 5. $\dfrac{32}{3}$. 6. $\dfrac{64}{3}$; 7. 95π.

复习题 5[B]

1. (1) $\dfrac{1}{2}(1-\ln 2)$; (2) 0; (3) $\dfrac{3}{2}$; (4) $\dfrac{\sin 2x}{1+\sin^2 x}$;

   (5) 7; (6) $\dfrac{3}{2}$; (7) $2\dfrac{2}{3}$; (8) $\pi-2$.

2. (1) D; (2) A; (3) B; (4) B; (5) C; (6) B.

3. (1) $2-\dfrac{2}{e}$; (2) $\dfrac{\pi}{2}$; (3) $\dfrac{16}{3}-3\sqrt{3}$; (4) $\dfrac{\pi}{4e^2}$.

4. $\cot x\ln(\sin x)+\tan x\ln(\cos x)$. 5. $\dfrac{1}{2e}$.

6. 最小值 $f(0)=0$,最大值 $f(1)=\dfrac{1}{2}\ln\dfrac{4}{5}+\arctan\dfrac{1}{2}$. 7. $2f'(0)$.

8. $\dfrac{\pi}{2}$. 9. $a=0$ 或 $a=-1$. 10. $\dfrac{\pi}{6}+\dfrac{4\sqrt{2}}{3}$. 11. 3.36×10^6 J.

第 6 章

习题 6-1

1. (1) 二阶; (2) 一阶; (3) 三阶; (4) 五阶.
2. (1) 是; (2) 是; (3) 是; (4) 是.

习题 6-2

1. (1) $y=Ce^{-\frac{2}{x}}$; (2) $y^2-2\cos y-x^2=C$; (3) $y=C\ln x$; (4) $y=\ln(e^x+C)$;

   (5) $y=Ce^{-\frac{1}{x}}-1$; (6) $x-x^2=Cy$.

2. (1) $2x^2-y^2+1=0$; (2) $y=e^{\tan\frac{x}{2}}$; (3) $y=2e^{x^2}$.

3. (1) $y=x\tan(\ln(Cx))$; (2) $-e^{-\frac{y}{x}}=\ln(Cx)$; (3) $-\cos\dfrac{y}{x}=\ln(Cx)$;

   (4) $m\dfrac{y}{x}=Cx$.

4. $y=\dfrac{1}{3}x^3+1$.

5. (1) $y=\dfrac{1}{3}e^x+Ce^{-2x}$; (2) $y=e^{5x}(2x+C)$; (3) $y=e^{-x^2}\left(\dfrac{1}{2}x^2+C\right)$;

   (4) $y=\dfrac{1}{x}(\arctan x+C)$; (5) $y=\dfrac{1}{2}x-\dfrac{1}{4}+Ce^{-2x}$; (6) $y=e^{\cos x}(x+C)$;

(7) $y=x\tan x+1+\dfrac{C}{\cos x}$;　　　(8) $y=\dfrac{1}{2}x^3\ln x-\dfrac{1}{4}x^3+Cx$;

(9) $y=\dfrac{1}{x}(-\sqrt{1-x^2}+C)$;　　　(10) $y=\ln x-1+\dfrac{C}{x}$.

6. (1) $y=x\left(-\cos x+\dfrac{2}{\pi}\right)$;　　(2) $y=-\dfrac{1}{4}x^2+\dfrac{4}{x^2}$;　　(3) $y=\dfrac{8}{3}-\dfrac{2}{3}\mathrm{e}^{-3x}$;

(4) $y=\dfrac{1}{2}x^2\mathrm{e}^{-x}+2\mathrm{e}^{-x}$.

7. $-30\ °\mathrm{F}$.　　　　　8. $L=A-(A-L_0)\mathrm{e}^{-kx}$.　　9. 1296 元.

习题 6-3

1. (1) $y=-\cos x-\sin x+C_1 x+C_2$;　　(2) $y=\dfrac{1}{2}x^2\ln x-\dfrac{3}{4}x^2+C_1 x+C_2$;

(3) $y=C_1 x-C_1\ln(\mathrm{e}^x+1)+C_2$;　　(4) $y=-\dfrac{1}{2}x^2-x+C_1\mathrm{e}^x+C_2$;

(5) $y=\dfrac{1}{4}x^2+C_1\ln x+C_2$;　　(6) $y=x\mathrm{e}^x-\mathrm{e}^x+\dfrac{C_1}{2}x^2+C_2$;

(7) $y=\tan(C_1 x+C_2)$.

2. (1) $y=C_1\mathrm{e}^{4x}+C_2\mathrm{e}^{-4x}$;　　(2) $y=\mathrm{e}^{-x}(C_1\cos x+C_2\sin x)$;

(3) $y=C_1\mathrm{e}^{6x}+C_2\mathrm{e}^{-5x}$;　　(4) $y=C_1\mathrm{e}^{-\frac{1}{2}x}+C_2 x\mathrm{e}^{-\frac{1}{2}x}$;

(5) $y=C_1\mathrm{e}^{2x}+C_2\mathrm{e}^{5x}$;　　(6) $y=C_1\mathrm{e}^{3x}+C_2\mathrm{e}^{-2x}$;

(7) $y=C_1\mathrm{e}^{3x}+C_2 x\mathrm{e}^{3x}$;　　(8) $y=C_1+C_2\mathrm{e}^{-x}$.

3. (1) $y=2\mathrm{e}^{3x}+4\mathrm{e}^x$;　　(2) $y=-\mathrm{e}^{4x}+\mathrm{e}^{-x}$;

(3) $y=3\mathrm{e}^{-2x}\sin 5x$.

4. (1) $y=C_1\mathrm{e}^{2x}+C_2 x\mathrm{e}^{2x}+\left(\dfrac{1}{6}x^3+\dfrac{3}{2}x^2\right)\mathrm{e}^{2x}$;　(2) $y=C_1+C_2\mathrm{e}^{-x}+\left(\dfrac{1}{2}x^2-x\right)$;

(3) $y=C_1\mathrm{e}^x+C_2 x\mathrm{e}^x+(x^2+4x+6)$;　　(4) $y=C_1\mathrm{e}^{2x}+C_2\mathrm{e}^{-x}-\dfrac{1}{2}\mathrm{e}^x$;

(5) $y=C_1\mathrm{e}^{2x}+C_2\mathrm{e}^{3x}+\dfrac{1}{2}\mathrm{e}^x-x\mathrm{e}^{2x}$;　　(6) $y=C_1\mathrm{e}^x+C_2 x\mathrm{e}^x+\dfrac{1}{2}x^2\mathrm{e}^x+(x+2)$.

习题 6-4

1. (1) $\tan x\tan y=C$;　　(2) $1+\mathrm{e}^y=Cx$;　　(3) $y=Cx\ln x$.

2. (1) $y=x\sin(Cx)$;　　(2) $\ln\dfrac{y}{x}+\dfrac{1}{xy}=C$.

3. (1) $y=\dfrac{1}{x^5-2}\left(\dfrac{1}{3}x^3+C\right)$;　　(2) $y=\dfrac{\mathrm{e}^x}{x}(\mathrm{e}^x+C)$;

(3) $y=2x\mathrm{e}^{-x}+2x-1+C\mathrm{e}^{-x}$;　　(4) $y=\ln x+\dfrac{C}{\ln x}$.

4. (1) $y=\dfrac{1}{2}x(\ln x)^2+x$;　　(2) $y=\dfrac{1}{2}x^3-\dfrac{1}{2\mathrm{e}}x^3\mathrm{e}^{-2}$.

5. (1) $y^{-3}=x+1+C\mathrm{e}^x$;　　(2) $y^2=\mathrm{e}^{-x^2}(2x+C)$;

(3) $\dfrac{1}{y}=\mathrm{e}^x(-x+C)$;　　(4) $y^2=-x^2-x-\dfrac{1}{2}+C\mathrm{e}^{2x}$.

6. (1) $\mathrm{e}^y=\dfrac{1}{2}x+\dfrac{C}{x}$;　　(2) $\tan y=1+C\cos x$.

7. $f(x)=Cx^{-3}\mathrm{e}^{-\frac{1}{x}}$.

8. $y=\arcsin(C_2\mathrm{e}^x)-C_1$.

9. (1) $y = C_1 + C_2 e^{-9x} + \frac{1}{82}(9\sin x - \cos x) + \frac{2}{9}x$;

(2) $y = C_1 e^x + C_2 e^{-x} - \cos x$;

(3) $y = e^{-2x}(C_1 \cos 2x + C_2 \sin 2x) + \frac{1}{65}(7\sin x - 4\cos x)$.

10. (1) $y = -5e^x + \frac{7}{2}e^{2x} + \frac{5}{2}$;　　(2) $y = \frac{15}{16}e^{2x} - \frac{3}{4}xe^{2x} + \frac{1}{16}e^{-2x}$.

复习题 6[A]

1. (1) 1;　　(2) $e^y = x + C$;

(3) $y = \frac{1}{2}x + \frac{C}{x}$;　　(4) $y = -\sin x + C_1 x + C_2$;

(5) $y = C_1 e^x + C_2 x e^x$;　　(6) $r^2 - 5r + 4 = 0$.

2. (1) C;　(2) B;　(3) B;　(4) C;　(5) D.

3. (1) $1 + y^2 = C\left(\frac{x}{1+x}\right)^2$;　　(2) $\arctan\frac{y}{x} - \frac{1}{2}\ln(x^2 + y^2) = C$;

(3) $y = \frac{1}{2}x(\ln x)^2 + Cx$;

(4) $y = -x\cos x + 2\sin x + C_1 x + C_2$;　(5) $\sin x \sin y = C$;

(6) $y = e^{-\sin x}(x + c)$.

4. $xy = 6$.

复习题 6[B]

1. (1) 三阶;　　(2) $y = -3 + 5e^{x^2}$;

(3) $x - \frac{1}{2} + \frac{1}{2}e^{-2x}$;　　(4) $\sin y = e^{-\sin x}(x + C)$;

(5) $\frac{1}{y} = -\frac{1}{3} + Ce^{-\frac{3}{2}x^2}$;　　(6) $\frac{1}{6}x^3 + \frac{3}{2}x - \frac{2}{3}$.

2. (1) C;　(2) C;　(3) A;　(4) A;　(5) D.

3. $y = 3x + x^3 + 1$.

4. $y^2(2x + Cx^2) = 1$.

5. $f(x) = 3e^x - 3$.

6. (1) $\ln(x - y - 1) - y = C$;　　(2) $e^{-y} + e^x + C = 0$;

(3) $y + 1 = Ce^{-\cos x}$;　　(4) $y = \frac{1}{2}e^x - C_1 e^{-x} + C_2$.

第 7 章

习题 7-1

1. 点 A 在第Ⅵ象限, 点 B 在 y 轴, 点 C 在 Oyz 平面上.

2. 关于 Oxy 面的对称点的坐标为 $(4, -2, 1)$;

关于 Oyz 面的对称点的坐标为 $(-4, -2, -1)$;

关于 Oxz 面的对称点的坐标为 $(4, 2, -1)$;

关于 x 轴的对称点的坐标为 $(4, 2, 1)$;

关于 y 轴的对称点的坐标为 $(-4, -2, 1)$;

关于 z 轴的对称点的坐标为 $(-4, 2, -1)$;

关于原点的对称点的坐标为 $(-4, 2, 1)$.

3. (0, 0, 2).

4. $|MO|=5$，与 x 轴距离为 $\sqrt{21}$，与 y 轴距离为 3，与 z 轴距离为 $2\sqrt{5}$.

5. 等边三角形.　　6. $M(16，-5，0)$.

习题 7-2

1. $\{1,-8,-17\}$.　2. $A(-2,1,-1)$.

3. $|3\boldsymbol{a}-2\boldsymbol{b}+2\boldsymbol{c}|=3\sqrt{3}$；$-\dfrac{\sqrt{3}}{3}，\dfrac{\sqrt{3}}{3}，\dfrac{\sqrt{3}}{3}$.

4. $\cos\alpha=\dfrac{1}{2}$，$\cos\beta=-\dfrac{1}{2}$，$\cos\gamma=-\dfrac{\sqrt{2}}{2}$，$\alpha=\dfrac{\pi}{3}$，$\beta=\dfrac{2\pi}{3}$，$\gamma=\dfrac{3\pi}{4}$.

5. $2\boldsymbol{i}-\boldsymbol{j}+2\boldsymbol{k}$ 或 $2\boldsymbol{i}-\boldsymbol{j}-2\boldsymbol{k}$.　6. $\dfrac{1}{3}(2\boldsymbol{i}-\boldsymbol{j}+2\boldsymbol{k})$，$\sqrt{41}$.

7. $\gamma=\dfrac{\pi}{4}$ 或 $\dfrac{3\pi}{4}$.　8. $\alpha=\dfrac{\pi}{3}$，$\beta=\dfrac{\pi}{4}$，$\gamma=\dfrac{\pi}{3}$.　9. $a=15$，$b=-\dfrac{1}{5}$.

10. $\pm\left\{\dfrac{6}{11},\dfrac{7}{11},-\dfrac{6}{11}\right\}$.

11. (1) -19；　(2) 2；　(3) -1；　(4) -20.

12. (1) $\{-16,-1,11\}$；　(2) -18.

13. $\dfrac{3\pi}{4}$.　14. $\pm\left\{\dfrac{3}{\sqrt{35}},\dfrac{1}{\sqrt{35}},\dfrac{5}{\sqrt{35}}\right\}$.　15. $-\dfrac{4}{3}$.

16. 15.　17. 16.　18. ±16.　19. $\sqrt{138}$.　20. $\dfrac{1}{2}\sqrt{378}$.

习题 7-3

1. (1) $14x+9y-z-15=0$；　　(2) $7x+y+4z-31=0$；

　(3) $-9y+z+2=0$；　　(4) $x+y-3z-4=0$.

2. (1) 过原点；(2) 平行于 Oyz 平面；(3) 平行于 z 轴；

　(4) 平面在 x 轴，y 轴，z 轴上的截距分别为 $\dfrac{1}{2}$，-1，$-\dfrac{1}{3}$.

3. 1.　4. 2.

习题 7-4

1. 椭圆.　2. $\dfrac{x-5}{3}=\dfrac{y+4}{-2}=\dfrac{z-7}{1}$.

3. $(1,4,-7)$.

习题 7-5

1. $\dfrac{\pi}{2}$.　2. $\dfrac{\pi}{2}$.　3. $2x-y+z-3=0$.

4. $\begin{cases}\dfrac{x-1}{-2}=\dfrac{z-1}{-2}\\ y=1\end{cases}$.

复习题 7[A]

1. (1) $(1,3,-2)$；　(2) 10，$\{-2,-6,-2\}$；　(3) $\dfrac{1}{\sqrt{6}}$；

　(4) 15，$-\dfrac{1}{5}$；　(5) 4；　(6) y；　(7) $\dfrac{x-1}{1}=\dfrac{y-2}{2}=\dfrac{z-3}{3}$；　(8) $x+y+z-2=0$；

　(9) $x^2+y^2+z^2-2x-6y+4z+10=0$；

(10) $\dfrac{x^2}{9}-\dfrac{y^2+z^2}{4}=1$； (11) $x^2+y^2=1$.

2. (1) A； (2) A； (3) C； (4) B； (5) A； (6) A.

3. $\{\pm 6,\mp 2,\pm 2\sqrt{15}\}$. 4. $\arccos\dfrac{4}{21}$. 5. $\dfrac{\pi}{4}$.

6. (1) 在平面几何中表示等轴双曲线，在空间解析几何中表示双曲柱面；
   (2) 在平面几何中表示抛物线，在空间解析几何中表示抛物柱面.

复习题 7[B]

1. (1) $\dfrac{1}{14}$；   (2) $\pm\dfrac{1}{\sqrt{34}}\{5,0,-3\}$；   (3) 双曲抛物面；
   (4) $2x-2y-2z+9=0$；
   (5) $3x^2-2y^2=1$；   (6) $-x+y-z=0$.

2. (1) C；   (2) A；   (3) D；   (4) B；   (5) C.

3. 0.   4. $\pm\{7,5,1\}$.   5. $y-2z+3=0$.

第 8 章

习题 8–1

1. (1) $\{(x,y)\mid -x^2\leqslant y\leqslant x^2, x\neq 0\}$；   (2) $\{(x,y)\mid 1\leqslant x^2+y^2\leqslant 4\}$；
   (3) $\{(x,y)\mid y<x^2, x^2+y^2\leqslant 1\}$；   (4) $\{(x,y)\mid y^2>2x-1\}$；
   (5) $\{(x,y)\mid 4x\geqslant y^2, x^2+y^2<1, x^2+y^2\neq 0\}$； (6) $\{(x,y)\mid y\geqslant 0, y\leqslant x^2, x\geqslant 0\}$.

2. (1) $\dfrac{2xy}{x^2+y^2}$；   (2) $\sqrt{1+x^2}$.

3. (1) 1； (2) 1； (3) $-\dfrac{1}{2}$； (4) 1； (5) e^{16}； (6) $\dfrac{3}{2}$.

习题 8–2

1. (1) $\dfrac{\partial z}{\partial x}=e^{x+y}+xe^{x+y}, \dfrac{\partial z}{\partial y}=xe^{x+y}$；

   (2) $\dfrac{\partial z}{\partial x}=\sec^2(x+y)-y\sin(xy), \dfrac{\partial z}{\partial y}=\sec^2(x+y)-x\sin(xy)$；

   (3) $\dfrac{\partial z}{\partial x}=e^{x^2+y^2}\times 2x\sin\dfrac{y}{x}+e^{x^2+y^2}\cos\dfrac{y}{x}\times\left(-\dfrac{y}{x^2}\right), \dfrac{\partial z}{\partial y}=e^{x^2+y^2}\times 2y\sin\dfrac{y}{x}+e^{x^2+y^2}\cos\dfrac{y}{x}\times\dfrac{1}{x}$；

   (4) $\dfrac{\partial z}{\partial x}=\dfrac{x-y}{x^2+y^2}, \dfrac{\partial z}{\partial y}=\dfrac{x+y}{x^2+y^2}$；   (5) $\dfrac{\partial z}{\partial x}=\dfrac{|y|}{x^2+y^2}, \dfrac{\partial z}{\partial y}=-\dfrac{xy}{|y|(x+y^2)}$；

   (6) $\dfrac{\partial u}{\partial x}=\dfrac{1}{x+y^2+z^3}, \dfrac{\partial u}{\partial y}=\dfrac{2y}{x+y^2+z^3}, \dfrac{\partial u}{\partial z}=\dfrac{3z^2}{x+y^2+z^3}$；

   (7) $\dfrac{\partial u}{\partial x}=\dfrac{y}{x}\left(\dfrac{x}{z}\right)^y, \dfrac{\partial u}{\partial y}=\ln\dfrac{x}{z}\times\left(\dfrac{x}{z}\right)^y, \dfrac{\partial u}{\partial z}=-\dfrac{y}{z}\left(\dfrac{x}{z}\right)^y$；

   (8) $\dfrac{\partial u}{\partial x}=\dfrac{1}{1+(x+y)^{2z}}z(x+y)^{z-1}, \dfrac{\partial u}{\partial y}=\dfrac{1}{1+(x+y)^{2z}}z(x+y)^{z-1}, \dfrac{\partial u}{\partial z}=\dfrac{(x+y)^z}{1+(x+y)^{2z}}\ln(x+y)$.

2. (1) $\dfrac{1}{2}$；   (2) $-1, 0$；   (3) $2x$.

3. 略.

4. (1) $\dfrac{\partial^2 u}{\partial x^2}=12x^2-8y^2, \dfrac{\partial^2 u}{\partial y^2}=12y^2-8x^2, \dfrac{\partial^2 u}{\partial x\partial y}=-16xy$；

   (2) $\dfrac{\partial^2 u}{\partial x^2}=2e^y-y^3\sin x, \dfrac{\partial^2 u}{\partial y^2}=x^2 e^y+6y\sin x, \dfrac{\partial^2 u}{\partial x\partial y}=2xe^y+3y^2\cos x$；

(3) $\dfrac{\partial^2 u}{\partial x^2}=2^{x+y}\ln2(2+x\ln2)$, $\dfrac{\partial^2 u}{\partial y^2}=x\times 2^{x+y}(\ln2)^2$, $\dfrac{\partial^2 u}{\partial x\partial y}=2^{x+y}\ln2(1+x\ln2)$；

(4) $\dfrac{\partial^2 u}{\partial x^2}=-2\cos(2x+4y)$, $\dfrac{\partial^2 u}{\partial y^2}=-8\cos(2x+4y)$, $\dfrac{\partial^2 u}{\partial x\partial y}=-4\cos(2x+4y)$.

5. 略.

6. (1) $\dfrac{\mathrm{d}z}{\mathrm{d}t}=\dfrac{3}{8}\sin4t\sin2t$； (2) $\dfrac{\mathrm{d}z}{\mathrm{d}t}=-\mathrm{e}^t-\mathrm{e}^{-t}$； (3) $\dfrac{\mathrm{d}z}{\mathrm{d}t}=\mathrm{e}^{-2t^3}(1-6t^3)$；

(4) $\dfrac{\mathrm{d}z}{\mathrm{d}x}=\dfrac{(1+x)\mathrm{e}^x}{\sqrt{1-x^2\mathrm{e}^{2x}}}$.

7. (1) $\dfrac{\partial z}{\partial x}=(x^2+y^2)\mathrm{e}^{xy}(4x+x^2y+y^3)$, $\dfrac{\partial z}{\partial y}=(x^2+y^2)\mathrm{e}^{xy}(4y+x^3+xy^2)$；

(2) $\dfrac{\partial z}{\partial x}=\dfrac{3}{4}x^5\sin^3 2y$, $\dfrac{\partial z}{\partial y}=\dfrac{3}{8}x^6\sin4y\sin2y$；

(3) $\dfrac{\partial z}{\partial x}=\dfrac{\sin\dfrac{y}{x}}{x^2-y^2}\times\dfrac{y}{x^2}-\dfrac{\cos\dfrac{y}{x}}{(x^2-y^2)^2}\times 2x$, $\dfrac{\partial z}{\partial y}=-\dfrac{\sin\dfrac{y}{x}}{x^2-y^2}\times\dfrac{1}{x}+\dfrac{\cos\dfrac{y}{x}}{(x^2-y^2)^2}\times 2y$；

(4) $\dfrac{\partial z}{\partial x}=\dfrac{y+2xy^2}{1+x^2y^2}$, $\dfrac{\partial z}{\partial y}=\dfrac{x+2x^2y}{1+x^2y^2}$.

8. 略.

9. (1) $\dfrac{-(3x+y)}{x+6y^2}$； (2) $\dfrac{y^2}{1-xy}$.

10. (1) $\dfrac{\partial z}{\partial x}=-\dfrac{y+z}{y+x}$, $\dfrac{\partial z}{\partial y}=-\dfrac{x+z}{y+x}$； (2) $\dfrac{\partial z}{\partial x}=-\dfrac{\sin 2x}{\sin 2z}$, $\dfrac{\partial z}{\partial y}=-\dfrac{\sin 2y}{\sin 2z}$；

(3) $\dfrac{\partial z}{\partial x}=-\dfrac{2xy^3+yz}{2z+xy}$, $\dfrac{\partial z}{\partial y}=-\dfrac{3x^2y^2+xz}{2z+xy}$；

(4) $\dfrac{\partial z}{\partial x}=-\dfrac{\mathrm{e}^{x+y}}{\cos(x+z)}-1$, $\dfrac{\partial z}{\partial y}=-\dfrac{\mathrm{e}^{x+y}}{\cos(x+z)}$.

11. 略.

习题 8-3

1. (1) $\mathrm{d}z=2x\cos(x^2+y^2)\mathrm{d}x+2y\cos(x^2+y^2)\mathrm{d}y$； (2) $\mathrm{d}z=[1+\ln(xy)]\mathrm{d}x+\dfrac{x}{y}\mathrm{d}y$；

(3) $\mathrm{d}z=-y^{\cos x}\ln y\sin x\mathrm{d}x+\cos xy^{\cos x-1}\mathrm{d}y$；

(4) $\mathrm{d}z=\dfrac{2y}{x^2+4y^2}\mathrm{d}x+\left(-\dfrac{2x}{x^2+4y^2}\right)\mathrm{d}y$.

2. $\Delta z=2.11$, $\mathrm{d}z=2$. 3. $102+3\ln10$.

4. 0.985. 5. $1.2\pi\,\mathrm{cm}^3$.

习题 8-4

1. (1) 极小值 $z(1,-2)=0$； (2) 极大值 $z(0,0)=0$, 极小值 $z(2,2)=-8$；

(3) 极大值 $z(-1,-1)=2$, 极大值 $z(1,1)=2$； (4) 极小值 $z\left(\dfrac{1}{2},-1\right)=-\dfrac{1}{2}\mathrm{e}$；

(5) 极小值 $z\left(\dfrac{1}{2},2\right)=2+\ln2$； (6) 极大值 $z\left(\dfrac{1}{3},\dfrac{1}{3}\right)=\dfrac{1}{27}$.

2. 极大值 $u(8,8)=64$. 3. 极小值 $u(1,1)=2$. 4. 极大值 $u(1,3)=-1$.

5. 极小值 $u\left(\dfrac{1}{3},\dfrac{1}{3},\dfrac{1}{3}\right)=\dfrac{1}{3}$.

6. 两直角边长均为 6. 7. 边长分别为 5 和 10. 8. $\dfrac{3\sqrt{2}}{8}$. 9. $\dfrac{\sqrt{6}}{3}$.

10. 长 $\dfrac{40}{\sqrt[3]{\pi}}$ m，半径 $\dfrac{20}{\sqrt[3]{\pi}}$ m．　　11. $3\sqrt[3]{4}$ m，$3\sqrt[3]{4}$ m，$\dfrac{3}{2}\sqrt[3]{4}$ m．　　12. 125．

13. 最近点 $\left(\dfrac{6}{\sqrt{11}}, \dfrac{2}{\sqrt{11}}, -\dfrac{2}{\sqrt{11}}\right)$，最远点 $\left(-\dfrac{6}{\sqrt{11}}, -\dfrac{2}{\sqrt{11}}, \dfrac{2}{\sqrt{11}}\right)$．

习题 8-5

1. (1) 12π；　　(2) 16π．

2. (1) 0；　　(2) 0；　　(3) $4\iint\limits_{D_0}(x^2+y^2)^2\,d\sigma$．

3. (1) 16；　　(2) $\dfrac{2}{\pi}$；　　(3) $\ln^2 2$．

4. (1) $\int_0^1 dx \int_x^{2x} f(x,y)\,dy$；　　(2) $\int_0^8 dy \int_0^{\sqrt[3]{y}} f(x,y)\,dx$ 或 $\int_0^2 dx \int_{x^3}^{8} f(x,y)\,dy$；

   (3) $\int_0^2 dy \int_0^{e^y} f(x,y)\,dx$ 或 $\int_0^1 dx \int_0^2 f(x,y)\,dy + \int_1^{e^2} dx \int_{\ln x}^{2} f(x,y)\,dy$．

5. (1) $\dfrac{7}{6}$；　(2) $\dfrac{2}{3}$；　(3) $\dfrac{\pi}{4}$；　(4) $\dfrac{e}{2}-1$；　(5) $\dfrac{58}{15}$；　(6) $\dfrac{3}{2}\ln 2$；

   (7) $9(e-1)$；　(8) 18；　(9) $-\dfrac{2}{35}$；　(10) 1；　(11) $\dfrac{\pi^2}{2}+2$；　(12) e．

6. $\dfrac{2}{3}$．　　7. 16．

习题 8-6

1. (1) $\dfrac{(2-z)^2+x^2}{(2-z)^3}$；　　(2) $\dfrac{-e^z}{(e^z+1)^3}$．

2. $\dfrac{dy}{dx}=-\dfrac{x+z}{y+z}, \dfrac{dz}{dx}=\dfrac{y-x}{y+z}$．

3. -2．　　4. 2000．　　5. $\ln(6\sqrt{3}r^6)$．

6. (1) $\dfrac{\pi^2}{96} \leqslant \iint\limits_D \sin(x+y)\,d\sigma \leqslant \dfrac{\pi^2}{48}$；　　(2) $36\pi \leqslant \iint\limits_D (x^2+4y^2+4)\,d\sigma \leqslant 360\pi$．

7. (1) $\iint\limits_D (x+y)^3\,d\sigma \geqslant \iint\limits_D (x+y)^4\,d\sigma$；　　(2) $\iint\limits_D \ln^2(x+y)\,d\sigma \geqslant \iint\limits_D \ln^3(x+y)\,d\sigma$．

8. (1) $\int_{-1}^{1} dy \int_0^{\sqrt{1-y^2}} f(x,y)\,dx$；　　(2) $\int_1^{e} dx \int_0^{\ln x} f(x,y)\,dy$；

   (3) $\int_0^a dy \int_{a-\sqrt{a^2-y^2}}^{y} f(x,y)\,dx$；　　(4) $\int_0^a dy \int_{a-y}^{\sqrt{a^2-y^2}} f(x,y)\,dx$；

   (5) $\int_0^2 dx \int_{\frac{1}{2}x}^{3-x} f(x,y)\,dy$．

9. (1) $\dfrac{1}{2}(1-\cos 4)$；　(2) 1；　(3) $\dfrac{1}{4}\sin 4$；　(4) $\dfrac{\sqrt{2}}{3}-\dfrac{1}{3}$；　(5) $2-\dfrac{1}{2}\sin 4$；　(6) $\dfrac{1}{4}\ln 17$；

   (7) $\dfrac{1}{4}(e^8-1)$．

10. (1) 4π；　(2) $\dfrac{\pi}{8}(e^4-1)$；　(3) $\dfrac{a^3}{8}$；　(4) $\dfrac{5\pi}{8}$；　(5) $\dfrac{32}{9}$；　(6) 3π；　(7) $(8\ln 2-3)\pi$；

    (8) $\dfrac{\pi}{2}(\sin a - a\cos a)$；　(9) $2-\dfrac{\pi}{2}$；　(10) $\dfrac{1}{48}$．

11. $\dfrac{\pi}{2}$．　　12. $\dfrac{3}{2}$．　　13. $\pi-2$．　　14. $\dfrac{4}{3}$．

15. $\dfrac{\pi}{2}$.

16. $\dfrac{1}{6}$.　　17. $\bar{x}=1, \bar{y}=1$.　　18. $\bar{x}=-\dfrac{8}{5}, \bar{y}=-\dfrac{1}{2}$.　　19. $\dfrac{1}{6}$.　　20. $\dfrac{64}{315}$.

复习题 8[A]

1. (1) $\{(x,y) \mid x^2+y^2 \leqslant 1, y^2-2x > 0\}$;　　(2) xy;　　(3) 2;

(4) $\dfrac{y}{1+x^2y^2}$;　　(5) $\mathrm{d}x+\mathrm{d}y$;　　(6) $y\cos x, \sin x$;

(7) -1;　　(8) 2π;　　(9) 0;　　(10) 4π.

2. (1) B;　(2) B;　(3) C;　(4) B;　(5) B;　(6) A;　(7) D;　(8) B;　(9) A.

3. 1.　　4. 0.

5. $\left(\dfrac{1}{2}, \dfrac{1}{2}, \dfrac{\sqrt{2}}{2}\right), T_{最高}=50$.　　6. (1) $6\ln 2$;　　(2) -4π.

复习题 8[B]

1. (1) $\dfrac{3}{7}$;　　(2) $2xy^2 e^{x^2 y}, 2xy e^{x^2 y}(2+x^2 y)$;

(3) $(yf'_u + \dfrac{1}{y}f'_v)\mathrm{d}x + (xf'_u - \dfrac{x}{y^2}f'_v)\mathrm{d}y$;

(4) 0;　　(5) $-\dfrac{\sqrt{2}}{4}\mathrm{d}x + \dfrac{\sqrt{2}}{4}\mathrm{d}y$;　　(6) $\leqslant$;

(7) $e-2$;　　(8) $\dfrac{7}{4}\pi$;　　(9) 6π;　　(10) $\dfrac{16}{9}$.

2. (1) D;　(2) A;　(3) D;　(4) D;　(5) B;　(6) C;　(7) D;　(8) D.

3. $\dfrac{1}{3z^2-x^2y}[2xyz\,\mathrm{d}x + x^2 z\,\mathrm{d}y]$.　　4. $\dfrac{3}{4}l$.　　5. $\dfrac{\sqrt{2}}{2}$.

6. $\dfrac{\pi}{2}\left(\ln 2 - \dfrac{1}{2}\right)$.　　7. $\dfrac{2}{7}$.　　8. $\displaystyle\int_0^1 \mathrm{d}x \int_{x-2}^{-\sqrt{x}} f(x,y)\,\mathrm{d}y$.　　9. $\dfrac{1}{2}e-1$.

10. $\dfrac{5\pi}{2}$.　　11. $\dfrac{560}{3}$.　　12. $\dfrac{10}{3}$.

参考文献

[1] 同济大学数学系.高等数学 上册[M].7 版.北京:高等教育出版社,2014.

[2] 同济大学数学系.高等数学 下册[M].7 版.北京:高等教育出版社,2014.

[3] 同济大学数学系.高等数学 上册[M].北京:人民邮电出版社,2016.

[4] 同济大学数学系.高等数学 下册[M].北京:人民邮电出版社,2016.

[5] 王金武.经济数学[M].2 版.北京:电子工业出版社,2019.

[6] 顾沛.数学文化[M].北京:高等教育出版社,2008.

[7] 裴礼文.数学分析中的典型问题与方法[M].3 版.北京:高等教育出版社,2021.

[8] 苏德矿,吴明华,童雯雯.微积分(上)[M].3 版.北京:高等教育出版社,2021.

[9] 苏德矿,吴明华,童雯雯.微积分(下)[M].3 版.北京:高等教育出版社,2021.

[10] 四川大学数学学院高等数学教研室.高等数学[M].4 版.北京:高等教育出版社,2009.

[11] 吉林工学院数学教研室.高等数学[M].3 版.武汉:华中科技大学出版社,2001.

[12] 龚冬保,武忠祥,毛怀遂等.高等数学典型题解法·技巧·注释[M].2 版.西安:西安交通大学出版社,2000.

[13] 韩云瑞.高等数学典型题精讲[M].3 版.大连:大连理工大学出版社,2006.

[14] 姜启源,谢金星,叶俊.数学模型[M].5 版.北京:高等教育出版社,2018.

[15] 司守奎,孙兆亮.数学建模算法与应用[M].2 版.北京:国防工业出版社,2020.

[16] 胡金德,张元德.高等数学复习指导[M].2 版.北京:国家行政学院出版社,2000.

[17] 陆少华.高等数学题典[M].上海:上海交通大学出版社,2002.

[18] 张耀梓,郑仲三.微积分学[M].天津:天津大学出版社,2002.

[19] 张楚廷.数学文化[M].北京:高等教育出版社,2006.

[20] 亚历山大洛夫 A D,等.数学——它的内容、方法和意义(第二卷)[M].孙小礼,等译.北京:科学出版社,2001.

[21] 中国科学院数学研究所.英汉数学词典[M].北京:科学出版社,1974.

[22] 张顺燕.数学的源与流[M].2 版.北京:高等教育出版社,2003.

[23] 尤金 D.Mathematica 使用指南[M].邓建松,彭冉冉译.北京:科学出版社,2002.

[24] 孔凡才,陈渝光.自动控制原理与系统[M].4 版.北京:机械工业出版社,2018.

[25] 微信公众号:和乐数学.